南大建筑实验手册 | 主编 鲁安东

动态与交互建筑

Kinetic and
Interactive Architecture

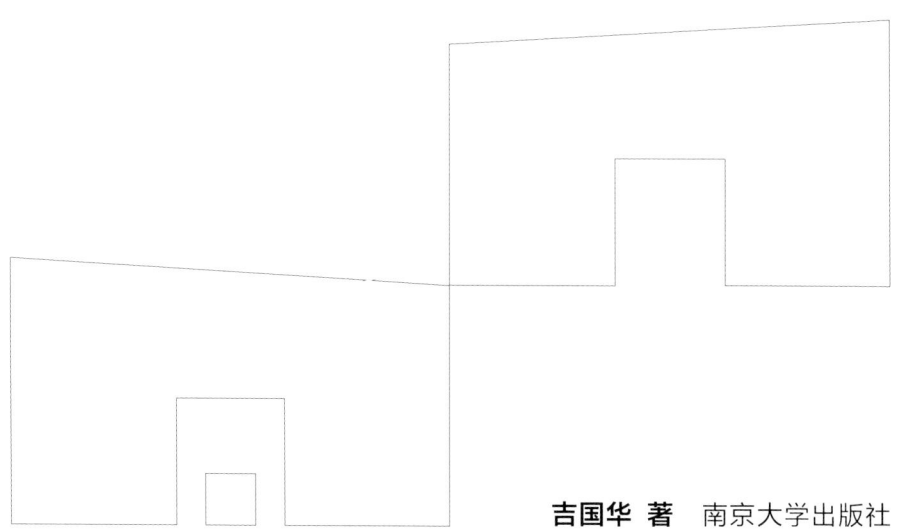

吉国华 著　南京大学出版社

图书在版编目（CIP）数据

南大建筑实验手册.动态与交互建筑/鲁安东主编；
吉国华著. -- 南京：南京大学出版社, 2025.7.
ISBN 978-7-305-29165-4

Ⅰ. TU2-53

中国国家版本馆CIP数据核字第2025NL8769号

出版发行　南京大学出版社
社　　址　南京市汉口路22号　邮　编　210093
书　　名　南大建筑实验手册
　　　　　NANDA JIANZHU SHIYAN SHOUCE
主　　编　鲁安东
责任编辑　王冠蕤　张　静
照　　排　南京新华丰制版有限公司
印　　刷　南京爱德印刷有限公司
开　　本　787 mm×900 mm　1/32　印张14.75　字数732千（共五册）
版　　次　2025年7月第1版　2025年7月第1次印刷
ISBN　978-7-305-29165-4
定　　价　218.00元

网址：http://www.njupco.com
官方微博：http://weibo.com/njupco
微信服务号：njupress
销售咨询热线：（025）83594756

＊版权所有，侵权必究
＊凡购买南大版图书，如有印装质量问题，请与所购图书销售部门联系调换

前　言

1923年，勒·柯布西耶在《走向新建筑》一书中提出了住宅是"居住的机器"。进入21世纪，随着以单片机为代表的简单计算机工业化模块化所带来的显著的成本的降低，在建成环境中随处收集与处理数据变为可能，人工智能技术的迅速发展使得智能建筑进入了具备动态性和交互性的新层次。

建筑与机械有着共同的数学与物理基础：除了二者共同关注的数学中几何学的部分，传统建筑多关注经典力学的静力学部分，而机械更关注经典力学的运动学与动力学。动态与交互建筑的发展使得二者有了进一步的融合，或者说，展现了二者在本质上的统一。

智能的核心在于自动化的达成，在这一点上，机械显然走在了建筑的前面。而回顾历史，建筑学的发展也正在于吸收学科外部知识来突破边界。在建筑设计中始终包含着对于运动的想象，只是不同的时代技术水平给予建筑的支持是不同的。处在百年未有之大变局时代的我们，如何利用时代技术开拓建筑的新领域，更加深入地推动建筑的绿色化、工业化、智能化发展，是值得我们思考的重大问题。

动态与交互建筑包含两个方面。一方面为动态，所谓动态是一个广泛的研究领域，包括不同的系统和结构形式，随着时间的推移，其内涵也在不断丰富和完善。这种丰富的多样性也体现在描述动态性所具有的与形状变化相关的可移动部件或组件的词语上，这些词语包括：适应性、可折叠性、可部署性、进化性、灵活性、智能性、移动性、基于性能、可重新配置、响应性、可变形性和可运输性等。另一方面为交互，和所处的自然环境进行交互以及和使用者进行交互。通过交互，建筑进行动态的调整，并将这种调整通过建筑的形态变化反映出来，从而达成动态的视觉形态。

2017年，我有幸招收孙彤攻读博士研究生，并开始以动态与交互建筑为研究方向。他之前在英国留学，对相关问题有一定的研究，并且参与了一些相关的教学。2018年起，我们便开始在指导南京大学建筑学本科生的毕业设计时尝试进行动态与交互建筑教学，一年级的研究生也参与进来，以一种放松的方式去接触一个深刻的命题。从2018年以"基于标准单元的互动建筑界面"为题进行教学尝试，到2019年更加强调动态结构的互动建筑设计，进一步尝试突破传统建筑学的已有边界，所有这些尝试都还比较粗浅，但希冀能够引导学生不断开拓新的知识领域、探索建筑的未来。本书旨在对这两次毕业设计成果做一个小结，包括相关的教学思考、教学成果等，作为一份相对完整的教学纪实档案呈现给读者。

吉国华

目　录

    基于标准单元的互动建筑界面　　　　　　　　　　　　2
    基于动态结构的互动建筑设计　　　　　　　　　　　　3

思考　　　　　　　　　　　　　　　　　　　　　　　　　4
    理查德·巴克敏斯特·富勒的三个建筑原型　　　　　　　6
    面向动态与交互的数字化建构教学　　　　　　　　　　13
    基于并联连杆机构的动态建筑设计教学研究　　　　　　19

动态与互动毕业设计　　　　　　　　　　　　　　　　30
    可伸展的亭子　　　　　　　　　　　　　　　　　　　32
    梦幻廊道　　　　　　　　　　　　　　　　　　　　　36
    自适应性椅子　　　　　　　　　　　　　　　　　　　39
    双曲面之韵　　　　　　　　　　　　　　　　　　　　43
    舞动的穹顶　　　　　　　　　　　　　　　　　　　　47
    适应性张拉整体　　　　　　　　　　　　　　　　　　49
    斯图尔特塔楼　　　　　　　　　　　　　　　　　　　54
    斯图尔特城　　　　　　　　　　　　　　　　　　　　57
    舞茧　　　　　　　　　　　　　　　　　　　　　　　60
    舞动的长屋　　　　　　　　　　　　　　　　　　　　64

基于标准单元的互动建筑界面

教学活动

2018年3月1日—2018年6月20日 2018届建筑学本科毕业设计

题目简述

  在西方哲学史中,"涌现"思想的起源最早可以追溯到亚里士多德时期。"整体具有独特性,它们源自不同层级组织和整合之间连续的相互作用。""涌现"的系统特征包含并超越了组成这个系统的各个部分属性的集合。在自然界的形态中,"涌现"的系统结构随处可见,宏观的如风力形成的沙滩波浪形态和侵蚀形成的山谷形态,微观的如沸腾的水中冒出的大小不一的气泡以及雪花或者冰凌结晶的形态。在计算机与人工智能领域,20世纪80年代末期出现了诸如模拟鸟群飞行的Boids群聚模型的"涌现"行为模拟。进入21世纪,在环境设计领域,以英国建筑联盟学院、美国麻省理工学院等为首的高校开始借助计算机领域已经取得的在"涌现"系统算法方面的成果,广泛地模拟自然界的"涌现"系统结构,在全球范围内掀起了人居环境设计的泛参数化浪潮。

  本课题以基于标准单元的互动建筑界面设计为研究范围,通过实物模型制作来不断探索设计问题,通过分析学习当下的数字技术以及装配方法来将设计理念付诸建造实践。

基于动态结构的互动建筑设计

教学活动

2019年3月4日—2019年6月24日 2019届建筑学本科毕业设计

题目简述

在建筑的语境下讨论机械与运动,最早可以追溯到公元前1世纪末古罗马工程师马尔库斯·维特鲁威·波利奥(Marcus Vitruvius Pollio)所著的《建筑十书》。在第十书中,维特鲁威总结了机械运动的两个要素:直进和旋转,并认为机械产生于对自然规律与宇宙旋转的学习。到了公元16世纪文艺复兴时期,列奥纳多·迪·瑟·皮耶罗·达·芬奇(Leonardo di ser Piero da Vinci)在进行建筑与城市设计的同时也完成了大量的机械设计,这些设计保存在他留世的手稿之中,时至今日仍然被按照手稿制造、展出和研究。18—20世纪,由于工业革命与两次世界大战的推动,机械在发展的同时也在深刻地影响建筑,使得建筑能够脱离厚重的材料,同时也出现了巨型船只与飞机等可以提供居住与迁徙功能的巨型机器。1965年,电讯派成员罗恩·赫伦(Ron Herron)发表了设计图纸《行走的城市》(*The Walking City*),将建筑与动态的机器以图像的方式结合在一起。

本课题以基于动态结构的互动建筑设计为研究范围,着重思考机械结构的结合对于互动建筑结构的意义,通过实物模型制作来不断探索设计问题,并通过分析学习当下的数字技术以及装配方法来将设计理念付诸建造实践。

思 考

理查德·巴克敏斯特·富勒的三个建筑原型，《工业建筑》2019年第49卷第4期

面向动态与交互的数字化建构教学，《中国建筑教育》2018（总第20册）

基于并联连杆机构的动态建筑设计教学研究，2020

动态性　所谓动态是一个广泛的研究领域，包括不同的系统和结构形式，随着时间的推移，其内涵也在不断丰富和完善。这种丰富的多样性也体现在描述动态性所具有的与形状变化相关的可移动部件或组件的词语上，这些词语包括：适应性、可折叠性、可部署性、进化性、灵活性、智能性、移动性、基于性能、可重新配置、响应性、可变形性和可运输性等。

机械性　对动态建筑结构的研究需要建立在机械学原理之上，其本质上是机械结构。同时，也应考虑其在建筑场景中的使用要求，如大尺度、高稳定性，但对机械运动速度要求不高。

建构性　动态建筑的特性决定了建筑的设计过程不能仅仅停留在图纸上，需要在方案的各个阶段进行物理模型的建构与控制测试。通过这种方式，建筑师所交付的设计信息才可能和制造方进行对接。对建构性的强调贯穿了动态设计从设计到制造的整个过程。

交互性　动态建筑的交互性主要涉及两个方面：一方面是和所处的自然环境进行交互；另一方面是和使用者进行交互。通过交互，建筑进行动态的调整，并将这种调整通过建筑的形态变化反映出来，从而达成动态的视觉形态。

环境性能　当动态建筑和所处的自然环境进行交互时，会对其提供的使用空间环境性能产生影响，比如动态遮阳系统带来的热辐射改变；又比如可开启立面和顶棚可能带来的热辐射、通风、温度以及湿度等环境性能参数的变化。

可体验性　动态建筑在与自然环境或者和使用者进行交互的同时会创造出新的空间体验，这种体验可以是物理环境方面带来的新感受，也可以是新的空间连接体验关系，抑或是新的视觉信息交互体验，

理查德·巴克敏斯特·富勒的三个建筑原型

孙彤　吉国华

　　理查德·巴克敏斯特·富勒（Richard Buckminster Fuller）被认为是与未来对话的人，他的思索超越了他所处的时代。富勒钟情于穹隆/球形结构，他提出过曾经惊世骇俗的曼哈顿穹隆罩。而他最广为人知的建成作品，无疑是加拿大蒙特利尔生态球（Montreal Biosphere）（图1），这座1967年蒙特利尔世博会的美国馆现在是生态主题的博物馆，其轻盈的巨型网格穹隆结构不仅启迪着一代代建筑师对穹隆结构覆盖绿色人居建筑环境的探索，也启发化学家于1985年发现了碳60的分子结构并且得名"巴克敏斯特富勒烯"（Buckminsterfulleren）。而这一历史桥段作为科技英雄主义的文化符号之一经过改编也出现在美国《钢铁侠2》电影中，成为流行文化的一部分。当然，富勒留给我们这个世界的远不止这些，在当下科技创新引领的时代之中，富勒所倡导的以系统性解决问题为目的的建筑学探索仍然有着强劲的活力。

　　富勒设计成果的跨界性绝非偶然，这与他对"专业化"的质疑以及设计系统观是密不可分的。他将地球看作一个正在宇宙中航行的宇宙飞船，而人类是这艘飞船上的乘客，因此富勒出版了一本描述自己设计思想的著作《设计革命：地球号太空船操作手册》[1]。富勒的设计系统观是建立在宇宙观的基础之上的[1]，在这一基本预设之下，三个建筑原型可以被解读。

1.测地线穹隆——结构高效性

　　测地线穹隆是一组无限可分的三角形分面球面结构。三角形分面的密度越高，则测地线穹隆的三角形分面结构就越接近圆球面。测地线穹隆率值为1时得到的是正二十面体，每个面是正三角形。以正二十面体的各个正三角形面为基础投影面，当密度是几时，新得到的测地线穹隆三角面在正二十面体上的投影正好就是对每个正二十面体棱的几等分，在每个正二十面体上投影的三角形的个数为密度值的平方数（图2）。比如当密度为4时，测地线穹隆在正二十面体上的投影边均分成4份，同时在一个正二十面体上投影的三角形的个数为16个。

　　测地线穹隆可以根据所要覆盖的体积确定合适密度，从而减小构件的尺寸，使得构建巨型尺寸的穹隆结构变为可能。由于穹隆本身是空间结构，频率越高时，构成穹隆本身的杆件长度尺寸种类呈现增多的趋势（图3），但是和杆件总数相比，这仍然不失为一种高效的结构。比如当密度为5或6时，测地线穹隆的杆件种类为9种。

　　在力学方面，测地线穹隆也显得十分高效，这主要得益于其分别为五棱和六棱的两种节点结构。首先，当一个节点受力时，测地线穹隆结构能够均匀地将受力传导至基础。其次，当我们比较只有一个节点受指定竖向大小力外力时整个结构杆件受压/拉力的分布情况与一个面上每个节点均受同样指定大小外力的情况时，由受力分析可知，杆件的受力并没有因为外力个数的增加而显著增加，受力区域内的杆

图1: 蒙特利尔生态球

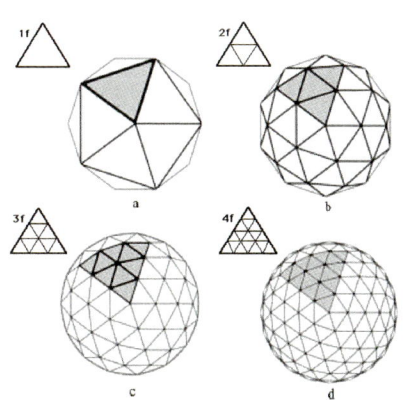

a——密度为 1 时的测地线穹隆；b——密度为 2 时的测地线穹隆；
c——密度为 3 时的测地线穹隆；d——密度为 4 时的测地线穹隆。

图2: 不同密度的测地线穹隆

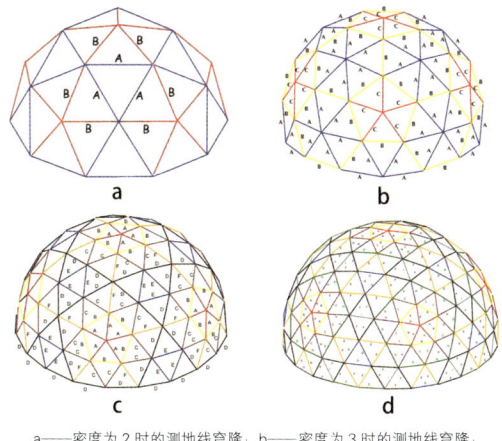

a——密度为 2 时的测地线穹隆；b——密度为 3 时的测地线穹隆；
c——密度为 4 时的测地线穹隆；d——密度为 5 时的测地线穹隆。

图3: 密度越高时测地线穹隆构成杆件种类呈现增多趋势

图4: 作品"重塑地球"

件以均匀受压的方式抵消了大部分的外力，其受力结果较一点受外力而言相当于将受到最大拉力的杆件的范围扩大到了受力面的边缘。如此，我们可以得到这样一种直观的认识：只要一个指定大小的竖向外力不能够破坏测地线穹隆，那么将这个外力加到一个面上的每个节点也同样不会破坏穹隆。

图5: 戴美克森氏可部署单元

图7: 作品"被动展开的华盖"

图6: 戴美克森氏装配住宅结构

  由于测地线穹隆出色的壳体结构性能,其被广泛用于屋顶结构,可在抵抗室外均部荷载的情况下提供整体的室内空间。受到其力学性能的启发,其球状结构也可以被用来构造可以移动的建筑结构,作品"重塑地球"(Re-earth)为伦敦大学学院巴特莱特建筑学院互动建筑实验室在这方面的尝试(图4)。"重塑地球"试图构建可以移动的花园,并且将不同植物对环境变量的喜好作为反馈信号从而决定花园的移动方向,以此帮助植物通过承载结构的移动达到播种的目的。整个测地线穹隆球的移动通过控制球心不同方向的电动推杆推出达到改变球体重心的目的,使得测地线穹隆球滚动。

2. 戴美克森氏预制房屋——伞式结构

  戴美克森氏(Dymaxion)由动态(Dynamic)、最大化(Maximum)、张力(Tension)三个词合成[2],是富勒的自造词。戴美克森氏是富勒对自己设计追求的总结,在动态化、效率最大化与张力化的戴美克森氏体系下,富勒设计了可以原地转向的戴美克森氏汽车、戴美克森氏整体卫浴、戴美克森氏装配住宅等。

  戴美克森氏装配住宅的设想最早始于1927—1930年[3]。1940年,受到铁质谷仓结构顶部开洞的启发,富勒希望利用房屋顶部与底部的热量差,将较冷的空气向下吸入圆顶中,在这种想法的基础上,富勒设计了戴美克森氏可部署单元（Dymaxion Deployment Unit, 图5）。这种使用面积不足30m^{2}的小型居住单元在"二战"期间制造了上千个，被部署在波斯湾。通过这种单元的设计与制造，富勒归纳了他的设计原则：采用独立供电的方式，并且通过自然的方式加热和制冷；采用永久性工程材料制成，不需要定期涂漆、翻新，能够抗震和防飓风；可以根据需要轻松更改平面图。例如，挤压卧室以使客厅变大。下吸式通风系统通过底板和过滤器吸入灰尘[3]。最终，1945年，重新设计后的戴美克森氏装配住宅进入建造阶段，由飞机制造厂采用当时制造飞机主要使用的铝合金材料制成。现存唯一的戴美克森氏装配住宅建造于1946—1948年，保存在亨利·福特博物馆（Henry Ford Museum）。它的外围护结构由中心支柱辐射出来的肋条支撑叶片状钣金铝板构成，如同伞面。使用面积达上百平方米的装配住宅，只有中心的支柱需要一个基础，屋顶板和底板通过钢索悬挂在中心支柱上形成伞状结构（图6）。

虽然戴美克森氏装配住宅并没有像可部署单元那样被批量建造，但其创造性地将伞的结构运用到了建筑之上。在互动建筑迅速发展的今天，运用伞的结构仍然可以带来建筑创新。设计作品"被动展开的华盖"（Passive Deployable Canopy, 图7）利用致动器内蜡在不同环境温度下的固液相转变的体积变化推动伞结构的张开或者闭合，从而实现昼夜温差下建筑的不同姿态[4]。

3. 张拉整体——张力的协同

张拉整体（Tensegrity）即"tensional integrity"词组的合成词，是富勒的自造词[6]，是一种基于在连续张力网络内部运用受压构件的结构原理。其中受压杆构件之间并不接触，而预先张拉的索构件构成空间外形。富勒这样描述他的设计理念：我观察地球与月亮的协同方式是通过引力而没有接触，这与我们日常盖房子一块一块砌砖的接触方式非常不同。张拉整体球的几何系统很好地反映了富勒的系统协同概念。协同（Synergy）是富勒对其建筑原型几何学核心的归纳。对于富勒来说，几何学是一门具有物理模型的触觉和感觉的实验室科学，而不来源于教科书中的定律。它的合理性不建立在经典性的抽象上，而是从个体体验中获得有效性。富勒这样进一步解释"协同"概念：协同效应是指系统整体的运转不等于系统各组成部分的运转效能简单相加的总和[5]。

在建筑空间结构方面，富勒的张拉整体球是一个与测地线穹隆相类似但具有更多变化和更高效率的系统。说其具有更多变化是因为，张拉整体不仅可以与测地线穹隆相似，少量杆件可以形成诸如正二十面体表面（图8）（需六组构件）甚至八面体表面（需三组构件）的几何形，大量构件可形成近乎完美的球形表面（图9），而且其结构系统可以沿着一个或几个方向延展而形成更具雕塑感的几何形态。说其具有更高效率是因为，张拉整体不仅可以与测地线穹隆相似，受力构件只受到轴力，预应力（受拉）使得索构件刚度增大，而且张力索构件的大量运用在创造更大刚度的同时减少了约60%的材料。正是由于张拉整体的高效性，所以其也被用于桥梁结构，如位于澳大利亚昆士兰布里斯班河上的库利尔帕桥（Kurilpa Bridge）。

张拉整体的价值在于其给我们提供了一个可以探索更多可能性的系统架构。富勒在描述张拉整体

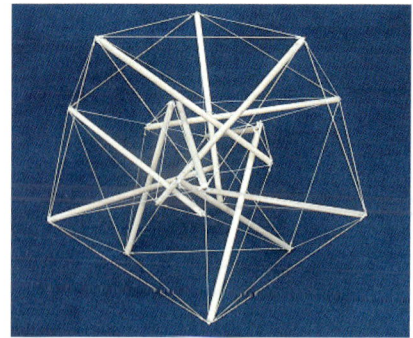

图8: 张拉整体正二十面体

图9: 张拉整体球

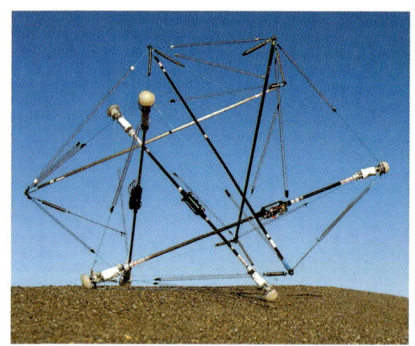

图10: 美国国家航空航天局开发的超级球机器人

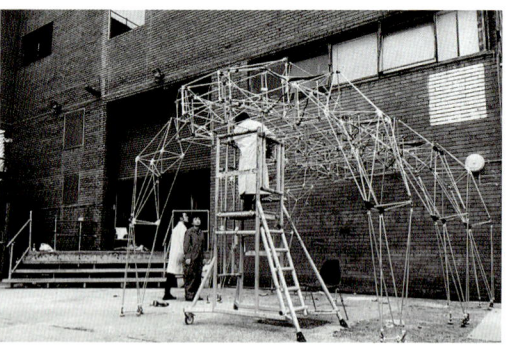

图11: 可以移动的建筑结构

图12: 作品"舞动的穹顶"

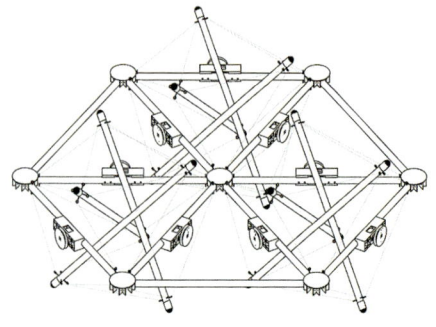

球时说这是一个类似篮球的具有弹性的结构。在张拉整体的基础上,美国国家航空航天局(NASA)开发了超级球机器人(Super Ball Bot,图10),即对张拉整体的受压杆构件进行进一步的设计与控制,比如使受压构件弹性化并且能够调节其空间位置与索构件长度,以改变重心,从而实现运动,在受压构件两端加装吸盘,便于其进行太空行走和抓取矿石标本等。超级球机器人的最大优点是其张拉的弹性结构能够吸收岩石或较大坡度地形所带来的碰撞甚至是坠落而产生的外力。

  斯蒂芬·莱文(Stephen Levin)在《张拉整体:新生物力学》[6]中将张拉整体原理应用于生物结构的分析。生物结构如肌肉、骨骼、筋、韧带和肌腱,或刚性和弹性细胞膜,通过张紧和压缩部件的一致性而变得坚固。肌肉骨骼系统是肌肉和骨骼的协同作用。肌肉和结缔组织提供持续拉力[6],骨骼呈现不连续压缩。基于这一生物力学方面的认识,可以引入空气肌肉系统(Air Muscle),取代张拉整体中的索结构,与关节设计相配合创造互动的或者可适应性的动态建筑结构。空气肌肉又称气动人造肌肉,是通过填充气囊的压缩空气操作的收缩式或拉伸式装置。通过对空气肌肉系统的运用,伦敦大学学院巴特莱特建筑学院互动建筑实验室建造出了可以移动的建筑结构(图11)。

  基于张拉整体结构的类三角形几何属性,可以将其与三角形框架结合形成可以扩展的空间结构,由此形成的新结构在垂直方向仍然具有张拉整体结构的弹性性能,可以被控制,从而实现整个结构的竖向升降。作品"舞动的穹顶"(图12)是通过舵机牵引张拉整体结构的弹性结构,从而驱动穹顶空间单元产生竖向变化。结构单元由一组不连续的受压构件与一套连续的受拉单元组成,从而形成自支承、自应力的空间网格结构,并在受拉单元方向加入垂直向的连接装置,用以放置驱动作用的舵机和连接不同结构单元的连接节点。在多个结构单元的连接设计中,使用了三维打印技术以实现特殊节点的需求。

  模型的关键在于舵机驱动结构单元的可行性,因此在试验初期进行了大量的可行性试验,并最终选择了200 kN 的舵机拉力和与之相对应的受拉单元。通过感应不同方向、不同距离的物体距离,经过函数映射为舵机对应的相应角度,并加以旋转,驱动受拉单元的变化,从而实现自应力空间结构的自动过程。将舵机放置于盒式三维打印构件中,上好螺栓、螺钉,再用螺栓、螺钉将整体固定于连接装置的横杆中部。通过圆盘三维打印构件,将做好的部件以60°角安装连接。然后,将自攻圆环与受拉单元组合,并在连接装置预留孔形成连接。最后将转盘式三维打印安装于舵机上,将舵机与受拉单元连接。通过设置在三角形角点的超声波传感器感应人的靠近,舵机牵引整体结构实现整个结构的竖向升降。

4.对于建筑设计过程的影响和意义

  富勒提出的"设计科学研究"在当下可以指向环境互动、控制论和人工智能等新兴的人机协同理论,这是一种面向"过程"而不是"形式"的设计方式。与一些被称为"未来主义"的建筑师不同,富勒并不认为改变现状的形式可以达成创新,看上去是未来的房子,其实并没有在实质上进行创新,在他看来唯一可行的方式是通过引入一种新的模式来淘汰旧的模式。虽然富勒所处的时代已经过去,但是他所强调的效率最大化、动态化与张力化在今天看来对建筑设计过程仍然有着重大意义。首先,建筑的工业化装配与单元模块化程度逐渐加深,效率最大化的原则已经得到显著体现,这种趋势也对设计过程不断提出新的要求。从传统的人工制图到计算机辅助建筑设计,再到建筑信息模型化,设计与施工(制造)的关系越来越紧密。此外,先进制造设备如机械臂也已经开始被应用于建筑的施工(制造)。这种工业化的不断升级已经在深刻挑战传统设计中笔与纸的关系,甚至在某种程度上开始突破传统的视觉三维模型概念,向更深层次的设计与制造逻辑相结合的方向发展。对于机器的工作方式与可能性的理解,以及对于这种技术的运用所带来的突破传统可能性的设计产出的思考,已经逐步从建筑学院的研究走进设计公司,进入实践应用。

其次,随着技术进步,机械逐渐从施工设备以及与建筑本体关系较小的使用周期植入设备,走向与建筑本体的结合,这使得建筑越来越具有智能化的动态性。能够感知物理环境或使用人群的变化,自主进行遮阳、照明、温度、湿度等物理条件动态调控的相关建筑技术已经开始普及,并从改变建筑界面形态开始触及结构与构造方式。这些新的智能技术可能性,给设计带来了新的领域与路径。

最后,在塑造建筑未来性方面,结合智能技术的同时也不应忽视新材料提供的可能性,在张力原则指导下对弹性材料的探索以及弹性、刚性材料相结合的结构构造方式仍然值得在设计上进行研究。

5.结束语

在科技对各个领域迅速渗透的今天,通过人与机器的协作,产出超越人或机器单独工作所产生的结果已经成为一种新的模式。而富勒的建筑原型在这种新的模式下仍然具有无尽的生命力,提供了探索未来性的桥梁。

参考文献
[1] 富勒.设计革命:地球号太空船操作手册[M].武汉:华中科技大学出版社,2017:67-84.
[2] SIEDEN L S. Buckminster Fuller's universe: an appreciation[M].2th ed. New York: Plenum Press,1990:3-10.
[3] BALDWIN J. BuckyWorks: Buckminster Fuller's ideas for today[M]. New York: John Wiley & Sons,1997:23-34.
[4] 孙彤,Ruairi Glynn,罗萍嘉.面向互动的建筑行为学[J].工业建筑,2017,47(2):180-183.
[5] SWANSON R L. Biotensegrity: a unifying theory of biological architecture with applications to osteopathic practice, education, and research: a review and analysis[J]. The Journal of the American Osteopathic Association,2013,113 (1): 34-52.
[6] LEVIN S. Tensegrity: the new biomechanics[M]// HUTSON M, WARD A. Oxford textbook of musculoskeletal medicine. Oxford: Oxford University Press,2015:150-162.

面向动态与交互的数字化建构教学

孙彤　吉国华　尹子晗　施少鋆

1. 背景

在建筑的语境下讨论机械与运动，最早可以追溯到公元前1世纪末古罗马工程师马尔库斯·维特鲁威·波利奥（Marcus Vitruvius Pollio）所著的《建筑十书》。在第十书中，维特鲁威总结了机械运动的两个要素：直进和旋转，并认为机械产生于对自然规律与宇宙旋转的学习[1]。到了公元16世纪文艺复兴时期，列奥纳多·迪·瑟·皮耶罗·达·芬奇（Leonardo di ser Piero da Vinci）在进行建筑与城市设计的同时也完成了大量的机械设计，这些设计保存在他留世的手稿之中，时至今日仍然被按照手稿制造、展出和研究[2]。18—20世纪，由于工业革命与两次世界大战的推动，机械在发展的同时也深刻地影响建筑，使得建筑能够脱离厚重的材料，同时也出现了巨型船只与飞机等可以提供居住与迁徙功能的巨型机器。1923年，勒·柯布西耶在《走向新建筑》一书中提出了住宅是"居住的机器"[3]。1965年，电讯派成员罗恩·赫伦（Ron Herron）发表了设计图纸《行走的城市》（The Walking City），将建筑与动态的机器以图像的方式结合在一起[4]。

如果说工业革命之后，以大机器资本主义为特征的第一机械时代带来了遍布世界各地、运转不歇的机器引擎，那么计算机的普及则开启了以机械微小化、家居化为特征的第二机械时代[5]。进入21世纪，随着以单片机为代表的简单计算机工业化模块化所带来的显著的成本的降低，在建成环境中随处收集与处理数据变为可能，人工智能技术的迅速发展使得智能建筑进入了具备动态性和交互性的新层次。

2. 教学目标与内容

南京大学本科毕业设计小组课程基于从标准单元入手建构实体建筑的装配实践，教学涵盖传感器与单片机技术、信号电控制技术、动力输出与机械运动传导、数字建筑交互以及表现设计与装配等训练计划，旨在通过训练学生掌握科学有效的数字技术方法，研究数字渗透的建筑设计、面向动态建造的真实问题和数字建筑设计的现实意义。在将本科所学知识融会贯通的基础上，理解设计与当下新的数字技术的关系，研究其对于设计的价值[6]。

2.1 阶段一：案例分析——通过分析进行学习

案例分析包含两个部分的内容，一是通过对现有建筑学体系内的实际作品案例分析，使学生了解建筑动态的多种可能性，以及人居环境中广泛存在的可响应环境变量，从而帮助学生建立互动建筑的概念；二是通过对智能交互技术所涉的常用单片机技术进行案例分析，使学生了解单片机的基本编程控制方法，并从简单的开关数字信号输入到数字信号灯输出案例，再到更进一步的传感器模拟信号输入与电

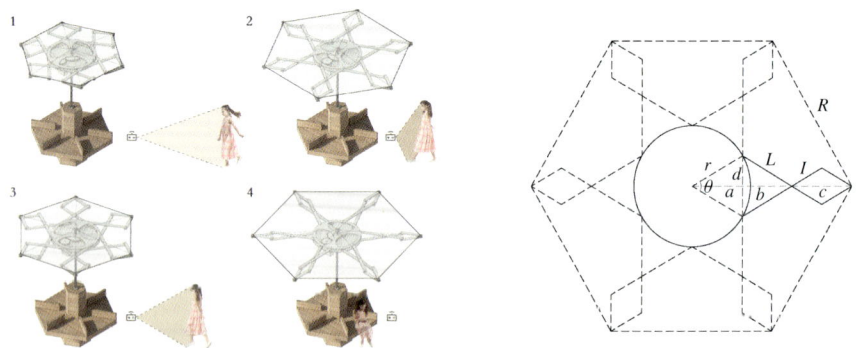

图1:"可伸展的亭子"互动效果

图2:"可伸展的亭子"机械传动几何原理

图3:"可伸展的亭子"遮阳效果

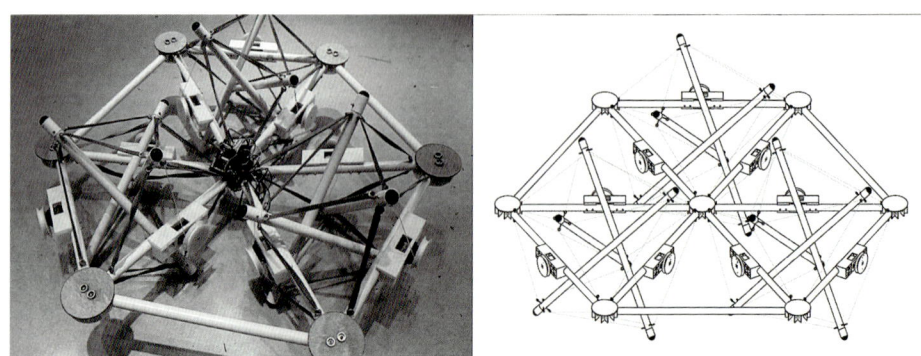

图4: 作品"舞动的穹顶"

机输出控制案例，使学生掌握必要的智能交互设计测试方法。以案例为主要载体的教学，有别于以软件知识讲解为目标的常规教学模式，在每次2课时的授课时间集中分析或测试1~2个案例，并以此出发鼓励学生在分析和测试的同时加入自己的理解，探求多样化的呈现。

2.2 阶段二：单元设计——交互原型1:1的设计与装配

单元设计阶段，要求学生在前一阶段的基础上根据自己对互动方式的理解以及所掌握的单片机控制测试技术，对互动单元进行设计并完成1:1的原型设计与测试。在这一阶段，教师需要帮助学生确定适合的动力输出设备，根据不同作品的要求，明确是精确控制电机输出角度、精确控制电机输出周数，还是精确控制电机运转时间，并结合机械转动端的功率要求，确定是采用舵机、直流电机还是步进电机。在学生方面，工作的重点是逐步完成传动设计与控制代码测试。传动设计部分，在1:1装配测试过程中不断优化关节设计，针对不同部位的特性选择合适的材料，确保传动关键部件的强度，尽可能减少摩擦，提高传动效率。同时，针对不同类型的动力输出端电机类型，采用不同的驱动板与函数库完成代码测试，代码测试从最基础的开关测试出发。

2.3 阶段三：设计研究——从局部到整体交互行为架构再到建成方案的构想

在完成单元设计的基础上，学生应该思考由多个单元构成的整体可能对人的活动产生的不同状态的响应，如设计作品整体对一个人与一组人会有何种不同的响应模式，从而确定两到三种响应模式[7]。根据不同的响应模式，从简单的单体交互入手架构相对复杂的整体交互行为。最后考虑原型可以发展成型的实体建筑作品，根据人与环境尺度需要放大设计原型，并对实体建筑愿景建造场景中需要注意与解决的构造问题做出分析。

3.作业实例

本部分涉及的三个作品，分别从伞式结构、弹性张拉整体结构与折扇结构三种传动结构出发探讨"动态结构"的命题。

3.1 可伸展的亭子（Outstretching Pavilion）——扁平化伞式结构

"可伸展的亭子"受东南大学虞刚教授作品"飘浮的云"启发，尹子晗的设计目标是创造一种可以感应使用者和室外光线强度从而可以打开和闭合的伞式遮阳结构。设计创新地采取由上下两个重合的可转动圆盘及六个伸展结构组成的机械传动结构，其较传统的伞式结构的优点是结构扁平化，其打开动作所占的空间小，只在水平方向伸展而不占用竖向空间。伸展结构的上下两层分别固定在上下两个圆盘上，圆盘的转动产生的错位使伸展结构基部三角形的底边长短发生变化，利用四边形铰节点的位移属性驱动伸展结构进行伸缩。当有使用者进入伞下范围或者室外光线较强时，可伸展的亭子旋开（图1）。

几何性质方面，如图2所示，由勾股定理可知，伸缩杆中心铰节点到转盘圆心距离的一半变量b与上下转盘的转动夹角变量θ的数学关系为：

$$b = \sqrt{L^2 - (r\sin\frac{\theta}{2})^2}$$

由于转盘半径r和伸缩杆边长L均为常量，可知转动夹角变量θ越大，转盘圆心距离的一半变量b越小，即为收缩，反之则增大。

由勾股定理和相似三角形可知，六边形遮阳结构边长R与上下转盘的转动夹角变量θ的关系为：

$$R = r\cos\frac{\theta}{2} + (1 + \frac{2l}{L})\sqrt{L^2 - (r\sin\frac{\theta}{2})^2}$$

由于转盘半径r和伸缩杆边长L、l均为常量，可知转动夹角变量θ越大，六边形遮阳结构边长R越小则六边形面积越小，即为收缩，反之则增大。

由于转动夹角变量与伸缩杆中心铰节点到转盘圆心距离以及六边形边长存在直接的线性关系这一几何特性，四动伸缩杆驱动端铰节点运动恰好符合圆周运动的轨迹，因此只需采用一个电机创造转动就可利用其创造的圆周运动带动六个甚至更多的四边形伸缩杆。

在装配设计方面，顶部结构的关键是每一个节点必须灵活转动，单元在旋转运动过程中的各种阻力都要尽量减小。模型选用螺丝钉作为节点的固定构件，并在上下两层中间加若干垫片，一方面减小木材之间的摩擦力，另一方面使上下两层脱开一定高度，避免圆盘部分节点之间的碰撞。顶部结构的传动通过两个咬合的齿轮，与舵机固定的小齿轮带动与上方圆盘固定的大齿轮，从而使上方圆盘转动，通过Arduino可控制不同状态下舵机的转速和角度，从而使整个单元体呈现不同的运动状态。

"可伸展的亭子"原型中部支撑结构采用带有螺纹的丝杆，通过特定构件将下方圆盘与丝杆固定，上方圆盘可绕丝杆转动。伸展结构之间用弹性材料连接，六边形布料缝制在弹性材料上形成遮阳的部分（图3）。

3.2 舞动的穹顶（Dancing Dome）——竖向张拉整体[8]结构

张拉整体（Tensegrity）即"tensional integrity"词组的合成词，是富勒的自造词[9]，是一种基于在连续张力网络内部运用受压构件的结构原理。其中受压杆构件之间并不接触，而预先张拉的索构件构成空间外形。

施少鋆基于张拉整体结构的类三角形几何属性，将其与三角形框架结合形成可以扩展的空间结构，由此形成的新结构在垂直方向仍然具有张拉整体结构的弹性性能，可以被控制从而实现整个结构的竖向升降。作品"舞动的穹顶"（图4）是通过舵机牵引张拉整体结构的弹性结构，以此驱动穹顶空间单元产生竖向变化。在三角形框架中点加入垂直向的连接装置，用以放置驱动作用的舵机和连接不同结构单

 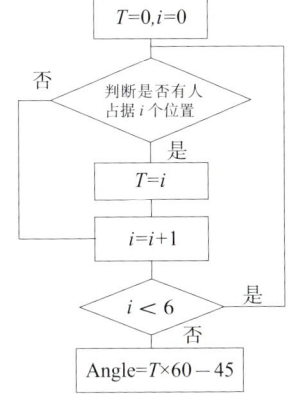

图5: 作品"自适应性椅子"　　　　　　　　　　　图6: 单体旋转位置判断流程图

元的连接节点。在三角形框架的连接节点的制作中,使用了三维打印技术以实现节点的整体性。

通过感应不同方向、不同距离的物体距离,经过函数映射为舵机对应的相应角度,并加以旋转,驱动受拉单元的变化,从而实现自应力空间结构的自动过程。将舵机放置于盒式三维打印构件中,以螺栓螺丝上好,再将整体以螺栓螺丝固定于连接装置的横杆中部。通过圆盘三维打印构件,将做好的部件以60°角安装连接。然后,将自攻圆环与受拉单元组合,并在连接装置预留孔形成连接。最后将转盘式三维打印安装于舵机上,将舵机与受拉单元连接。当设置在三角形角点的超声波传感器感应到人的靠近时,舵机牵引整体结构实现整个结构的竖向升降。

3.3 自适应性椅子（Adaptive Chairs）——**折扇结构**

蔡英杰尝试利用Arduino单片机技术设计一种可与人交互的自适应坐具。在设计中利用坐具周围的传感器感知人相对椅子的位置,经由Arduino驱动舵机,使折扇座椅单元展开到人所在位置。在多个单元存在的情况下,可以根据人群的分布形成不同的空间（图5）。

自适应性椅子设计涵盖两大部分,一是机械传动结构,二是信息交互结构。机械传动结构设计即旋转折叠体的构建。折叠体由动力源及驱动轴、"套筒"、骨架单元及骨架连接件构成。经过加长处理的末序骨架单元放入预留的卡槽,固定住单体的初始位置,骨架单元之间用折叠纸作为连接件,首序骨架单元的"套筒"与驱动轴固定。单体设计的难点在于"套筒"结构的设计,"套筒"结构相当于一套铰链,使骨架单元和驱动轴既能独立转动又能保持相对距离不变。"套筒"结构设计灵感来源于传统纸扇。在纸扇的基础上,设计又通过"跳跃排序"的方式使每一片单元的稳定性得到保证。

信息交互结构设计主要是逻辑判断过程的设计。本设计中,一个单体初始旋转结构占据最小角度45°,展开最大值为360°,将360°均分成6份,由其周边6个位置的传感器提供信息,因此每次需要判断6个位置是否有人占据,如果有人占据,座椅自动旋转到对应的旋开最大位置(图6)。设计难点在于:第一,如何旋转到能满足多人需求的位置;第二,单一传感器如何给三个单体同时传输信号。在设计中,对每个单体根据舵机旋转方向给周围传感器编号,使单个传感器对应有三个编号,然后通过逐个单体依次判断取大的原则,得到最优解。

4.总结

现在建筑学中流行的"互动"(interactivo)概念通常和"可变"(flexible)、"响应"(responsive)等概念相关联[10]。建筑通过动态机械结构实现了与人或环境变量进行实时交互的可能性,为智能建筑的发展打开了一个新的领域。通过互动建筑,建筑空间的灵活性和智能性将会成为建筑设计的核心议题,这给建筑教育提出了两个关键问题:如何在建筑学传统的建构教育之中加入传动构造的教学,以及如何在设计教育之中加入编程教学以达成智能化交互的目标。南京大学本科毕业设计教学在动态与交互方面的探索在这个方面做出了有益的尝试,展现了在继承传统的面向设计案例的建构教学基础上,对数字技术的融合与运用。

参考文献

[1] 维特鲁威.建筑十书[M].高履泰,译.北京:知识产权出版社,2001.
[2] 列奥纳多·达·芬奇.哈默手稿[M].李秦川,译.北京:北京理工大学出版社,2013.
[3] 勒·柯布西耶.走向新建筑[M].陈志华,译.西安:陕西师范大学出版社,2004.
[4] COOK P. Archigram[M]. New York: Princeton Architectural Press,1999.
[5] 班纳姆.第一机械时代的理论与设计[M].丁亚雷,张筱膺,译.南京:江苏美术出版社,2009.
[6] 吉国华,陈中高.面向建造的数字化设计教学探索[C]//吉国华,童滋雨.数字·文化:2017全国建筑院系建筑数字技术教学研讨会暨DADA2017数字建筑国际学术研讨会论文集.北京:中国建筑工业出版社,2017:16-20.
[7] 孙彤,Ruairi Glynn,罗萍嘉.面向互动的建筑行为学[J].工业建筑,2017,47(2):180-183.
[8] 孙彤,吉国华.理查德·巴克敏斯特·富勒的三个建筑原型[J].工业建筑,2019,49(4):64-68.
[9] BALDWIN J. BuckyWorks: Buckminster Fuller's ideas for today[M].New York: John Wiley & Sons,1997:23-34.
[10] 虞刚.走向互动建筑[M].南京:江苏凤凰科学技术出版社,2017.

基于并联连杆机构的动态建筑设计教学研究

孙彤　吉国华

　　近年来,动态建筑作为绿色、智能建筑的重要组成部分,其应用与设计研究越来越受到关注。建筑结构动态性,以及与其紧密相关的三维空间属性,是探索动态性在未来给建筑所能带来的根本性变革方面无法回避的问题。本设计教学研究的出发点就是从建筑学外部的机械设计领域中的并联机构原型出发,探讨动态结构在动态建筑领域的运用。并联机构(Parallel Mechanism)是以并联方式驱动的一种闭环机构,它使用计算机控制的多个运动支链来支持单个平台或末端执行器[1]。本教学涉及的斯图尔特平台(Stewart Platform)属于并联机构。

　　回溯建筑的发展史,科技的进步与发展是建筑更新的主要驱动力量[2]。工业革命带来的技术进步与两次世界大战之后世界范围内的城镇化塑造了当代建筑设计教育体系。随着城市生活消费的占比不断提高,对数字技术融入性、环境智能性建筑的需求比例亦不断增高,对建筑设计教育提出了崭新要求。从20世纪下半叶开始,结构、机械材料工程以及信息和通信技术方面的成就对动态建筑的设计与建造产生了巨大影响。大型的自动化控制动态建筑立面与内置互动设备逐渐在实际工程项目中得到应用,这些建筑的设计与装配也反映了动态建筑的设计研究必须具备不同学科的基础知识,并依赖工业化的生产装配体系[3]。为了应对这一机遇与挑战,南京大学2019届建筑学本科毕业设计数字建构小组开展了基于并联机构的动态建筑设计教学研究。

1.国内外动态建筑教学回顾

　　自20世纪下半叶开始,欧美建筑学院纷纷结合所在大学的其他学科的优势力量,与建筑学科相融合,尝试深度的实验教学,促进新技术在建成环境领域的应用,于是动态建筑设计教学便应运而生了。如美国的麻省理工学院和哈佛大学,欧洲的荷兰代尔夫特理工大学和英国伦敦大学学院,以实验室(laboratory)、工作室课程(unit or studio course)、工作坊(workshop)等方式开展动态建筑设计授课研究,给予学生自主选择权并注重教学的差异性。麻省理工学院建筑学院主要通过搭建媒体实验室(Media Lab)作为平台吸纳学校其他工科专业团队加入,积极推动反学科分工文化,并将看似不同的研究领域进行非传统化的混合和匹配[4]。哈佛大学设计研究生院以工作坊和工作室课程为载体开设了大量动态建筑的相关课程:动态建筑、适应性建筑、壳、拉伸结构和动态系统、数字结构和材料分配等[5]。代尔夫特理工大学专门设置了动态环境方向的辅修学位。该辅修学位课程要求,选修的学生必须三分之一来自建筑建造与工程设计专业、三分之一来自工业设计专业、三分之一来自学校其他理工科学术类专业[6]。而英国伦敦大学学院巴特莱特建筑学院则依托互动建筑实验室,将动态建筑的理念与技术融入建筑设计的教学体系中。该实验室以早年毕业于学院互动建筑教育专业的教师为主体,聘请伦敦大学学院的机械设计、计算机等专业毕业的博士生加入教师团队。主要的授课对象为硕士研究生,同时也为本科设计工作室提供技术支持与指导[7]。以上几所大学动态建筑教学的发展状况基本上代表了世界高校在该领域里的发展模式与大趋势。

包含动态建筑设计教育的多方向并行建筑设计教育模式在欧美国家已开展多年并形成体系。但是欧美的互动建筑设计教育体系是建立在差异化和小规模化的精英教育基础之上的。欧美高等教育把盈利放在重要位置这一点和我国教育有本质不同。国内知名的建筑老八校的动态建筑设计教育则是依托现有建筑设计教育体系的本科大设计课程，或是与国外高校联合开展工作营。国内高校也取得了较为丰硕的成果，如东南大学本科四年级互动建筑设计课程[8]、清华大学互动设计工作营[9]、同济大学"上海数字未来"工作营[10]。但也不可否认，动态建筑设计教育在国内尚处于探索阶段。此次南京大学建筑学本科毕业设计数字建构小组的课题对并联机构原型的应用进行了深入探讨，尝试在开始阶段从相关学科而非建筑学本体出发进行创新以开阔思路，待概念固定、技术明确之后再向合适的建筑使用场景靠拢，对国内高校互动建筑设计教育发展做出了重要补充。

2.教学的组织与实施

2.1 教学组织

本次教学在参考国内外高水平建筑院校互动建筑设计教学经验的基础之上，结合国内高校教育体系的特点，选择了相对灵活、可以差异化教学的建筑学本科毕业设计为载体，以南京大学教授工作室博士生和硕士生科研团队为依托，开展以工作坊教学为基本形式的互动建筑教学实践。在教学开展的过程中，教师把握题目设置与设计发展大方向，博士生承担助教工作并主持以技术讲授为主的工作坊教学。硕士生按照自己的科研兴趣选择性加入工作坊学习，并与本科生配对，由于技术方面积累高于本科生，在学习新技术的同时可以与本科生实时互动。

2.2 教学内容

整个教学以面向动态结构原型的实物模型制造装配与控制测试为核心展开。主要包含前后连贯的三个训练环节：（1）从经典机械结构出发进行分析与模拟，教师引导学生体会机械结构的运动属性，帮助学生提炼建筑场景适用的动态结构原型；（2）基于真实材料与物理运动节点的实践操作，依靠装配经验进行设计，完成面向概念逻辑的实物模型制造装配与控制测试；（3）通过设计进行研究，建立知识系统，检验设计成果是否可以承载建筑使用场景的功能、意义，或是否存在对机械原型知识系统本身做进一步完善的价值。

在设计启动环节，由于目前的细分专业系统下的建筑设计教育体系没有教授机械设计与电路控制的相关基础知识，因此由教师主导的、由成熟机械结构原型出发的案例型教学是常见的教学方法[11]。首先，这种方法可以帮助学生迅速地学以致用，快速地将抽象理论与实践相结合。其次，由教师挑选的具有潜力的机械原型，可以帮助学生快速进入设计推演的角色，运用建筑设计的系统思维，借助原型进行设计思考。在此阶段，一方面，教师对选取的并联机构原型的工作原理、现有的使用场景以及与建筑学结合的研究案例做讲解，学生在对原型进行初步了解与资料搜集的基础之上做出选择；另一方面，针对单片机编程与控制展开案例教学工作坊，在较短时间内使学生可以掌握电机控制技术。学生在初步掌握电机控制技术之后测试实验模型，对自己所选取的机构原型进行控制测试，从而对所选取原型的动态属性有更加深入的了解。

在设计深化与发展环节，面向实物模型装配的工作方式打破了学生依赖电脑虚拟建模、进行设计深化的模式，也为跨学科的技术实践找到了切入点。学生被鼓励进一步对动态结构带来的跨学科知识冲击进行再思考。在抽象层面考量互动技术与机械结构是否可以驱动更深层次设计体系，使得学生在理解、掌握了原本陌生的机械结构知识并将其用于设计之后，进一步向研究层面迁移。这种知识迁移可以指向原型系统本身，也可以指向技术融合度更高的智慧城市系统。

在设计概念收敛环节，学生需要对所掌握的并联机构原型进行组合设计，反思经过组合之后的机构原型的动态特征是否可以产生有意义的使用场景。这是一个探索的过程，其核心在于设计意义或者说设计价值的产生。针对一种或几种确定的使用场景，学生自定比例制作动态展示模型，在模型设计与制作过程中，对结构动态模型的要求是其能够准确按照使用场景对运动状态进行切换与调整。传统建筑大部分时间处于相对静止的状态，除了门窗等构件，其余绝大部分构件在不满足使用功能时才会做出调整，而且这种被动调整也反映了建筑在绝大多数使用情况下的固有状态。在动态的结构所针对的一些特定使用场景中，动态所产生的主动变化带来的空间与使用上的新意义是需要进行反思的：互动建筑并不是简单地照搬机械原型，而是通过对机械原型运动重新的组合创造新的空间体验、使用场景甚至功能。

2.3 教学对外部知识的引入

连杆机构（Linkage Mechanism）又称低副机构，指由若干（两个以上）有确定相对运动的构件用低副（转动副或移动副）连接组成的机构。根据构件之间的相对运动为平面运动还是空间运动，连杆机构可分为平面连杆机构和空间连杆机构。

平面连杆机构是一种常见的传动机构，在建筑工程中已经可以见到这种结构，其最基本也是应用最广泛的一种形式是平面四杆机构[12]。世界著名建筑设计师卡拉特拉瓦（Calatrava）设计的瑞士圣加仑州应急服务中心（Emergency Services Centre, Canton of St. Galle, Switzerland）地面以上的建筑形态，主要由符合平面四杆机构原理的并联遮阳格栅单元覆盖的凸出的椭圆形斜面玻璃屋顶形成（图1），从而达成可以响应日光强度的建筑动态形态。对称的旋转拱形管构件起到曲柄摇杆的作用，带动并控制屋顶的两侧铰接格栅(各并联连杆单元)的位置移动，从而控制日光。格栅之间的间隙使得造型天窗覆盖的空间不会完全变暗[13]。经过这次的成功尝试，卡拉特拉瓦随后又在苏黎世大学法学院图书馆（University of Zurich Law Faculty）顶部天窗下侧使用了该动态遮阳结构。世界著名建筑设计师托马斯·赫斯维克(Thomas Heatherwick)设计的英国伦敦卷桥（Rolling Bridge）的伸缩是采用推杆电机推动平面四连杆结构单元的方式产生的形态卷曲（图2）[14]。

斯图尔特平台是并联连杆机构(Parallel Linkage Structure),属于空间连杆机构。斯图尔特平台的球形机原理可以追溯到格威内特(J. E. Gwinnett)于1928年注册的专利,被用于电影院的移动平台[15]。现在流行的斯图尔特平台构型在19世纪中叶由英国的高夫(V. E. Gough)设计,在轮胎磨损测试平台使用[16],因为斯图尔特(D. Stewart)1965年飞行模拟器方面的论文而被后人熟知。这种6自由度的并联机构由6根独立且两两一组的伸缩驱动杆连接上下两个平台,使得上方的动平台拥有6个自由度[17]。目前斯图尔特平台已经广泛用于大型飞行模拟器、重型雷达支撑控制结构,具有较强的承载力与稳定性。 此外,本文涉及的张拉整体(Tensigrity)结构是一种特殊的空间连杆机构。富勒于1947年和1948年夏天在黑山大学任教时强调,自然界是由连续的张拉中包含着的孤立的受压物体组成的[18]。在此时期,他的学生肯尼斯·斯内尔森(Kenneth Snelson)开始以"X形"为基本单元推演张拉整体结构,与此同时,富勒专注于以短程线穹隆为基础的球形张拉整体结构[19]。此后经过大约十年的时间,最简三杆九索张拉整体出现在了专利授权之中。富勒于1962年在美国获得"张拉整体"专利。埃梅里希于1963年以"自应力结构形式"为名称在法国获得专利。斯内尔森于1965年以"连续张拉离散受压的结构"为名称在美国获得专利。这些专利反映了张拉整体结构的属性,即"张拉整体结构是一些离散的受压杆件包含于一组连续的受拉索构件中形成的稳定自平衡结构"[20]。张拉整体的价值在于其给我们提

图1: 瑞士圣加仑州应急服务中心

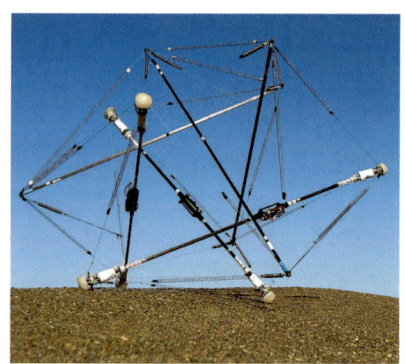

图3: 美国国家航空航天局开发的超级球机器人

图2: 英国伦敦卷桥

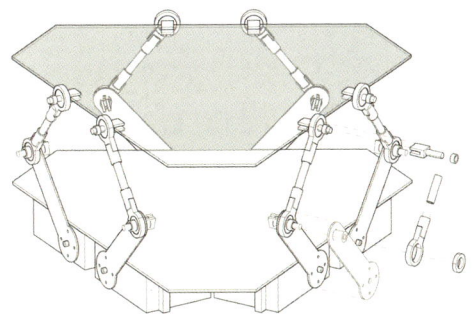
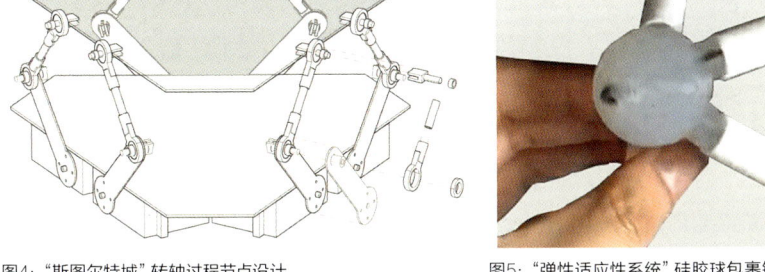

图4:"斯图尔特城"转轴过程节点设计　　　　图5:"弹性适应性系统"硅胶球包裹钢丝节点

供了一个可以探索更多可能性的系统架构。富勒在描述张拉整体球时说这是一个类似篮球的具有弹性的结构。在张拉整体的基础上,美国国家航空航天局(NASA)开发了超级球机器人(Super Ball Bot,图3),即对张拉整体的受压杆构件进行进一步的设计与控制,比如使受压构件弹性化并且能够调节其空间位置与索构件长度,以改变重心,从而实现运动,在受压构件两端加装吸盘,便于其进行太空行走和抓取矿石标本等。超级球机器人的最大优点是其张拉的弹性结构能够吸收岩石或较大坡度地形所带来的碰撞甚至是坠落而产生的外力[21]。

2.4 教学中的师生互动

本次教学的核心决定了学生需要接触实际的材料使用与节点设计装配,这是建筑设计的关键问题,同时也是这门课学生难点反馈最为集中的地方。学生会习惯性地先在计算机软件中进行设计与动态模拟,将运动节点或结构部件建模完成之后进行3D打印。"斯图尔特城"动态结构的关节设计在最初的建模过程中忽略了节点的空间旋转属性,因而关节设计成简单的平面转轴(图4),而这样得到的部件,在实物测试之中,往往模型一旦开始运动,很快就会损坏,不能正常工作。这时教师就需要根据自身经验指导学生采用较为成熟的标准化工业配件——鱼眼关节,并且经过进一步的测试证明了鱼眼关节的有效性。

此外,在如弹性材料的成形与使用,以及刚性结构材料(如不锈钢材料)的结构方面,会有不同的加固与稳定方法。"弹性适应性系统"测试模型前期在使用了硅胶浇筑节点之后,出现了弹性节点与其内部需要设置的钢丝连接相融性不好,极易造成损坏的情况(图5)。因此,学生在教师建议下参考张拉整体结构,对刚性杆件连接做脱开处理并使用弹性连接,从而获得了较为稳定的动态结构节点。

综上,一旦涉及具体装配的问题,学生往往会表现出经验不足,操作上反复实践,而这种状况也正体

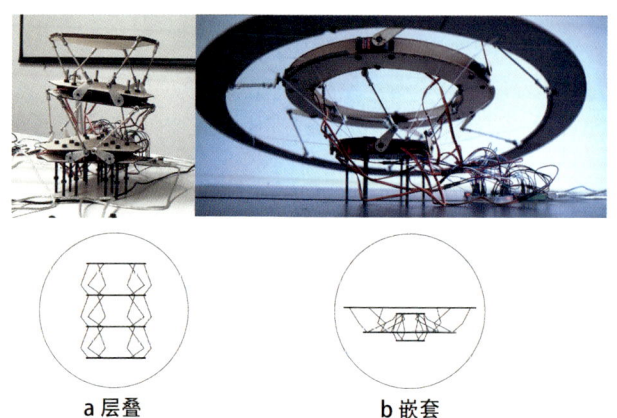

图6: "斯图尔特城"测试模型

a 层叠　　b 嵌套

图7: 三种典型运动模式舵机驱动同步周期模式

上下平移

旋转

摇摆倾斜

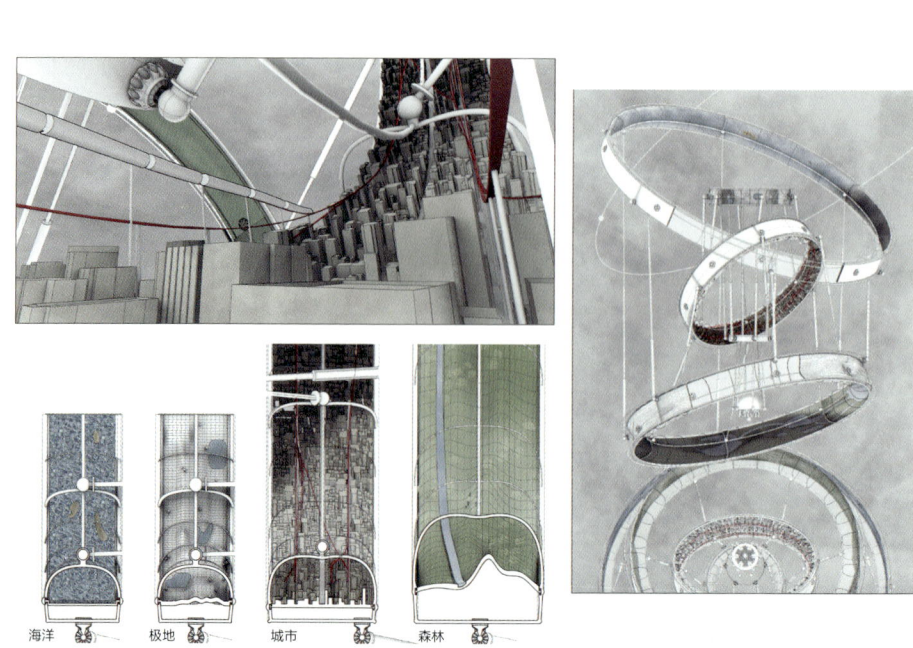

海洋　极地　城市　森林

图8: 斯图尔特城

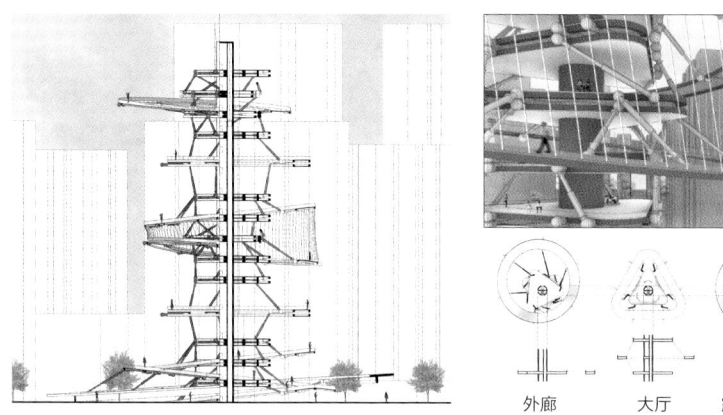
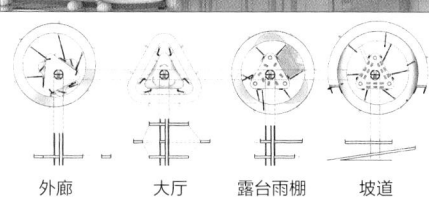

图9: 斯图尔特塔楼

现出了以实物模型制作与测试为基础的教学,对于学生在学习设计时思考材料和认知节点设计具有实践价值。在这种操作实践中,教师针对学生的具体问题反馈进行指导,能达到事半功倍的效果。

2.5 设计成果实例

罗紫璇的作品"斯图尔特城"将经典的机械结构斯图尔特平台进行变形,这种结构可以在纵向进行叠加,形成可变形的竖向支撑结构,而纵向简单层叠在基层是水平平台的条件下,其上的累加层倾斜也会逐层累加,导致重心失稳,从而在建筑上产生使用的功能障碍(图6a)。其实物模型推进的设计实践中对累加方式做出了创造性尝试,三层斯图尔特平台通过双层圆环平台嵌套一个中心水平平台的方法,利用嵌套构成一个基于中心平台,始终保持水平基准状态,外层双层环状平台运动相互关联的三平台竖向可叠加结构单元(图6b)。

根据对测试模型的周期运动属性的研究,该动态环状结构周期运动属性可以完美模拟人造太空环境——建筑叙事层面的"斯图尔特城"(图7)。在理论界,环形结构作为主要太空环境的载体并不少见,因为在失重环境下通过环形结构的自转产生的离心力可以模拟重力。因此,在主流科幻影片中,太空城市往往以环形的结构出现,如电影《极乐空间》里的太空城。而斯图尔特城由中心的圆盘状面光源(热源)和周围层叠的圆环组成,每个圆环代表一个相对独立的环境系统,根据所处位置不同而拥有自己的特征,分别模拟地球上的海洋、极地、城市与森林系统(图8)。环状结构整体的自转提供重力,各个轨道通过倾斜和平移而与光源(热源)产生相对位置的改变,从而形成四季、温度、昼夜等方面可以控制的变化。四季变化是由于圆环面相对光源面存在偏角（类似黄赤交角）而产生；温度由环上具体地点与光源的相对位置决定，同一地点也会由于自转产生一定的稳定更替变化，即昼夜。

根据对测试模型的运动类型与控制研究，以钢筋混凝土结构核心筒为轴，竖向叠加被限定做垂直升降与水平平移的内层楼板与外层环状倾斜可调结构两种平台，形成塔楼"斯图尔特塔楼"（图9）。塔楼由中心核心筒结构与内外两类楼板组成，内层楼保持水平，可摆放家具，满足基本使用要求，楼板被限定做上下运动与旋转运动，以便在特定条件下与外层楼板对接。外层圆环提供可以自由运动的交通空间与公共活动空间，同时产生倾斜的坡道、高度渐变的廊道、阳台、雨棚等功能不同的空间载体。这样，通过稳定不变的核心筒结构与可以进行控制、对接组合的楼板结构，在满足了建筑基本使用功能及对水平楼板与垂直交通的要求的同时，在更大程度上实现建筑结构的智能控制，从而提供更加积极与多变的建筑空间。

综合上述对嵌套斯图尔特平台结构属性的探索，在更加贴近市场现状的情况下，该系统具有作为塔楼结构外部遮阳系统的潜力。由于环面结构可以作为附加结构添加在塔楼建筑的竖向立面结构之上，结合前文所述环形面的自由度控制可知：通过控制环形面可以保持与太阳入射角的垂直角度，使得环形面作为外遮阳系统拥有较高的遮阳效率。

卫斌的作品"弹性适应性系统"在斯图尔特平台基础上合并动态节点，达成可以容许空间变形的新型节点，减少自由度、提高位移量，达成可移动的新结构。该新型结构几何属性为八面体，通过变形达成移动目的。对杆件和节点进行受力分析可知，伸缩杆承受沿着杆的压力，而节点则是要承受来自杆件不同方向的力。这里设计重构遵循张拉整体结构原则，即所有力都是沿压杆或者拉索的，这提供了"力始终沿着构件，且均为拉力或压力"这个思路。这将整个几何体的节点和表皮转化成弹性结构和材料，不仅成功简化了推杆结构，并且确定了弹性节点的连接方式（图10）。可以施用"弹性适应性系统"的几何体还有很多，像正四面体、正六面体、三棱柱都具有很大的潜力。"弹性适应性系统"不仅可以作为一个互动性装置出现在公共区域，也可以通过附着性的互动空间，随着人们需求的变化而对自身的空间进行调整，从而提供更大自由度的空间组合模块。

"弹性适应性系统"还具有作为阳台附加空间的潜力。"弹性适应性系统"可以作为阳台附属结构，在一定的时间段为彼此相邻且有交流意愿的固定一组邻里提供公共空间，并移动附加到其他位置继续服务（图11）。

3.教学总结与反思

首先，在教学内容编排上吸收国外优秀高校建筑设计教育的理念，没有在开始阶段讨论概念的实际运用价值，而是注重概念创新与设计逻辑的发展。通过从原型出发的设计启动阶段、注重知识迁移的设计深化与发展阶段，以及最后与现实结合的实际运用收敛阶段这三个阶段对设计概念发展张弛有度的把握，达成丰富的、创新的设计成果逻辑体系。然后，在具有创新性的设计体系逻辑固定下来之后，再

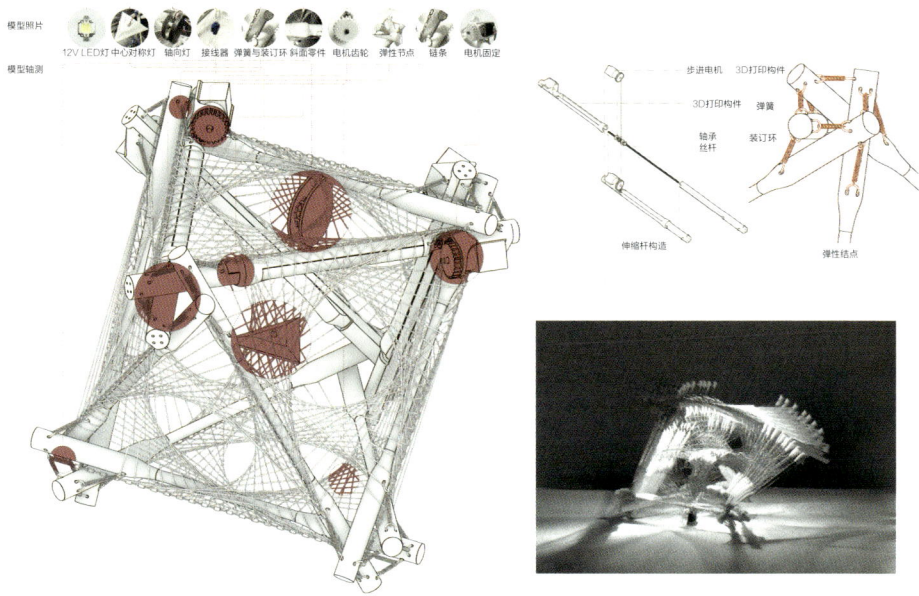

图10: 弹性适应性系统

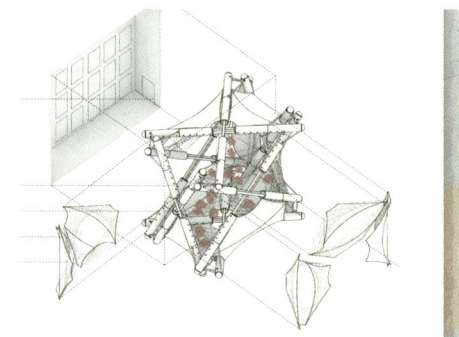

图11:"弹性适应性系统"作为阳台附加结构

去考虑如何融入建筑使用场景。

其次,在教学实施上考虑国内教育体系现状进行本科生与研究生的联合教学,通过物理模型的实际制作与测试来推进设计概念的深化与发展。国内现有建筑学教学体系对设计的训练偏重于设计绘图,而在通过处理材料与节点的方式来演进设计思想方面偏弱。在物理模型的实际制作与测试的基础上,本次教学注重师生互动以及研究生与本科生的互动,这为技术的落地提供了保障。

参考文献

[1] 梅莱.并联机器人[M].黄远灿,译.北京:机械工业出版社,2014:1.
[2] 孟建民.关于泛建筑学的思考[J].建筑学报,2018(12):109-111.
[3] SUSAM G. A research on a reconfigurable hypar structure for architectural applications[D].Izmir: Izmir Institute of Technology,2013.
[4] MIT.MIT media lab[EB/OL].[2020-5].https://catalog-dev.mit.edu/mit/research/mit-media-lab/.
[5] Harvard GSD. Kinetic architecture[EB/OL].[2020-5].https://www.gsd.harvard.edu/?s=kinetic+architecture.
[6] TU Delft. Interactive environment[EB/OL].[2020-5].https://www.tudelft.nl/en/ide/education/minors/interactive-environments/.
[7] GLYNN R. People[EB/OL].[2020-5].www.interactivearchitecture.org/people.
[8] 虞刚,李力.建筑作为互动:以东南大学四年级建筑设计课程为例[J].世界建筑,2018(7):111-123.
[9] 于雷,黄蔚欣.互动设计工作营:建筑教育中的交叉学科实践[J].住区,2013(6):88-93.
[10] 袁烽,张媚,戴森,等."上海数字未来"工作营的互动建筑教学实践[J].住区,2013(6):77-87.
[11] 孙彤,罗萍嘉,井渌.互动建筑教学实验研究:以"界面-行为"为例[J].中国建筑教育,2018(2):84-88.
[12] 王新华.机械设计基础[M].北京:化学工业出版社,2015:10-21.
[13] CALATRAVA S. Emergency services centre[EB/OL].[2020-9].https://calatrava.com/projects/emergency-services-centre-sankt-gallen.html.
[14] HEATHERWICK T. Rolling bridge: London, United Kingdom [EB/OL].[2020-9].http://www.heatherwick.com/projects/infrastructure/rolling-bridge/.
[15] GWINNETT J E. Amusement device[P].United States Patent No.1,789,680.1931-01-20.
[16] GOUGH V E. Contribution to discussion of papers on research in automobile stability, control and type performance[C]// Proceedings of the Institution of Mechanical Engineers,1956-1957:392-394.
[17] STEWART D A. Platform with 6 degree of freedom[C]// Proceedings of the Institution of Mechanical Engineers,1965,180(Part 1,15):371-386.
[18] EDMONDSON A. Geodesic reports: the deresonated tensigrity dome[J].Journal of Synergetics,1986,1(4).
[19] SNELSON K. The art of tensegrity[J].International Journal of Space Structures,2012,27(2-3):71-80.

[20] 莫特罗.张拉整体:未来的结构体系[M].薛素铎,刘迎春,译.北京:中国建筑工业出版社,2007:10-19.
[21] BEKRIS K. Robust planning for dynamic tensegrity structure[EB/OL].[2020-10]. https://www.nasa.gov/sites/default/files/atoms/files/kostas.bekris overview.pdf.

动态与互动毕业设计

毕业设计课程

  本次教学在参考国内外高水平建筑院校互动建筑设计教学经验的基础上，结合国内高校教育体系的特点，选择了相对灵活、可以差异化教学的建筑学本科毕业设计为载体，以南京大学教授工作室博士生和硕士生科研团队为依托，开展以工作坊教学为基本形式的互动建筑教学实践。在教学内容编排上吸收国外优秀高校建筑设计教育的理念，没有在开始阶段讨论概念的实际运用价值，而是注重概念创新与设计逻辑的发展。通过从原型出发的设计启动阶段、注重知识迁移的设计深化与发展阶段，以及最后与现实结合的实际运用收敛阶段这三个阶段对设计概念发展张弛有度的把握，达成丰富的、创新的设计成果逻辑体系。然后，在具有创新性的设计体系逻辑固定下来之后，再去考虑如何融入建筑使用场景。

可伸展的亭子
梦幻廊道
自适应性椅子
双曲面之韵
舞动的穹顶
适应性张拉整体
斯图尔特塔楼/城
舞茧
舞动的长屋

可伸展的亭子

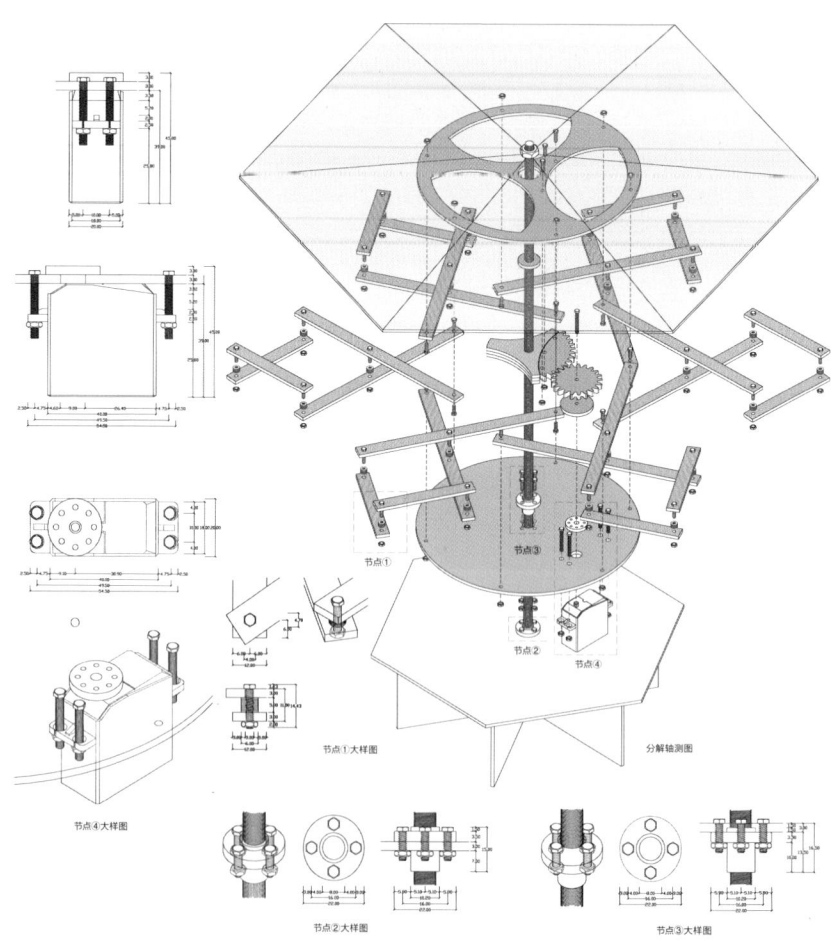

作业名称: 可伸展的亭子
时间: 2018年
姓名: 尹子晗
影片时长: 03'06"
助教: 张彤、孙彤

单体的多种组合方式
 1. 紧密连接

①两个单元紧密连接　　②三个单元紧密连接　　③四个单元紧密连接

④五个单元紧密连接　　⑤六个单元紧密连接

2. 非紧密连接

①三个单元非紧密连接　　②四个单元非紧密连接　　3. 紧密连接与非紧密连接结合

 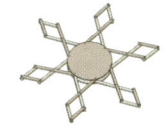   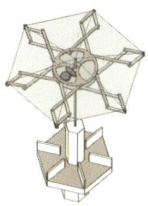

①一种可伸展的结构　②六个伸展结构组成一个六边形　③圆盘转动带动结构伸展　④齿轮带动圆盘转动　⑤将可伸展的六边形支撑起来，形成一个亭子的结构　⑥用柔软的材料制成亭子的顶

   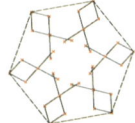 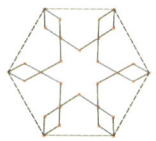

步骤1:将伸展结构的第一部分与两个圆盘分别固定

步骤2:将大齿轮固定在上方圆盘上

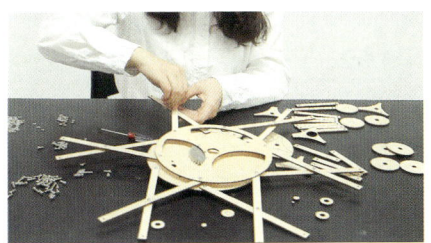
步骤3:将上下两个圆盘上伸展结构的第一部分交叉固定

步骤4:将伸展结构的第二部分与第一部分固定

步骤5:将舵机固定在下方圆盘上

步骤6:将下方圆盘的中心固定在支撑结构上

梦幻廊道

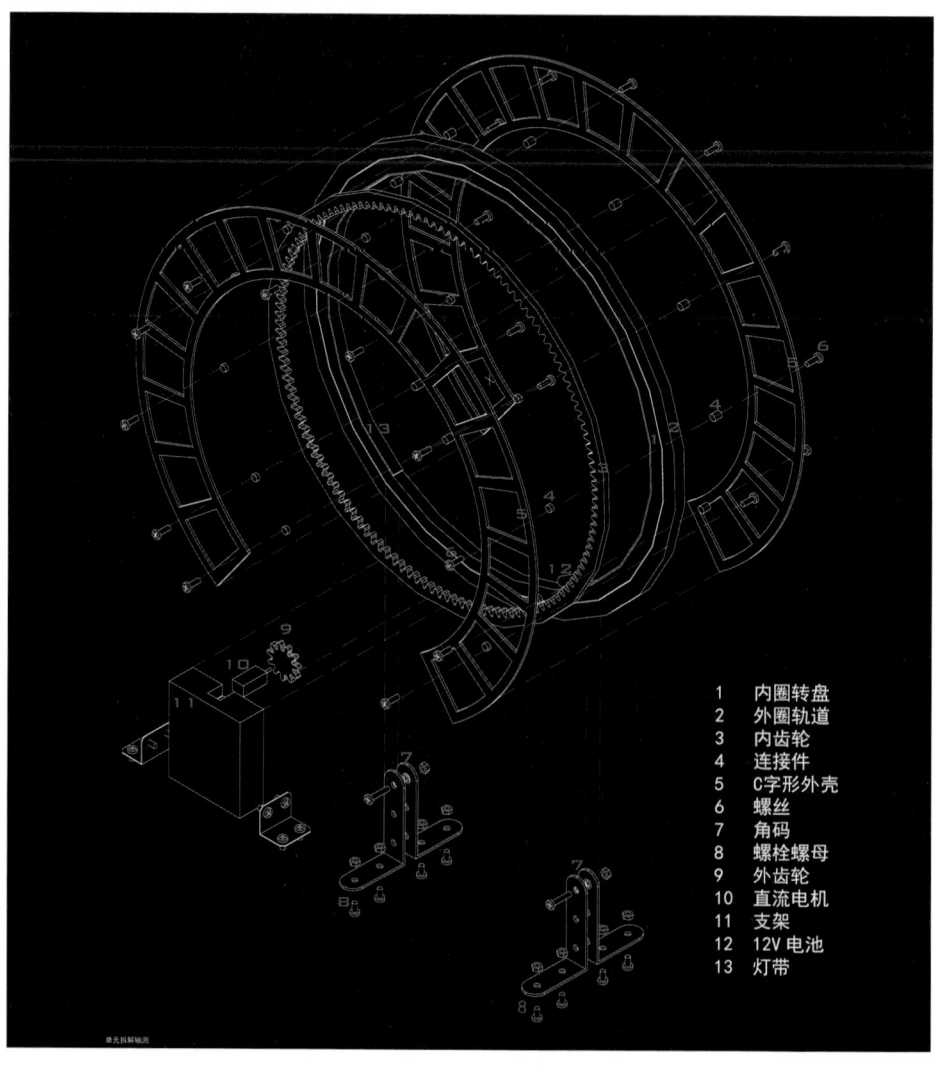

1 内圈转盘
2 外圈轨道
3 内齿轮
4 连接件
5 C字形外壳
6 螺丝
7 角码
8 螺栓螺母
9 外齿轮
10 直流电机
11 支架
12 12V 电池
13 灯带

作业名称: 梦幻廊道

时间: 2018年

姓名: 杨云睿

影片时长: 03'49''

助教: 曹舒琪、孙彤

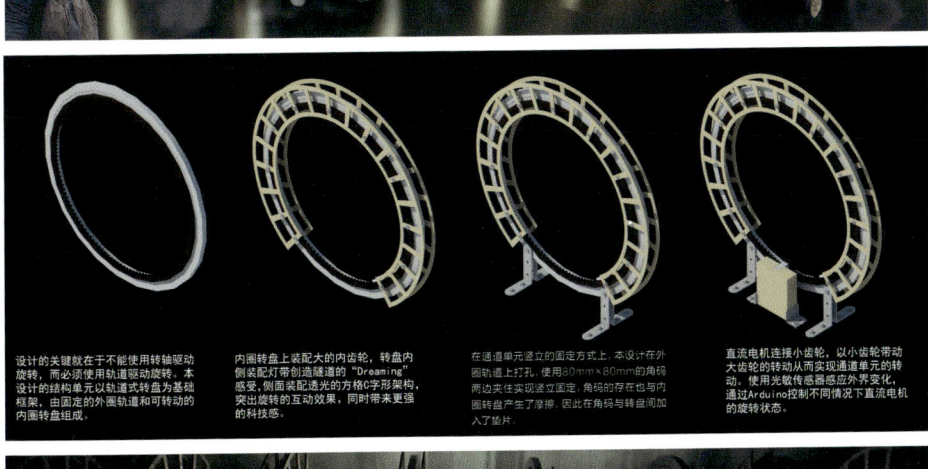

设计的关键就在于不能使用转轴驱动旋转,而必须使用轨道驱动旋转。本设计的结构单元以轨道式转盘为基础框架,由固定的外圈轨道和可转动的内圈转盘组成。

内圈转盘上装配大的内齿轮,转盘内侧装配灯带创造隧道的"Dreaming"感受,侧面装配透光的方格O字形架构,突出旋转的互动效果,同时带来更强的科技感。

在通道单元竖立的固定方式上,本设计在外圈轨道上打孔,使用80mm×80mm的角码两边夹住实现竖立固定,角码的存在也与内圈转盘产生了摩擦,因此在角码与转盘间加入了垫片。

直流电机连接小齿轮,以小齿轮带动大齿轮的转动从而实现通道单元的转动。使用光敏传感器感应外界变化,通过Arduino控制不同情况下直流电机的旋转状态。

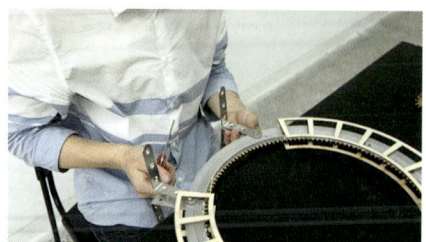
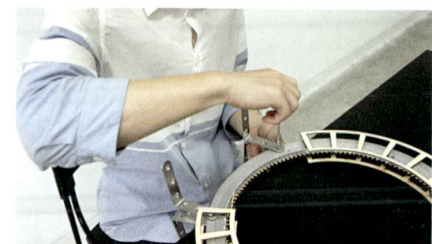

自适应性椅子

作业名称: 自适应性椅子
时间: 2018年
作者: 蔡英杰
影片时长: 01'57"
助教: 章太雷、孙彤

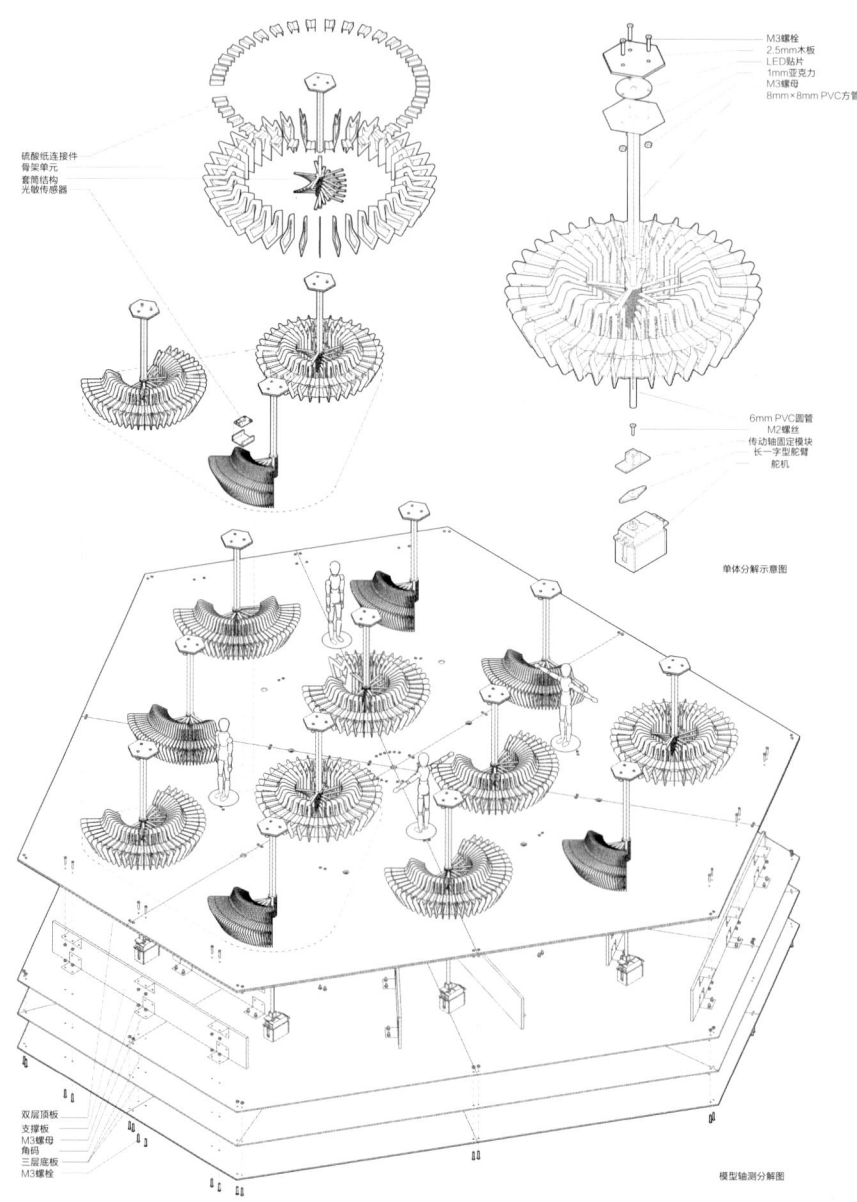

旋转
简单地在椅子的基础上加上了旋转轴
形式单一、缺少变化

压缩
可以将中间所有骨架收纳到首尾的框架里
实操性太差

并置
将所有骨架平行排放，收缩成一叠
旋转过程无法形成完整圆弧，不受控

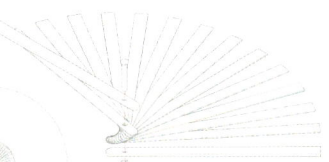 

轴承
内圈与外圈可以自由转动，通过开槽
和凸出部分实现联动
实操性太差

折扇
扇骨使用螺栓固定，实现与轴承类似的效果，
扇骨间用折纸连接实现联动

套筒
传动轴与骨架单元可自由转动，
骨架单元间用纸连接

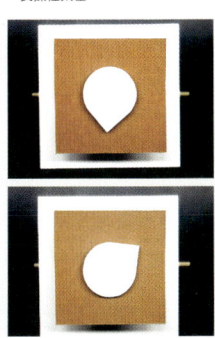   

 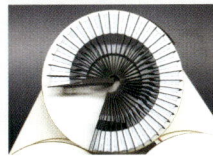 

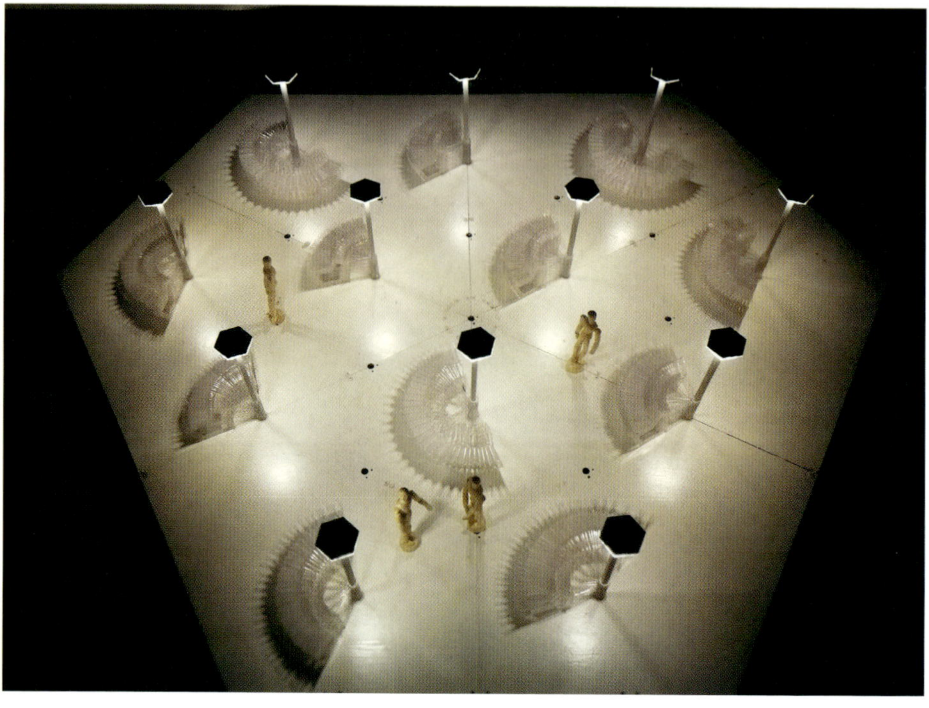

双曲面之韵

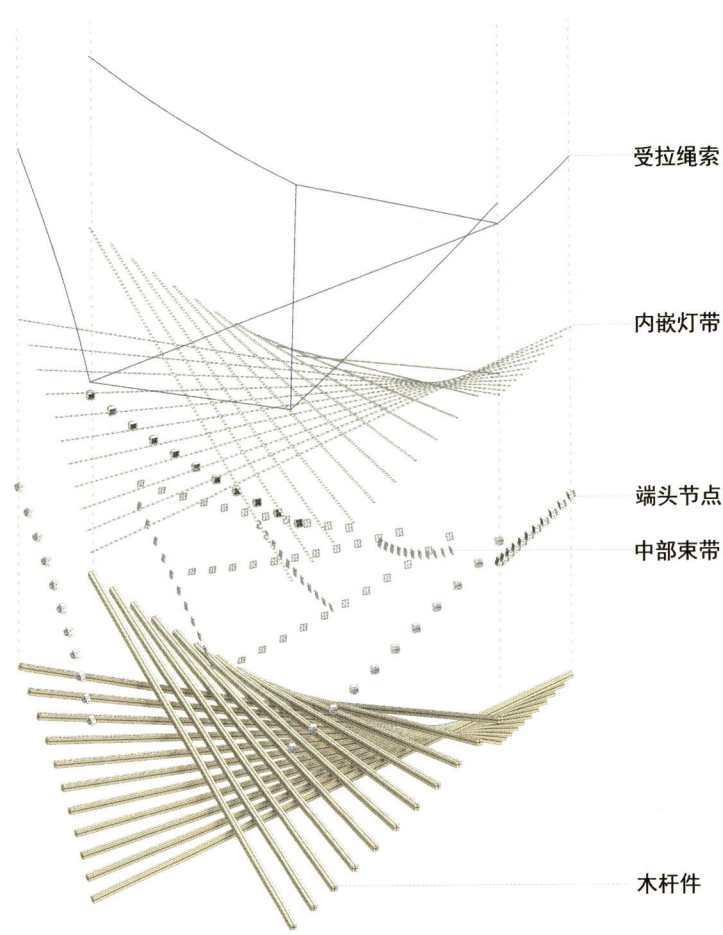

受拉绳索

内嵌灯带

端头节点

中部束带

木杆件

作业名称：双曲面之韵

时间：2018年

作者：张珊珊

影片时长：02'27"

助教：谢军、孙彤

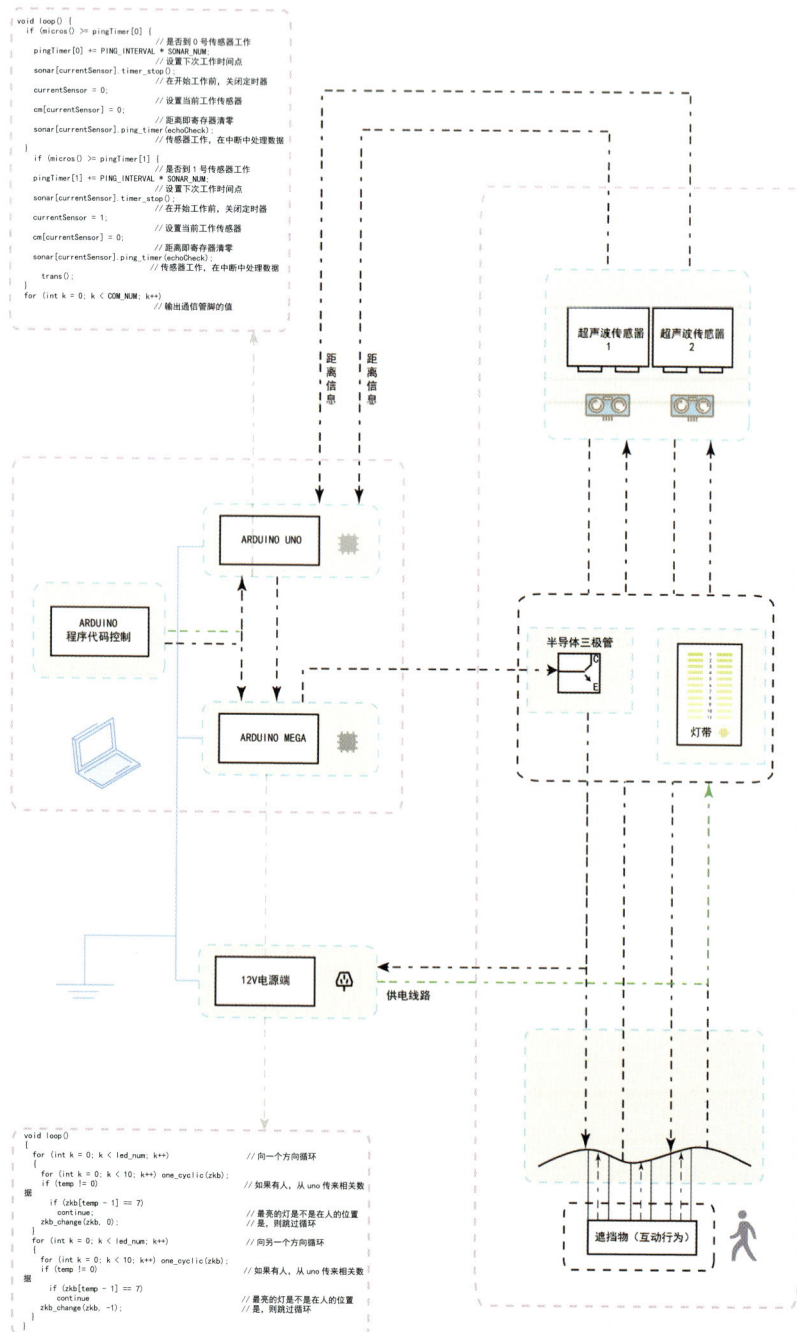

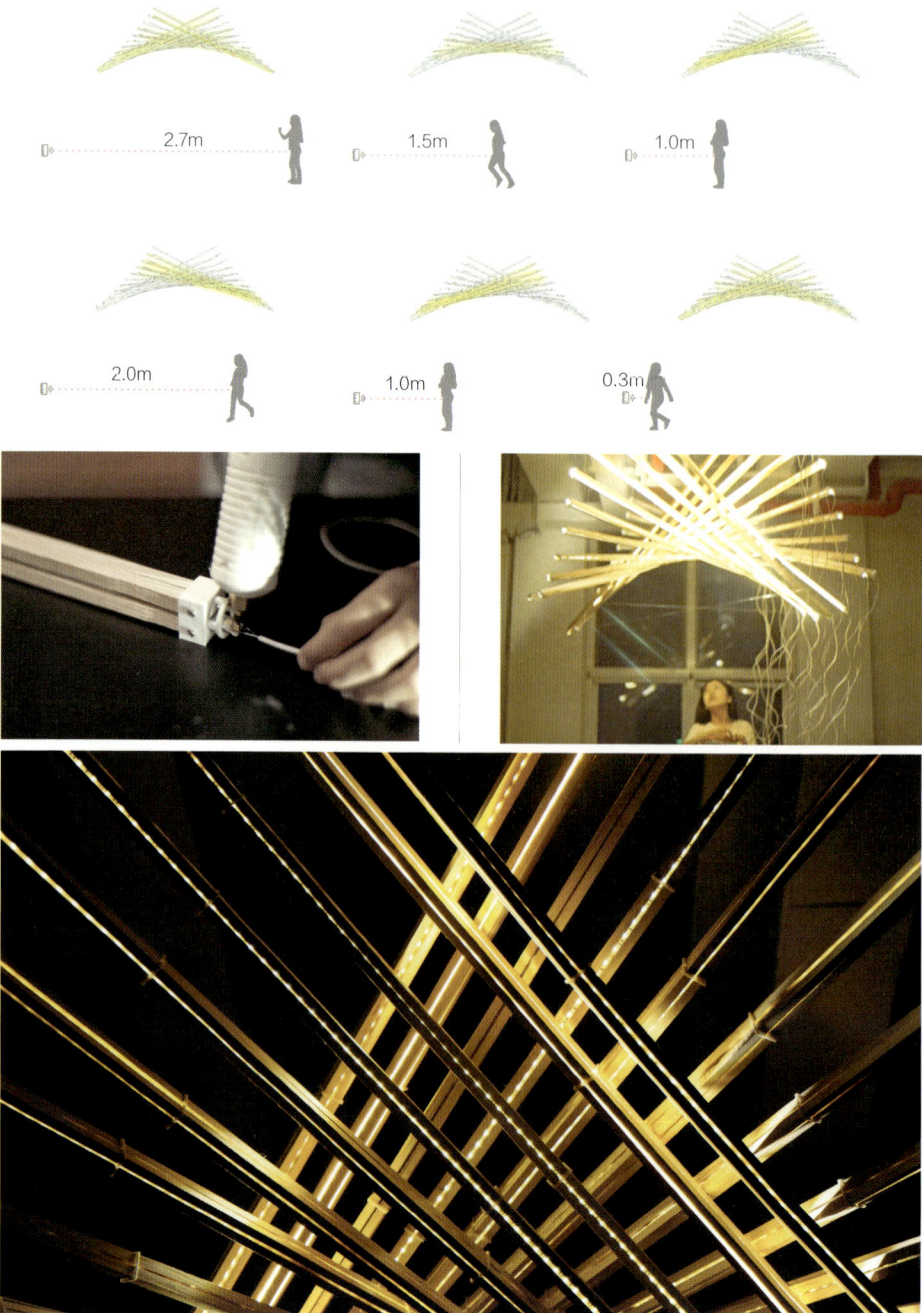

舞动的穹顶

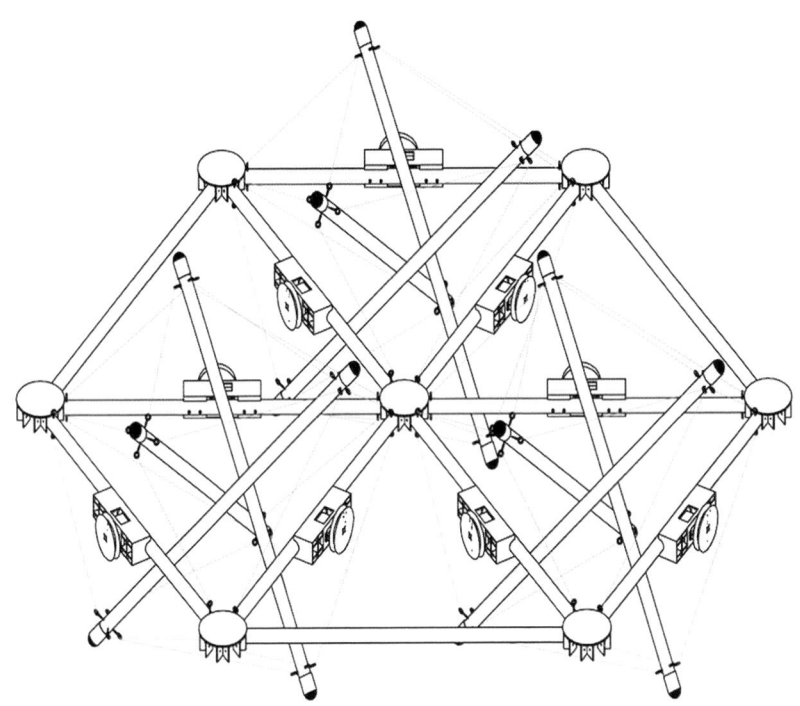

作业名称：舞动的穹顶

时间：2018年

作者：施少錾

影片时长：02'46''

助教：孙彤

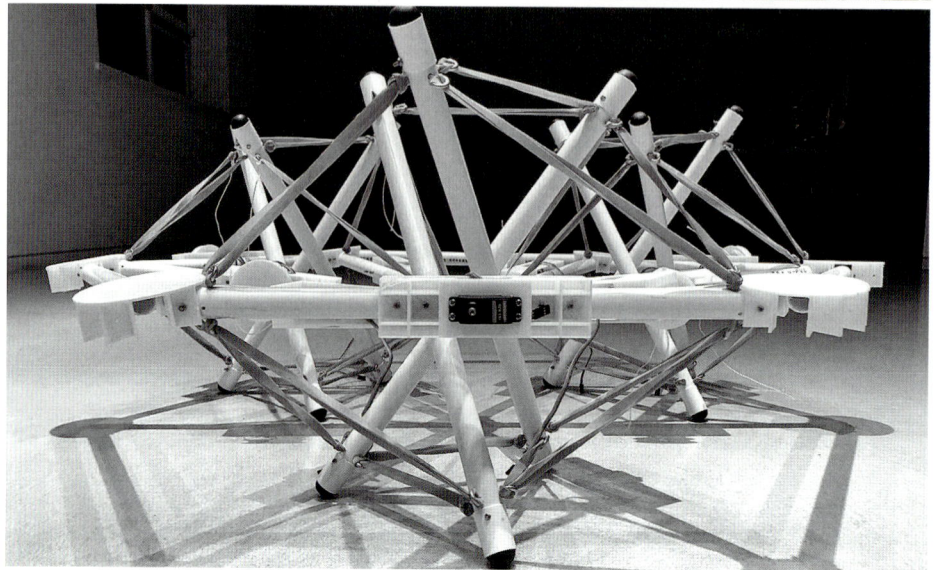

适应性张拉整体

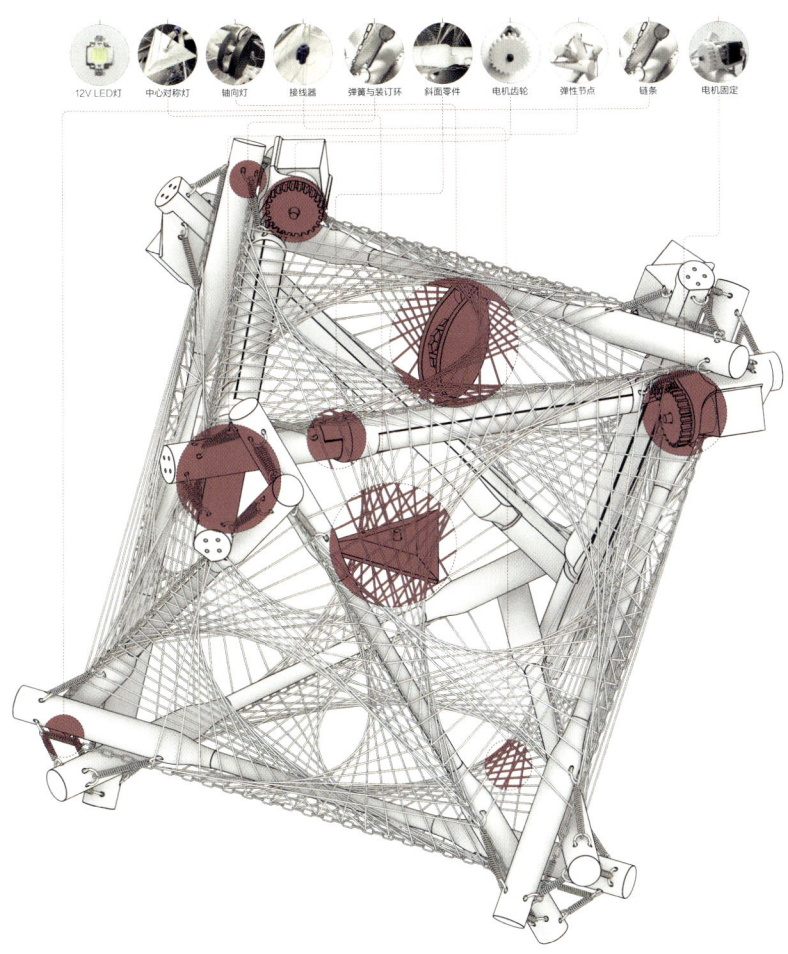

作业名称: 适应性张拉整体
时间: 2019年
作者: 卫斌
影片时长: 03'28"
助教: 冯时雨、孙彤

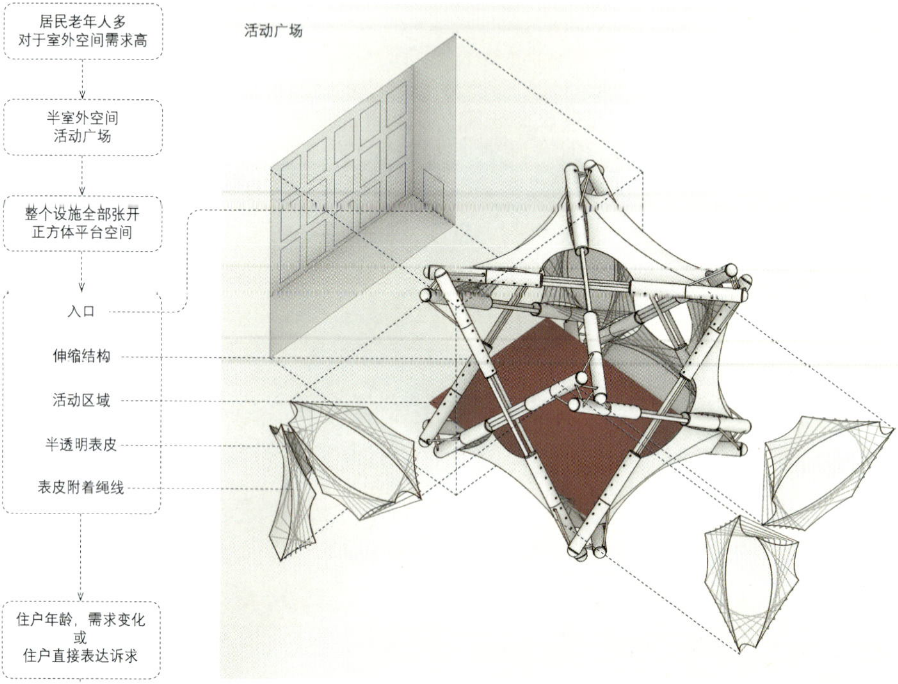

居民老年人多
对于室外空间需求高

↓

半室外空间
活动广场

↓

整个设施全部张开
正方体平台空间

↓

入口

伸缩结构

活动区域

半透明表皮

表皮附着绳线

↓

住户年龄，需求变化
或
住户直接表达诉求

活动广场

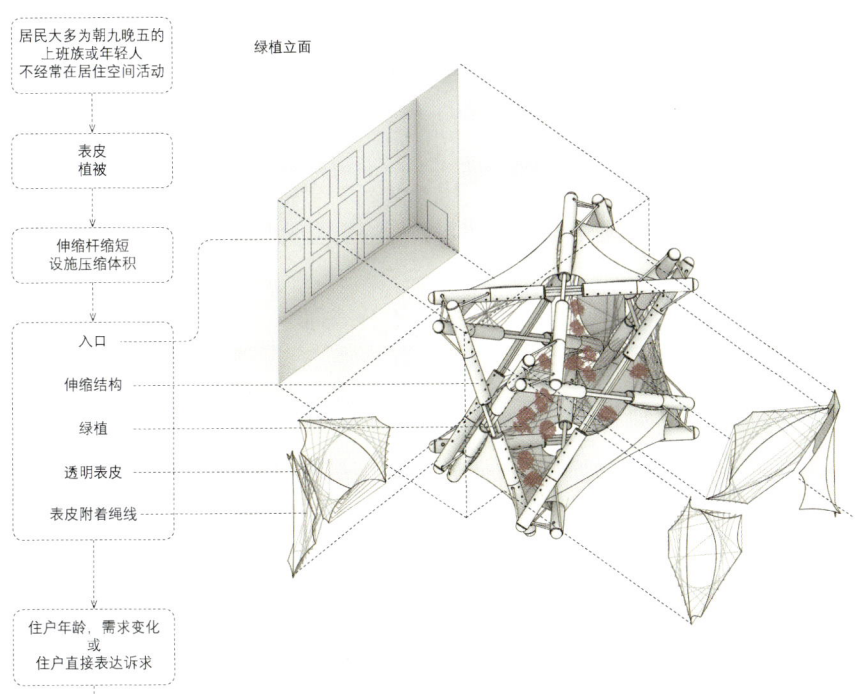

居民大多为朝九晚五的
上班族或年轻人
不经常在居住空间活动

↓

表皮
植被

↓

伸缩杆缩短
设施压缩体积

↓

入口
伸缩结构
绿植
透明表皮
表皮附着绳线

绿植立面

↓

住户年龄，需求变化
或
住户直接表达诉求

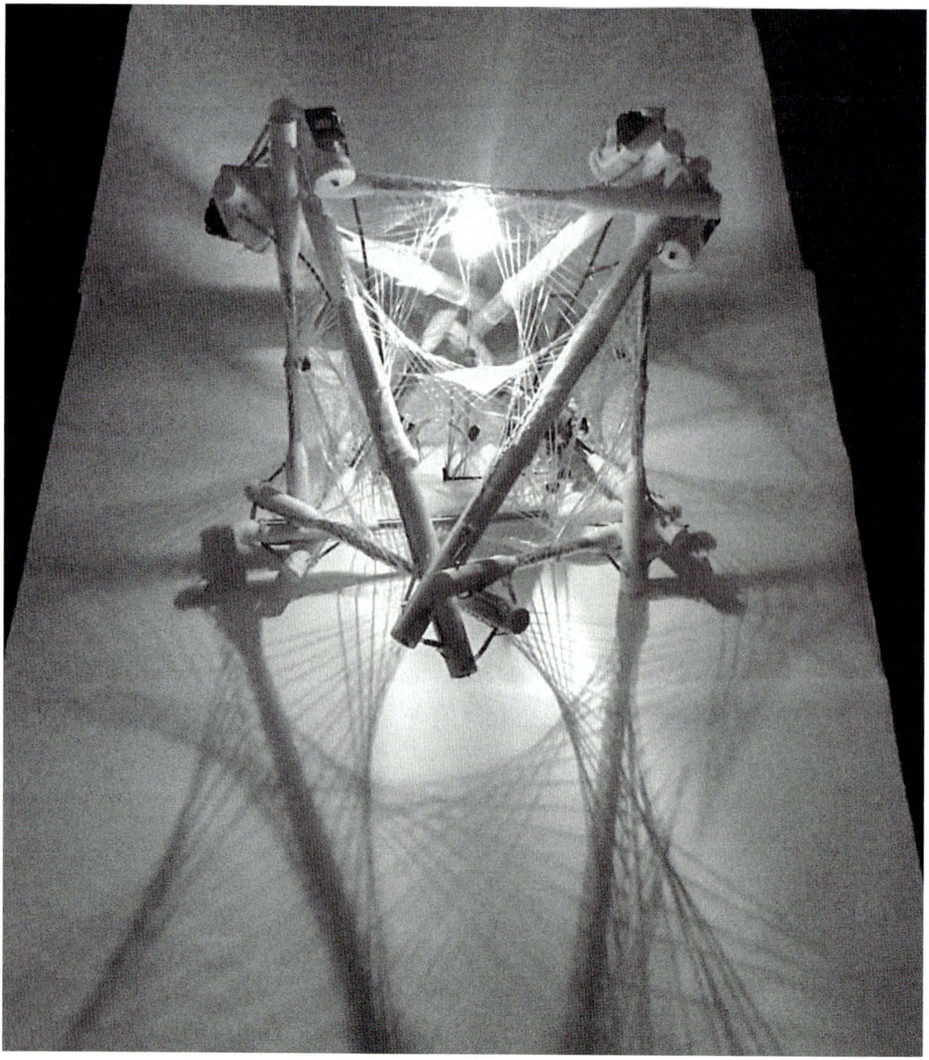

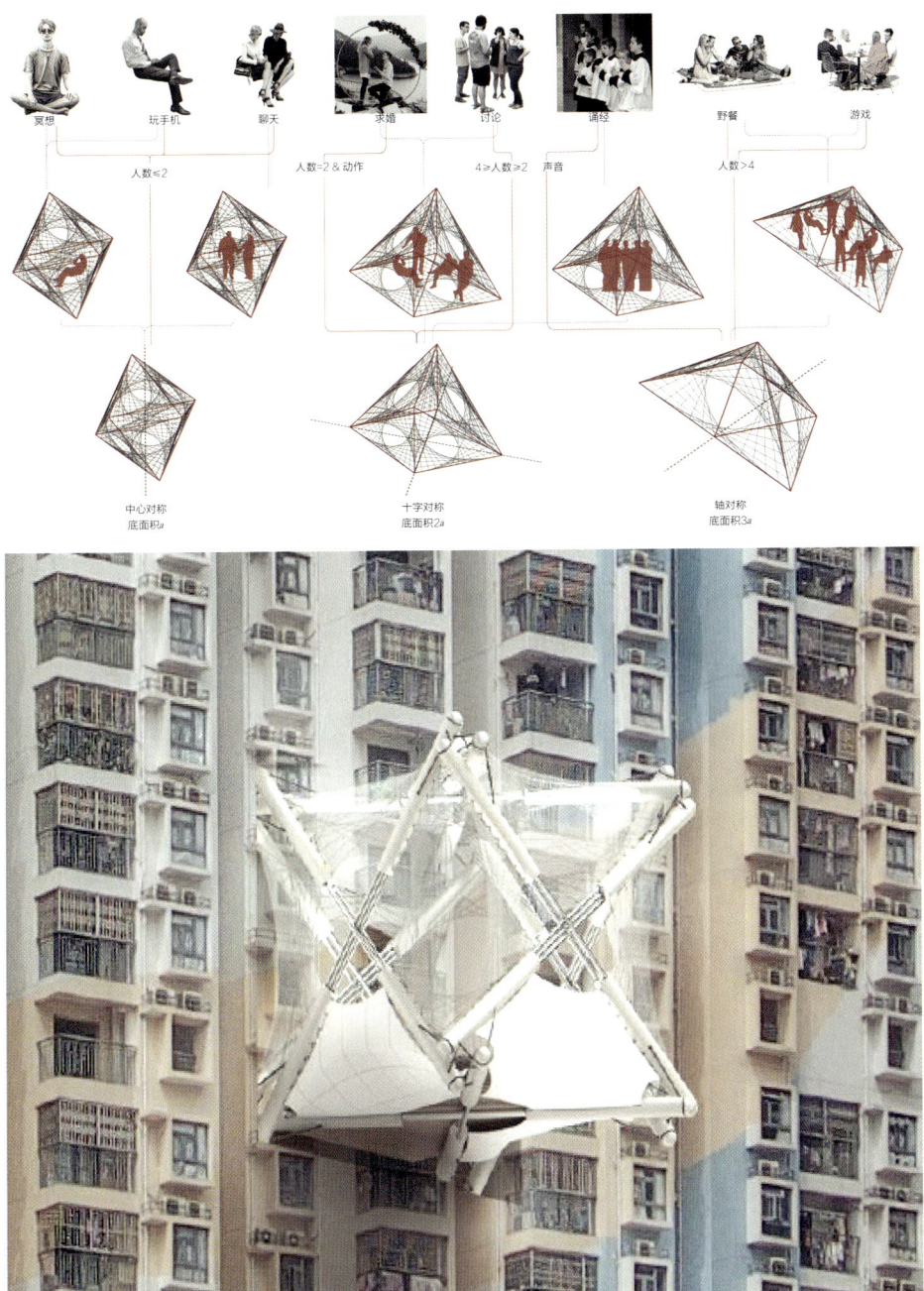

斯图尔特塔楼

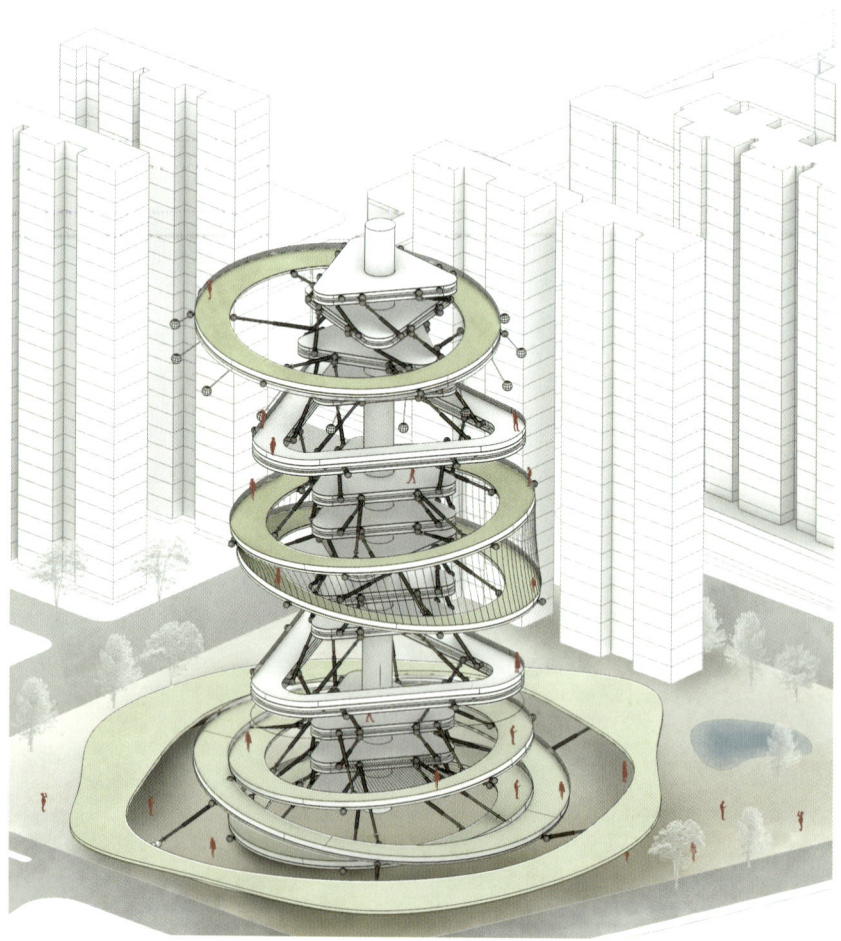

作业名称: 斯图尔特塔楼

时间: 2019年

作者: 罗紫璇

影片时长: 02'10"

助教: 金沛沛、孙彤

内层变化

内层塔楼层层向累加，仅可做垂直平移和旋转运动，保持楼板水平

外层变化

部分层向外伸出，可在一定范围内自由移动的外廊，作为坡道、走廊、集会，雨棚、游乐的场所

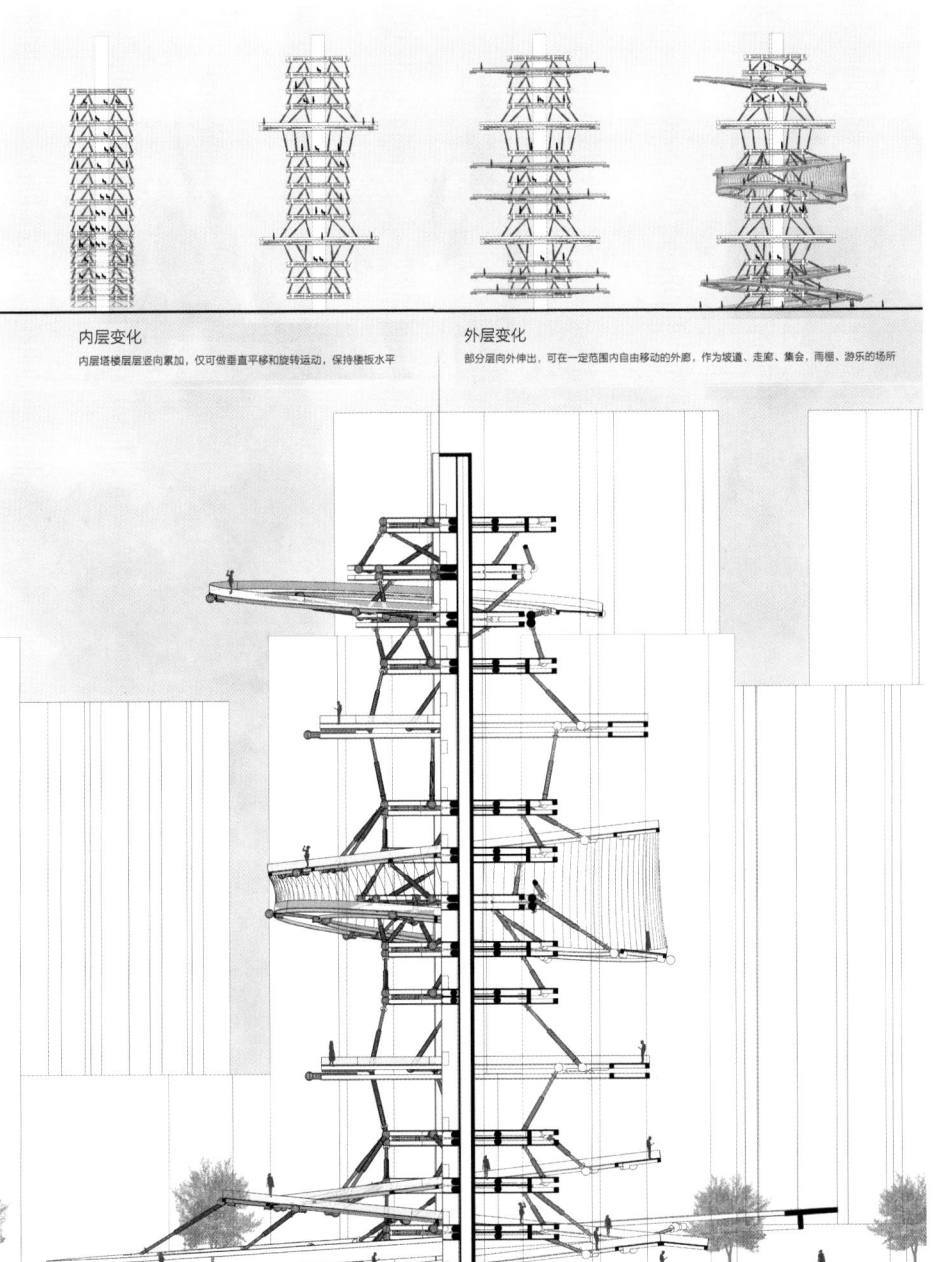

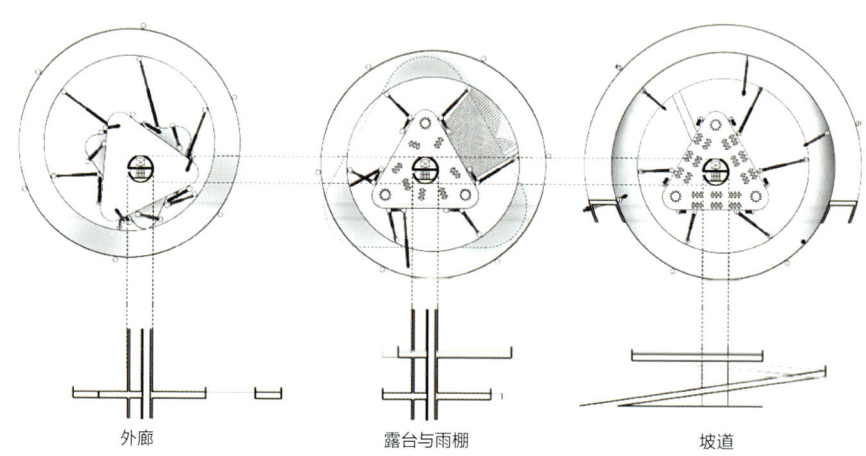

外廊　　　　　　　　露台与雨棚　　　　　　　坡道

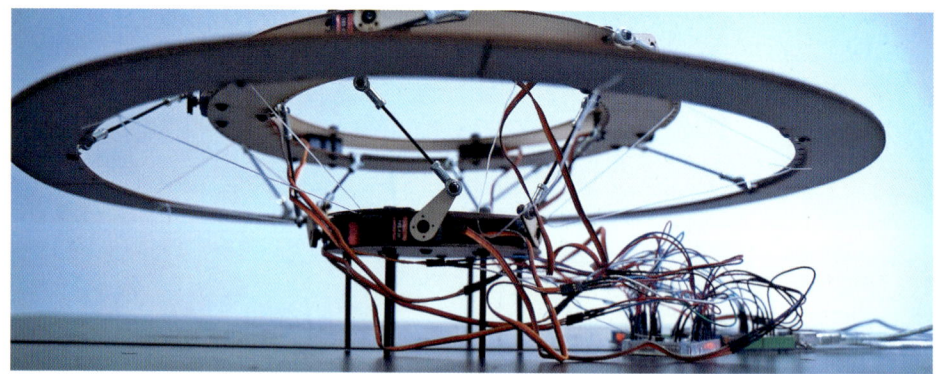

斯图尔特城

作业名称: 斯图尔特城

时间: 2019年

作者: 罗紫璇

影片时长: 02'10"

助教: 金沛沛、孙彤

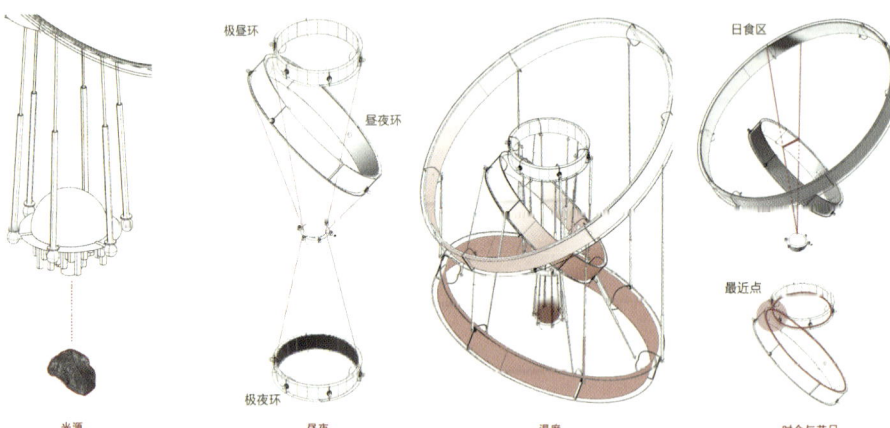

光源
Loop 通过燃烧矿石转化为基本的电能与光能，光源为一个半球，上半部分发光，下半部分作为矿石能量的转化工厂。

昼夜
如果圆环面相对光源面存在偏转角（类似黄赤交角），这个环上将会产生昼夜。

温度
城市中的温度由它与光源的相对位置决定，因此在同一个地点，也会由于自转产生一定的温度更替变化。

时令与节日
当相邻轨道的部分居民运行到彼此的"日食区"或"最近点"时，他们会举办各式各样的集会与联谊活动来庆祝这一盛事。

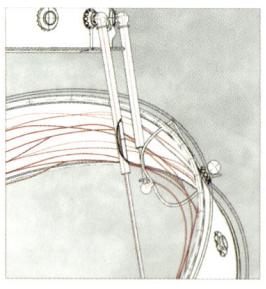
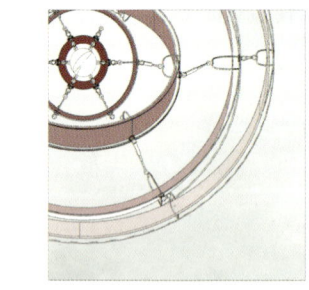

重力
在无重力环境下，LOOP 利用圆环不断自转产生的离心力模拟重力。因此在这里，圆环内壁被作为新的地面。

交通
每个圆环上有一条贯通的主干道，承担环上大部分的交通流量。同时在城市上空设置快速轨道，在环绕城市通行的同时也可以通过环与环之间的连杆到达相邻的其他城市环。

权力层级
在这里，内层是外层的上级。每个圆环的位置由相邻的内层圆环上的电机和连杆置直接控制，圆环的运动自内而外层层关联。因此，若某个环上的居民们决定要改变本环的位置，需要求上一级的支持以及所有下级圆环的同意。

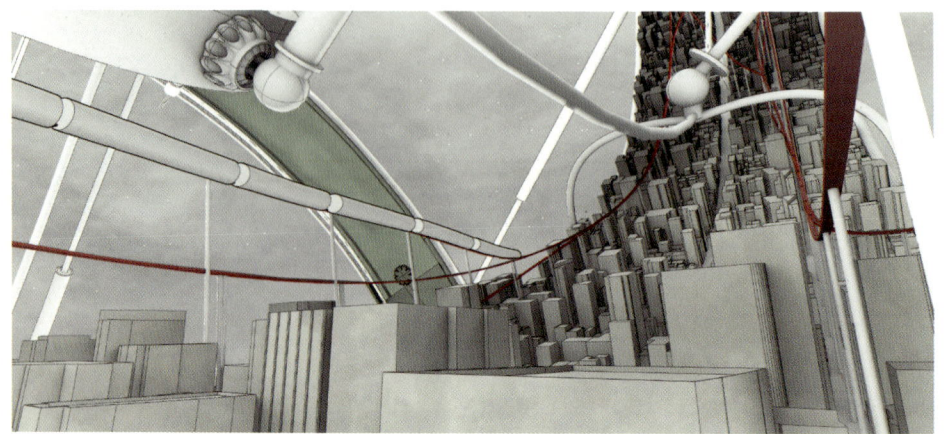

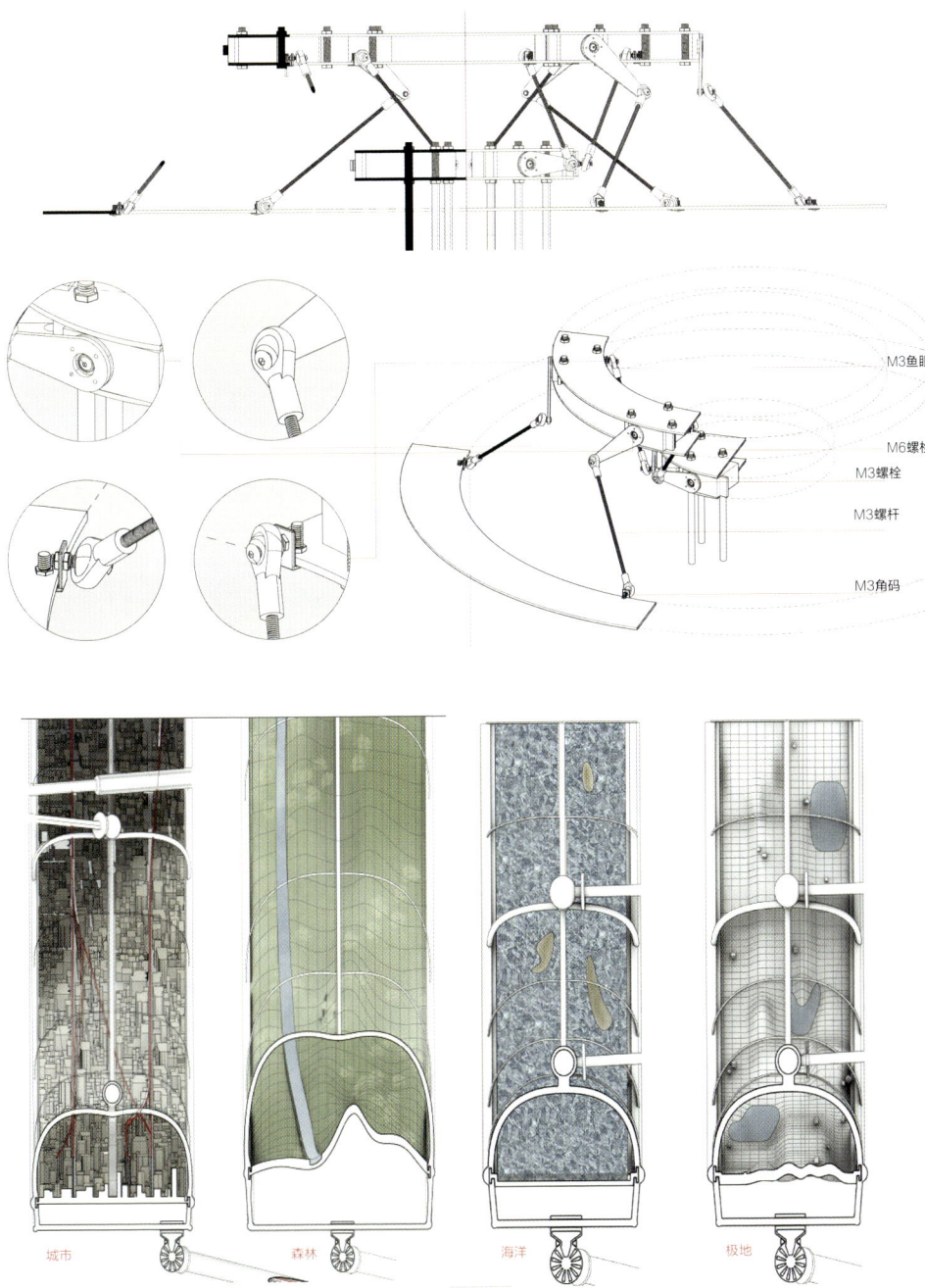

舞茧

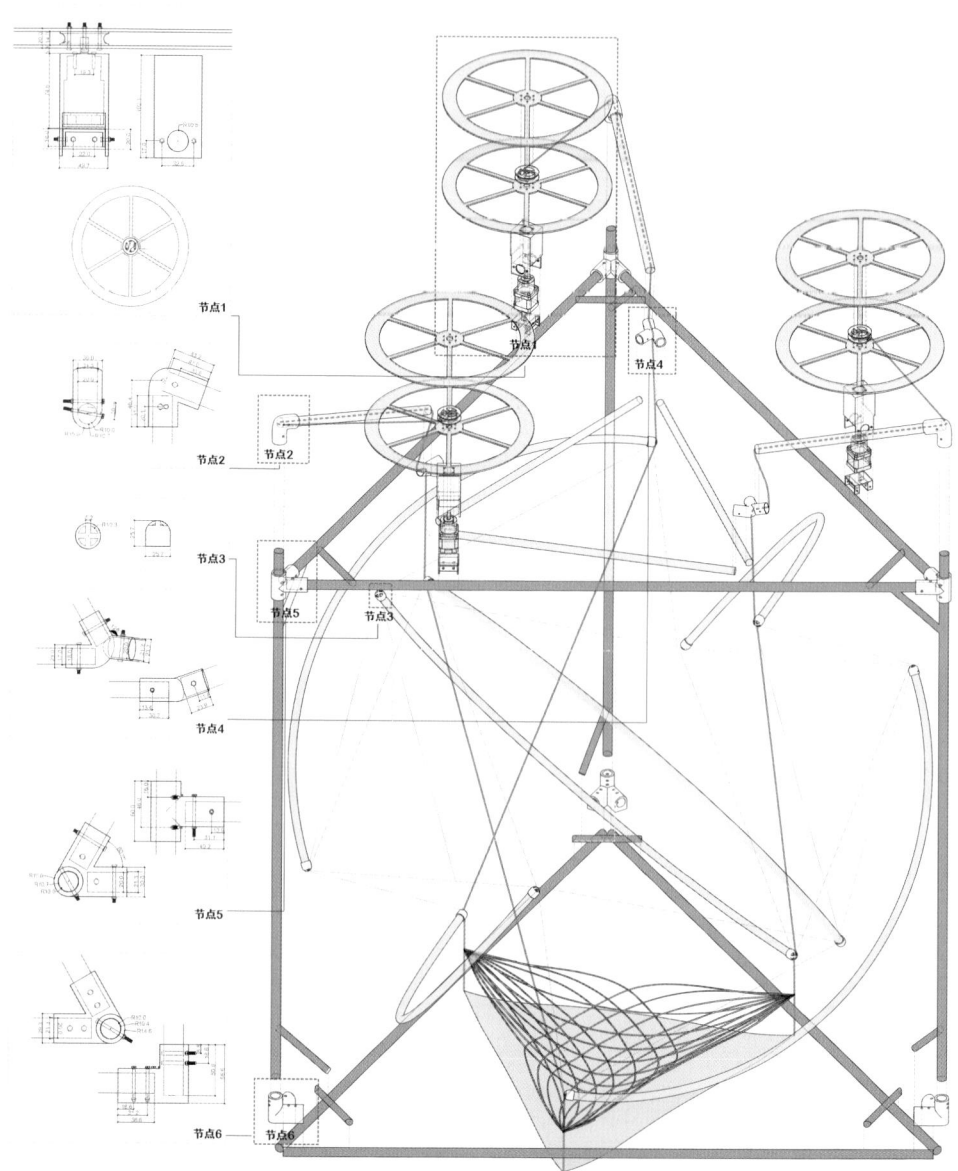

作业名称: 舞茧　时间: 2019年　作者: 顾卓琳

影片时长: 01'19''　助教: 李让、孙彤

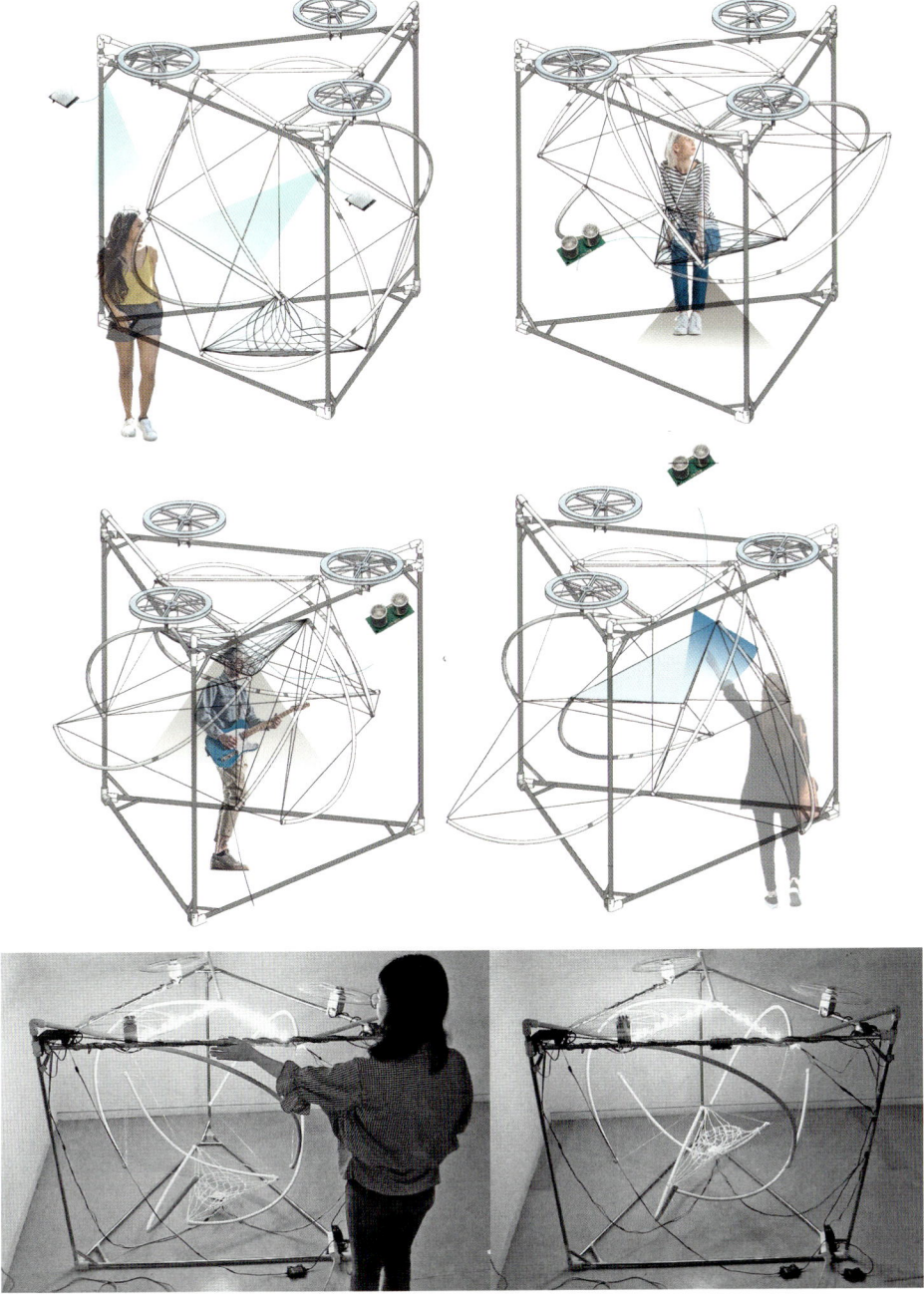

✿ 运动过程平面图

✿ 运动过程立面图

✿ 组合方式图解

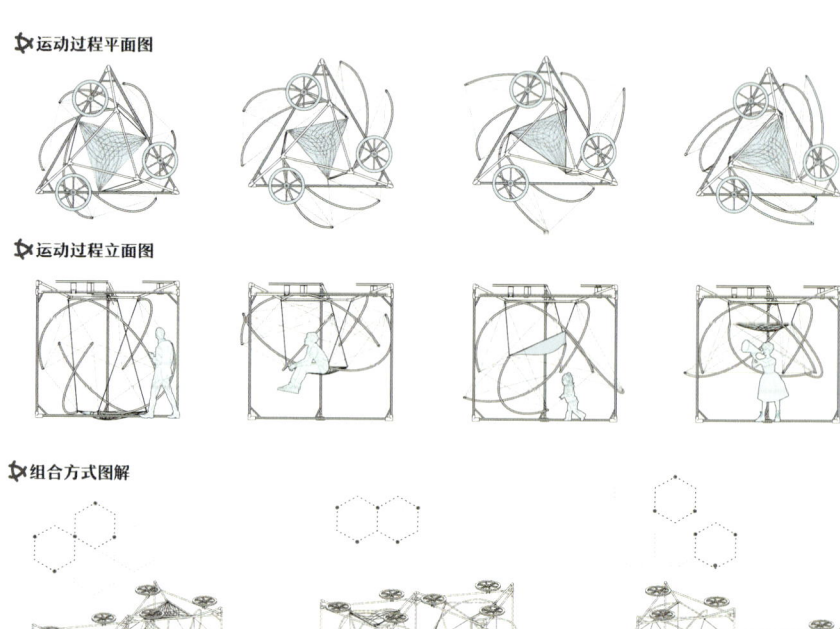

 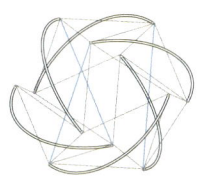 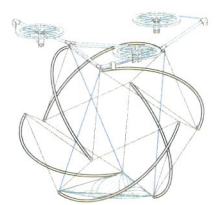 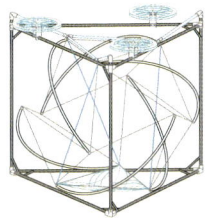

步骤1:用弹力线串联起张拉结构的节点

步骤2:将电机固定在钢管上

步骤3:制作钢框架并安装

步骤4:将拉索穿过衔接的节点

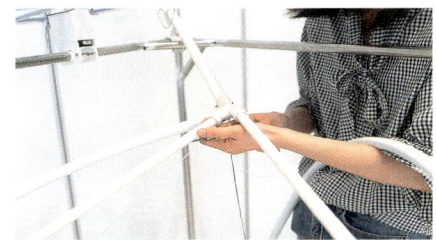

步骤5:节点固定

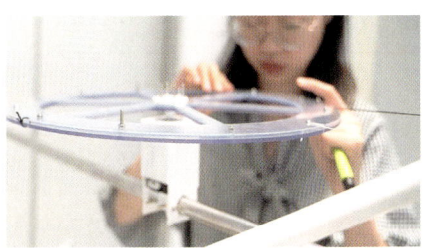

步骤6:连接拉索与转盘

舞动的长屋

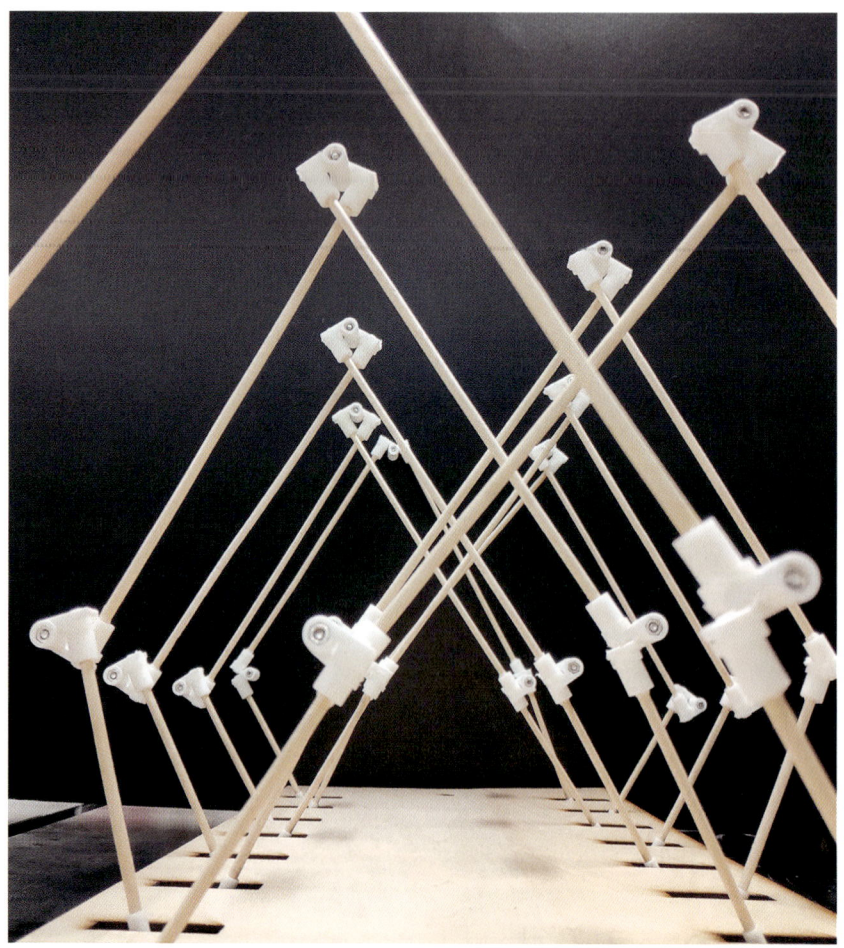

作业名称: 舞动的长屋

时间: 2019年

作者: 邱晓宇

影片时长: 03'28"

助教: 孙彤

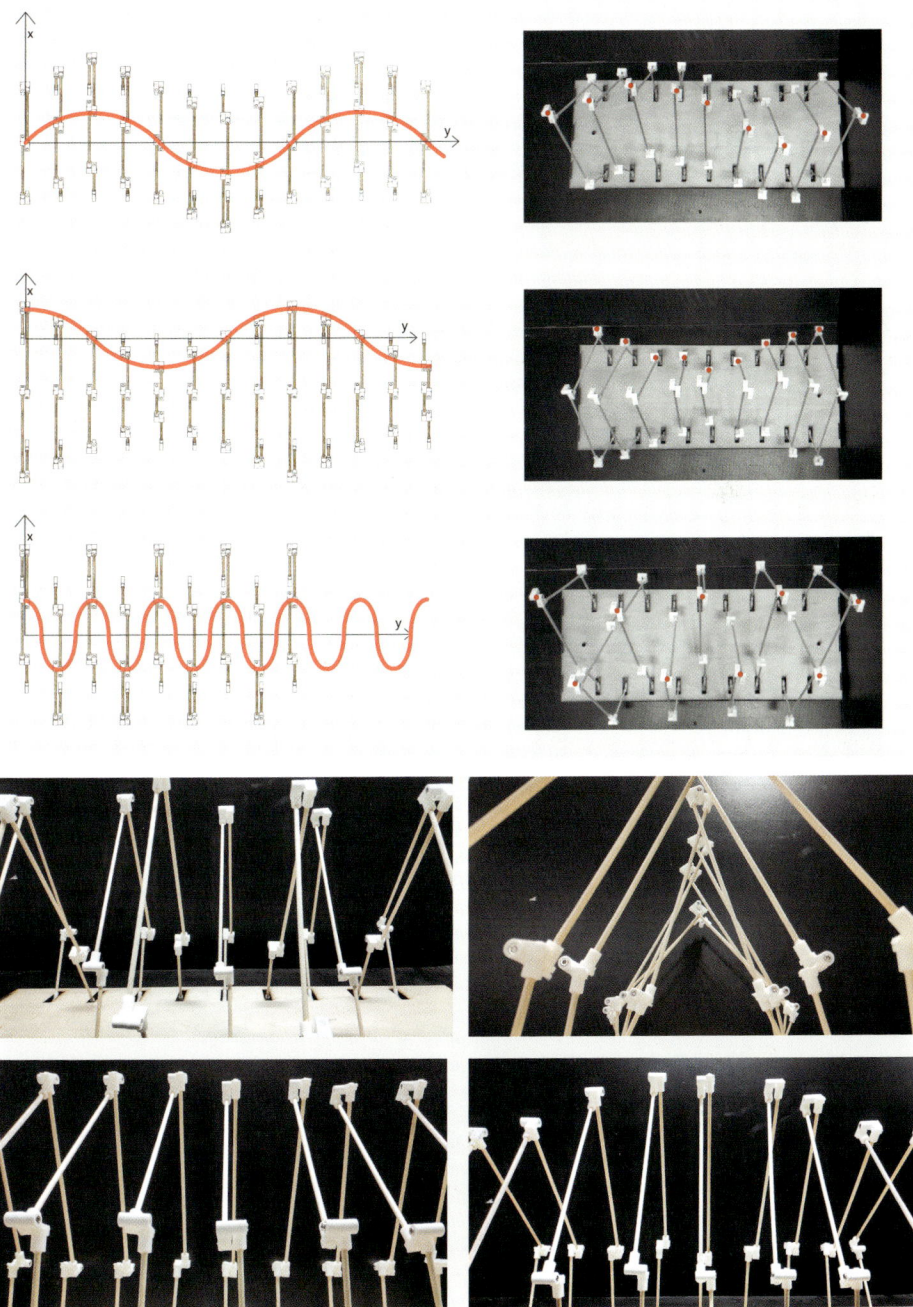

南大建筑实验手册 | 主编 鲁安东

电影建筑

Cinematic Architecture

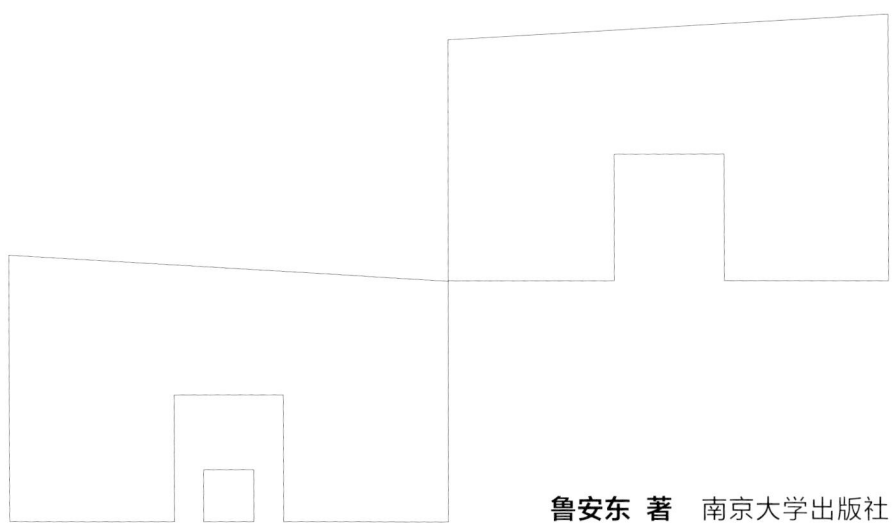

鲁安东 著　南京大学出版社

图书在版编目（CIP）数据

南大建筑实验手册. 电影建筑 / 鲁安东主编；鲁安东著. -- 南京：南京大学出版社, 2025.7. -- ISBN 978-7-305-29165-4

Ⅰ. TU2-53

中国国家版本馆 CIP 数据核字第 2025R3C993 号

出版发行	南京大学出版社
社　　址	南京市汉口路22号　邮　编　210093
书　　名	南大建筑实验手册 NANDA JIANZHU SHIYAN SHOUCE
主　　编	鲁安东
责任编辑	王冠蕤　张　静
照　　排	南京新华丰制版有限公司
印　　刷	南京爱德印刷有限公司
开　　本	787 mm × 900 mm　1/32　印张14.75　字数732千（共五册）
版　　次	2025年7月第1版　2025年7月第1次印刷
ISBN	978-7-305-29165-4
定　　价	218.00元

网址：http://www.njupco.com
官方微博：http://weibo.com/njupco
微信服务号：njupress
销售咨询热线：（025）83594756

* 版权所有，侵权必究
* 凡购买南大版图书，如有印装质量问题，请与所购图书销售部门联系调换

前　言

"建筑是凝固的电影，电影是消解的建筑。"在2008年给《建筑师》客座主编《电影建筑学》专辑时，我这样写道。而今天，我可能会这样改写——建筑是发散的电影，电影是凝固的建筑。

建筑与电影是天生的对偶物：建筑发生在真实空间之前，带有对空间可能性的预期和规划，而电影发生在真实空间之后，是对空间可能性的精心演绎，并将可能性浓缩成唯一。二者当然都不能代替真实的空间，它们分别位于真实空间的生前和身后。换句话说，建筑空间是原型性的，它是不完整的，并激发各种可能性。而电影空间是考古学的，它用一种可能性揭示超越空间的真实。建筑关于"即将如何"，而电影关于"已然如此"。

然而真正重要的是位于建筑和电影之间的真实空间，建筑许诺要支持和彰显的那个"即将如何"。在建筑设计中始终包含着对于未来真实空间的想象。一方面，这种想象既关乎使用的便利，也关乎栖居的诗意。它必须是可预见的，才可能被干预和促其实现。因而，这种想象更像是一种智能，如何具体、精确、有效、创造性地想象至关重要。另一方面，建筑也包含着支持这种想象能力的思维和工具，例如透视法、表现图、功能或者动线分析。而思维和工具反过来限制了我们想象什么以及如何想象。

电影建筑可以被理解为一种建筑想象的工具和方法，一种影像智能。它通过将电影的"已然如此"引入建筑的"即将如何"，引导设计趋向真实空间，帮助它更好地预期和规划未来的可能性。电影所演绎的是空间被使用和拥有时的真实状态，它用叙事的形式呈现存在的意义。它同样包含着自己的思维和工具，例如角色、事件、隐含着"观者"和"被看者"的视觉等，这些思维和工具把空间转译为一个由人的意图、行动和意义构成的"实践世界"。这些恰恰是建筑创造的"理想世界"最急需补充的。建筑承诺给未来的不应只是它看起来是什么样子，而是如何更好地生活于其中。

自2010年起，我开始在南京大学进行电影建筑教学。从最初以"影像观察"为主要方法的研究生工作坊（见《反思城市观察》），到2012—2017年围绕"空间电影性"分析的研究生专业课程（见《作为空间教学的"电影建筑学"课程》），到近两年在本科一年级开展的"电影建筑：观察、运动、叙事"的通识教学。与教学平行的是大量衍生的学术讨论，许多建筑师、学者、学生参加了"绩溪成像"（2014）、"瞬时园林"（2017）、"空间性的影像诠释"国际工作坊（2018）、"日常性的影像博物馆"国际工作坊（2019）等学术活动。二者共同构成了"电影建筑"教学不断更新的动态图景。本书旨在呈现这一动态图景，包括相关的教学思考、教学成果、学术讨论及展览等，作为一份相对完整的教学纪实档案呈现给读者。

鲁安东

目　录

1

电影建筑教学图谱	2
教学活动 / 学术活动	4
相关海报展示	5
思考	6
电影建筑与空间投射	8
反思城市观察	20
作为空间教学的"电影建筑学"课程	27
课程作业	40
观察	42
批评	42
叙事	43
场所	44
表演	45
运动视觉	46
园林空间	47
增强场所	48
事件	50
绩溪成像	52
瞬时园林	56
展览	64
两个人的建筑	66
日常性的影像博物馆	72
具身想象：电影建筑十年	80
附录	84

2010
南京大学
动态城市：相机、行走与书写

2011
南京大学
电影辅助设计：城市空间实践指南
Dessau Institute of Architecture
Micro-urbanism

2012
Dessau Institute of Architecture
Advanced Study of Cinematic Space

2013
南京大学
电影建筑学

2014
南京大学
电影建筑学

园林空间
C 园林空间研究

Narrative
D Catch Up

F 叙事建筑训练 I
—— 灵异空间（工厂）

D 叙事建筑研究（绩溪

Criticism
A A Cinematic Essay on the Death of Architecture

Music
C Musictopia

运动视觉
A 空间分析训练 I
—— 运动视觉

A 运动视觉分析

Observation
A\B\C
城市界面
城市进程
动态城市

A\B 案例形态记录与分解
案例变异分析与叙述

日常

想象

Place
A Bauhaus Ghost

D\E Bauhaus Ghost

氛围

空间

Performance
B Performance

B\C 空间分析训练 II
—— 身体空间
空间分析训练 III
—— 表演空间（园林）

B 身体表达空间

mise-en-scène

15	2016	2017	2018	2019
大学	南京大学	南京大学	剑桥大学 - 南京大学	剑桥大学 - 南京大学
建筑学	电影建筑学	电影建筑学	影像博物空间：跨空间文化的影像传递	影像博物空间：跨空间文化的影像传递

园林空间研究　　B　园林空间研究　　B　园林空间研究　　A　空间性的影像诠释

空间性

C　叙事建筑研究（四方美术馆、阿科米星工作室、同济大学浙江学院图书馆）

注记　　对 __ 的空间注记　　A　对 __ 的空间注记　　A　对 __ 的空间注记

日常性

A　日常性的影像博物馆

内部性

增强场所　中介

C　影像增强空间实验（甘熙故居）

干预

身体表达空间

电影建筑教学图谱

教学活动

2009—2010	南京大学"动态城市:相机、行走与书写"(研究生工作坊课程)	2010.6.21—6.25
2010—2011	南京大学"电影辅助设计:城市空间实践指南"(研究生工作坊课程)	2011.5.30—6.12
2011—2012	德国德绍建筑研究所 "Advanced Study of Cinematic Space"(硕士课程)	
2012—2013	南京大学"电影建筑学"(硕士课程)	
2013—2014	南京大学"电影建筑学"(硕士课程)	
2014—2015	南京大学"电影建筑学"(硕士课程)	
2015—2016	南京大学"电影建筑学"(硕士课程)	
2016—2017	南京大学"电影建筑学"(硕士课程)	
2016—2017	南京艺术学院"电影建筑学"(硕士课程)	
2017—2018	南京大学"电影建筑:观察、运动、叙事"(本科一年级通识课程)	
2018—2019	南京大学"电影建筑:观察、运动、叙事"(本科一年级通识课程)	

学术活动

2014.5.10	"绩溪成像暨影像空间教学展"南京大学
2016.5.7	"电影建筑学课程评图"南京大学
2016.6.19—7.15	"电影建筑:想象力的空间实践"开幕"影像中的园林"研讨,深圳有方空间
2017.4.22	"瞬时园林"展演"有'我'的建筑"研讨,南京甘熙故居
2018.3.24—3.25	"空间性的影像诠释"国际工作坊,南京大学
2018.6.2—6.6	"两个人的建筑:电影建筑实验展"上海那行空间
2019.3.23—3.24	"日常性的影像博物馆"国际工作坊,南京大学
2019.3.30—4.6	"日常性的影像博物馆"上海那行空间
2019.5.9—5.14	"具身想象:电影建筑十年"南京艺术学院美术馆

相关海报展示

绩溪成像暨影像空间教学展

电影建筑学课程评图

电影建筑：想象力的空间实践

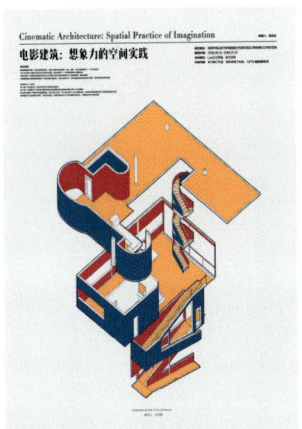

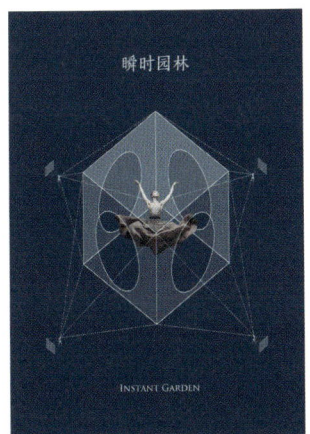

瞬时园林

两个人的建筑：电影建筑实验展

具身想象：电影建筑十年

思 考

《电影建筑与空间投射》,《建筑师》 2008.12

《反思城市观察》,《建筑学报》 2012.08

《作为空间教学的"电影建筑学"课程》,《建筑学报》 2015.05

电影作为媒介　与传统的建筑表现媒介相比，电影大大地延伸了建筑学对真实空间的操作范畴。它表现了视觉以外的其他知觉，表现了运动与时间中的空间，表现了身体与空间之间的延伸和互动关系，表现了主体的空间经验，并因此打开了空间的情感、记忆和叙事的维度。

叙事表达空间　基于对空间内在的电影性的分析、设计身体的表演来演绎空间的可能性。在这个过程中，身体的运动成为物质空间和空间叙事之间的中介物，它构成了对物质空间的一种特殊的注记。

主体传送　园林空间不应简化为身体的漫游，而是有主体情感和想象的积极参与。园林中的景观、路径、场所等并非分离的要素，而应被视作彼此相关的空间线索，共同引导着主体传送。"建筑"是一种主体与现实之间的中介。

知觉的空间　运动着的相机可以将空间距离的远和近转化为接近或者远离，影像带着观众一起运动并带给她/他强烈的身体感。在这个密切的"相机-身体"空间之外，影像将真实的空间转译为一个带有情感和记忆的氛围空间。这种对身体空间和氛围空间的区分使我们能够以更加感性的方式去解读和注记空间。

空间的电影性　空间本身具有的对人的活动的结构性、场景性和辅助性的功能。一个透视空间因为一览无余而没有变化和悬念，因此是没有时间感的空间。而从电影建筑学的角度，一个好的空间是提供机会和可能性的空间，是人和人的关系发生变化的空间。举例来说，"桥"是一个错失的空间，桥上和桥下彼此能够看见却无法相遇，而"走廊的拐角"是一个遭遇的空间，两端的人彼此看不见却注定相遇，二者在空间本身的电影性上是相对的。电影性揭示了建筑作为日常空间的支持者、作为故事深层结构的空间叙事。电影性不应被视作一种"再现"，而是建筑空间的一种本体属性。

两个人的建筑　建筑不再作为审美凝视的对象，而是支持人与人之间的风景。建筑空间不是关于单一主体与外在世界的，而是主体之间的，因而是关于情感、欲望、有意义的行动。建筑本身无意义，建筑因为对人与他人之间关系的经营而获得意义。

合成中介　在一个数字与人文的繁荣时代，建筑学需要扩展其传统的对物的建构范畴，从而更好地承担起应有的中介角色，来连接人与自然、意义及其他。这需要我们重新理解建筑学，而数字将在合成中介的设计中起到重要作用。

电影建筑与空间投射
Cinematic Architecture and Spatial Projections

[《建筑师》2008年12月总第136期《电影建筑》专辑引论]

对许多建筑师来说，电影可能是最接近现代建筑的艺术形式。建筑和电影都有清晰的空间和时间结构；建筑和电影都有明显的公共性，并同时表达着人的存在空间。即使被视作两种截然不同的艺术形式，二者也强烈地互相影响着。一方面，建筑的经验基础是一种动态视觉，这一点我们可以在奥古斯特·舒瓦西（Auguste Choisy）对雅典卫城建筑组群的理性主义分析中看到。法国希腊主义（French Hellenism）建筑史学家舒瓦西写道：“如果我们现在回想一下雅典卫城提供给我们的一系列画面，我们将会看到它们无一例外地是基于对其给人的第一印象的精心设计。我们的回忆不可避免地将我们带回那些第一印象，而希腊人主要的设计努力是使它们给人留下好印象。"（Choisy, cit. Eisenstein, 1989: 120）还有受其影响的法国建筑师勒·柯布西耶的《走向新建筑》（1923）以及一系列住宅设计——特别是拉罗什别墅（Villa la Roche, 1923—1925）和萨伏伊别墅（Villa Savoy, 1928—1931）。另一方面，电影需要建筑来限定和组织空间，法国建筑师罗伯特·马莱-史蒂文斯（Robert Mallet-Stevens）在《电影与艺术：建筑》一文中对此做了清楚的表述：“不可否认，电影对现代建筑产生了显著的影响；反过来，现代建筑也将其艺术的一面带入了电影。现代建筑不仅仅是电影的舞台，还在场面调度上显现其特征，建筑挣脱了条条框框的束缚；建筑在'表演'。"（Mallet-Stevens, 1925）

然而我们不能仅仅据此就将电影建筑（Cinematic Architecture）构想为一种形式艺术。建筑和电影的密切关系并非一成不变。我们至少可以看到三个截然不同的时期，它们回应着建筑学自身范畴的变化（图1、图2、图3）。

普遍的运动

"二战"之前，或者严格地说，在现代主义建筑的关注点从先锋艺术转向社会之前（20世纪30年代中期），电影作为一种基于感知的"通用语言"［汉斯·里希特（Hans Richter）和维金·艾格林（Viking Eggeling）在1920年的手册《通用语言》（Universelle Sprache）中说："这种语言的基础在于全人类相同的形式感，并许诺一种从未出现过的通用艺术。通过对元素的细致分析，我们应该能够将人的视觉重构为一种精神语言，最简单的和最复杂的、感情和思想、物体和概念，通过它都将找到自己的形式。"（cit. Foster, 1998:76）］以它所包含的运动性（以及由此产生的时空塑性）、先锋性（电影作为一种新媒体，体现了现代主义的"时代精神"）和公共性，给建筑师灵感，并被广泛用于新设计语言的试验和现代建筑理念的表达。只有从这一点出发，我们才能理解吉迪翁所说的"只有电影才能让新建筑被人理解"（Giedion, 1928），或者柯布西耶所看到的电影美学中的"真理精神"（Spirit of Truth）（Le Corbusier, 1933）。"运动"，不仅指机械意义上的运动，同时也是指一种现代生活的精神。运动、时间和速度正前所未有地改造着生活的空间，正如拉斯洛·莫霍利-纳吉（László Moholy-Nagy）指

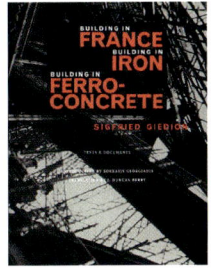  

图1：吉迪翁《法国建筑/铁 图2：保留的柏林墙成为涂鸦艺术的场所 图3：让·努维尔设计的阿拉伯世界研究中心室内
的建筑/钢筋混凝土建筑》 （窦平平 摄）

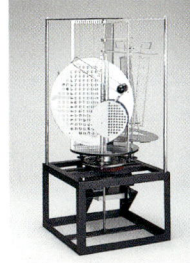  

图4：（左）莫霍利－纳吉设计的电子舞台灯光装置和（右）表现细部的电 图5：《今日建筑》中的萨伏伊别墅
影镜头（1930）

出的："我们必须用普适生活的动态原则来取代古典艺术的静态原则。"（Moholy-Nagy, 1922）莫霍利-纳吉在1923—1928年担任包豪斯学校预备课程教员期间一直在探讨透明、叠加和运动的"新视觉"（New Vision），这些特点集中反映在他1930年设计的一个灯光装置以及记录该装置的短片《光的游戏：黑、白、灰》（1930）中（图4）。影片中完全没有表现装置整体的镜头，旋转着的细部实体消失在透明、反射、戏剧性光影以及动态层叠的视觉效果之中，机器美学被推至极致。

除了对视觉感知的试验，电影同样用于建筑理念的表达（或者宣传）。1930年，柯布西耶和导演皮埃尔·谢纳尔（Pierre Chenal）合作制作了纪录片《今日建筑》(1930)。这部18分钟的短片向大约3000名巴黎观众宣传了国际式建筑。影片记录了建筑的使用而不仅仅是房子本身，例如萨伏伊别墅的坡道被表现为一次"建筑漫步"（promenade architecturale）——女主人沿着坡道穿过整个建筑到达屋顶花园（图5）。此外电影的记录和表现能力首次让城市性和现代性获得真正的表达。柏林在纪录片《柏林：一个大都市的交响乐》（1927）中按照城市一天里的活动被组织为五幕：苏醒中的城市、工作中的人、街道生活、热闹的下午和夜生活。运动贯穿着整部影片，机械运动（火车、电车和机器）以及人（群）的运动驱动着大都市（图6、图7）。与此相似，吉加·维尔托夫（Dziga Vertov）拍摄的《持摄像

图6：《柏林：一个大都市的交响乐》第一幕中的工厂生产场景　图7：《柏林：一个大都市的交响乐》第二幕中的街头候车场景　图8：《持摄像机的人》

图9：《持摄像机的人》　图10：《大都会》中的城市空间——空中高速路和铁路、摩天大楼、无数的飞机　图11：《游戏时间》中的办公空间——一个由重复的办公室构成的迷宫

机的人》(1929)记录了现实城市社会(社会主义大都市敖德萨)在一天中的生活(图8)。在首映当天，维尔托夫发表了如下声明："电影《持摄像机的人》代表了一次对视觉现象进行电影传播的实验。不需要使用插卡字幕/不需要剧本的帮助/不需要影院的帮助。这个通过'电影眼'(Kino-Eye)进行的新实验工作被用于创造一种真正国际化的纯粹的电影语言——纯粹电影制图(absolute kinography)——这基于它与戏剧语言和文学语言的彻底脱离。"(图9)无论是"新视觉"还是"电影眼"，电影改变了我们感知和思考这个由运动和力构成的世界的方式。

日常城市性

建筑作为重要的场景元素，一直被电影用于对叙事和表现力的探索，从早期的表现主义电影，例如《卡里加利博士的小屋》(1920)、《泥人哥连出世记》(1920)、《大都会》(1927)(图10)；到雅克·塔蒂(Jacques Tati)在影片《游戏时间》(1967)中对整齐一致的国际式建筑(以及它带来的问题)的戏谑(《游戏时间》是一个人适应建筑的过程。塔蒂仍然对人能够缓慢地适应陌生和无趣的建筑环境保持了某种乐观态度）（图11）。再到雷德利·斯科特（Ridley Scott）在影片《银翼杀手》（1982）中对后现代异质化城市的表现（图12）等。关于"影片中的建筑"（Filmic Architecture）的发展，狄特里希·纽曼（Neumann, 1996）和鲍勃·菲尔（Fear, 2000）的编著都进行了系统的研究。然而创造性的电影（cinema）而不是具体的影片（films）对建筑设计和研究的影响在20世纪30年代中期后逐渐衰退，这部分是由于现代主义的发展远离了作为电影基础的经验和想象力，电影的公共性支配了其运动性和先锋性。直到20世纪70年代中期，电影才重新出现在建筑舞台上。这次不再源于激动人心的机器运动和集体（collective）运动，而是伴随着建筑学对自身的质疑和对城市、社会人性状态的困惑，隐秘地（intimately）与个人精神世界进行交流，并揭示建筑和城市空间的异质性。曾经从事过电影剧本写作的建筑师雷姆·库哈斯［库哈斯在荷兰电影及电视学院接受了电影剧本写作的教育，并参加了电影《白色奴隶》（1969）的剧本创作］在《癫狂的纽约》（1978）一书中这样描述一个运动员俱乐部："带着拳击手套，吃着牡蛎，赤裸着，在任意楼层——这就是九楼或者20世纪的'剧情'。"（Koolhaas, 1994: 155）

另一个与《癫狂的纽约》大约同时的研究（同样针对纽约）是伯纳·屈米的《曼哈顿记录》（Manhattan Transcripts）。在1976—1981年的一系列展览中，屈米对发生在纽约不同场所的四段虚构情节进行了记录：发生在中央公园的一起谋杀案；一个人观望第42大街发生的暴力和性事件；从曼哈顿摩天大楼令人眩晕的坠落；同时发生在一个街区不同院落中的五个不太可能发生的事件。在这些研究中，建筑被视作三种分裂秩序的叠加——物理空间的组织、身体在空间中的运动以及空间事件（计划、功能或者使用）（图13）。值得注意的是，屈米所理解的运动不再是现代主义的"普遍运动"，而更接近境遇主义（Situationism）提出的"漂流"（dérive）概念——"一种在不同环境中快速通过的技术"（Debord, 1958），它由建筑环境与精神状态的共鸣驱动。在此基础上，屈米对建筑表现方式进行了质疑（Tschumi, cit. McQuaid, 2002: 204）：

（《曼哈顿记录》中使用的）这种三重记录方式……源于对建筑师通常使用的表现方式的必要质疑：平面、剖面、轴测、透视。无论它们如何精确、如何有生产力，它们任何一个都将建筑思想有逻辑地减少为那些可以被展示的东西……他们被囚于一种建筑语言的囚室之中，那里"语言的边界就是我的世界的边界"。任何跨越这些边界以提供对建筑的另一种阅读的尝试，都需要对这些常规进行质疑。

电影无疑提供了这样一种新的阅读方式，或者说精读方式（close readings）——它将城市空间书写为具体和微观的叙事，并进而定义（或者否定）城市形态（图14）。正如人文地理学家克里斯蒂娜·肯尼迪（Christina Kennedy）和克里斯托夫·鲁金比尔（Christopher Lukinbeal）所指出的："电影处理空间和时间，同时也涉及场所和意义的建构。电影再现世界。对我们中的大多数人而言，电影性植根于我们的生活世界里——我们日常的存在经验。"（Kennedy & Lukinbeal, 1997: 33）当我们将城市视作一个创造意义的场所时，建筑和社会系统将密不可分。关于"城市研究"（Urbanism），南希·斯蒂尔伯（Nancy Stieber）定义道："验证视觉、空间和类型分析的有效性，以启发我们对城市环境的理解。"

图12：《银翼杀手》中的城市空间（2019年/洛杉矶）在乌托邦式的"大都市"下是阴暗、污秽和罪恶，一种自由与禁锢的矛盾综合体。它呈现给我们一种"黑色未来"（Future Noir）

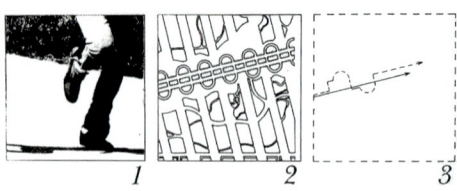
图13：屈米《曼哈顿记录》情节———发生在纽约中央公园的一起谋杀。（1976—1977）从左至右：事件/空间/运动三个元素的叠加产生了建筑。

图14：安东尼奥尼影片《蚀》（1962）中的城市郊区

图15：马利亚·史密斯（Maria Smith），荷兰代尔夫特理工大学《相机眼》硕士研究课程。（2004）指导教师：阿里·格拉弗兰德（Arie Graafland）

（Stieber, 1999: 398）当组成城市的物质结构和功能行为日益混杂和流动时，"城市"作为一个整体只可能存在于空间和视觉的再现之中。正因为如此，20世纪70年代中期以来，电影大量出现在针对城市的地理学、社会学和建筑学研究之中，电影和建筑在日常城市主义（everyday urbanism）的基础上建立了一种新关联。这里的"电影"不再是一种"普遍语言"，而是作为"生活空间和生活叙事的动态轨迹"（Bruno, 1992: 110），它不再是抽象的、感知的和被导演的艺术，而是叙事的、心理的并由个人经验自我呈现。

数字化投射

在回顾现代主义建筑的纪录片时，艺术史学家安德列斯·扬赛（Andres Janser）总结道："电影并没有代替摄影成为建筑视觉表现的主要媒介。这主要由于结构性，例如电影制作较大的资金需求以及播放它们所涉及的复杂因素。"（Janser, 1997: 34-46）而这些困难在20世纪90年代随着个人计算机的普及和数字技术的发展得以解决，"电影建筑"成为当代建筑重要的试验点之一。"电影建筑"不再限于彼此启发的电影和建筑介质（agents），而是作为一种独立的新方法被广泛用于对建筑经验、空间使用和城市条件的研究与干预（intervention）。作为一种新方法的"电影建筑学"提供了几个常规性的新研究途径——动态经验、叙事空间和精神投射——它们反映了不同的时空组织方式以及不同的建构现实（realities）的逻辑；对时空的运动（kinematic）组织、对时空的叙事组织和对时空的心理组织。电影的观念和技术（视觉的和叙事的）是这些新研究途径的重要资源，而数字技术使我们得以探索它们。

"电影建筑"关注的是内容，而不是建筑器具（architectural apparatus）。"电影建筑"的内容首先是对时间、空间、图像和场所的经验以及逆向建构。荷兰代尔夫特理工大学的硕士研究课程"相机眼"（Camera Eye, 2004）对此进行了实验。在这个实验中，电影被定义为"对投射世界（projected realities）进行建造的关键技术以及一种蒙太奇语言的流利使用，它是当代对任何设计师进行教育的一个重要部分……建筑越来越需要对时间变异和时间变化的复杂性进行标注（notation），这标志着与旧的场景地图式（tableau map）的建筑图像媒介，在对局部和地理单元的组织方式上的彻底决裂"（Graafland, 2004）。当我们质疑空间的单元式的"构成"（compositional）结构，并试图用经验来逆向建构它时，建筑设计的目标则是一种展开过程（deployment）。"相机眼"提出的设计方法是一种"电影地图"（cinematic map）或者"编舞"（choreography）（图15）。"编舞"设计包括两个阶段：第一阶段是对建筑表演（performance）进行标注，这和屈米在《曼哈顿记录》中使用的方法类似（图16），常规建筑制图（平/立/剖/透视/轴测）、舞蹈记录的图示法（diagram）、物理或者电脑模型、经验的媒介（例如电影或者照片）被用作平行的空间记录方式。第二阶段则是将标注转译为建筑建构的反转过程。这种设计方法的目的是通过新媒介来研究作为空间变量的时间，同时将建筑从"构成式"的思考中解放出来。

这并不能简单地导向某种时间—空间的"通用语言"。认知心理学家芭芭拉·特沃斯基（Barbara Tversky）认为空间知识是定性的（而不是定量的）和破碎的，并趋向于某种视觉、空间和语言的认知拼贴（cognitive collage），而"叙事建构开始于对世界的认知——对我们生存于其中的空间的组织过程和对我们周围展开的事件的理解过程"（Tversky, 2004: 390）。叙事是以内容组织的时间，时间通过叙事获得意义。因而叙事提供了另一种时间—空间的建构逻辑，并给电影建筑提供了新的支持——电影是空间化的叙事；建筑是叙事化的空间。这对我们建筑和城市经验的影响是明显的，正如本期弗朗索瓦·彭茨在讨论安德烈·巴赞（André Bazin）的电影实验时指出的，环境中的物体只有在和叙事有关时才被注意和记忆。近年来有很多对空间环境进行叙事组织的实验，特别是在景观设计、虚拟现实和互动媒体领域。剑桥大学数字工作室（Digital Studio）的一系列实验证明了电影叙事被用于空间组织和内容表达（例如事件和场所感）时的潜力（图17、图18）。

"电影建筑"的另一个内容无疑是人记忆和想象的投射。帕斯考·舒宁在本期《一个电影建筑的宣言》中认为，空间性无法被建构逻辑所描述，"因为在我们穿越空间的过程中发生的事件影响了我们对空间的感知……随着生活的进行，我们积累着对空间性的经验，它和我们感官察觉到的物质环境和事件相关。我们将这些保存为记忆"。被记忆的空间性通过想象投射出来成为建筑，而房子（建筑的物质产物）被视作一种生活叙事的触发者，一种物质—能量转化过程的媒介（图19、图20）。帕斯考写道：

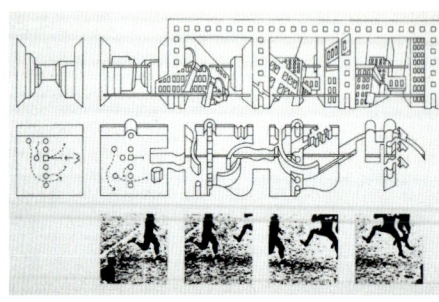
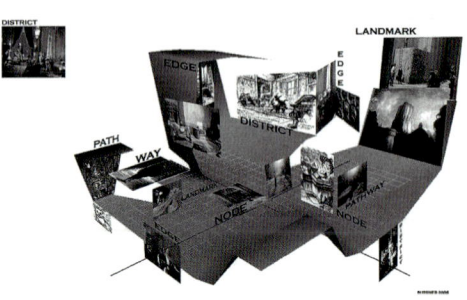

图16：屈米《曼哈顿记录》情节四——五个不太可能发生的事件同时发生在一个街区的不同院落中（1980—1981）

图17：朱利业·苏斯纳和莫林·托马斯（Julia Sussner & Maureen Thomas），电影《歌门鬼城》（Gomenghost）按照凯文·林奇的城市意象理论被组织为空间结构（2006）

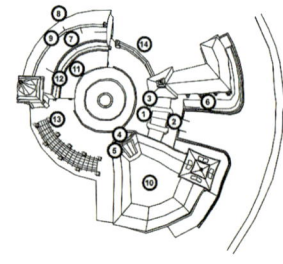
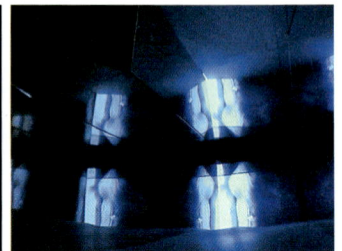

图18：迈克尔·尼基和斯坦尼斯拉夫·鲁达夫斯基（Michael Nitsche & Stanislav Roudavski），《虚拟库斯伯特学院》（Cuthbert Hall），空间事件定位图（2003）

图19：朱利安·洛夫勒（Julian Löffler），《超模型》，伦敦建筑联盟学校（AA）《电影建筑》硕士课程作业（2004）。指导教师：帕斯考·舒宁（Pascal Schöning）

图20：兰德里·史密斯（Landry Smith），《电影景观》，普林斯顿大学硕士课程作业（2005）。指导教师：马里奥·甘德索纳斯（Mario Gandelsonas）

"因为除非建筑允许并揭示转瞬即逝的东西——过程和变化——它不过是一些毫无意义的物质的复杂凝聚。"记忆一直是建筑师的重要资源，正如彼得·卒姆托（Peter Zumthor）的童年回忆，"我记得脚下沙砾的声音，打蜡的橡木楼梯的微光，当我经过黑暗的走廊走进厨房，房子里唯一真正明亮的房间时，我可以听到沉重的宅门在我身后关闭的声音"（Zumthor, 1988）。建筑师需要将这些对建筑情境的记忆投射到对新基地的设计，"通过对富于意义的情境的处理，物件的简单存在变得诗意和活泼"（Zumthor, 1994）。这需要我们对建筑重新定义。尤哈尼·帕拉斯玛在《电影和建筑中的居住空间》一文中敏锐地指出："强有力的建筑经验……将我们的注意力转移到建筑自身之外。伟大建筑的艺术价值并不在于它的物质存在，而在于它唤起的观者内心的画面和情感。"从这个意义上说，建筑和电影都是精神投射的触媒，它们因为对空间的存在性和心理深度的揭示而融合起来。帕斯考·舒宁将柯布西耶在蔚蓝海岸（Côtoe d'Azur）的木屋作为一个电影建筑的暗喻（图21）。在1951年，柯布西耶花了45分钟来设计这个给妻子伊冯娜（Yvenne）的礼物。房子很小（长3.66米/宽3.66米/高2.26米），柯布西耶写

图21：柯布西耶在蔚蓝海岸的木屋　　　　　　图22：木屋朝向大海的窗

道："空间、光和秩序。那些就是人们像他们需要面包或者一个睡眠的地方那样需要着的全部东西。"但它有着朝向大海的宽大窗户——一个镜头也是一个屏幕，"柯布西耶的感知和记忆作为它进行记录的电影胶片"（Schöning, 2006）（图21、图22）。

在数字技术的辅助下，"电影建筑"得以进行本体性的（ontological）探讨。动态经验、叙事空间和精神投射是这种本体性探讨的几个范畴。这并不意味着对这些问题的研究必然通过电影媒介（卒姆托就是一个反例）。然而当我们关注建筑的这些特质，并且试图发展有效地处理它们的方法，或者需要它们干预空间和城市问题的时候，"电影建筑"就获得了新的意义。正如本期鲁本斯·阿泽维多《走向非建筑》一文指出的："电影建筑只是一种技术的名称，它在这个具体时刻最适于表现内容。"本期中朱利安·卢夫勒和斯蒂法诺·拉波利·潘塞拉的方案都很好地诠释了这一点。

电影建筑

在上文中我们讨论了电影建筑在三个不同时期的关系，从普遍的运动、日常城市性到数字化投射，但它们不应被误读为一种线性发展，而是回应着对现实的不同感受和想象。电影建筑是一种建造不同现实的技术/艺术。运动、城市性和想象力仍然是当代电影建筑试验中并存的主题，正是这种多样性维护着这个研究方向的活力和潜力。这也同样带来问题：例如研究对象的不同——电影中的建筑（architecture in film）、电影式的建筑（filmic architecture）、电影建筑（cinematic architecture）、概念使用上的歧义，以及相关学科（建筑学、电影学、城市研究、社会学、人文地理学、认知心理学等）在研究方法上的差异。

这期专辑的目标是在这种多样性的前提下对"电影建筑"进行本体性的建构：什么是电影建筑，以及它主要的概念和方法。只有在这些基础上，它才能够真正作为一种技术而不仅仅是表现手段，被用于解决问题。这里所说的技术并非某种工具，而是如皮埃尔·弗朗卡斯代尔（Pierre Francastel）所定义

图23: 朱利安·库伯(Julian Cooper),《雷纳·班纳姆 热爱洛杉矶》(1972)中的城市事件

图24: 城市观看装置

的:"从形象和操作行为的双重角度来看,艺术本身就是一种技术……艺术的目标不是提供一种对世界的灵活复制;它的目标既是探索世界也是重塑世界。"(Francastel, 2000: 24)电影建筑的特点在于,它并非对形式或者某种空间品质的表现,而是一种在现实的不同层面,或者说不同现实的层面之间建立关联的技术,一种投射技术。这些必要的关联,既是电影建筑存在的条件也是它要解决的问题。

空间投射

空间以不同方式延伸或者展开,从而容纳不同的现实。作为投射技术的电影建筑涉及多种空间。让我们从一间暗室开始。当光束照亮屏幕时,我们同时面对一对空间——屏幕空间(Screen Space)和叙事空间(Diegetic Space)。在大多数情况下,屏幕空间被视作一个开向叙事空间的窗口,而叙事空间则是由屏幕空间/图像建构的虚拟世界并被暗示为现实(图23)。周诗岩《从"视窗"谈连帧图像的空间多义性》一文质疑了屏幕空间和叙事空间 [周诗岩使用了影像空间(Cinematic Space)这一外延更大的概念]的这种确定关系,并提出了阅读现场这个建筑问题——"这种影像逻辑所控制的空间状态……即时地确立与外部环境的关系"。

如果将主体视作投射的一端,我们将面对另外两种空间——心理空间(psycho-space)和居住空间(lived space)(图24)。安东尼·维德勒引用了于果·明斯特伯格(Hugo Münsterberg)的心理学研究: 电影=心理形式——"影戏(photoplay)告诉我们,人类通过空间、时间、因果关系来认识外部世界的形式,通过注意力、记忆、想象和情感来调整这些事件,使它们适应我们内心世界的形式"。维德勒将电影看作现代主体/客体之间心理扭曲的表达(以及再扭曲),因而构成了一种现代空间美学。空间被定义为"一种主体投射和内向投射(introjection)(主体投射是内心对外界的投射;而内向投射是外界对内心的投射)的产物,而不是一种物体和身体的稳定容器"(Vidler, 2000: 1)。而在居住空间中,主体和客体并非互相投射和不断建构着,而是通过在世存在感(being-in-the-world)融合在一起。本期中尤哈尼·帕拉斯玛这样定义居住空间:"外部实际空间和内在心理空间的结合,头脑中映像的结合。在感受居住空间时,记忆与梦幻、恐惧与欲望、价值与意义和现实概念交融在一起……我们从来也不真正居住在一个客观的世界里,而实际居住在一个想象世界中:在那里,我们经历的、所能记得的、所想象的乃至过去、现在和将来都交汇融合。"建筑和电影都是居住空间的媒介,尽管它们以不同的方式存在(物质的或者投射的),但正如帕拉斯玛所说,"这个区别并没有什么决定性价值。因为这两种艺术形式都界定了生活的框架,界定了人们交流的情境和读解世界的视野"。

让我们回到电影建筑的现实一端,那里至少存在两种空间——环境空间(environmental space)和地理空间(geographic space)[这里我借用了空间认知研究中的概念。丹尼尔·蒙特罗(Daniel Montello)认为环境空间无法在不需要运动的情况下被完全理解,因此需要对一定时间中的信息进行综合。而地理空间即使通过身体运动也无法完全理解,所以需要地图或者模型来减少尺度(Montello, 1993)。],它们通过不同的经验方式区别:环境空间(例如建筑或者街区)通过身体运动(和认知)被组织为连续的时间—空间;地理空间(例如城市整体)则无法被经验直接感知,而需要通过象征性再现(例如地图)。这种区分有助于我们避开对三维空间的建筑普遍性的预设,例如常见的"飞越式"(fly-through)的城市表现方式,因为这种预设只是对通过身体运动被感知的空间的逻辑外延。这种区分还提醒我们运动和身体有关,超越身体和社会运动之上的"普遍运动"只是一种隐喻,一种对速度、变化和不确定性的想象。由此我们得到两种空间:一种可以被动态视觉所表达;而另一种,即使不考虑它的异质和流动,也只能存在于再现之中。

电影建筑通过在这三组空间之间的相互投射来建造现实。一般来说,"拍摄"(shooting)是环境—地理空间和屏幕—叙事空间之间的投射;而"阅读"则是屏幕—叙事空间和心理—居住空间之间的投射,电影是用屏幕(同时也是镜头或者窗口)来分隔和联系的主体和世界。然而电影建筑的意义不仅如此,它同样发生在心理—居住空间和环境—地理空间之间,也就是我们通常意义上的建筑范畴。建筑和电影不可避免地相互接近,因为建筑是凝固的电影,电影是消解的建筑。

专辑的组织

这期专辑的目的是介绍"电影建筑"这个方向的理论和实践,包括三个部分。

第一部分是对电影和建筑二者关系的建构,选择的三篇文章分别从心理分析、现象学和视觉认知的角度研究了电影建筑产生的空间问题。安东尼·维德勒认为建筑和电影作为空间艺术,通过现代都市的空间性(恐惧和焦虑的现代生活状态)互相联系;而尤哈尼·帕拉斯玛将电影和建筑视作一种交汇融合的居住空间的框架或者情境;弗朗索瓦·彭茨则在空间视觉认知的基础上讨论了电影对城市空间的重构:电影空间将城市元素按照人的认知方式进行了重组。

第二部分进一步讨论了电影建筑提出的新理论问题。伍端的文章从叙事认知和电影学出发对运动视觉经验进行了分析,并将早期空间动态视觉的探索引入当代的空间研究。同样基于感知和经验,冯路对半透明性的讨论呈现了另一种时空经验,它不依赖于运动,而是内在经验的投射。迈克尔·塔瓦和周诗岩讨论了电影媒介特有的动态连帧对空间的不同影响。塔瓦使用了德勒兹的"布局"(agencement)概念来表示一种动态场景,并以此讨论框景(一个运动聚合的区域,而不是静态图画式景框)对建筑的启示;而周诗岩提出了一种由影像逻辑控制的空间知觉,这种逻辑来自连帧图像对空间多义性的显现,这种知觉则影响了我们日常现场的建筑经验。唐克扬以纽约为例讨论了"电影性"(cinematics)和城市经验的内在关系,并提问是否纽约等于电影本身。相应地,谢天讨论了贾樟柯电影中体现的一种异化的社会空间——城市"村落性"。

第三部分进而介绍了电影建筑的建造技术。阿里·哈夫兰德从"相机眼"的设计实验出发,将电影引入对设计过程和方法的探讨。同样是对当下设计的批判,帕斯考·舒宁则提出一种基于想象和创造力的建筑。李华对舒宁的宣言进行了深入解读:电影不再作为再现,而是一种建筑理念,一种关于表现性的触媒,电影建筑通过投射这种表面"影响人的感知和心理体验,激发记忆的投射,达到时—空的同步"。电影对不同现实的建造通过几个方案进行了演绎和反思。

这期专辑的编纂得到了《建筑师》编辑部易娜,剑桥大学弗朗索瓦·彭茨、窦平平、伍端,建筑联盟学校李华,以及参加翻译工作的诸位建筑同仁的帮助,在此一并表示感谢。

参考书目

[1] Bruno, Giuliana (1992) "Bodily Architectures", in *Assemblage*, No.19 (Dec., 1992), pp. 106-111.

[2] Bukatman, Scott (1997). *Blade Runner*. London: British Film Institute.

[3] Debord, Guy (1958). "Theory of the Dérive", in *Internationale Situationniste*, No.2.

[4] Eisenstein, Sergei (1989). "Montage and Architecture", (1938) trans. Michael Glenny, in *Assemblage*, No.10 (Dec., 1989), pp. 110-131.

[5] Faure, Elie (1922). "De la Cinéplastique", in *L'Arbre d'Eden*. Paris: Éditions Crès. cit. in Anthony Vidler, "The explosion of space".

[6] Fear, Bob. "Architecture + Film II", special issue of *Architectural Design*, Vol. 70(1).

[7] Foster, Stephen (1998) (ed.) *Hans Richter: Activism, Modernist, And the Avant-garde*. Springer Science & Business.

[8] Francastel, Pierre (2000). *Art & Technology*. Trans. Randall Cherry. New York: Zone Books.

[9] Giedion, Sigfried (1928). *Bauen in Frankeich – Bauen in Eisen – Bauen in Eisenbeton*. Klinkhardt & Biermann. English edition: *Building in France, Building in Iron, Building in Ferroconcrete* (Trans. J. Duncan Berry). Getty Research Institute, 1995.

[10] Graafland, Arie (2004). "What Happened When You Try to Construct Space with Time, Architecture with Film, or Vice Versa?", *Project Description in the Exhibtion: Camera Eye*, Istanbul 2005.

[11] Janser, Andres (1997). "Only Film Can Make The New Architecture Intelligible", in François Penz & Maureen Thomas (eds.) *Cinema & Architecture*, BFI Publishing, pp. 34-46.

[12] Kennedy, Christina & Lukinbeal, Christopher (1997). "Towards a Holistic Approach to Geographic Research on Film", in *Progress in Human Geography*, 21(1), pp. 33-50.

[13] Koolhaas, Rem (1994). *Delirious New York*, The Monacelli Press. (originally published in 1978).

[14] Le Corbusier (1933). "Esprit de Vérité", in *Mouvement 1* (June 1933): 10-13, cit. Anthony Vidler, "The explosion of space".

[15] Lu, Andong & Penz, François (2006). "Narrative Form in Chinese Garden", in Belkis Uluoglu et al. (ed.) *Design and Cinema: Form Follows Films*, Cambridge Scholars Press, pp. 62-74.

[16] Mallet-Stevens, Robert (1925). "Le Cinéma et les arts: L'Architecture", cit. in Anthony Vidler, *The Explosion of Space*.

[17] McQuaid, Matilda (2002). *Envisioning Architecture*. The Museum of Modern Art, New York.

[18] Moholy-Nagy, László (1922) with Alfred Kemeny, "Dynamic-Constructive Energy Systems", in Richard Kostelanetz (ed.) *Moholy-Nagy*. New York: Praeger Pub., 1970.

[19] Montello, Daniel (1993). "Scale and Multiple Psychologies of Space", in A. U. Frank & I. Campari (eds.), *Spatial Information Theory: A Theoretical Basis for GIS*, pp. 312-321.

[20] Neumann, Dietrich (1996). (ed.) *Film Architecture: Set Designs from Metropolis to Blade Runner*. Munich: Prestel.

[21] Schöning, Pascal (2006). *Manifesto for a Cinematic Architecture*. Architectural Association.

[22] Stieber, Nancy (1999). "Microhistory of the Modern City: Urban Space, Its Use and Representation", in *The Journal of the Society of Architectural Historians*, Vol. 58, No. 3, pp. 382-391.

[23] Tversky, Barbara (2004). "Narratives of Space, Time, and Life", in *Mind and Language*, Vol. 19-4, pp. 380-392.

[24] Vidler, Anthony (2000). *Warped Space: Art, Architecture, And Anxiety in Modern Culture*. MIT Press.

[25] Zumthor, Peter (1988). "A Way of Looking at Things", lecture given at SCI-ARC, Santa Monica, in *Thinking Architecture* (2nd edition), Birkhäuser, 2006.

[26] Zumthor, Peter (1994). "From a Passion for Things to the Things Themselves", lecture given at symposium "Form Follows Anything", Stockholm, in *Thinking Architecture* (2nd edition), Birkhäuser, 2006.

反思城市观察
Urban Observation Revisited

> 从形态的角度,洛杉矶打破了所有既定的规则。这些规则是由城市规划师们多年以来从现有城市例如伦敦、巴黎、莫斯科或者其他城市推导而来的。洛杉矶打破了所有这些规则。然而尽管如此,我依然认为它是一个伟大的城市、一个重要的城市。因为,我认为形态的作用相当有限,你可以用任何你喜欢的形式来营造一个城市,只要能够使它良好运作。
>
> ——雷纳·班汉姆在南加州大学的讲座[1]

在1971年的《洛杉矶:建筑学的四种生态》书中,建筑理论家雷纳·班汉姆写道:"为了阅读真实的洛杉矶,我学会了开车。"(图1)在该书2000年版的序言中,安东尼·维德勒(Anthony Vidler)指出了班汉姆的观察工作与传统调研的差别:"他为城市建筑学的研究提供了指导方针,不仅着眼于城市建筑的地理、社会和历史文脉——这在60年代晚期的建筑、社会、历史学家们那里已经被普遍采用——而且是将其视作对新的全球化都市的一种活跃的、不断变化的记录。"[2]班汉姆的研究将"生态"概念引入建筑分析,在作用上代替了之前的"文脉"概念,并将关注的重点从意义(meaning)转向运作(performance)。生态是指有机体和它们的物质环境之间的整体关系。建筑学的生态则将建筑实践视作对城市生态的回应。班汉姆通过观察发现了洛杉矶的四种基本建筑生态:海滩生态(Surfurbia)、高速公路生态(Autopia)、平原生态(Plains of Id)和丘陵生态(Foothills)。本文关注的并非班汉姆的研究成果,而是他的研究方式以及与之匹配的一种游记的写作形式。作为一位来自英国的游客,班汉姆着迷于洛杉矶非正式的城市景观,它囊括了从高速公路到热狗销售亭的混杂元素。班汉姆仿佛生物学家,对"生态系统"进行了孜孜不倦的野外观察。

与班汉姆的时代相比,今天我们正进入一个超大规模的城市建筑的时代。我们常常不得不面对这样一种前所未有的设计条件:城市的形态和过程不断变化,并不断衍生新的问题和专业技能。当代城市面临着诸如大规模移民、贫民窟扩大、城市中心衰退、社会功能紊乱、空间自发组织等全球性的问题。这些问题已经溢出了传统的建筑学、城市设计和城市规划的学科范畴。人们逐渐认识到从理论到实践的传统设计方式已无法处理当代城市中复杂的、时而近乎神秘的过程和动态。作为其结果,专业的设计和规划人员难以处理紊乱的城市条件,并被迫在城市干预时采用一种更为现实的做法,正如雷姆·库哈斯(Rem Koolhaas)所说:

> 从现在开始,每一个超大城市都将荟萃着不同的模式,换而言之,不同的模式将被投射在同一场地上。城市在变化;旧的城市模式变得多余;而作为对这些变化的自发式的反应——不是通过自上而下的建筑学,而是通过自下而上的人们的行为——新的生活方式正在城市中出现。[3]

图1:《雷纳·班汉姆热爱洛杉矶》剧照　　图2:"夹心住宅",底层商店,二层民宅,屋顶平台用作菜园(作者拍摄)　　图3:《小城市空间中的社会生活》剧照

班汉姆所预见的城市研究方法正成为普遍的做法。这涉及对城市空间创造力的认识的变化。人们的创造行为在自发地适应城市变化,这种生活的创造无论在深度还是广度上都远远超过了建筑学专业的创造能力;作为建筑职业者,我们不应像过去那样将设计视作一种施加于城市空间的创意(即"自上而下"的建筑学),而应该正视城市空间中既有的和不断衍生的创造力,努力将其纳入专业的范畴并对其提供支持。对于这一观点,库哈斯给出了具有代表性的宣言:"并非拉各斯(Lagos)在追赶我们,或许我们应该追赶拉各斯。"[4]

一、什么是城市观察?

近年来,对城市进行观察的工作逐渐从城市学者扩散至建筑师群体。建筑师们正以前所未有的兴趣,致力于一个先是参与和体验,然后将具体城市理论化为特殊现象的操作,例如犬吠工作室(Atelier Bow-Wow)的《东京制造》或者城市智囊(Urban-Think Tank)的《非正式城市:加拉加斯案例》。[5-6] 在这一流行趋势的表象下有很多值得深思之处,特别是它涉及一个城市建筑学的范式变化。首先,人们对于城市的普遍理论有一种逐渐增加的不信任感,取而代之的是一种向现实学习的观念。人们认识到"另一种城市",在其不同社会经济和发展模式的生态条件下正在生成"另一种建筑学";越来越多的发展中国家的城市正成为建筑师的研究热点。本文并不想支持或者反对这种猎奇的研究,我感兴趣的是一种新的研究角度,或者严格地说,一种心理认知模式。库哈斯说他是以一个记录者的身份切入城市的,这样做并非反建筑,而是一种对城市认识方式的反转,将身份从设计者转换为观察者,通过一种受众的模式连接城市现实和建筑思考。

事实上,我真的有一种强烈甚至是强迫的对记录的需求。但这不是结束,因为我记录的内容通过某种方式转化为一种创造性的东西。这里有一种连续性。记录是一种概念生产的开端。我将记录和生产合二为一的过程。[7]

伴随着新的身份和视角,在建筑与社会人类学的城市研究方式之间出现了明显的越界。一个潜在的目标是为意识形态虚无的建筑学注入一种新伦理。我们看到,纪录风格的摄影和电影等媒介正成为建筑师的新宠。例如,荷兰摄影家伊万·班(Iwan Baan)拒绝长期以来将建筑表现为孤立和静态的对象的摄影语言,转而表现建筑中真实的人的生活状态。他的镜头大多使用这样一种语言:背景是柯布西耶设计的昌迪加尔立法议会大厦,而前景是一位在泥浆里洗衣服的青年。[8]

城市观察针对一个全球化建筑实践条件下的本地性问题。今天,建筑师们经常需要为完全陌生的城市进行设计,那里充斥着令人难以理解的空间、事件及规则。他们或许可以掩耳盗铃地对此视而不见,否则就需要一种可行的方法来理解这种社会和文化差异。这种理解的起点就是城市观察。观察的目的有两个,一方面,通过特定的视角来参与和体验,进而产生理解,这使它既有别于传统的调查,又有别于通常的体验;另一方面,进行一种现实主义的解释性思考:它拒绝一个预设的普遍城市的概念,将城市视作差异对象——具体的、本地的城市——然后将记录和概念生产结合起来。

二、观察什么?

从某种意义上说,城市观察是每个人的日常实践,它是19世纪巴黎的"城市漫游者"们(flâneur)的基本技能,它将现代城市的经验作为审视的对象。然而我们所说的城市观察并非这种审视城市的行为,而是一种有着特定观察目标的认识工具。换而言之,我们要观察的并非城市本身,城市本身已经过于复杂而无法作为建筑学的有效对象,而是通过研究具体空间的实践——那些使城市空间得以运行的创造、适应和占有现象——来重建建筑学和城市的关系(图2)。建筑通过对这些创造、适应和占有过程的影响来促进或者阻碍城市的发展。然而如何观察"空间实践"这样一个概念性的对象呢?我认为可以从下列几个方面入手。

场所:城市观察通过本地的、在场的微观城市研究来分析特定的城市场所和社区。

对活动的情境分析:城市观察通过对行动和事件的关注来研究运作中的城市,观察者应该将注意力集中在活动的内容、方式和原因上,而不是物质环境本身。

寻找新现象:在城市观察过程中发现正在衍生的城市现象并揭示其隐藏的逻辑,例如"非正式城市"这样的建筑问题只有通过观察才能变得清晰。不断寻找并描述新"现象"的思维方式帮助我们保持一种概念生产,一种对现实进行创造性转化的认知。

多层次叙事分析:城市观察直接接触城市叙事。通过采访不同的利益群体并记录空间事件来研究城市空间中互相冲突的叙事和观点,包括个人的和集体的记忆。

三、怎样观察？

观察是一种长期被忽视的方法。我们对它过于熟悉以至于忽视了它对我们认识世界的影响。城市观察并非简单的观看，而是使用不用视角以及相应的认知模式，来获取不同的理解。我将通过叙事学中的三种人称对观察模式进行分类，不同人称的视角对应着不同的参与方式。

第三人称的客观观察（objective observation），主要对象是城市场地在不同条件下的运作（performance），特别关注在运作过程中空间环境对日常实践的影响以及人对空间进行的创造性的和批判性的使用。"运作"的观念将研究重点从对空间环境的结构研究转向对过程的研究，将人与空间环境之间的互动视作一种社会化的过程。客观观察的核心是采用一个"观众"的视角，将城市视作多角度的人类活动的舞台。

第二人称的参与观察（participatory observation），包括对人的采访以及通过参加他们的日常实践进行观察。这类观察对于掌握不熟悉的城市条件尤为重要。参与观察是当代社会学和人类学研究的基本方法之一。[9]对城市观察而言，参与观察的核心是采用一个"内部人士"的视角。它帮助我们捕捉其它方法无法获得的感受、意义和动态运动，并为非物质认知（例如感动）留下空间。

第一人称的表达观察（expressive observation）是一种主观的对空间的占据，一种写作形式——通过各种知觉和叙事结构来表达和呈现空间的特征。我们也可以将其视作一种特殊的参与观察，通过身体和行动来理解和塑造空间。与前两种视角相比，表达观察不使用批判性思考，也不涉及概念生产，它采用一种类似于儿童游戏中的"玩家"身份，通过"玩"来"学会"。

观众、内部人士、玩家这三种视角分别作用于不同的观察对象：客观观察对于空间的运作、参与观察对于空间的情境（situation）、表达观察对于空间的可用性（affordance）。事实上，我们大多数时候是混合使用这些观察视角的。下面我将通过几个例子来介绍具体的观察方法。在此之前，我们有必要先讨论一下传统的观察方法。

威廉·H. 怀特的城市观察

威廉·H. 怀特（William H. Whyte）的"街头生活项目"（Street Life Project）在从1969年开始的十多年里，研究了纽约城市的公共空间的运作和市民在公共场所的活动和行为（图3）。这一研究开启了城市规划和设计的一次小型革命，提供了一种以观察为核心方法的城市研究，并对负有盛名的"公共空间计划"（Project for Public Spaces）产生了持久的影响。这种城市研究通过观察、调查、采访和讨论会等形式将公共空间转化为公共场所。怀特的方法在两个方面有别于普通的观察：首先是被称为"后观察"（post-observation）的方法。"后观察"是对观察结果进行的重新观察，它可以脱离此时此地的限制，并且在不同时间地点和不同情境的观察结果之间发现或建立新联系。另一个重要区别是对作为记录手段的影像媒介的使用，这同样构成了后观察的技术基础——影像使我们能够将现场的观察结果记录下来供二次研究，正因为如此，怀特的《街道生活研究》被同时以书和纪录片的形式出版和发行。[2] [10]

从左至右：
图4：《迷失防空洞》剧照，学生：曲亮、金筱敏、谌利。指导教师：鲁安东、胡恒
图5：《邂逅酿酒厂》(An Encounter at the Brauerei) 剧照，学生：Evelyn Lo、José Loza、Felicity Passmore。指导教师：鲁安东
图6：《包豪斯的在场》(Bauhaus Presence)，学生：Pooya Sanjari、Farokh Falsafi。指导教师：鲁安东

影像观察

从某种意义上说，影像媒介的产生就是为了观察，为了将城市稍纵即逝的动态经验变成可以审视的对象。而在过去的十多年中，一方面，数字技术使我们最终摆脱了使用影像观察的技术障碍，个人影像设备变得日益廉价和方便；与此同时，视频制作和视频分享也成为人们的日常实践；另一方面，随着迅速的全球化和城市化进程，城市正在变得日益混杂，它们的过程和条件日趋神秘，这些都需要我们采用更为谨慎和现实的研究态度来理解和进行干预。由于其特有的观察力量，影像媒介被越来越多地用于对新的城市问题的建构和研究。影像为设计和研究人员提供了一种独特的工具，帮助他们掌握缺乏规则和不确定的城市条件。

影像观察的巨大潜力反映在近年来它在建筑师以及高校教学和研究中的大量使用。建筑院校使用影像观察的教学和研究通常是以设计课程或者讨论会的形式开展的，例如由剑桥大学、利物浦大学、波尔图大学和爱沙尼亚艺术学院共同组织的"电影建筑"(CinemArchitecture) 系列研讨会、代尔夫特理工大学的"相机眼"设计课程及其后续课程、香港理工大学对香港日常公共空间的研究等，这些成果有待进一步分析和比较。[11-12]同时，影像观察的作用也正在得到建筑学术界承认，例如在《建筑史学家学会会刊》上对城市纪录片的系列讨论。[13-14]

这里讨论的影像观察方法和怀特在"街道生活项目"中对影像的使用有很大不同。首先，影像不仅仅帮助我们观看和记录，更重要的是对空间实践的识别和质询。新的便携式数字摄像机使我们能够更好地参与现场,并更迅速地进行回应,而不依赖于拍摄计划和设备。怀特对影像的使用方式主要是第三人称的客观观察,而当代的影像观察则更灵活地使用客观观察、参与观察和表达观察的方法。下面我将介绍三个尝试影像观察的课程作业。

作业一:南京大学"电影辅助设计:城市空间实践研究"课程(2011年)
  该课程要求学生寻找被城市异化的建筑案例,并在观察的基础上制作短片。《迷失防空洞》这部短片生动地记录了南京一个由地下人防工事改造成的招待所。通过一个误入防空洞的外来者对空间的探索介绍了许多互相冲突的环境细节,例如狭窄如甬道的卧室、装饰的欧式古典油画和关羽的神龛,以及写在墙上的励志和表示祝福的涂鸦。③ 该片主要使用了参与观察和表达观察的方式,来揭示一个奇异的"袖珍世界"(图4)。

作业二:德国德绍建筑研究所"微观城市研究"课程(2011年)
  该课程要求学生寻找一个"死亡"的建筑,通过观察来展示其存在状态。《邂逅酿酒厂》这部短片邀请了工厂保安(一个很独特的视角)引领我们穿过一个个空旷而动人的建筑空间,并收录了一段对他的采访。在影片里,废弃的工厂成为一个游戏场所、一个身体舞蹈的空间。沉重的空间和飘浮的气球构成了对工厂存在状态的两种暗喻。与《迷失防空洞》相似,该片主要使用了参与观察和表达观察的方式(图5)。

作业三:德国德绍建筑研究所"电影空间研究"课程(2012年)
  《包豪斯的在场》这部短片记录了游客这种特殊使用者在格罗皮乌斯设计的包豪斯校舍中的各种行为。通过对大量记录镜头的剪辑来表现这座建筑的存在状态。这部影片主要采用了客观观察的视角来审视这个建筑的运作过程。在这个特殊例子里,游客本身就在对建筑进行直接回应(他们因建筑而来访),而他们的回应又反过来构成了这个建筑真实的存在状态(图6)。
  这三个例子严格地说并没有进行系统的城市观察,而是前文提到的针对场所的"微观城市研究"——通过建筑特例来发现那些使城市空间得以运行的创造、适应和占有现象。《迷失防空洞》中那些投射在同一场地上的异质模式何尝不是中国城市空间的缩影,而《邂逅酿酒厂》中那些介于废墟和舞台之间的剩余空间也正是"收缩城市"(Shrinking City)的典型特征。城市观察的目的并非分析城市,而是通过"观众""内部人士"和"玩家"这些视角来获得对空间的运作、情境和可用性的理解,并最终将建筑的起点还原到城市现实中。

注释

① 见讲座录像。在雷纳·班汉姆1971年出版的有相当影响力的《洛杉矶：建筑学的四种生态》一书的基础上，班汉姆和导演朱利安·库伯（Julian Cooper）共同制作了纪录片《雷纳·班汉姆热爱洛杉矶》（*Reyner Banham Loves Los Angeles*）（BBC, 1972）。
② 影片 *Social Life of Small Urban Spaces* (William H. Whyte, 1988)。
③ 影片中特写的涂鸦有："我要飞得更高""我希望天下所有的孩子的病都会早日康复、过上快乐的生活""从这可以看出，在这个世界上，就没有我们克服不了的困难"。

参考文献

[1] Reyner Banham, *Los Angeles: The Architecture of Four Ecologies* (Harper & Row, 1971).
[2] Anthony Vidler, "Los Angeles: City of the Immediate Future", in *Los Angeles: The Architecture of Four Ecologies* (University of California Press, 2009). Page xxxv.
[3] Rem Koolhaas, "New Dawn on Ten", *Interview with Funmi Lyanda* (24 January 2001).
[4] Rem Koolhaas, in *Lagos/Koolhaas* (DVD 2001).
[5] Atelier Bow-Wow, *Made in Tokyo* (Kajima Institute Publishing, 2001).
[6] Urban-Think Tank, *Informal City: Caracas Case* (Prestel, 2005).
[7] Rem Koolhaas, *Interview with Jennifer Sigler* (Index Magazine, 2000).
[8] Iwan Baan, *Living with Modernity* (Lars Müller Publishers, 2010).
[9] Danny Jorgensen, *Participant Observation: A Methodology for Human Studies* (Sage, 1989). p. 9.
[10] William H. Whyte, *The Social Life of Small Urban Spaces* (Project for Public Spaces, 1980).
[11] Francois Penz & Andong Lu, *Urban Cinematics* (University of Chicago Press, 2011).
[12] Arie Graafland, *Understanding the Socius through Creative Mapping Techniques* (Delft School of Design, 2008).
[13] Andrew Ballantyne, "Review of London Orbital", *Journal of the Society of Architectural Historians* (JSAH), 65.2(2006), pp. 288-90.
[14] Beatriz Colomina, ed., "Multimedia Review", JSAH 68.3(2009), pp. 433–41.

作为空间教学的"电影建筑学"课程
Cinematic Architecture Course as Education of Space

[《建筑学报》2015年05月]

自现代建筑将空间确立为建筑学的人文原点以来[1-2],尽管对空间的知觉和想象能力被普遍认为是建筑师的核心能力之一,针对它的培养方法却较为有限,尤其是对于具体、诗意的空间。一方面,摄影、文字描述、拼贴、物理模型等均表现了空间的部分真实特性;另一方面,日益普及的计算机工具使得空间成为更加抽象的、分析性的设计对象。在这一背景下,南京大学建筑与城市规划学院自2012年起开设了一门针对空间教学的实验性课程——"电影建筑学"。它试图将一种特殊的空间实践形式——运动影像的拍摄——与建筑学的理论教学结合起来,让学生通过对运动影像的分析、设计和表达提高空间知觉和想象能力,进而对建筑空间的基本问题进行理论性的思考。本文将系统地介绍这一课程的理论基础、工作形式和教学内容。

一、"电影建筑学"课程概要

电影建筑学的发展

建筑和电影这两种艺术形式都具备空间和时间结构,都带有明显的公共性,都表达着存在空间。在20世纪20年代的现代主义运动中,电影有力地支持了现代主义建筑对于"时空连续体"(space-time continuum)意识的建构。正如瑞士艺术史学家西格弗里德·吉迪翁(Sigfried Giedion)在论及柯布西耶时指出的,"静态摄影没有清晰地捕捉到它们。人不得不随着眼睛一起运动:只有电影才能让新建筑被人理解"[3]。而德国艺术家汉斯·里希特(Hans Richter)对电影的陈述"电影的独特领域是运动的空间……这个空间既非建构的,也非雕塑的,而是基于时间的,即通过不同属性(光、暗、色彩)的交替创造出的一种光的形式"[4],则像是对密斯的建筑空间的注解[1](图1、图2)。在20世纪70年代建筑学自我反思的浪潮中,电影作为"生活空间和生活叙事的动态轨迹"[5]呈现了建筑空间在现实世界中的真实状态,支持了建筑学对混杂城市、异质空间和日常经验的重新定向。20世纪90年代以来,随着数字视频的普及,电影作为建筑媒介的主要障碍不复存在。[2] 电影和建筑不再限于彼此启发的两种艺术形式,而是共同构成了一种研究建筑经验、空间使用和城市条件的独立方法。由于它在设计研究上起到的独特作用,"电影建筑学"成为当代建筑重要的试验点之一。

这体现在两个方面。首先,实验性的建筑师更积极地尝试在设计研究中运用影像,例如在荷兰建筑师雷姆·库哈斯(Rem Koolhaas)和委内瑞拉都市智囊团工作室(Urban-Think Tank)那里,影像对城市空间状态(conditions)的呈现和空间机制(mechanisms)的揭示有力地支持了一种本地化的、发生型的城市建筑研究。[3]另一方面,部分由于实践的推动,在"电影建筑"研究领域出现了新的热潮。[4]建筑史学家如迪特里希·诺伊曼(DietrichNeumann)回顾了在不同历史时期电影如何使用建筑来组织和表现空间并反过来构成了一种对建筑的特殊实践[6],而建筑理论家如尤哈尼·帕拉斯玛(Juhani

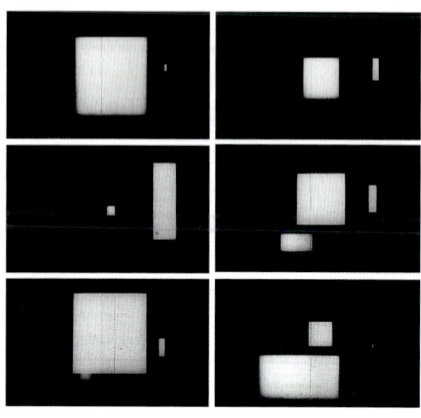 

图1：里希特创作的运动影像Rhythmus 21（1921年）

图2：密斯绘制的巴塞罗那德国馆室内透视（约1928—1929年）（99.1 cm×130.2 cm，现藏纽约现代艺术博物馆）。随着人的运动，空间中不同材质的面交替对比，呈现出动态影像的视觉特征。

Pallasmaa）和安东尼·维德勒则通过对电影媒介的讨论展开了对建筑理论的反思。[7-8] "电影建筑"这一命题也激发了新的跨学科研究，特别是对建筑和城市空间具有的"电影性"（cinematics）以及在此基础上对影像空间的新应用领域（例如博物馆、记忆场所等）的探索。[9-12]

电影作为空间表现形式的特点

正如戏剧之于新古典建筑、摄影之于现代建筑，我们表现建筑的方式反过来影响了我们思考建筑的方式。建筑设计是在表现媒介的基础上进行的，平面、立面、剖面这类抽象的、分析性的表现媒介在很大程度上将空间"去真实化"了，而我们更加依赖的建筑师的知觉和想象能力将被抽象分解的空间整合还原。透视图、轴测图以及实体或数字三维模型可以整体地表现空间的形态、元素和关系，但依然无法捕捉一些最基本的空间特征。与传统的建筑表现媒介相比，电影大大地延伸了建筑学对真实空间的操作范畴，这主要体现在几个方面。一、电影表现了视觉以外的其他知觉：视觉使人远离空间，而听觉让人回到空间的原点。对身体知觉的表达强化了空间的现场性和亲密性，正如在苏州园林中，大量暗示听觉、嗅觉的题名凸显了空间的现场性（图3）。二、电影表现了运动与时间中的空间。现代空间特有的连续和差异特性使得吉迪翁提出"只有电影才能让新建筑被人理解"（图4）。三、电影表现了身体与空间之间的延伸和互动关系。正如地理学家大卫·西蒙（David Seamon）强调的，日常的身体空间表演是场所感的基础。[13]四、电影表现了主体的空间经验，并因此打开了空间的情感、记忆和叙事的维度这些现代建筑学缺失的内容。

图3：拙政园听雨轩内景　　　　　　　　　图4：柯布西耶萨伏伊别墅

表1：具有代表性的"电影建筑"常规课程

学校	时间	主要导师	课程类型	侧重点
英国建筑联盟学院 AA School	1993—2005	Pascal Schöning	硕士设计型课程 Diploma unit 3	情感：心理体验
英国剑桥大学 University of Cambridge	1998—2005	François Penz Maureen Thomas	硕士研究型课程 MPhil program	叙事：空间叙事
瑞士苏黎世联邦高等工业学院 ETH Zürich	2003—	Christopher Girot	硕士研究型课程 MAS LA MediaLab	感知：感知体验
英国威斯敏斯特大学 University of Westminster	2008—	William Firebrace Gabby Shawcross	硕士设计型课程 Diploma studio 17	时间：建筑变化
瑞士门德里西奥建筑学院 Accademia di Architettura di Mendrisio	2012—	Éric Lapierre	硕士设计型课程 Atelier	氛围：建筑氛围
南京大学 Nanjing University	2012—	鲁安东	硕士研究型课程 M.Arch	空间：空间自身的电影性

（注：不含非常规课程或未进入建筑学教学体系的通识课程）

作为空间教学的电影建筑学

　　自20世纪90年代起，欧美的一些建筑院校开始在常规建筑教学中引入"电影建筑"课程。其中带有一定延续性的有英国建筑联盟学院帕斯考·舒宁（Pascal Schöning）开设的以心理体验为核心的设计课程[14]、英国剑桥大学弗朗索瓦·彭茨（François Penz）创立的强调影像语言和空间叙事的建筑与动态影像硕士学位课程[15]、瑞士苏黎世联邦高等工业学院（ETH）克里斯托弗·吉罗特（Christopher Girot）建立的关注感知体验的媒体实验室（MediaLab）和相关课程[16]、英国威斯敏斯特大学威廉·费尔布雷斯（William Firebrace）和加比·肖克罗斯（Gabby Shawcross）开设的关注建筑变化的设计课程[17]，以及瑞士门德里西奥建筑学院（Mendrisio）埃里克·拉皮埃尔（Éric Lapierre）开设的围绕建筑氛围的设计课程[18]（表1）。

　　与上述课程相比，南京大学的"电影建筑学"课程更加注重与建筑教学体系的整合，强调作为基本建筑的空间自身具有的电影性。本课程的前身是2009—2011年开设的短期工作坊课程"电影辅助设计",它在2012年转为常规课程,并围绕着建筑空间的基本问题进行了重新设置。其主要特点是强调对空间本身特征(包括氛围、时间等维度)和可能性的分析,学生在拍摄影像的过程中利用人物的行动、关系和感受对空间特征进行注解。整个课程由一系列递进的作业构成,每个作业分别对应着特定的理论问题。学生需要在评图环节对自己制作的影像进行分析,并对作业针对的理论问题进行回应。因此,本课程也被定位为一个特殊形式的理论教学,学生需要在拍摄过程中将对空间的感受和分析与对特定理论问题的思考结合起来,用影像语言来寻找和表达自己对空间的独特理解。

"电影建筑学"课程的几个核心概念

"电影建筑"作为教学命题自始至终谈论的是建筑,"电影"表明的是一种建筑观念,它关注建筑空间中叙事性的、非物质化的、感知的、诗意的等等内涵,同时强调它们在表面的呈现。[19]为了激发理论性的思考,本课程提出了几个关键性的概念,用于引导学生将注意力从电影本身集中到建筑问题上。

第一,空间的电影性(spatial cinematics)。空间本身具有对人的活动的结构性、场景性和辅助性的功能。一个透视空间因为一览无余而没有变化和悬念,因此是没有时间感的空间。而从电影建筑学的

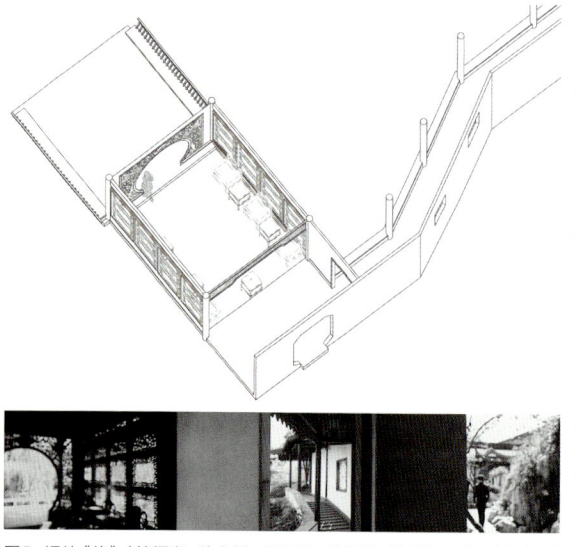

图5: 短片《停》(拍摄者:徐少敏、刘彦辰、雷冬雪、孙昕)。上:空间轴测图;下:影片中的一个连续镜头,从水榭室内转向室外(自左向右)

图6: 绩溪博物馆拍摄现场

角度，一个好的空间是提供机会和可能性的空间，是人和人的关系发生变化的空间。举例来说，"桥"是一个错失的空间，桥上和桥下彼此能够看见却无法相遇，而"走廊的拐角"是一个遭遇的空间，两端的人彼此看不见却注定相遇。因此"桥"和"L形走廊"在空间本身的电影性上是相反的。这门课通过引导学生对空间本身电影性的发现，试图建立一种摆脱构成美学、注重叙事可能性的空间观念。

第二，叙事表达空间（narrative expressive space）。基于对空间本身电影性的分析，学生需要设计身体的空间表演来演绎空间的可能性。正如伯纳德·屈米（Bernard Tschumi）在《曼哈顿记录》（Manhattan Transcripts）中提出的，空间的组织、身体的运动以及空间事件三者的叠加实现了建筑。[20]在这个过程中，身体的运动成为物质空间和空间叙事之间的中介物，它构成了对物质空间的一种特殊的注记（notation）。

第三，知觉的空间（perceptual space）。由于相机有运动的能力，它可以将空间距离的远和近转化为接近或者远离，影像可以带着观众一起运动，并带给她/他强烈的身体感，仿佛相机是我们的身体在电影空间中的替身。[5]在这个密切的"相机—身体"空间之外，影像将真实的空间转译为一个带有情感和记忆的氛围空间（ambience）。这种对身体空间和氛围空间的区分使学生能够以更加感性的方式去解读和注记空间。例如在《停》这个短片中，女主角被安排在幽暗的亭子内，而男主角被安排在明亮的室外，前者是被限制、被窥视的对象，而后者是行动自由的窥视者。这两个角色既受空间限定，又反过来注释了园林空间中内与外、明与暗、动与静的对话（图5）。

二、课程设置和教学形式

"电影建筑学"教学内容的核心是将拍电影作为一种特殊的空间实践和思考形式。在拍摄过程中，学生既要演又要拍：在演的时候他们用身体去感受，同时需要思考自己的身体放置在特定环境中会带给观众怎样的空间感受；而在拍的时候，他们又要用眼睛去观察，感受空间的氛围，捕捉空间的特征，并且根据空间的可能性调度人的表演。在这样往复的过程中，学生逐步养成一种以参与的方式分析空间的思维，进而对建筑空间进行理论性的思考。

课程设置和空间问题

本课程在教学形式上采用了理论教学+作业拍摄+评图研讨的结构，以提出理论问题开始，随后在拍摄的基础上进行思考，最后回归理论讨论。理论教学包括三个讲座："表达的空间""影像的逻辑""存在的直觉"，分别讨论上文介绍的三个核心概念——空间的电影性、叙事表达空间、知觉的空间。课程的主体部分是一系列拍摄作业，而核心难点是如何将一种特殊的空间实践形式——拍摄影像——与建筑学的理论教学进行对接。影像媒介有自己的形式语言和空间规律，因此本课程按照空间分析、场所分析和叙事分析三个阶段来设置教学内容，引导学生循序渐进地掌握影像媒介，并在各个阶段探讨相应的空间问题。

表2:"电影建筑学"课程设置方式及对应理论问题

阶段划分	作业设置方式		对应的空间理论问题
第一阶段 空间分析训练	**空间分析练习I:** 本练习的目的是认识空间自身的电影性,同时掌握基本的影像语言。		**时间—空间** 从"普遍语言"到"时间图像",影像呈现了空间特有的一种动态美学。
	I-a: 运动——空间动静分析 在寻常空间中发现一个带有电影性的片段,拍摄一个运动镜头和一个静止镜头,对它进行表达。	**I-b: 运动——空间轨迹分析** 在寻常空间中发现一个带有电影性的片段,设计一个相机运动路径,对它进行表达。	
	空间分析练习II: 本练习的目的是理解空间—行动—事件三者之间的关系并用影像叙事来表达空间本身的电影性。		**表演空间** 电影将身体在空间中的活动再现为一种"表演",它在实践着空间的同时也反过来塑造着空间。
	II-a: 表演——空间事件分析 在寻常空间中发现一个带有电影性的片段,设计一个利用空间结构性、场景性或辅助性特征的空间事件,并使用连续性剪辑加以表达。	**II-b: 表演——建筑漫步** 在寻常空间中发现一个带有电影性的片段,设计一次游历性的建筑漫步,并使用连续剪辑从不同镜头角度对建筑漫步进行观察和表达。	
第二阶段 场所分析训练	**场所分析练习:** 本练习的目的是进一步体验和认知场所,并用影像语言客观地表现场所特征。与第一阶段相比,不再强调身体运动对空间电影性的注记,而更注重身体对空间的知觉体验。		**存在空间** 电影帮助我们理解经验、感觉和意义在物质空间和精神空间之间的交流。
	a: 场所精神——空间交响乐 挑选一个带有强烈场所感的环境(如历史场所、记忆场所),并进行深度观察,把握它的关键特征并运用蒙太奇手法加以表达。	**b: 场所氛围——园林空间** 挑选一个带有强烈空间氛围的环境(如园林),根据空间氛围设计和编排剧情,主要的行为或事件应符合场所特征。	
第三阶段 叙事分析训练	**叙事分析练习I:** 本练习的目的是进一步理解情感、记忆、想象创造的空间,要求综合运用影像语言再现一个带有个人意义的现场。		**心理空间** 电影揭示了空间的情感维度。我们通过情感、记忆和想象使空间适应我们内心世界的形式。空间因而不是物体和身体的容器,而是一种主体投射的产物。
	I: 情感空间——诗意叙事 体验和拍摄一个陌生现场。运用影像语言将身体感受、空间氛围、情感表达结合起来。在对陌生场所的再现中表达个体的"诗意的经验"。[6]		
	叙事分析练习II: 本练习的目的是发现建筑和城市条件在日常空间中的冲突,同时学会运用影像语言表达自己的观点。		**日常空间** 影像提供的表达性的、参与式的和客观的多种观察视角帮助我们分析真实的城市情境。它特别善于呈现无名的空间实践和现象并揭示它们的意义。
	II: 空间实践——影像论文 在城市中寻找一个异化的建筑,以该建筑为例,通过影像语言表述自己对"建筑异化"这一命题的理解。		

表3:"电影建筑学"的拍摄分工及相应任务

角色	空间分析任务	说明
导演	对叙事进行空间布局	导演将叙事分解为不同场景和动作并在"平面图"上进行调度;此外,导演负责控制整个拍摄进程。导演以一种空间"编舞"(choreography)的方式思考空间和动作之间的关系。
编剧	建构场景	编剧需要对一个特定空间的形态和视觉特征进行详细分析,并在空间内将场景分解为一组镜头序列,即通过不同影像视角的组合对场景进行描述。
摄像	镜头的视觉构成	摄像需要设计相机的位置、运动路径以及相机与演员或空间内元素(例如洞口或者家具)的相互关系,同时需要确立影像画面的视觉美学。
剪辑	塑造电影空间	剪辑将镜头组合成叙事,并对图像和声音的不同效果进行试验。剪辑对电影空间的塑造不需要符合被拍摄的真实空间。

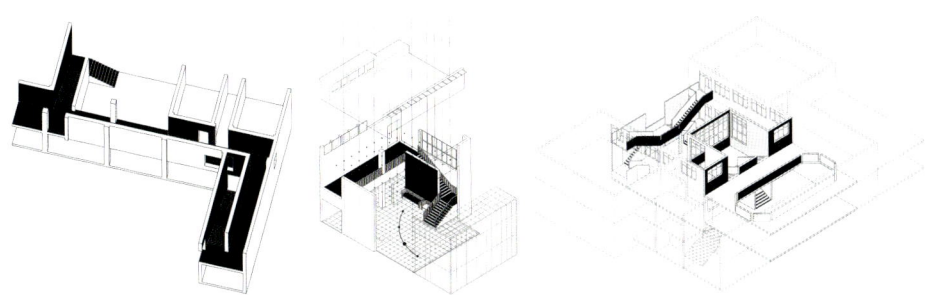

从左至右:
图7a: 短片《对一个楼梯的空间注记》(拍摄者:吴书其、林陈、车俊颖、王政、刘思彤)利用了两部楼梯带来的循环运动的可能性,表现了空间的结构性特征产生的电影性,并通过对人物运动的调度加以呈现

图7b: 短片《格网》(拍摄者:程斌、陈晓敏、夏侯蓉、胡任元)从阿伦·雷乃导演的影片《去年在马里昂巴德》(1961年)中的一个楼梯镜头出发,利用了拍摄场景(门厅)中带有的强烈几何秩序

图7c: 短片《层叠》(拍摄者:刘芮、宁凯、陈凌杰、陈博宇)巧妙地在一个"凹"字形平面的建筑中截取了一个纵深的片段,将流动性的空间转化为带有近景、中景、远景的山水画式的空间构成

图8: 短片《囲》(拍摄者:韩书园、张海宁、杨悦、许文韬、彭蕊寒)左:空间轴测图。右:同一条走廊的三个"T"形交叉口场景

图9: 短片Silver(拍摄者:高翔、王曙光、郑伟、梁万富)左:空间轴测图。右:同一条走廊的三个"T"形交叉口场景

  空间分析训练的目的是通过对镜头和视角的使用来分析空间的电影性。相关作业有:空间动静分析、空间轨迹分析、空间事件分析、建筑漫步等。
  场所分析训练的目的是通过对身体的调度、事件的编排、空间细节和知觉经验的呈现来表达场所的特征。相关作业有:空间交响乐、园林空间等。
  叙事分析训练的目的是运用影像语言来分析建筑涉及的心理记忆、日常状态、城市条件等因素。相关作业有:诗意叙事、影像论文等。

本课程为每个拍摄作业设置了对应的空间理论问题（表2）。作业既在技术上由易到难，在理论思考上也逐渐引导学生从空间自身特性和空间体验这类相对容易理解的因素转向更为抽象和复杂的空间问题。

工作形式与空间分析

由于影像拍摄工作本身对器材[7]和协作有一定的要求，经过多次试验发现最为理想的合作规模是4人一组，在不需要表演的情况下可减少至2—3人（图6）。为了使学生在拍摄过程中将注意力放在对空间的感受和思考上，本课程为小组成员设置了不同的角色，每个角色要对空间进行不同层面的思考和处理。此外学生需要在每个作业中换新的角色以接受不同的空间分析训练（表3）。

在工作中思考

"电影建筑学"课程的一个主要目的是让学生通过"拍电影"对建筑空间的基本问题进行理论性的思考。一方面，学生在作业的拍摄过程中需要思考对应的理论问题；另一方面，本课程引入了多种形式的反思过程。首先，在影片完成后，学生需要用图示或模型分析自己拍摄的影像空间——为什么选择某一个或某一组空间？利用了空间的哪些特点或可能性？影像呈现了一种什么样的空间？（图7a、7b、7c）其次，每次作业之后都有与设计课程相似的评图环节，学生需要在评图时结合影片、平面图、分析图等陈述自己对理论问题的理解以及影片针对理论问题的设计构思。此外，在最终评图时邀请建筑师、理论家、导演、哲学家等对电影建筑及其空间理论进行研讨，让学生能够从建筑学乃至人文学科的整体视角再一次进行反思。

三、"电影建筑学"教学成果与启示

在"寻常空间"中发现电影性

本课程第一阶段训练的核心是通过重新审视"寻常空间"，发现空间自身隐藏的电影性。以《空间轨迹》作业为例，虽然作业只要求拍摄一个运动镜头，但难点在于让学生从动态的角度理解空间，例如一个长方形的房间，一方面，如果沿着横墙、纵墙或者对角线进行拍摄，空间会呈现为完全不同的面貌；另一方面，镜头运动的空间轨迹不是为了追求新奇的视觉效果，而是基于对空间"电影性"的理性分析，用镜头运动来揭示空间自身结构性的或场景性的可能。此外，学生也需要在这个作业中掌握基本的影像语言。因此在2014—2015学年的课程中，让学生从经典影片中挑选一个巧妙运用空间的镜头，分析相机的空间轨迹。接着在校园内选择一个具备电影性的场所，设计一个与经典影片镜头相似的空间轨迹，对该场所的电影性进行表达。在《囧》这个短片中，教学楼内复杂的走廊系统使得演员可以快速到达空间的各个位置，而相机则被限制在其中一条走廊里运动。观众只能看到一条狭长笔直的走廊，演员的出没因此带有了戏剧性，这种戏剧性是由空间自身的结构性特征支持的（图8）。在Silver这个短片中，相

从左至右:
图10：短片《埃舍尔的楼梯》（拍摄者：吴耐圣、张楠、郭瑛、肖霄），影像画面从正常到失重再回到正常的视觉叙事。
图11：短片《遇》（拍摄者：岳文博、陈焕彦、张文婷、杨骏）；上：理想园林图示。下：身体对园林中并置空间的注记。
图12：短片《听》（拍摄者：潘幼建、王斌鹏、仇高颖、余佳浩）；上：倾斜的立面。下：影片静帧：身体对倾斜立面的回应。

机的运动轨迹似乎给观众呈现了空间的剖面，在起始位置，左侧房间和楼梯间是并置关系，而随着相机的平移，空间关系变为模型室和走廊之间的内外关系，窥视这个动作则成为对这种内外关系的注解（图9）。

　　作为空间分析训练的第二个作业，《建筑漫步》不仅要求学生基于空间特征对运动进行调度，同时要求从不同镜头角度对空间中的漫步进行拍摄和表现。"建筑漫步"这一概念来源于柯布西耶，他认为"建筑通过漫游其间而被体验"，并且建筑可以根据是否支持漫游体验而被区分为"死的建筑"和"活的建筑"。[21]同样值得注意的是在柯布西耶的建筑中，通过对楼梯、坡道等空间的表现，"漫游"又成了被看的对象。漫游过程中既看又被看，空间因而具有了表演性（图4）。这个作业要求学生利用空间结构性、场景性或辅助性特征设计一次建筑漫步，并使用连续性剪辑进行表达。其难点在于交替使用主观镜头（看）和客观镜头（被看）来塑造一个带有起承转合的游历体验。在《埃舍尔的楼梯》这个短片中，复杂的旋转楼梯通过镜头画面的捕捉逐渐由正常变得失重和超现实，并最终在一个带有纪念性的画面中恢复正常（图10）。

从左至右：

图13：短片《漂浮》（拍摄者：徐少敏、刘彦辰、孙昕、雷冬雪、潭子龙）。上：沿着水圳的狭巷。下：影片静帧：在这个超现实的场景中，透明、漂浮的雨伞构成了对绩溪博物馆空间体验的隐喻。

图14：短片《大小》（拍摄者：吴耐圣、张楠、郭瑛、肖霄）。上：二层露天的曲折路径。下：影片静帧：儿童的现场游戏呈现了隐藏的身体体验。

图15：短片《移山》（拍摄者：王洁琼、胡绮玭、张文婷、符靓璇、曹政），学生通过对真实劳动场景的蒙太奇反思了建筑与自然之间的关系。

通过"知觉空间"认识场所

本课程第二阶段训练的核心是体验和认知场所。人在身体知觉的基础上感受空间氛围进而建立场所感。彼得·卒姆托这样描述童年的经历："我记得脚下砾石的声音，上了蜡的橡木楼梯上闪着微光，当我走过黑暗的走廊进入厨房——这座住宅里唯一真正明亮的房间时，我能听到厚重的前门在我背后关上的声音。"[22]对空间氛围的感知是迅速而真实的。《场所分析训练》试图引导学生理解场所—知觉—氛围三者之间的关系，并选择园林空间作为练习的对象。园林在中国建筑空间理论的建构中起到了独特作用，[23]因此也是衔接影像拍摄和理论思考的难得对象。这个作业强调身体知觉体验和空间氛围的统一，要求学生设计的剧情体现园林的某种空间特征，并且在影片完成后用图示表现一个符合该空间特征的理想园林。在《遇》这个短片中,每一个镜头均能看到彼此交错的男女主角,而他们又无法看到彼此。演员用身体诠释了每一个画面中并存着的不同空间,仿佛他们始终游走于以拓扑方式交织着的两个独立空间体系中。这种兼具绵延和并置特征的园林空间使建筑更像是场景调度的媒介。在图示中,学生用墙、廊、亭等建筑元素虚构了一个强化交错体验的园林(图11)。

用"叙事空间"表达个人的情感和理解

本课程第三阶段训练的核心是在影像媒介的辅助下对空间提出个人的、思辨性的解读。以《诗意叙事》作业为例,它要求学生在4—5小时内完成对陌生现场的全部体验和拍摄工作,同时也要求学生能够运用影像语言表达身体体验、空间氛围、情感记忆,再现一个带有个人意义的现场,因此它实际上既是对前面所有作业的综合应用,也相当于一个现场考试。作业的难点一方面在于如何建立一种个人的解读,而不仅仅是对现场的记录或者对既有解读(例如建筑师的设计理念)的演绎,这对于拍摄背后的思想性有着更高的要求;另一方面,由于不能补拍,学生在现场拍摄时需要留意可能有用的镜头,例如场所的视觉和听觉细节,从而使后期剪辑时有更多的塑造和调整电影空间的余地。

2013—2014学年的《诗意叙事》作业拍摄了绩溪博物馆。由于李兴钢已经用"胜景几何"的概念有力地解读了这个作品,相当于为这座建筑提供了一个标准答案,因此对于学生而言,难度最大的是如何在体验这个建筑时找到自己的立场。《听》这部短片用身体直接对建筑进行了注释,对于一个视觉体验如此丰富的场所来说,用身体"聆听"在个人和建筑之间建立了独特的亲密感(图12)。短片《漂浮》的拍摄者们敏感地发现了绩溪博物馆在用当代建筑语言转译传统时呈现出的既熟悉又陌生的空间氛围,并用一把透明雨伞对这种超现实的心理空间进行了暗喻(图13)。短片《大小》利用儿童作为演员来激发这个建筑中隐藏的微小空间,不同于成人对视觉美学的感应,儿童对空间的尺度以及身体参与的可能性更为敏感。这部影片通过对儿童现场游戏行为的观察和记录呈现了一个充满了身体体验的绩溪博物馆(图14)。一个有趣的事实是,在现场拍摄时恰逢绩溪博物馆在清理水池、修缮瓦面、抢救树木,但上面三部短片仍然给我们再现了一个带有强烈美学特征的建筑。而另一部短片《移山》则记录了劳动的场面和施工的细节,学生通过精心的蒙太奇剪辑表达了在建筑与自然之间的美学关系之下的更为基本的生产性的关系,并为绩溪博物馆中的水池、漏窗、铺地、抹灰等精美细部赋予了更为深刻和动人的含义(图15)。

跋:启示

本课程的教学实验显示了电影作为空间教学法的巨大潜力——它以更加具体、诗意的方式让我们直面空间本身而不是它的再现。本课程同样显示了影像的拍摄可以很好地结合对空间的思考,而理论性的思考反过来也促进了对空间的知觉和想象能力的培养。本课程通过一系列的任务——在"寻常空间"中发现电影性、通过"知觉空间"认识场所、用"叙事空间"表达个人的情感和理解——引导学生从对空间本身的认识到对空间经验的分析,再到对复杂空间问题的思辨性的表达。对空间知觉和想象能力的培养是建筑教育最基本的任务之一，其目的不仅仅是提高设计能力，更是为了给建筑学一个人文的原点。从"寻常空间""知觉空间"到"叙事空间"的过程引导着学生由外向内逐步深化对空间本质的认识。作为一门面向空间教学的课程，"电影建筑学"尝试将体验与思考、分析与表达结合起来。

本课程的理论基础和工作形式在很大程度上基于之前的教学经历，包括2009—2011年南京大学"电影辅助设计"硕士课程；2010—2011年英国剑桥大学"影像城市"硕士课程；2011—2012年德国德绍建筑研究所"微观城市研究""电影空间研究"硕士课程。在此感谢丁沃沃教授、弗朗索瓦·彭茨（François Penz）教授、阿尔弗雷德·雅各比（Alfred Jacoby）教授对上述课程的支持。

注释

① 里希特和密斯结识于1921年，随后共同创办了G杂志。里希特对于"普遍视觉语言"的认识对密斯有很大影响。在巴塞罗那德国馆中，不同材质的墙面随着人的运动呈现不断变化的对比，这是一种带有强烈时间感的形式。
② 艺术史学家安德列斯·扬赛（Andres Janser）指出："电影并没有代替摄影成为建筑视觉表现的主要媒介。这主要是结构性原因导致的，例如电影制作较大的资金需求以及播放它们所涉及的复杂因素。" Janser, Andres. "Only Film Can Make The New ArchitectureIntelligible", in F. Penz & M. Thomas (eds.) *Cinema & Architecture*, BFI Publishing, 1997. pp. 34-46.
③ 库哈斯邀请导演Bregtje van derHaak参加了对尼日利亚城市拉各斯（Lagos）的研究并完成了纪录片《拉各斯/库哈斯》（2002）、《拉各斯：宽镜头与近镜头》（2005）。都市智囊团工作室与导演Rob Schröder合作对委内瑞拉首都加拉加斯进行考察并完成了纪录片《加拉加斯，非正式城市》（2007）。
④ 英国建筑期刊*Architectural Design*在1994和2000推出了两期专辑：Maggie Toy, ed. *Architecture& Film*, AD, Vol. 64, 1994; Bob Fear, ed. *Architecture & Film II*, AD, Vol. 70, 2000. 美国《建筑史学家学会会刊》（*Journal of the Society of Architectural Historians*）自2005年起每期开设《多媒体》专栏，先后由电影理论家Edward Dimendberg和建筑理论家比特瑞兹·克罗米娜（Beatriz Colomina）等主持，迄今已讨论了近百部建筑电影。
⑤ 华中科技大学汪原指出了另一种"被相机拍摄的身体"的空间："在教学中强调学生要用自己的身体置入空间：当学生面对镜头的时候，他对周围空间的感知能力会被激发，从而形成身体对镜头的感知和对空间要素的感知，进而叠加产生身体对空间感知的圆。"（汪原在"影像空间教学研讨会"上的发言，南京大学，2014年5月10日。）
⑥ 绩溪博物馆的设计师李兴钢认为："电影也有建筑无法表达的，而建筑也有电影无法表达的。但是所有这些艺术所追求的有一个共同点，就是使人有一种诗意的体验。这种诗意不是狭义的，而是更加深刻动人的。"（李兴钢在"影像空间教学研讨会"上的发言，南京大学，2014年5月10日。）
⑦ 在本课程教学中需要提供的设备有：摄像机三脚架及匹配的滑轮底座、摄像滑轨。

参考文献

[1] Geoffrey Scott. *The Architecture of Humanism: A Study in the History of Taste*. Boston: Houghton

Mifflin Company, 1914.

[2] Sigfried Giedion. Space, *Time and Architecture:The Growth of a New Tradition*. Cambridge: Harvard University Press, 1941.

[3] Giedion, Sigfried. *Bauen in Frankeich, Eisen,Eisenbeton*. Klinkhardt & Biermann, 1928. English Edition: *Building in France, Building in Iron,Building in Ferroconcrete* (Trans. J. Duncan Berry). Getty ResearchInstitute, 1995. P.92.

[4] Richter, Hans. *De Stijl 6.5* (May 1923).

[5] Giuliana Bruno, "Bodily architectures", *Assemblage*,19: 106-111. p.110.

[6] Dietrich Neumann, *Film Architecture: FromMetropolis to Blade Runner*, Prestel Publishing 1996.

[7] Juhani Pallasmaa, *The Architecture ofImage: Existential Space in Cinema*, Helsinki: Rakennustieto Publishing,2001.

[8] Anthony Vidler, *Warped Space: Art,Architecture, and Anxiety in Modern Culture*, MIT Press, 2000.

[9] Mitchell Schwarzer, *Zoomscape:Architecture in Motion and Media*, Princeton Architectural Press, 2004.

[10] Francois Penz & Andong Lu, eds. *UrbanCinematics: Understanding Urban Phenomena through the Moving Image*, University of Chicago Press, 2012.

[11] Giuliana Bruno, *Public Intimacy:Architecture and the Visual Arts*, MIT Press, 2007.

[12] Richard Koeck, *Cine-scapes: CinematicSpaces in Architecture and Cities*, Routledge, 2012.

[13] David Seamon. "Body-Subject, Time-Space Routine, and Place-Ballets", in Buttimer,A. & Seamon, D. eds. *The HumanExperience of Space and Place*, Croom Helm, London, 148-65.

[14] Pascal Schöning, *Manifesto for a Cinematic Architecture*. Architectural Association, 2006.

[15] Maureen Thomas & François Penz, eds. *Architecturesof Illusion: From Motion Pictures to Navigable Interactive Environments*, Bristol: Intellect Press, 2003.

[16] Christophe Girot, *Landscape Video:Landscape in Movement*, Gta Verlag, 2009.

[17] William Firebrace & Gabby Shawcross, https://designstudio17.wordpress.com/[accessed 2015/3/24].

[18] 刘泉、郭廖辉，《"想象之空间"——门德里西奥建筑学院Atelier Lapierre "建筑—电影"教学述评》，*Der Zug*, Vol.2, Jan 2015: 25-36.

[19] 李华，《一个关于"电影建筑"的建筑文本》，《新建筑》，2008(1): 4-8。

[20] Bernard Tschumi. "Manhattan Transcripts, 1977-1981". In Bernard Tschumi, *Architecture and Disjunction*, MIT Press,1994.

[21] Flora Samuel. *Le Corbusier and theArchitectural Promenade*. BIRKHÄUSER, 2010

[22] 彼得·卒姆托，《思考建筑》，张宇译，中国工业出版社，2010，第7页。

[23] 鲁安东，《迷失翻译间：现代话语中的中国园林》，《建筑研究01：词语、建筑图、图》，中国建筑工业出版社，2011，第47-80页。

图片来源

图1：Richter, Hans. Rhythmus 21.Online video, accompanied by new soundtrack.

图2：Envisioning Architecture: Drawings from the Museum of Modern Art.The Museum of Modern Art, 2002: p. 71.

图12-14：建筑摄影由李兴钢工作室提供。

其他图片均由作者提供。

课程作业

"电影建筑学"课程

电影为理解空间的感知、运动、想象、记忆等维度提供了一个有力的媒介。它大大地延伸了建筑学对真实空间的操作范畴,同时也提供了一个思考建筑基本问题的起点。"电影建筑学"课程将运动影像的拍摄与建筑理论教学相结合,通过一系列任务引导学生从对空间本身的认识到对空间经验的分析,再到对复杂空间问题的思辨性的表达,以实现对空间知觉和想象能力的培养。电影建筑学的教学实验尝试以更加具体、诗意的方式让"自我"直面空间本身而不是它的再现,从而给建筑学一个人文的原点。这个原点就是"身心一体"的叙事空间。

观察　Observation
批评　Criticism
叙事　Narrative
场所　Place
表演　Performance
运动视觉　Moving Image
园林空间　Garden Space
增强场所　Augmented Place

观察　Observation

Bauhaus Presence

作业名称：Bauhaus Ghost（2012）
拍摄地点：包豪斯校舍
工作团队：Pooya Sanjari、Farokh Falsafi
影片时长：3'56''

移山

作业名称：叙事建筑研究（2014）
拍摄地点：绩溪博物馆
工作团队：王洁琼、胡琦玭、张文婷、符靓璇、曹政
影片时长：4'51''

批评　Criticism

呼吸

作业名称：园林空间研究（2014）
拍摄地点：南京瞻园
工作团队：王斌鹏、潘幼建、仇高颖、儿玉淳
影片时长：3'48''

蟲

作业名称：园林空间研究（2015）
拍摄地点：南京瞻园
工作团队：高翔、王曙光、郑伟、梁万富
影片时长：3'56''

叙事 Narrative

Metric Hysteria

作业名称：Bauhaus Ghost（2012）
拍摄地点：包豪斯校舍
工作团队：Taramelli Matteo、Azarkhin Mykyta
影片时长：1'46''

呓园

作业名称：园林空间研究（2015）
拍摄地点：南京瞻园
工作团队：杨悦、彭蕊寒、韩书园、许文韬、张海宁
影片时长：3'35''

红

作业名称：空间分析训练III——表演空间（2013）
拍摄地点：南京瞻园
工作团队：赵芹、周雨馨、韩艺宽、吴黎明
影片时长：2'51''

停

作业名称：园林空间研究（2014）
拍摄地点：南京瞻园
工作团队：徐少敏、刘彦辰、雷冬雪、孙昕
影片时长：2'35''

场所 Place

大学生活动中心

作业名称：叙事空间训练II——空间蒙太奇（2013）
拍摄地点：南京大学大学生活动中心
工作团队：徐怡雯、张方籍、张伟、赵潇欣
影片时长：3'02''

逸夫楼

作业名称：叙事空间训练II——空间蒙太奇（2013）
拍摄地点：南京大学大学生活动中心
工作团队：胡琦玭、王彬、王凯、俞冰
影片时长：3'57''

I Prefer to Lay over My Flight

作业名称：Musictopia（2012）
拍摄地点：Georgengarten und Beckerbruch, Dessau
工作团队：Pooya Sanjari、Farokh Falsafi
影片时长：2'53''

NOSTALGIA

作业名称：叙事建筑训练I——长泾（2013）
拍摄地点：江阴，长泾
工作团队：俞冰，王凯，王彬，胡绮玭
影片时长：4'46''

表演 Performance

埃舍尔的楼梯

作业名称：身体表达空间（2014）
拍摄地点：南京大学天文系馆
工作团队：吴耐圣、张楠、郭英、肖霄
影片时长：2'43''

四幕戏

作业名称：身体表达空间（2014）
拍摄地点：南京大学体育馆
工作团队：潘幼建、王斌鹏、仇高颖
影片时长：3'06''

2U 387

作业名称：Performance(2012)
拍摄地点：Zuckerraffinerie, Dessau
工作团队：Giovanni Giratto、Patrien Harra、Nolger Prang、Dorothy Law、Pattanun Thonbsul
影片时长：3'38''

听

作业名称：叙事建筑研究（2014）
拍摄地点：绩溪博物馆
工作团队：潘幼建、王斌鹏、仇高颖、余佳浩
影片时长：5'21''

运动视觉　Moving Image

交错

作业名称：对__的空间注记（2016）
拍摄地点：南京大学逸夫楼
工作团队：陈嘉铮、黄丽、李若尧、张学、周贤春
影片时长：1'34''

Sliver

作业名称：对__的空间注记（2014）
拍摄地点：南京大学庚楼地下室
工作团队：高翔、王曙光、郑伟、梁万富
影片时长：1'09''

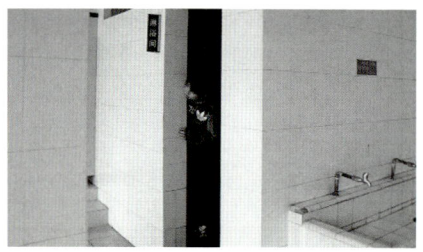

Closer

作业名称：对__的空间注记（2016）
拍摄地点：南京大学男生宿舍公共盥洗室
工作团队：方飞、程思远、张豪杰、顾聿笙
影片时长：1'57''

伊甸园

作业名称：对__的空间注记（2017）
拍摄地点：南京大学文科楼
工作团队：桂喻、黎乐源、袁一、章程
影片时长：2'31''

园林空间　Garden Space

遇

作业名称：空间分析训练Ⅲ——表演空间（2012）
拍摄地点：南京瞻园
工作团队：陆蕾、杨骏、张文婷、陈焕彦、岳文博
影片时长：2'21''

回

作业名称：园林空间研究（2016）
拍摄地点：南京瞻园
工作团队：陈嘉铮、李若尧、黄丽、张学、周贤春
影片时长：2'29''

Parallax

作业名称：园林空间研究（2015）
拍摄地点：南京瞻园
工作团队：车俊颖、刘思彤、王政、吴书其、林陈
影片时长：3'08''

空间重定义

作业名称：园林空间研究（2016）
拍摄地点：南京瞻园
工作团队：程思远、张豪杰、顾聿笙、方飞
影片时长：4'35''

增强场所　Augmented Place

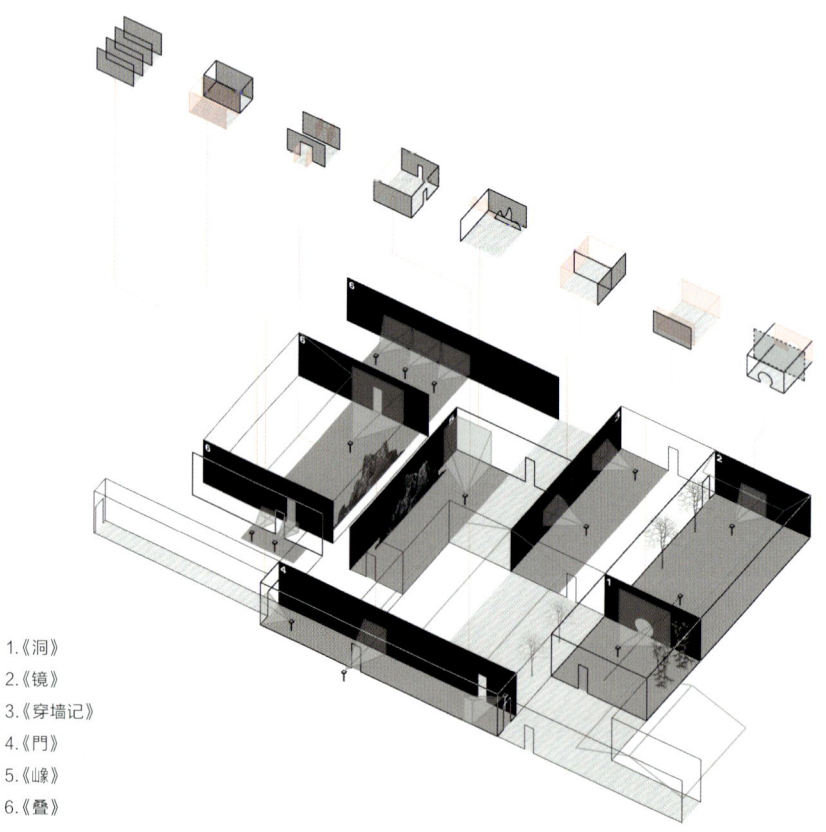

1.《洞》
2.《镜》
3.《穿墙记》
4.《門》
5.《嶂》
6.《叠》

课程说明:《瞬时园林》是2017年度南京大学建筑与城市规划学院"电影建筑学"课程的第三个作业。研究对象选在有"九十九间半"之称的南京民俗博物馆(甘熙故居)。学生三人一组自行选择一个或一组庭院作为场地,分别提出有实验针对性的建筑学概念,作业要求用一个或多个影像投影改变原有庭园的空间特征,将其转化为一个影像与现场合二为一的新空间。在此基础上,我们邀请了北河身体剧场舞蹈专业(南京艺术学院)的师生,通过现代舞的表演方式来栖居和诠释这一合成空间。本作业尝试将真实园林、影像园林和舞蹈表演综合起来营造一个瞬时的园林空间情境,来探索传统造园中的图画、文字与空间的关系,并寻找其对当代建筑学的启示。

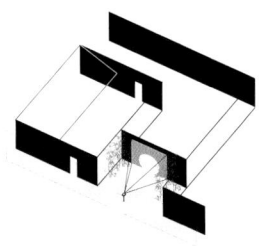

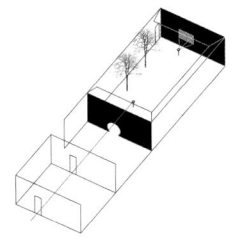

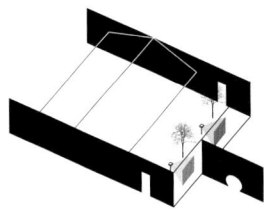

洞

工作团队：崔傲寒、王却奁

将园林中的假山投影在月洞门上，形成亦门亦洞、亦墙亦山的景致。夜幕降临，洞门外的环境暗淡的同时，门与山的界限被模糊了，此刻的月洞门宛如假山的一部分，行人穿越其中，仿佛入了山洞。现实中穿行的人与投影中假山上的影交织出现，亦真亦假，引发人们对造园造景虚实意境的深入思考。

镜

工作团队：潘幼健、王斌鹏
北河舞者：陈柯、谢季圜

《镜》旨在探讨园林对称中的变化。女舞者在庭院一侧的三重门洞中进行身体表演，同时被实时投影到庭院另一侧的墙上，男舞者与影像中的女舞者进行互动表演。他们的舞蹈分为三个阶段，以暗示园林不同的空间状态：具身的空间、想象的空间、扁平的空间。

穿墙记

工作团队：程思远、方飞、王却奁
北河舞者：陈柯、谢季圜

展演地点选在一面实墙前，实墙背后是被月洞门隔开的两个院子。本案用影像造园的方式在实墙上投影出两个窗洞，两位舞蹈演员在窗洞内外进行表演，窗洞内的影像则是在对应的两个院子内发生的故事。

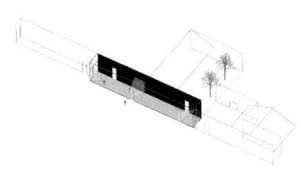

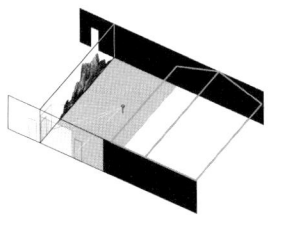

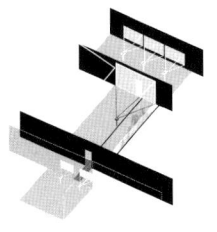

门

工作团队：苏彤、吴峥嵘、朱凌峥
北河舞者：寇诗雨、华婷

本案在一个包含多个门的巷道里又投影了三个虚幻的门，探究门作为园林空间构成要素的可能性。第一个场景中投影的门与真实的门在空间上构成对称关系，演员的身体表演则为对称关系的注解。第二个场景在一扇门背后的墙上投影月洞门，将浅空间转化为深空间。第三个场景讨论了门与其背后的空间可能产生的对称关系。

嶂

工作团队：梅凯强、童月清、于昕
北河舞者：范雨晴

场地所在的庭院中，一面墙为假山，另一面是与之垂直的白墙，将甘熙故居园林部分的假山投影在这片白墙上，不仅使真实的假山和投影的假山在视觉上成为一个整体，而且叙事逻辑上，舞蹈演员穿梭于真实的假山和投影的假山之间，构成真实和虚拟的假山共存的另一种空间。

叠

工作团队：桂喻、黎乐源、袁一、章程
北河舞者：寇诗雨、范雨晴、华婷

从洞口向洞口窥去，四个平行的白墙界面构成层层嵌套、由近及远的透视性空间。通过多重影像对界面内容的重新填写，将现实假山与虚构园林并置，演员轨迹与影像画面重叠互动，原有的空间层次变得模糊，呈现为重构的山水片段。

事 件

绩溪成像

瞬时园林

绩溪成像

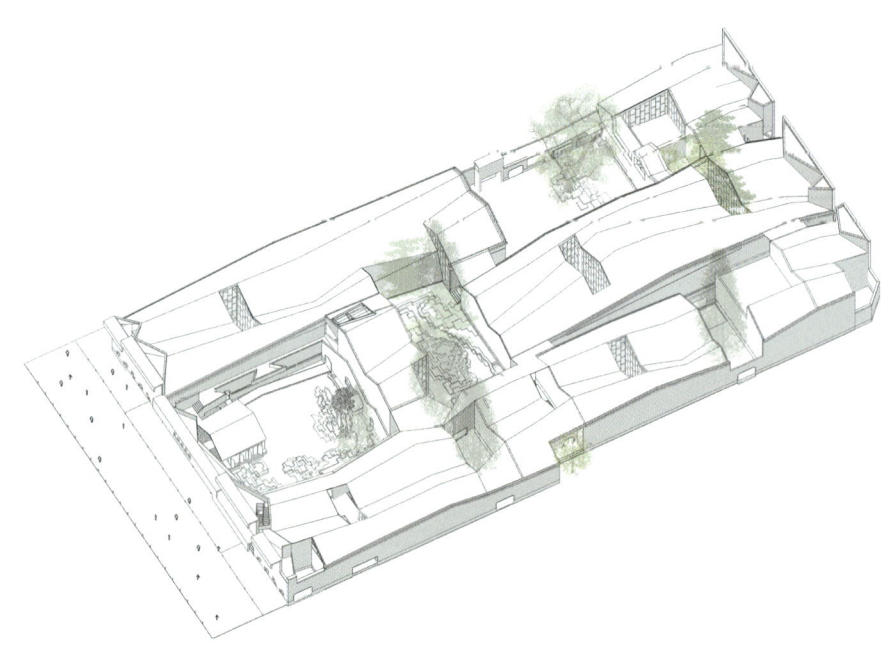

绩溪成像暨影像空间教学展

2014年5月10日下午,南京大学建筑与城市规划学院举办了"绩溪成像暨影像空间教学展"。"电影建筑学"为南京大学开设的研究生课程,历时8周,主讲教师鲁安东。该课程通过使用电影媒介对建筑中的空间、时间、场所、叙事等因素进行分析和表达,帮助学生思考建筑学的基本问题并培养空间感知和想象的能力。此次活动展示了该课程两年来的教学成果,同时展示了学生们以建筑师李兴钢的作品绩溪博物馆为对象拍摄的影像视频。此次活动邀请了李兴钢、刘克成、丁沃沃、柳亦春、庄慎、周凌、祝晓峰、汪原、傅筱、郭屹民、范文兵、冯路等多位建筑师及学者进行评图讨论,与会评委就电影在建筑教学中的理论意义和实践方法等进行了深入探讨。

庄慎： 我一直认为建筑是很具体的，用影像来进行教学是很有意义的。因为一些具象的和感性的东西往往会被规矩的东西所限制。空间从本身来说是非常具象的，学生在做设计时会脱离一种很干燥的或者是很枯燥的平面，抑或是白板式的空间或思绪，而转向对空间中活动的体验和思考的方式。这种方式如何培养，靠说道理和分析文本是不足的。这种具象性的思维因材质、构造、空间组织等很多技巧性的问题，切切实实地直接与人的感觉相关，其具体的内容却需要想象力。

周凌： 电影是一种时空艺术。古典的造型艺术不包含电影，绘画、雕塑、建筑是静态的，电影一秒24帧，将时间要素引进来。我觉得中国的园林自古就包含时间要素。小说是时间艺术，它是叙事性的，必须逐字逐句经过一个过程，音乐也是时间艺术。绘画、雕塑、建筑是空间艺术，静态的。现代主义以后，有所谓的三维的，所谓拼贴的，但同样是在静态的画面里来看。电影和园林其实有很多共鸣，李老师的绩溪博物馆具备了两者的特性。园林里的路径和摄影机器的路径很类似，而且会涉及主、客观的问题。

李兴钢： 运动、时间、叙事、诗意、人工物、戏内与戏外、作者与阅读、生活与创作、设计与使用、身体与空间、镜像与真实、暧昧与清晰、人与物、人工与自然……观看这些电影时，我内心产生的词都是我在工作与思考里所关心的。因为我更多的是在进行建筑实践，这些电影以及这样的教学活动对建筑师和学生们是非常有益的。当然，不只是建筑与电影，文学、音乐都有相似的因素在里面。当然，电影也有建筑无法表达的，而建筑也有电影无法表达的。但是所有这些艺术所追求的有一个共同点，就是使人有一种诗意的体验，这种诗意不是狭义的，而是更加深刻的、动人的。

柳亦春： 教学的目的到底是什么？周凌老师提到的是知识的传递和技巧的训练，我很认同。可能还有思想的成分在里面。作为一种影像，它究竟是一种表现的方法还是分析的方法，我其实有些疑惑。我更多地觉得，它不可否认地是一种观察事物的方法，不是我们平常做设计的方式，而是一种很抽象的方式。这种方式过滤掉了很多东西，剩下的是我们每个人想要表达的东西，其实也是每个组拍摄后应该回答的问题。

傅筱： 电影经常是边拍边实验，建筑创作其实也是这样的，是一个思维的问题。拍摄建筑照片很容易，也能够拍很多张，然而缺乏连续性，基本没有包含串联在一起的思考。电影是连续的、动态的、有时间性的，去解读建筑。我比较同意柳老师的看法。

鲁安东： 拍电影是一种很特殊的空间的实践。对同学们来说结果可能不是那么重要，在整个拍摄过程中，他们用身体去感受，用眼睛去观察，一次一次地去拍摄，思考自己的身体放置在那样的环境中会带给观者怎样的空间感受。我作为一个做理论的人获得了很多理论上的反馈，很有趣的是，当拍电影成为一种空间实践的时候，教给大家一种边参与边想象的思维方式。很多同学在以前的建筑训练中缺乏这样的思维训练，这使得他们慢慢地习惯从外部的角度去观察一个建筑，或者你想象自己的参与构成建筑的一部分。当自己身处这样的环境中时就不得不去思考空间感、尺度感、触觉等问题。

郭亦民： 其实我的教学内容和鲁老师正好不同，是技术性的，然而正如傅老师所说，追根究底更应重视的是思考的问题。一个观感，电影是一种非常抽象的表达方式，这种抽象方式又和图纸、模型的抽象不同，它和空间之间是有区别的，它忽略掉了很多更加客观的因素，把一些更加纯粹的概念通过一种抽象的方式表达出来。我们一直用某种抽象的方式去表达空间，比如我们的学生从大一开始就学习做图纸、模型，惯用图纸与模型来表达空间之后就形成了一种模式，会让他们忽略很多思考，而流于程式。今天，我想通过电影，让他们用一种新的方式去表达他们对空间的理解，其实颠覆了之前他们抽象思考的方式。这种方式比图纸、模型甚至照片更具思考性，让他们重新思考与空间的关系。

冯路： 根据过去几年的教学感受，学生一旦进入分析，通常分析图的方式会出现一个问题，因为它把一切事物都抽象化了，比如计算人的流量，开始与正常的状态脱离。电影作业是一个机会，可以返回真实的日常，也就是真正的空间。电影作为建筑学，是一种新的视角，从通常的外部的对整体的设想转化为反向的，从无数的局部的观感来想象整体的空间。另一个是传统的设计方式对建筑的使用方式有一种预判，同学们通过拍摄电影作业会发现一些新的可能性，即建筑建造完成、投入使用后，电影将其重新拉回到建筑学的领域中。

祝晓峰： 电影作业可以让同学们去发掘无名空间的魅力，也可以去崇拜知名建筑、建筑师，甚至抵抗他、挑战他。那么影像如果可以成为一种思考方式的话，也可以成为一种设计方式。

范文兵： 从教学方面出发，我们如何将电影引入设计中，在两者之间建立桥梁？影响有没有可能成为一种评价建筑的方式？我认为其中有很多可能性。

汪原： 在教学中强调用自己的身体置入空间，当学生面对镜头，他对周围空间的感知能力会被激发，从而形成身体对镜头的感知能力和对空间要素的感知，进而叠加产生身体对空间感知的圆。人在认知过程中会忽略空间内的要素，当空间要素减少到一定程度的时候，人对空间感知的能力会下降到最低。这个程度是值得讨论的。

刘克成： 电影建筑学的切入要解决学生的什么问题？电影总是在摄取生活片段，组成貌似完整的画面，告诉我们一个故事以引发感情共鸣。而建筑是一开始就设定构架，把我们装进去，这种培养方式下的建筑师有一定的自恋度。两种思维在这些片子里面可以被识别，片子里面充斥着建筑思维的产物，没有人和生活，这在一个真正的电影人看来是可笑的。学生是被异化了的。这门课程的体验可以让学生经过四五年的建筑学习后重新思考什么是有趣和无趣的空间、建筑、生活，从而回到正常价值观和正常人的视角中。

瞬时园林

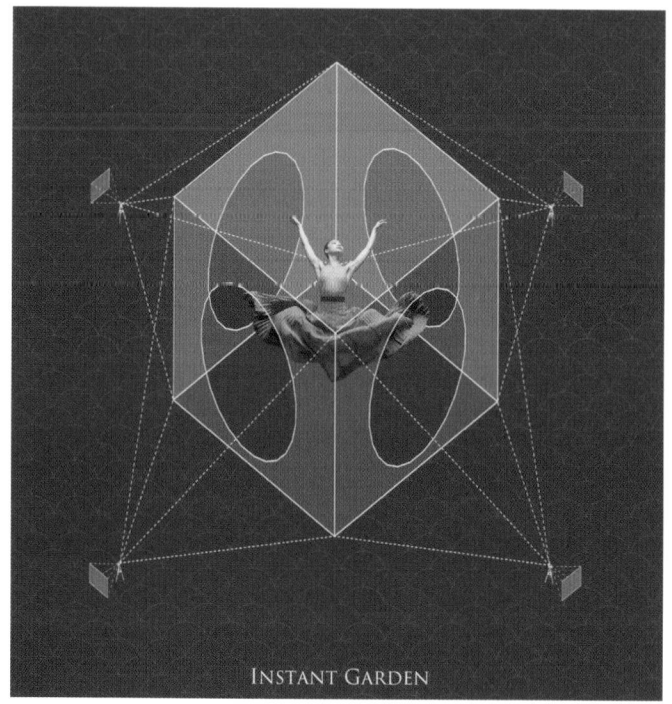

展演活动:瞬时园林(Instant Garden)
时间:2017年4月22日
地点:南京甘熙故居
策展人:鲁安东
策展助理:王却奁

舞蹈指导:王佳维
联合主办:
南京大学建筑与城市规划学院、北河身体剧场、南京市民俗博物馆、南京市档案馆、南京大学可沟通城市跨学科工作室

展演说明:"瞬时园林"展览用影像的投影作为造园的媒介,对传统庭园进行重新定义。通过真实与幻影、物境与意象的叠加,创造一个转瞬即逝的园林空间。而舞者则用身体对这一瞬时园林加以演绎。本展览旨在探索园林中的真实性的构成与边界。"瞬时园林"将展示2017年度南京大学"电影建筑学"课程作业以及2012—2016年"电影建筑学"课程对江南园林影像研究的部分优秀作业。舞蹈表演者来自北河身体剧场。

下面的发言来自"'有我'的建筑"研讨会,2017年4月23日,南京大学建筑与城市规划学院。

刘克成： 这是建筑和舞蹈的一次相遇。这两者在没有太多前提的情况下相遇在园林，是特别诱人的一出戏，我是抱着看剧的心情来的。我只是个建筑师，所以我只能谈我的感受：每个人心里都有一个园林，换句话说，每个人看园林，理解又都是不一样的。我觉得这个事情很有意思。

顾凯： 其实我还是非常震撼的，确实学到很多东西，里面有太多精彩之处了。我是研究园林的，所以我主要从园林的角度来讲几个方面。

第一，我认为鲁老师讲的主题思维很强烈，就是虚幻的感觉，还有影像。虚幻跟园林的感觉很契合，至少跟一些园林的主题密切相关，有一些园林甚至要表达类似于佛教的观念。其实在很多园林里，包括现在很多苏州园林里有非常多的镜子，有些学者认为这跟虚幻的主题有关系。第二组场景直接用"镜"这个概念，似乎就挑明了这方面的问题。用影像加强虚幻的感觉，跟利用镜子的方式确实是类似的，影像就更强烈。第四个作品里面有一个一个真的门，也有一个一个虚幻的门，这种并置特别有意思。包括其他几个作品都有这些类似的很强烈的东西。

第二个关键词是生命。对园林的审美包含很多方面和层次，但其中最基本的、最深层的一种就是欣赏其中的生命力。这种生命的美感在中国的各种艺术门类里也是最深层次的追求。其实在园林领域里面对石头最基本的审美也是这样的。我们怎么欣赏太湖石，我觉得最基本的就是把它看作一种对生命的追求，要欣赏的是其内在的生命力。所以很多叠山就像狮子林，是比较早期、比较典型的，主要就是欣赏石峰的生命力。所以演员在表演的时候，这方面的感觉特别强烈（第五组），有时候她处于蜷缩的状态，像某一种石头的感觉，慢慢地绽放那种生命力。我也是第一次能够在这样的近距离看舞蹈演员的表演，但有的时候就是过于关注她的表演了。

这个表演跟画意还是特别契合的，表达得特别强烈。大概这两个方面我感觉最强烈，还有一些可能我也没有特别多的认识，比如说这个表演让我感觉到园林作为一个场所，它不仅仅作为一种景观的对象，而且是很多事件发生的场所，这种观念在这些作品里面体现了很多，让人感觉到很多事件特别有意思，而且有的时候是比较随机的，有的时候是特别难以想象的，我觉得都非常好。园林在这方面的作用也特别有意思，展现了园林某些方面的潜力。再比如说，演员的表演能够让人感觉到身体跟园林的一些关系，这个也让我感受挺深的。像演员有的时候在一些有狭缝的地方穿行，包括在竹林里的舞蹈，一般人想象不到，这个时候园林就跟身体发生关系，我觉得这个作品对跟人的关系的展现也是很成功的。当然最后也是印象特别深的，显然非常重要的一个主题，就是空间。尤其各个作品里面这方面的表现都非常深刻，能够展现很多方面的可能性，这个也让我体会很深，就大概说这些了。

张昕楠： 昨天看完其实获得的感受是很混乱的，它涉及的面太多了，我的感受和体验也太多了，主题的层次也是非常丰富的。我尝试着从这几个方面来说，不外乎涉及舞蹈、园林、建筑和电影，其实这四个方面对应的是身体、意境或者是意象、空间和影像。就这些来说，无论怎么去解读，还是"我"或者是"我们"，只不过我们在解读的过程中，依靠的是眼睛、耳朵或者其他感官，然后再回到第六感这个层级。

第六感层级其实对应的就是我们的智识的背景。其实我从这里边看到了几部电影，一个叫《盗梦空间》（Inception），另一个就是程耳最近拍的《罗曼蒂克消亡史》。前一个其实是对于前后层次的一个表述，后边那个其实是一个结构性的表述。那先说大的，我觉得这里面最有趣的其实是对图学的一个挑战，这特别有趣。因为在我看来园林本身也有这个意图，你这里边我没想到的是散点透视可以有这样的玩法，我觉得这个特别好玩。在这里边有一个最大的危险，就是千万别把一面墙仅仅当成一个屏，而是应该用这个屏把人感受到的空间的体验和理解丰富或者是特别吊诡地变成一个解构，甚至是再加以转变。所以假如从这个角度来看的话，我觉得第三个作品如果从建筑学或者从空间的角度讲，叙事的问题其实在我看来已经不存在了，或者就像园林本身所体现的这种非线性的叙事性来说，其实更多是一个碎片化的——假如非要说叙事的话——叙事状态。

汪原： 首先感谢鲁老师提供了很好的机会，这是我以前从来没有体验过的。昨天晚上确实让人心动。

前面几位老师更多地讨论关于空间的问题，那我可能更多地讨论时间的问题。我记得我跟刘老师一起进入园子的时候大概是五点多，那时候阳光特别强，空间里所有东西像边界、植物都非常确定。还有周围的现代化高楼都很清楚，这让我们觉得置身于一个有穿越感的时空中，有一种不真实的状态。可随着时间慢慢流逝，当天光黯淡下来的时候（大概六点多），这个时候因为光线让所有的边界变得模糊，我觉得有一种神秘的东西慢慢在涌现，它和时间非常紧密地关联在一起。

当然作为一次教学，我们有这么多老师和同学簇拥在那个空间中，眼睛凝视着舞蹈者的时候，这种状态是有一点不真实的。当然这没有办法，因为作为一次教学活动，我们必须这样去面对。但是我在某种程度上更羡慕我们的同学在园林中完成作品的过程。

最后一点我觉得稍稍有一点遗憾，就是如果我们把整个教学活动当作一个事件来说的话，我觉得整个事件的意义的浓度太高，它包含的意义太浓缩了，甘熙故居好像承载不了这么多。所以对我来说有遗憾，当然每个老师的感受会不同。

鲁安东： 刚才汪老师讲得让我也心弦一动。大概几周前开始，我每个周末都去甘熙故居，刚开始是我自己去，后来跟学生去排练，印象特别深。因为每过一周，光环境都不一样，天黑的时间和天变黑的速率也是不一样的。我也很紧张，因为我知道大概每组时间多长，所以我就要预判三周之后，大概几点到哪一组，那组是怎么样的效果。所以其实我们演出的顺序都调过，在倒数第二周的时候，我根据我对光线变暗的判断做了调整。以前我逛园林不会精确到分钟来感受光线，这次就让我印象非常深。大概倒数第三周的时候，就像刚才汪老师说的，有一天六点多，同学也都没到，就我一个人在那儿，所有的鸟全都下到地上了，只有我和很多鸟，就像"自来亲人"一样，特别好，印象特别深。

唐克扬： 我觉得安东这个事儿是"蓄谋已久"的。十年前他组织过一个建筑电影学的讨论，可能这个种子埋在他心里很久，今天终于爆发了，我觉得挺好的。他像是在做一个建筑理论，但其实并不是在做建筑理论,而是在做一个建筑理论的生成机器,也就是说它是一个产生理论的理论,而不单单是一个描写园林的理论。我觉得这次可以从三个层面由浅入深地来讲它如何跟传统建筑理论发生关系,似乎有点颠覆传统的建筑理论。

第一层面是我们具体看到的东西。我们一向认为园林"意象"的"象"是看到的东西,但在这里我觉得它是用投影的手段告诉你,其实看到的东西并不是最重要的。这有点绕,但其实假如没有投影的话,难道我们就没有对园林的体验吗?我们一样还会有对园林的体验,所以看到的东西也就是投影,能帮助我们更深地理解园林的性质。如果没有这个投影,实际上我们对园林的理解会更深,因为它是不需要借助外力来传达的,这个投影只是帮助我们生成对园林的一种理解。这是一个景象的景象。而且这可能也打破了我们对传统园林的理解,当然我不是说两方谁对谁错。我们一般说园林的构图、虚实相生这些,它们还是实体性的东西,但是很多西方理论家说很多建筑都是属于事件性的建筑,园林也是其中之一,所以说明人的感受层面的东西是建筑体验很重要的一个部分。而更要命的是,这个感受不一定是一个实在的感受。我们老是说实在的和虚幻的感受有什么区别,对吧?实际上我们通过投影这个外加的机制产生的所有感受都是错觉,只是"错觉"这个词过去被我们赋予了不好的含义,但园林的核心可能就在于错觉。在贡布里希的那本书《艺术与错觉》中,"错觉"并不是作为一个贬义词来使用的,这是第一个层面,跟我们的眼睛有关系,跟我们看到的东西有关。

第二就是跟我们外在的身体有关系,或者说跟空间有关系,就是人的移动,显著的移动,这个步伐、位置跟空间有关系。还是回到这个主题,我不觉得园林在这里面有什么特殊的地方,或者说设置这种戏剧性场景有什么特殊的地方。换言之,假如你找到一个类似的院子,不管是中国的还是外国的,在这么晚的时候,你突然在院子里碰到一个白衣女子,你肯定就不会觉得特别正常,肯定会有一点奇怪,所以说明这个事情它不仅仅是针对园林的,它针对的是一个普泛的建筑理论的生成结果,就是它实际上描写了一种个体处在被细化了的空间里头的体验。你在院里看不到整体,你只能感受到局部,那么空间的路径和空间的构造之间有一种交叉的关系,但是不重叠。你走,你往前看,那边有一个人向你90度方向平移过去了,你不知道发生了什么,突然感觉很惊悚。所以这个结论就是鲁老师做这个事情的意志,既在园林之中,又在园林之外。这让我想起了很多有意思的东西,比如说卡尔维诺谈过我们说的那个成语"白驹过隙",就是它存在的瞬间,你跟它视线交接的瞬间,它的运动和你的视线实际上是没有关系的,只在一瞬间你看到它从一个缝隙中过去,就是一种普遍的空间现象,它意味着什么呢?这是很有意思的一个现场实验,不是一个理论的论文,它是一个实验装置,是一个理论的装置,这是第二层面。

第三层面我觉得是回到关于真正的深层的知觉的问题。说实话,跳舞的事我也不懂,我有点外行,所以我个人觉得这个舞蹈有点多余,它并没有理解中国园林的神奇之处。实际上,我们通过身体就已经接受了园林的构造或者物的逻辑和人的心理学的某种微妙联系,这是更深层的联系。当然我们不可能回到唐代,回到六朝去讨论园林。我们为什么觉得园林的假山跟人的身体有关系呢?之前肯定是有一个历史渊源的,我觉得是有一个转化的过程,就是比如六朝的时候,他们经常会把一种身体的知觉投射到外物上去,谢朓的诗句"澄江静如练"说的就是把山水变成了人工造物。到了唐代尤其是晚唐之后,一下子就倒过来了，因为室内图形里面充满了自然的意象，"小山重叠金明灭，鬓云欲度香腮雪"，这事实上有点色情含义在里头，但是其实我们现在接触到的情色，是一种很恰如其分的人工世界和自然的关系，就是在这个意义上他们才会喜欢这个石头，才会喜欢这种有意思的物。园林中的物，比如说我们今天老是讲审美、陶冶性情的东西，它就不会对中国人有那么大的吸引力。因为我自己是研究唐代的，你会发现这个过程中是可以完全转换的，到了宋代以后，它变成雅画之后，而且寄情山水之后，真的就变成一个陶冶性情的东西了。那鲁老师这个实验，它实际上也是园林体验的一部分，只是也许在我们建筑学里面不用讲得那么露骨，但是其实是很有意思的园林文化的一部分。我想连续出现的所有的设计都要体现这个问题，但是它也提醒你，比如说所有的建筑空间都是具体的空间，它其实除了一个抽象的空间原型之外还有具体的物，假如不是这个假山，你换了几块木头，那肯定就没有这种感觉了。假如不是一个女孩，换了一个挑水工人在那儿跳舞，估计你也不会有感觉了。

鲁安东： 刚才克扬讲得特别好，你说我拿这个当成实验，真的就是知己的感觉。其实我记得潘谷西先生在他《江南理景艺术》的序言里面说，他刚开始做园林的时候，没有那么大的兴趣，后来发现可以通过做园林来研究现代建筑的空间理论，他才对园林产生了兴趣。其实我也有点类似，我做园林是为了通过园林理解别的更基本的问题，所以其实是一种特殊的实验。然后可以补充几点，一个是我觉得影像跟园林之间有某种特别根本性的相关性。这在很大程度上来源于我对园林的一个认识，在园林里面，比如说为什么有那么多题名对联什么的，它不是附加的东西，我的大概理解是建筑物在园林里面起到的是一个关联（situate）你的身体的作用，使你的身体处于某种状态之中，但是文字的作用其实更重要，文字的作用我称之为聚焦（focalization），比如说月到风来亭，其实你站在亭子里不光有月亮，有风，旁边也有石头，也有鱼，也有树枝，后面也有镜子，墙上还有各种藤蔓，你是被各种环境的信息所环绕，但这时候文字就像画外音一样，说："欸，同志注意啊，你现在看月亮看风。"把你的注意力集中到环境中被选择出来的某些维度，从而强化了把身体的状态转化为一个身心一体的情景。所以文字在这个里面是最后的一个聚焦的作用，那是我的一个理解，所以我觉得影像在这儿实际上同样有选择和聚焦的作用，使得空间里的某些关系变得更加清晰，从而更加强烈，但是这么做的目的其实不是得到简单的某种视觉效果什么的。

所以这又涉及第二个对园林的看法，或者说园林对我最大的启示，跟今天研讨会的主题有关。实际上我们的人在园林里面不是带着摄像头看，不是这个关系，实际上"看"本身是为了能够让你的主体性进到园林里面去，就像我们看恐怖片一样，其实你也知道投出来的影像都是假的，但你依然会说："哇，好恐怖！"是因为那种看本身反过来把你的主体性勾到那个空间里去了，所以我觉得园林里有大量的设计的方式能够让人身心一体地融入，你的肉体和你的主体性同时沉浸到另外一个空间，所以会产生幻觉，其实本质上还是一种在场，只不过是一种我称之为身心一体的在场。

正因为如此才会涉及第三个问题，为什么要有舞蹈演员。其实源于若干年前，我在帕拉第奥的圆厅别墅外，当时别墅上站立着若干真人大小的雕像，就觉得那些雕像跟我一样大，特别吓人，在有些时刻你会觉得你跟那些雕像共享一个空间，路过一个门，门的旁边就藏着一个雕像在探头，所以你走过去发现哎呀藏着一个人，所以我觉得一个跟你身体尺度相当的东西，其实重要的是压迫你的主体性或者勾引你的主体性进去了，你认识到的不是我在看这个房子，是我在跟很多其他主体共享那个情境。所以我一直在说舞蹈演员应该是个人形的"*diagram*"，其实是触媒，它让一个跟你有点像的相同尺度的东西逼近，从而让你不得不跟它产生一个主体之间的关系，进而诱发你跟园林的一种主体之间的关系，主要是用来打破观众预设的一种审美的状态。我很怀疑预设的审美状态，它不是园林本质的状态。因为就像古人在园林里面，遇到一个石头，你早晨起来鞠个躬："大哥，你早。"对吧，"梅妻鹤子"什么的，你会觉得那些东西似乎都是有生命的，你跟它之间是一个主体跟主体的关系，所以演员对我来说是这样的一个作用，本质上都是用来引诱观众的主体性进入园林里。

从2012年我上这个课开始，每年都会拍园林，因为我觉得园林对于我们讨论电影也是特别根本的，能够让拍电影的这个事回到建筑学里面去，我是这么理解的。但是反过来说，拍电影又能够让园林的研究有新的可能性，因为它呈现了很多关系，一直到今年差不多有成果了，所以特别请东大研究园林的陈薇老师来讨论。下面由陈老师来总结一下。

陈薇： 各位老师点评得很好。安东做了这么多年的工作，刚才又把他的构思立意、他的操作都讲了，我还是谈点自己的感受，谈不上总结。第一点，我昨天看完以后，我跟安东说了一个词：经验。这个经验是从哪里来的呢？一句话概括，就是整体大于局部之和，或者说一加一大于二。园林本身就是注重关系的，所以说它不是一个具体的要素，它是要素和要素之间产生了一个格式塔的效果，那我们这就不是园林了，还加上电影，那么已经大于二了，然后再加上舞蹈，再加上音乐，所以我觉得是二加一大于三，三加一大于四，所以这个延续了这种造园的逻辑。刚才各位老师讲的各种感受，有很多说这是自己的一个梦境、梦想，都勾起了大家很多的想法（笑），那实际上我说的大于的东西是什么呢？是个人的思绪、个人的感受、个人的联想。从这点上来讲，在园林自身的逻辑创意上面，（"瞬时园林"）是非常成功的。昨天我看了也很欣喜，再次表示祝贺。

第二点，也就是刚才鲁老师讲的，今天的主题是探讨主体与客体。其实古人在做园林的时候，他可能更多地考虑主人或者是这个匠人自己对世界的理解，那么今天就是加了一维，比如说加了电影，或者加了舞者，那实际上就是增加了它表达的张力，所以我就在想这个事情本身对造园的将来发展来说，是一种探讨的可能性。就是说过去的私家园林造完了，主要的目的不是给别人看，是给他自家人活动，所以它只要满足它的主人的趣味就好了，但我们现在很多园林是呈现给观者看的。所以我倒是觉得加了这一维以后，在中国园林的未来发展方向上，是一个很好的趋势。就是说当我们把古典的园林向公众开放的时候，这个转换其实是非常困难的，那么有了电影，有了这个舞蹈的层面，我觉得是园林的发展方向上的一个探讨。这是我想说的第二点。

第三点，从组织本身来讲，刚才各位男性老师都讲得比较具体，昨天也探讨过，但是我自己感觉它整个的组织是一个起承转合的关系。我是觉得前三组对我来说，没让我进入状态。之后是一个从现实慢慢进入幻境，从墙壁隔开的这样一个路径的状态，到了巷道里面的时候，我觉得这是一个承接，我可能注意力比较集中的就是"转"的这一部分，就是现在的第五组《嶂》，而且在那一段我是录像比较多的，而且我觉得那个演员的表现的力度还是很大的，最后是《叠》。所以我觉得这个安排本身是一个很好的起承转合。所以我昨天跟鲁老师讲，我是渐入佳境，这种佳境可能也是读园林的一种方式，这是我的一个感受。

最后一点是我的困惑，但我觉得是安东的成功之处，就是"瞬时"这个概念。我认为昨天的活动是瞬时的，或者说演出是很瞬时的，但是它产生的联想是非常有关联性的，而且可能在若干年以后，这个记忆还是存在的，我觉得这很重要。园林会成为一种传统，比如宋代的时候造园，让你去联想到，比如说见了沧浪亭，它会让你联想到春秋战国时期的沧浪水，然后这个沧浪亭又延续到明清以后，它会对官员的行为起到警示的作用，它的这种承接是接续千年的，它的这种接续，可能是一种跨越了时间和空间的关系。所以我是觉得，如果要我提一点点建议呢，我觉得这个"瞬时"是要打引号的，我觉得这倒是一件永久的事情。

其实，我觉得用电影和园林来做这件事情是非常合适的，因为电影和园林有两个最基本的要素，就是时间和空间，随着时间的进程怎么把这种空间拉开，把人带入，然后使它产生很多联想，所以我觉得用这样一种手段来表现园林是非常合适的。

还有一点困惑，其实这次展演，跟我当时进来的时候的想象出入蛮大的。我理解的园林是朱光亚老师做的那部分，实际上刚才我注意到鲁老师已经在转换用词了，他说庭园而不说园林了（笑），那这几组其实都是庭园。庭园过去，在造景的时候是静态的，就是说我坐下来以后，我坐在建筑里边，我看看过去这片墙前面有什么东西，或者有一片假山，它是静态的，而园林本身是一个动态的东西，它比较有趣的就是通过你的组织，再加上电影，使得静态的东西动起来。但是如果将来再选另外的园林来做呢，我觉得对刚才讲的身体、空间等来说，它还是一种通识性的东西，其实每一个园林是有自己的特性的，比如说选网师园，你怎么把它的特性和个性的东西再表达出来。所以昨天来了以后，我首先就在想，这个书楼和水的关系怎么来表达，因为"天一生水，地六成之"，书楼前面一定要有水，可能我会有这样的想法，就是说可能庭园和园林本身还是不一样的，中国庭园有很多通识性，而园林可能会有它的个性。将来如果选不同园林的话，怎么把它的个性再彰显一下，可能也是我的期待。

鲁安东：谢谢陈老师，"瞬时园林"这个名字您能提出来真是太好了。其实我是这么想的，因为这一片其实是宅的部分，所以我就希望通过我们的一些干预，使得它瞬时地转化为似乎是在游园的状态。所以当那个影像传媒关掉了，它就回到原来的状态，因为它其实一进一进的几何感很强，秩序感很强，但我们临时地，比如把它变成一幅园林画，所以就是一个瞬时园林。我们的研讨部分就到这里了，各位老师给了大家很精彩的反馈，希望对大家有所帮助。

展 览

两个人的建筑
日常性的影像博物馆
具身想象：电影建筑十年

ARCHITECTURE OF TWO

两个人的建筑

"桥"是一个错失的空间,桥上和桥下彼此能够看见却无法相遇,"走廊的拐角"是一个遭遇的空间,两端的人彼此看不见却注定相遇,二者在空间的电影性上是相对的。这种空间是提供机会和可能性的空间,是人和人的关系发生变化的空间。这种建筑不再作为审美凝视的对象,而是支持人与人之间的风景。它不再是关于单一主体与外在世界的,而是两个人的建筑。

空间性的影像诠释：工作坊

　　本展览回顾了 2018 年 3 月 24—25 日在南京大学艺术学院举办的"空间性的影像诠释"电影建筑国际工作坊。此次工作坊由鲁安东与弗朗索瓦·彭茨召集，以园林空间和日常空间为研究对象，邀请了十位导师（建筑师、学者、导演）带领多学科学生团队，用影像探索一个自己长期思考的概念。十个"拍摄小组"的平行工作由另一个"观察小组"进行观察和记录。而来自国内外多学科的学者则对整个工作展开讨论和批评。

策展人：鲁安东

展览时间：2018 年 6 月 3 日—6 日

展览地点：那行零度
上海市长宁区镇宁路 465 弄 161 号愚园里 C 座 101 室

策展助理：程惊宇、何劲雁、雷冬雪、刘信子、邱嘉玥

本展览是鲁安东与弗朗索瓦·彭茨联合主持的英国艺术与人文研究基金课题"影像博物空间：跨空间文化的影像传递"的一部分。

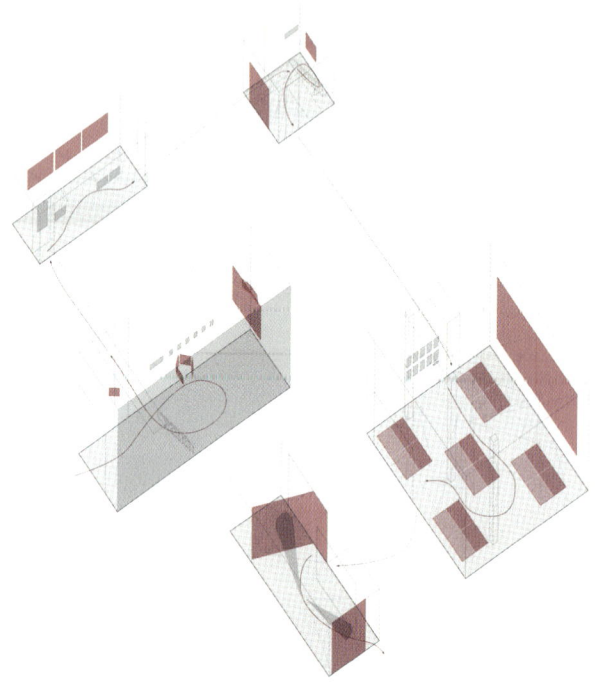

第一展厅:
空间的电影性

第二展厅:
园林的电影性

第三展厅:
增强场所:瞬时园林

第四展厅:空间性的影像诠释:
工作坊成果展

第五展厅:
合成中介

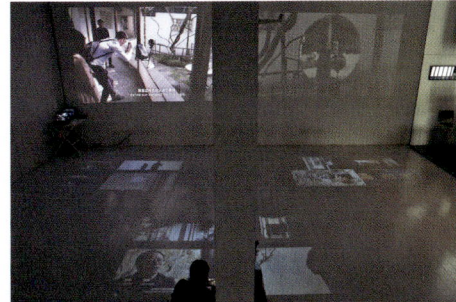

园内外
浸没剧场与碎片叙事

卜冰
集合设计主持建筑师,美国雪城大学访问教授、亚洲城市课程负责人

游园:幻境之幻

陈捷
南京大学博士,南京艺术学院影视学院教授,著作《第五代电影:现代性的追求与反思》,纪录片《我的师尊木心先生》

空间逃离,记忆浮现

范路
清华大学副教授,译著:《言入空谷:1897—1900年文集》(阿道夫·路斯)、《10座经典建筑:1950—2000年》(彼得·埃森曼)

二分廊:瞻园的半透明空间

冯路
英国谢菲尔德大学设计研究博士,无样建筑工作室主持建筑师

Stalker

刘泉泉
柏林工业大学博士候选人,*Der Zug* 杂志发起人

更内的内

鲁安东
剑桥大学博士,南京大学建筑与城市规划学院教授,剑桥大学牛顿基金学者,剑桥大学沃夫森学院院士(Fellow)

画境

唐克扬
哈佛大学设计学博士,南方科技大学教授,唐克扬工作室主持建筑师,译著有《疯狂的纽约》(库哈斯)

LOOPS 长镜头与空间

杨弋枢
南京大学文学院戏剧影视艺术系副教授,导演作品有《浩然是谁》《路上》《一个夏天》《之子于归》

镜像

周渐佳
冶是建筑工作室合作人,香港大学上海中心讲师

Threshold 日常叙事

朱渊
东南大学建筑学院副教授,著作有《现世的乌托邦:"十次小组"城市与建筑理论研究》(2012)

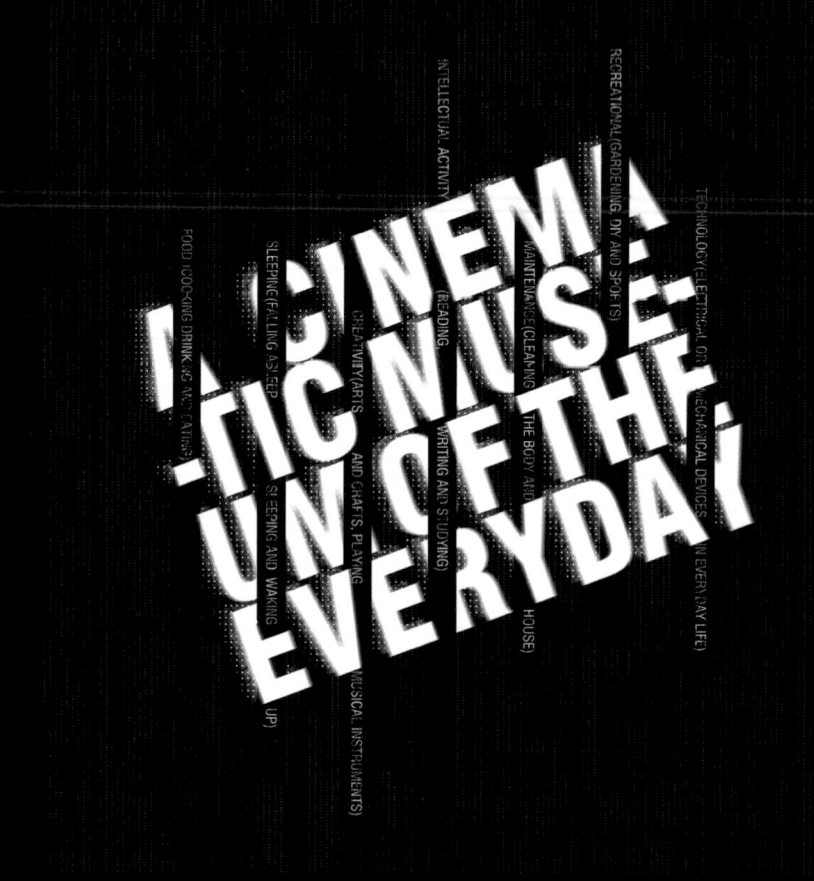

A CINEMATIC MUSEUM OF THE EVERYDAY
日常性的影像博物馆

　　本展览是对"日常性的影像博物馆"这一概念的演绎。它基于正在进行中的科研课题"跨空间文化差异的影像博物空间"（英国国家艺术与人文研究基金），旨在通过对电影空间的分析来展示、比较和交流对文化差异的全新认识。本展览是我们首次尝试实现"影像博物空间"的理念。它应该是什么形式？它完成什么功能？它如何被组织？观众从中得到什么？

本展览的素材来自2019年3月23—24日在南京大学进行的同名工作坊。工作坊有14组来自全国各地不同专业的学生,他们在来自世界各地的优秀建筑师、电影人、媒体专家和策展人的指导下,开展了高强度的集体工作。本展览通过对不同文化中诸多影像场景的分析,探讨了在"家"的日常生活中的种种"约定俗成"和"姿态"。尽管本展览并不针对未来家居,但我们相信电影这一以人为中心的媒介可以帮助我们更好地回应未来生活方式的挑战。本展览将在一周时间内,让观众通过影像媒介探索在"家"中涉及的诸般日常情境。展览每天将展示不同的"日常"主题:护理、饮食、创造、睡眠、智识、休闲和技术。

在一个日益全球化的世界,数字世界对我们的建成环境有着毋庸置疑的"扁平化效果"。而本展览试图通过对电影影像中深层文化要素的并置,来提升不同文化之间的理解和参与度,以对抗全球化的负面效应。文化之间的相似与差异应该被正视、揭示和称道!

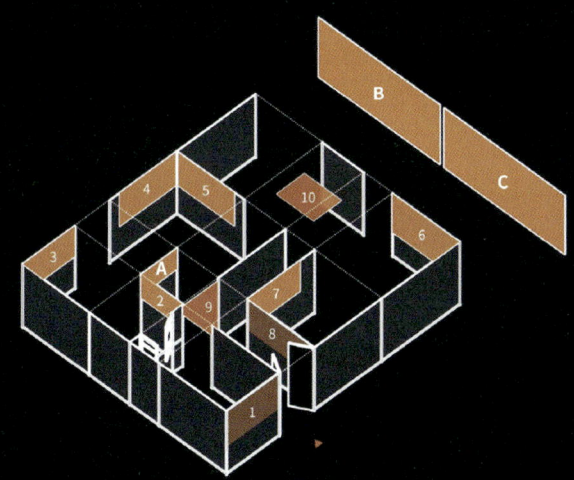

策展人:鲁安东、玛丽安娜·图西基

展览设计:LanD工作室

展览团队:王秋锐、程惊宇、邱嘉玥、刘信子

声音团队:
声音:马修·费林坦、何蕴纯、弗朗索瓦·彭茨、贾妮娜·舒普、孙依巧、李天
音乐:乔艾·斯瓦纳

宣传册:何蕴纯、弗朗索瓦·彭茨、贾妮娜·舒普、孙依巧

潘多拉数据库:让·格伯、塞巴斯蒂安·鲁特戈特

展览时间:2019年3月30日至4月6日

展览地点:那行空间
上海市长宁区镇宁路465弄161号愚园里C座101室

主办单位:剑桥大学建筑系、南京大学建筑与城市规划学院建筑系

支持单位:南京艺术学院实验艺术中心、曼彻斯特中国当代艺术中心、《建筑学报》、北河身体剧场、那行空间

本次展览由英国国家艺术与人文基金项目"影像博物空间:跨空间文化的影像传递"支持

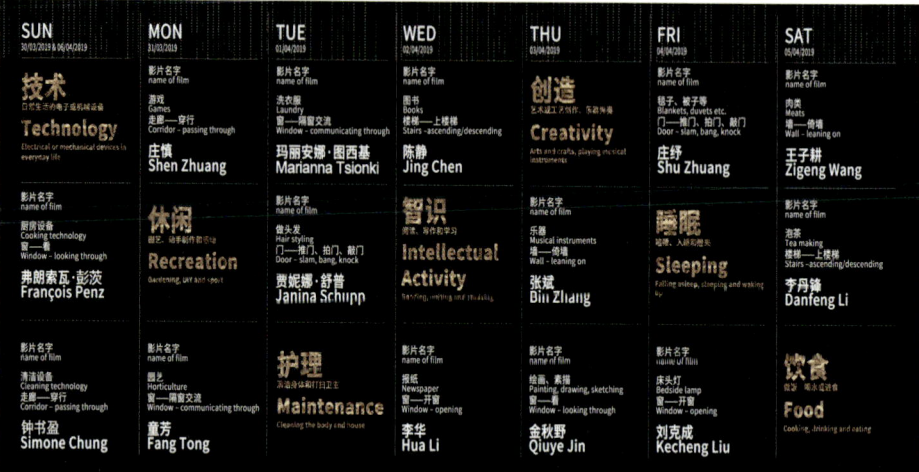

护理
清洁身体和打扫卫生

饮食
做饭、喝水或进食

《记忆和影像》

玛丽安娜·图西基
曼彻斯特中国当代艺术中心研究部主任

《无题》

王子耕
中央美术学院建筑学院讲师

《从日常中遁逃》

贾妮娜·舒普
剑桥大学建筑系研究员

《无题》

李丹锋
冶是工作室主持建筑师,同济大学建筑与城市规划学院博士

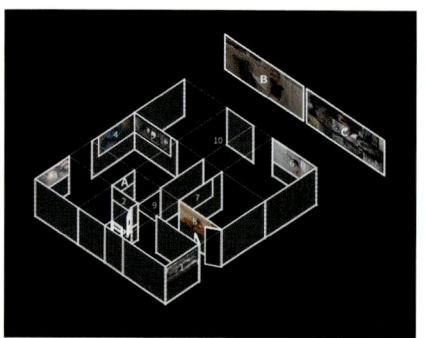

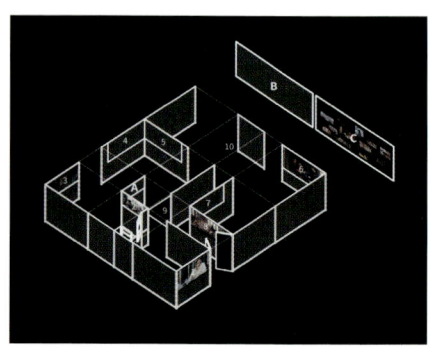

创造
艺术或工艺创作、弹奏乐器

《创造活动中的日常性和非日常性》

张斌
致正建筑工作室主持建筑师,同济大学建筑与城市规划学院客座教授

《无题》

金秋野
北京建筑大学教授,建筑评论研究所主持人

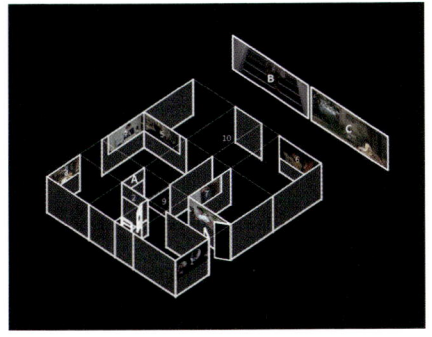

睡眠
瞌睡、入睡和醒来

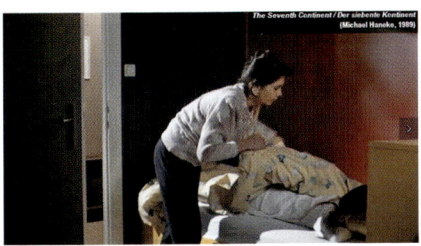

《无题》

庄纾
南京艺术学院设计学院讲师

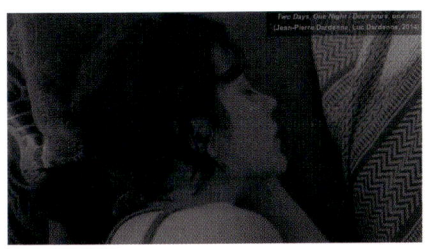

《日常之睡》

刘克成
西安建筑科技大学建筑学院教授

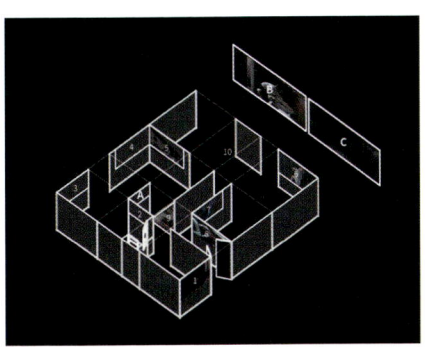

智识
阅读、写作和学习

技术
日常生活的电子或机械设备

《阅读技巧》

《从面对面到网络交互，然后回归传统》
钟书盈
新加坡国立大学建筑系助理教授，剑桥大学 CineMuseSpace 联合研究员

陈静
南京大学艺术学院副教授

《无题》

《无题》

李华
东南大学建筑学院副教授

弗朗索瓦·彭茨
剑桥大学建筑系教授、系主任

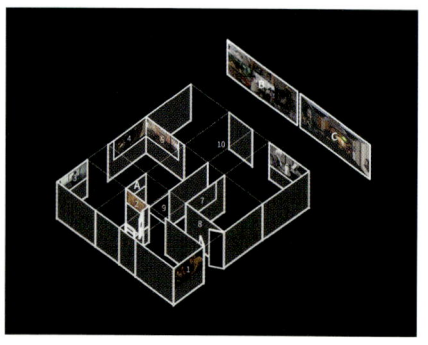

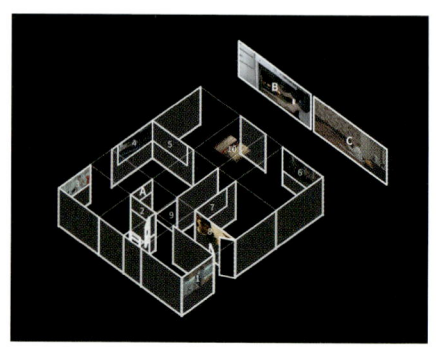

休闲
园艺、动手制作和运动

《游戏性》

庄慎
阿科米星建筑设计事务所合伙创始人、主持建筑师,同济大学建筑与城市规划学院客座教授

《社交行为差异》

童芳
南京艺术学院设计学院副教授

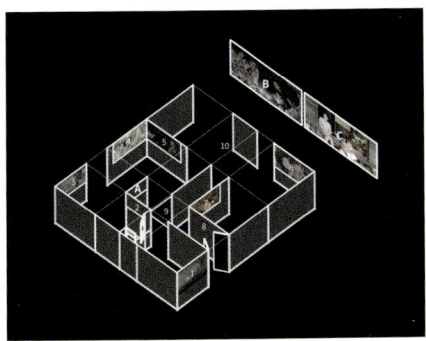

TEN YEARS OF CINEMATIC ARCHITECTURE   EMBODIED IMAGINATION
具身想象:电影建筑十年

本展览回顾了鲁安东教授自2009年以来在南京大学、剑桥大学、德绍建筑研究所、南京艺术学开设的系列"电影建筑学"课程的教学成果以及在此过程中的学术思考。一方面,这些教学实验关注本建筑空间具有的电影性,将运动影像的拍摄视作一种特殊的空间实践,强调对空间特征(包括氛围时间等维度)和可能性的分析,并利用人物的行动、关系和感受对空间特征进行注解,从而引导学生影像语言来建立自己对空间的独特理解。另一方面,基于教学实验成果开展深度的理论思考和广泛的术讨论,将"电影"蕴含的诸多潜在空间特质,例如动态经验、叙事空间、身体表演、情感记忆、增强场等等,导入对当代建筑学的本体探究。因此电影既为建筑学提供了反思的契机,也为进一步的研究、验与表达提供了一种工具和方法。

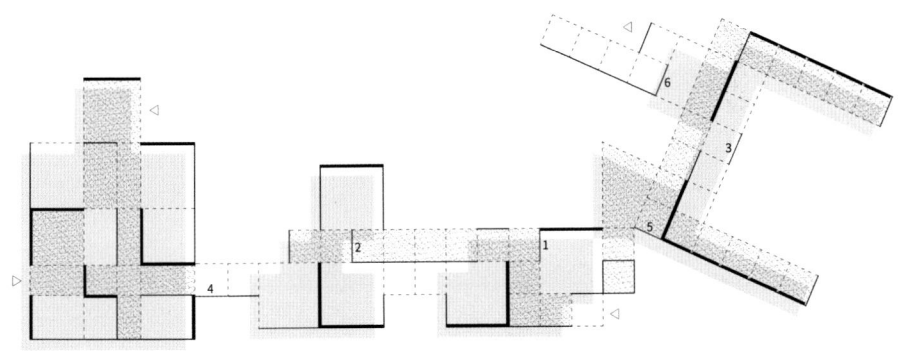

本展览的主题为"具身想象",即主体通过想象创造了容纳自己身处其中的空间,这是电影与建筑的共同内核和起点。正因如此,建筑是凝固的电影,电影是消解的建筑。电影既为我们理解空间的感知、运动、想象、记忆等维度提供了一个媒介,大大延伸了建筑学对真实空间的操作范畴,也让我们获得了一个思考建筑基本问题的起点。

本展览分为六个展区:第一部分"空间的电影性"关注寻常空间中隐含的电影性;第二部分"园林的电影性"通过知觉体验和空间氛围来提出或者质询园林中的一个空间概念;第三和第四部分分别展示了"空间性的影像诠释"和"日常性的影像博物馆"两次电影建筑工作坊的成果;第五部分"瞬时园林"用影像的投影作为造园的媒介,对传统庭园进行重新定义,创造一个转瞬即逝的园林空间;第六部分则展示了影像中的绩溪博物馆、阿科米星工作室、四方美术馆等几个当代建筑作品。

展览时间:2019/05/09-05/14(05/13不开放)

展览地点:南京艺术学院美术馆

总策划:邬烈炎

策展人:鲁安东、程惊宇

策展团队:王秋锐、陈晓、王维依、张思琪、徐依依、汤子馨

参展艺术家:
卜冰、陈捷、范路、冯路、刘泉泉、鲁安东、唐克扬、杨弋枢、周渐佳、朱渊、陈静、弗朗索瓦·彭茨、贾妮娜·舒普、金秋野、李丹锋、李华、刘克成、玛丽安娜·图西基、钟书盈、童芳、张斌、庄慎、庄纾

主办单位:南京艺术学院实验艺术中心、剑桥大学建筑系、南京大学建筑与城市规划学院

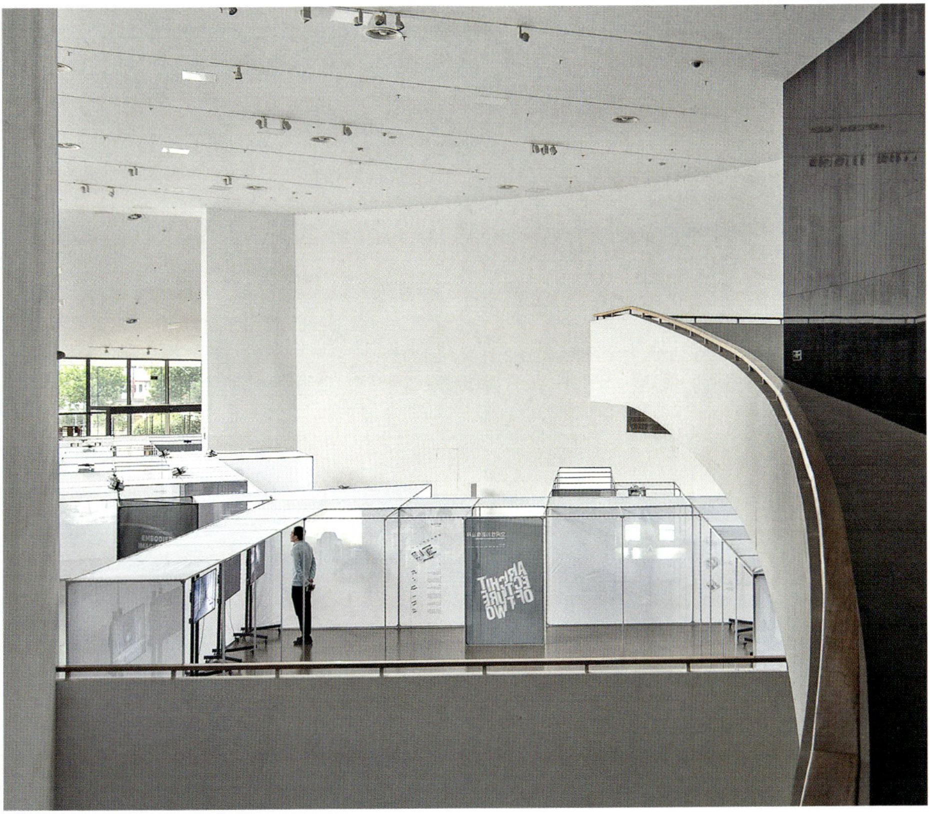

附 录

参加过"电影建筑"课程教学相关评图、研讨及工作坊的嘉宾（按姓名拼音顺序）

B　卜冰
C　柴涛、陈捷、陈静、陈科、陈薇、钟书盈（Simone Chung）、钟宏亮（Thomas Chung）
D　丁沃沃、丁垚、窦平平
F　范路、范文兵、冯江、冯路、冯仕达、傅筱
G　葛明、顾凯、郭屹民
H　韩冬青、何成洲、何彦刚、黄居正
J　季鹏、金秋野
K　木内久美子（Kumiko Kiuchi）
L　李丹锋、李华、李兴钢、刘克成、刘泉泉、刘晓都、柳亦春
P　弗朗索瓦·彭茨（François Penz）
S　贾妮娜·舒普（Janina Schupp）、孙昊德
T　盐崎太伸（Shiozaki Taishin）、唐克扬、童芳、童明、玛丽安娜·图西基（Marianna Tsionki）
W　王佳维、王骏阳、汪瑞霞、王欣、汪原、王子耕、卫东风、伍端、邬烈炎
X　肖靖、徐炯
Y　杨弋枢、殷曼楟、尹毓俊
Z　曾凡博、张斌、张小娟、张昕、张昕楠、赵辰、周渐佳、周凌、朱怡淼、祝晓峰、朱渊、庄慎、庄纾

南大建筑实验手册 | 主编 鲁安东

建构设计

Tectonic Design

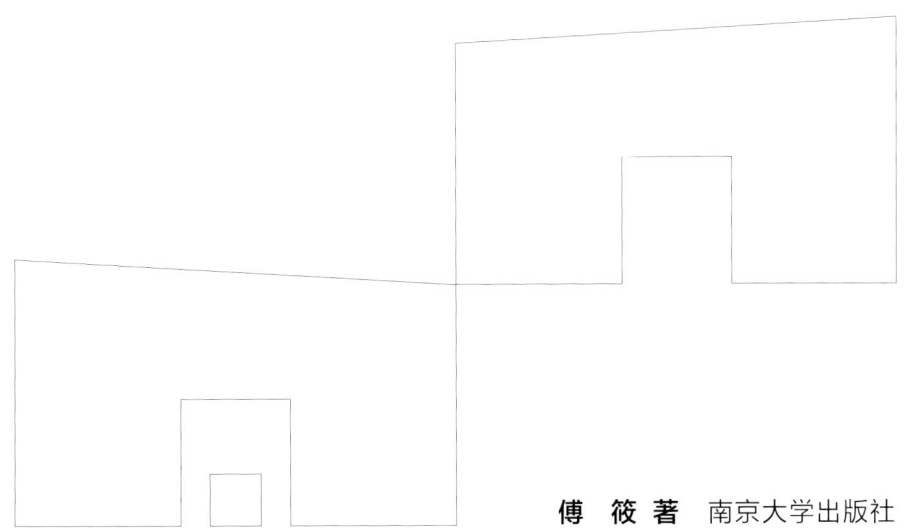

傅 筱 著　南京大学出版社

图书在版编目（CIP）数据

南大建筑实验手册.建构设计/鲁安东主编;傅筱著. -- 南京:南京大学出版社,2025.7. -- ISBN 978-7-305-29165-4

Ⅰ.TU2-53

中国国家版本馆 CIP 数据核字第 2025AM6808 号

出版发行　南京大学出版社
社　　址　南京市汉口路22号　邮　编　210093
书　　名　南大建筑实验手册
　　　　　NANDA JIANZHU SHIYAN SHOUCE
主　　编　鲁安东
责任编辑　王冠蕤　张　静

照　　排　南京新华丰制版有限公司
印　　刷　南京爱德印刷有限公司
开　　本　787 mm × 900 mm　1/32　印张14.75　字数732千（共五册）
版　　次　2025年7月第1版　2025年7月第1次印刷
ISBN　978-7-305-29165-4
定　　价　218.00元

网址：http://www.njupco.com
官方微博：http://weibo.com/njupco
微信服务号：njupress
销售咨询热线：（025）83594756

＊版权所有，侵权必究
＊凡购买南大版图书，如有印装质量问题，请与所购图书销售部门联系调换

前　言

　　建构设计一直是南京大学建筑教育十分重视的内容，然而南京大学的建构教学并不仅仅体现在建构课上，而是采用了一种体系化的教学方式，重视培养学生的建构设计意识，让学生认识到建构不仅是一门技术，而且是一种设计方法。

　　在本书的编撰中，编者将建构教学体系分为三个阶段，建构基础阶段、建构研究阶段和建构实践阶段。基础阶段主要是指本科阶段的建构学习，从收录的作业可以看出，从大学一年级的基础认知开始，一直到三年级暑期的工地实习，对建构的认知训练是一个持续不断的过程，而传统的建构课只是充当了承上启下的作用，承上是指给学生基础阶段的建构学习一个理论性的总结，启下是指开启建构研究的教学。通过建构课的原理性讲解，学生建立起建构是解决问题的方法，也是表达概念的语言的概念，这就是一种建构意识的培养。建构研究阶段的教学主要是在研究生课程中完成，通过课程设计训练让学生将基础阶段建立的建构意识进行应用，在设计操作中理解设计概念与建构关联性。实践阶段是指学生进入教师工作室参加项目设计，通过实操进一步理解构造与建造的关联性。在学生整个"2+2+2"的本硕贯通学习阶段，构造教学始终伴随着学生的成长，当学生毕业时，基本上能够建立起良好的构造意识，认识到建构与场地、空间、功能一样，是设计的基本要素，在学生今后的职业生涯中，建构将成为其重要的设计方法，而非设计完成之后的后补技术措施。

　　在南京大学的建构设计教学中，建构是主线，但是还存在一条重要的辅线支撑，那就是结构设计教学。结构与建构的紧密程度是不言而喻的，与建构教学相同，结构设计教学也注重"结构意识"的培养，从本科一年级至研究生阶段，结构设计课程也一直伴随学生的成长。除了南大全体教师在结构设计教学上的付出之外，郭屹民老师为南大研究生的结构设计教学辛勤付出长达7年之久，借此出版之机，向其表示诚挚的感谢！

在主编鲁安东教授的提议下，《建构设计》被收录进这本名为《南大建筑教育前沿手册》的书中。作为一直教授建构课的教师，我起初有些诧异，建构设计是一门古老的学问，似乎与"前沿"不沾边，通常在数字化建造时会涉及一些复杂的构造处理，但建构自身并不处于"技术"的前沿。随后我们展开了相应的讨论，取得了一些共识，相关疑惑豁然而解。通常我们容易将"前沿"定义为具有较高的科技含量，以及科技领先的程度，然而科技是一把双刃剑，如果我们没有正确的知见去驾驭技术，技术越先进，对自然界的破坏也越大，人类其实已经在这条错误的道路上走了许久。人类今天能够回头，依靠的不应该是用更先进的技术去解决技术带来的问题，而是应该先学会遏制无限增长的物欲，减少掠夺，顺应自然，与自然和谐相处，这种可持续的认知是当今人类通过惨痛教训才换来的智慧。

建构设计在一定程度上并不是以先进度为评价标准的，而应该以"维度"为准则。当今世界的发展极不平衡，建构设计是需要不同维度的，在经济技术发达地区，适度追求建构技术的先进性是适宜的，在贫穷和偏远地区，建筑很难做到发达地区那样的精准技术，但是它们同样能够产生优秀的建构，这些建构也许并不先进，但是在解决当地需求上却充满设计智慧。如果从智慧的角度而言，这样的建构虽然不是处在技术的前沿，却处在思想的前沿。建构也许是门古老的学问，但是如何对待建构，让学生建立怎样的建构意识，却不是一门简单的学问，而是当下我们必须面对的现实！从这个意义上讲，将建构设计收录进这本书，实质上是南大对建筑技术教育的自我反思和鞭策，同时也希望通过这次出版，有机会对南大建构设计教学进行一次梳理，以供学界、业界同行批评指正，促进南大建构设计教学的发展和改进！

傅筱

目 录

主线：建构设计纲要脉络　　　　　　　　　　　　　　　　　　　　4
辅线：结构设计纲要脉络　　　　　　　　　　　　　　　　　　　　6
辅线：BIM 辅助设计纲要脉络　　　　　　　　　　　　　　　　　　8

教学研究　　　　　　　　　　　　　　　　　　　　　　　　　10
　　　　　培养构造意识的体系化教学　　　　　　　　　　　　　　12
　　　　　引入建构的构造课教学　　　　　　　　　　　　　　　　15

基础阶段：本科生课程作业　　　　　　　　　　　　　　　　　20
　　　　　手绘开始：建筑立面局部测绘　　　　　　　　　　　　　22
　　　　　　　　　　建筑平剖面测绘　　　　　　　　　　　　　　24
　　　　　　　　　　建筑局部构造认知　　　　　　　　　　　　　26
　　　　　制作开始：建造图示认知　　　　　　　　　　　　　　　28
　　　　　实地测绘：二年级测绘作业　　　　　　　　　　　　　　30
　　　　　构造设计：小型文化展廊设计　　　　　　　　　　　　　32
　　　　　　　　　　乡村小住宅客房扩建　　　　　　　　　　　　34
　　　　　回到工地：本科三年级　　　　　　　　　　　　　　　　38
　　　　　教学体会　　　　　　　　　　　　　　　　　　　　　　41

研究阶段：研究生课程作业　　　　　　　　　　　　　　　　　42
　　　　　2007—2010 基本设计深化——结构、材料、构造的转换分解与整合　　44
　　　　　2010—2016 基本设计深化——设计概念与材料、构造　　　54
　　　　　2010—2016 基于结构的构造——毕业设计临时展览设计　　76
　　　　　2017至今　 基本设计深化——设计概念与结构分析、材料、构造　　80

实践阶段：学生参与教授工作室实践成果　　　　　　　　　　　96
　　　　　西南楼内部空间再造　　　　　　　　　　　　　　　　　98
　　　　　南京大学鼓楼校区文怀恩故居砖墙砌筑特征研究　　　　　100
　　　　　南京大学大数据与人工智能科研楼设计　　　　　　　　　102
　　　　　——基于UHPC围护墙板系统的学科群建筑立面模块化设计研究
　　　　　南京徐家院文旅中心综合楼及酒店建筑设计　　　　　　　106
　　　　　南京桦墅村民艺展览馆——三房三法　　　　　　　　　　110

茅山游客中心	112
南京近代住宅建筑立面细部特征研究及修缮策略	114
——以汉口路22号("中山楼")为例	
南京近代住宅建筑保护与再利用设计研究	116
——以金银街4号为例	
老年公寓模块产业化设计	118
周凌工作室	120
经济发达地区传承建筑文脉的产业化营建体系研究	122

主线：建构设计纲要脉络

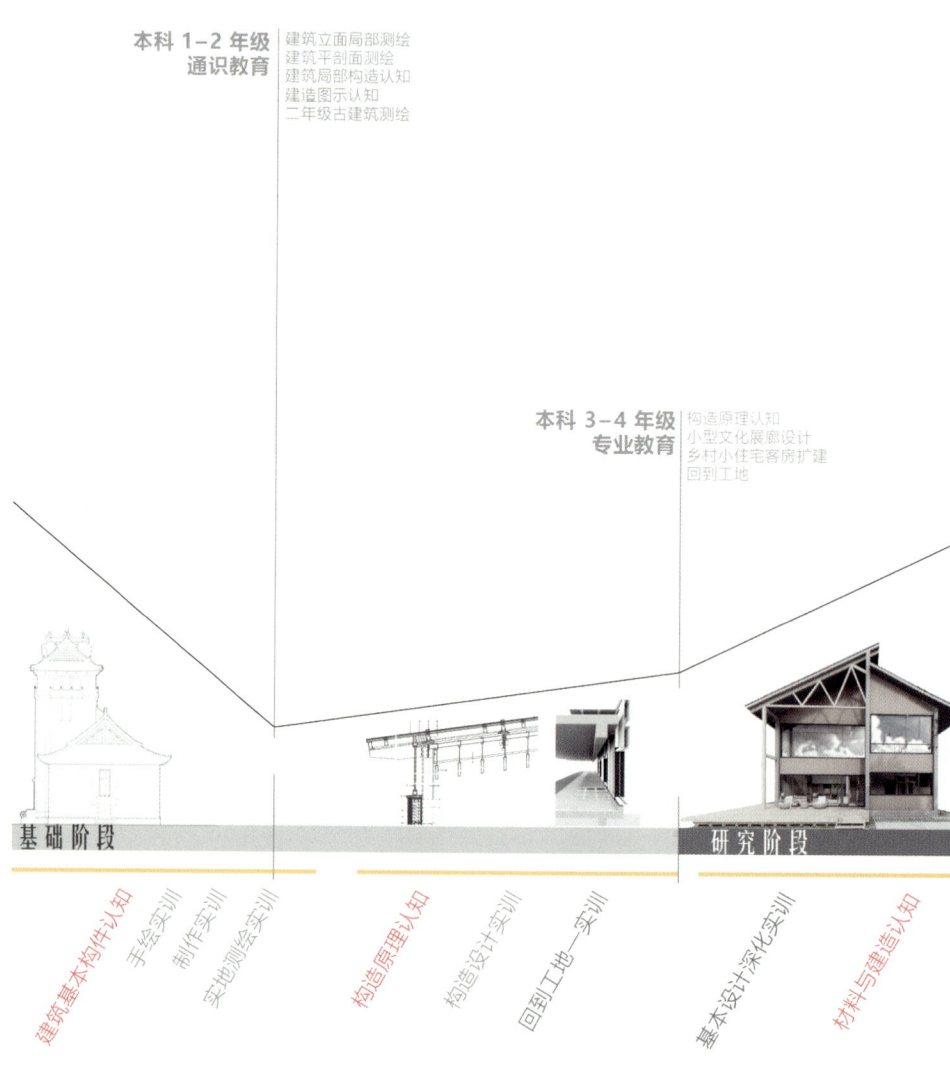

本科 1-2 年级　通识教育
建筑立面局部测绘
建筑平剖面测绘
建筑局部构造认知
建造图示认知
二年级古建筑测绘

本科 3-4 年级　专业教育
构造原理认知
小型文化展廊设计
乡村小住宅客房扩建
回到工地

基础阶段　　　　　　　　　　　　　　研究阶段

建筑基本构件认知　手绘实训　制作实训　实地测绘实训　构造原理认知　构造设计实训　回到工地—实训　基本设计深化实训　材料与建造认知

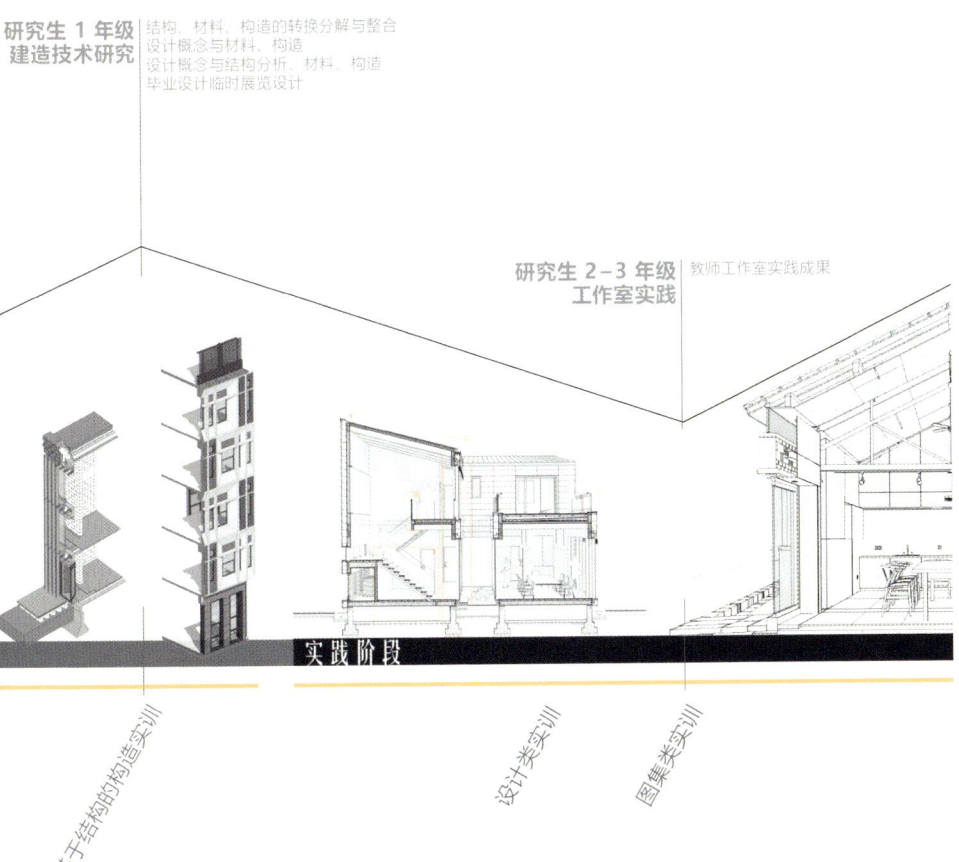

研究生 1 年级 | 结构、材料、构造的转换分解与整合
建造技术研究 | 设计概念与材料、构造
　　　　　　 | 设计概念与结构分析、材料、构造
　　　　　　 | 毕业设计临时展览设计

研究生 2-3 年级 | 教师工作室实践成果
工作室实践

实践阶段

基于结构的构造实训

设计类实训

图集类实训

辅线：结构设计纲要脉络

本科阶段

结构课程 结构找形设计
指导教师 吉国华 李清朋

结构课程 中小跨清水混凝土设计
指导教师 傅筱

结构课程 中小跨结构空间设计
指导教师 孟宪川

结构课程 以建构感悟材料性能
指导教师 冷天

本科一年级　　本科二年级　　本科三年级　　本科四年级

结构课程：功能、材料与结构
指导教师：郭屹民

国际化课程：多层木结构建筑设计研究
指导教师：Prof. Udo Thoennissen / 孟宪川

国际化课程：参数化图解静力学设计工作营
指导教师：Prof. Corentin Fivet, EPFL / 孟宪川

国际化课程：适应性节点—通过3D打印技术创造可居住结构
指导教师：Prof. Daekwon Park / 钟华颖

国际化课程：结构交互式设计在可持续发展设计中的应用
指导教师：Prof. Dr. Catherine de Wolf, EPFL / 孟宪川

研究生阶段

研究生一年级

研究生二年级

辅线：BIM 辅助设计纲要脉络

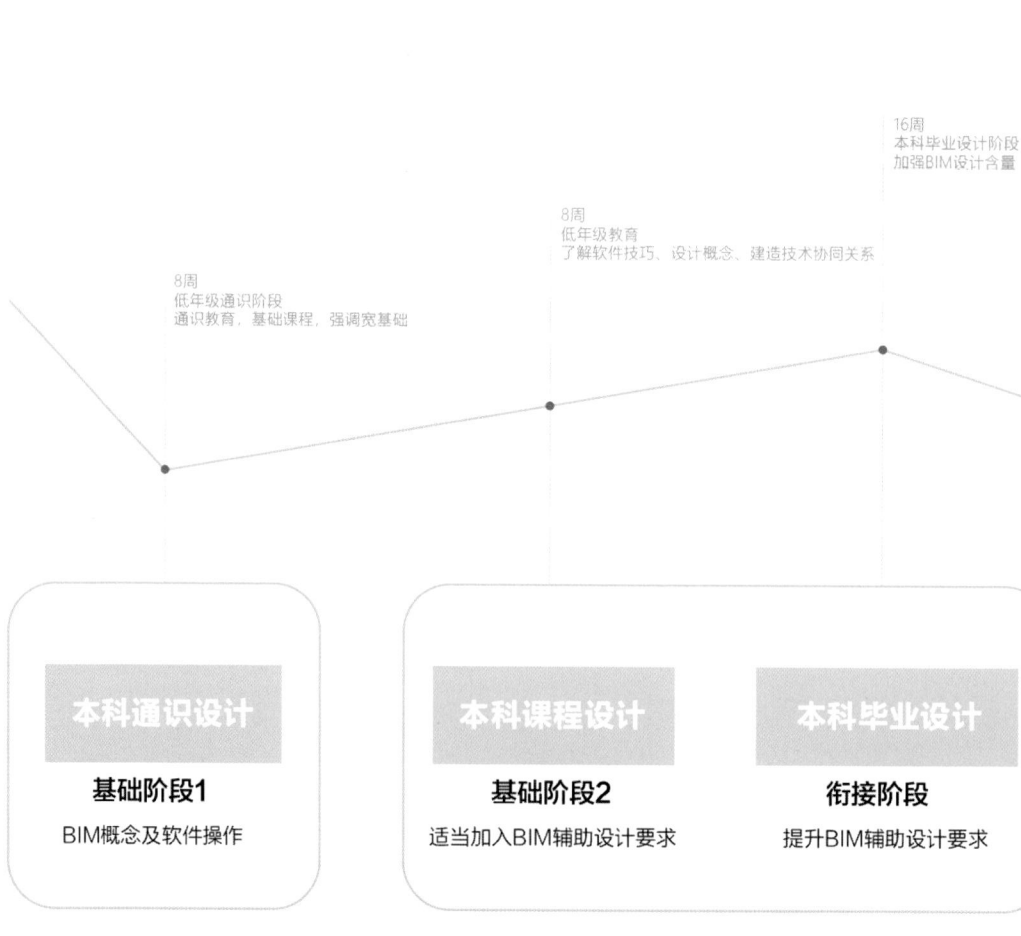

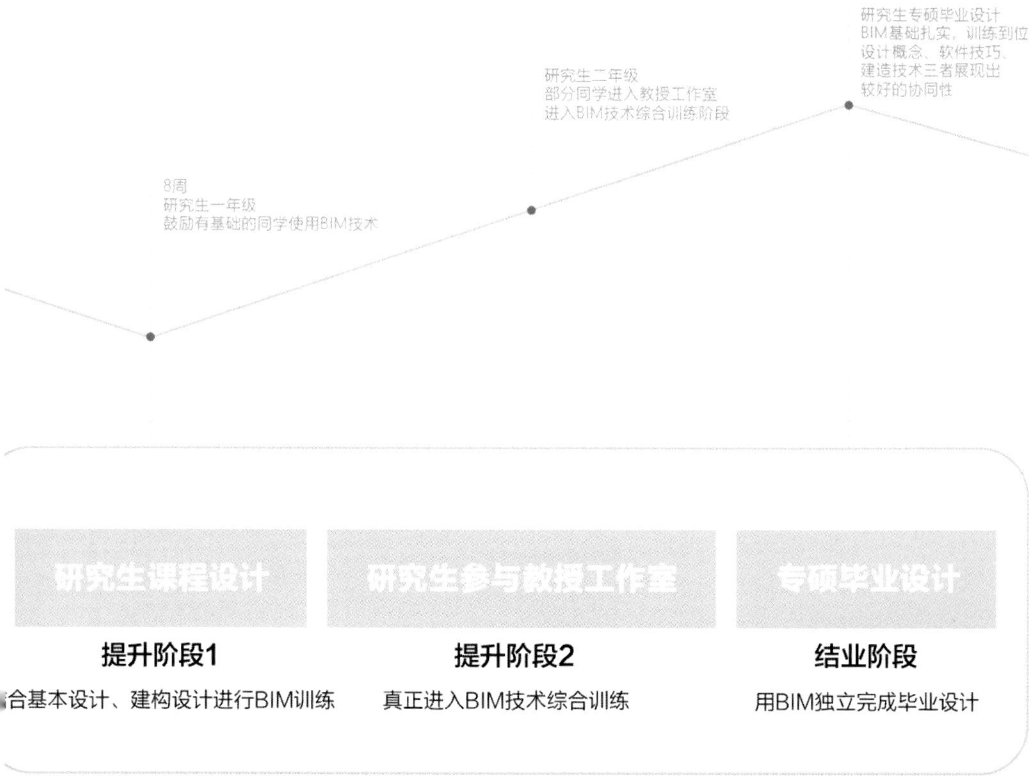

研究生专硕毕业设计
BIM基础扎实,训练到位
设计概念、软件技巧、
建造技术三者展现出
较好的协同性

研究生二年级
部分同学进入教授工作室
进入BIM技术综合训练阶段

8周
研究生一年级
鼓励有基础的同学使用BIM技术

研究生课程设计	研究生参与教授工作室	专硕毕业设计
提升阶段1	**提升阶段2**	**结业阶段**
合基本设计、建构设计进行BIM训练	真正进入BIM技术综合训练	用BIM独立完成毕业设计

教学研究

《培养构造意识的体系化教学》,《建筑师》2015.5

《引入建构的构造课教学》,《建筑学报》2015.5

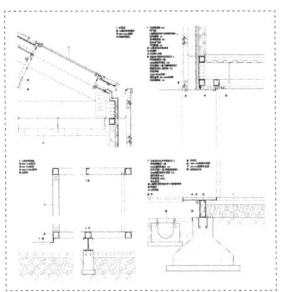
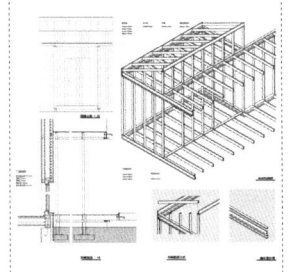

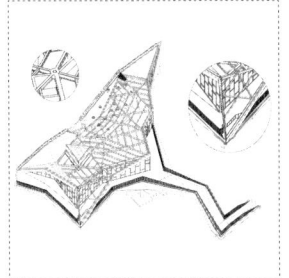
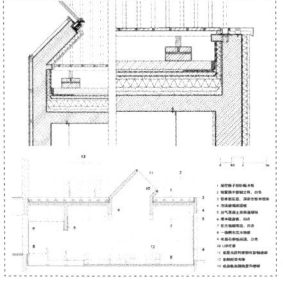
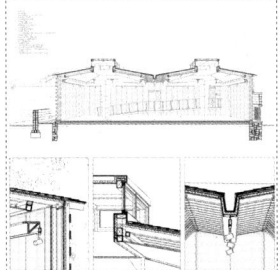

培养构造意识的体系化教学
Cultivating Construction Consciousness through Systematic Teaching

[原载于《建筑学报》2015年05月 本文有所删减]

构造教学在南大建筑学教育中有着十分重要的地位，但是这个重要性不只是由传统的建筑构造课来担纲的，而是依托于体系化的构造教学。南大的建筑学教育是"2+2+2"的体系[1]，从本科至研究生阶段是一个连贯的教学过程，每个阶段均贯穿了不同形式的构造教学，并在教案和教师安排上具有一定的连贯性和相关性（图1）。

在第一个"2"模式阶段（本科1—2年级），学生将对建筑基本构件进行认知学习，例如在窗构件的学习中，学生首先实际测量1:1的木、铝窗模型，然后将其转换为1:5的徒手大样图纸，这是从物到图的过程（图2）。接下来，学生将根据8个常用的外墙饰面做法大样图纸，制作纸质的1:2构造模型，这是从图到物的过程（图3）。从物到图再从图到物的双向训练，让初涉建筑的学生较为直观地体会到受力、材料、连接、形式之间的关联，为进一步的构造学习打下认知基础[2]。在第一个"2"阶段结束时，学生将接受严格的古建筑测绘训练，古建筑测绘训练由经验丰富的教师担任，其目的是通过测绘进一步让学生了解传统建筑构造知识，而非单纯的测绘记录。

在第二个"2"模式阶段（本科3—4年级），学生将学习"构造原理"以及"工地实习"两门课程。南大的工地实习并非简单的工地参观，而是将其视作一次重要的构造设计训练，并将其作为构造原理课教学效果的中期检验。工地实习除了要求学生提交传统的实习报告之外，还要求学生根据现场的观察，绘制1:20的工地建筑的外墙构造大样。在绘制过程中，教师只给学生1:100的建筑图纸，要求学生根据观察和构造课学到的构造原理，自己设计出与建筑立面一致的构造大样。在实习过程中，教师进行设计辅导，并组织实习答辩（图4）。此外，在每次本科设计课中，学生均被要求绘制1:20以上的构造大样，这也加强了构造教学体系化的建立。

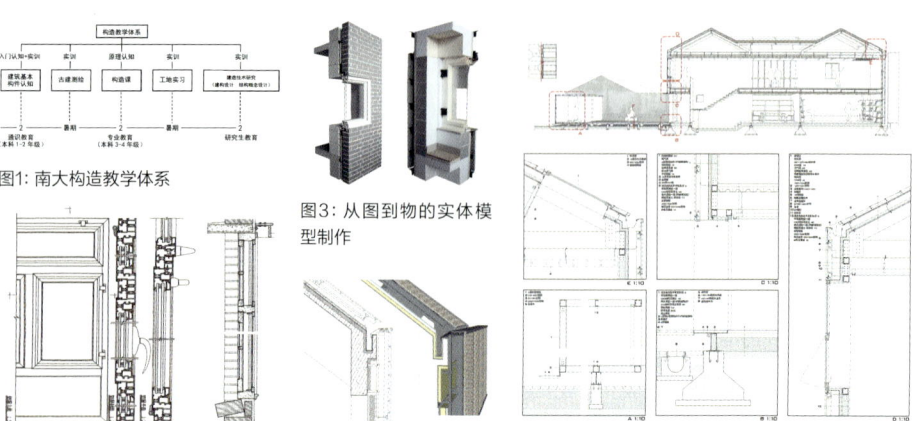

图1: 南大构造教学体系

图2: 从物到图的手绘窗大样图

图3: 从图到物的实体模型制作

图4: 工地实习学生作业

图5: 建构设计作业

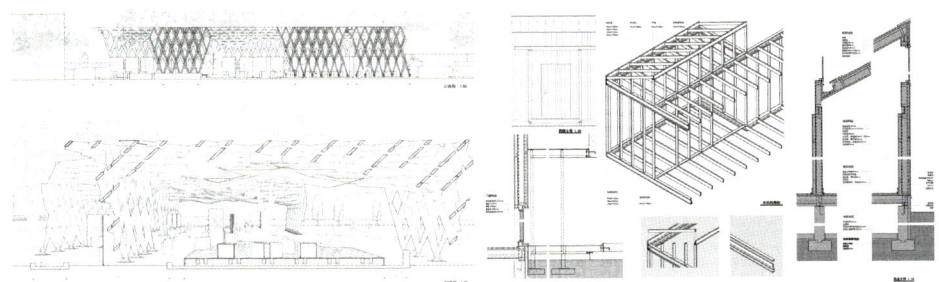

图6: 结构概念设计学生作业　　　　　图7: 乡村小住宅客房扩建

　　在第三个"2"模式阶段（研究生阶段），学生将选修"建造技术研究"课程，该课程包含两门子课程，一是建构设计，二是结构概念设计。建构设计主要是通过设计，训练学生对设计概念与构造技术的关联性认识（图5）。结构概念设计主要在学习结构基本知识的基础上，掌握结构与功能、结构与空间、结构与建造的关联[3]。研究生建造技术研究课程虽然难度较高，但前面的结构、构造课程训练为其打下了较好的基础，反之，建造技术研究课程也是对前面的教学效果的一次有效检验（图6）。

　　通过体系化的构造教学，可以达到以下几个教学效果。首先，通过连续不断的构造理论、构造实训的学习，加强了学生的构造意识培养，即构造等同于场地、空间、功能、结构、形体，是组成一个建筑必需的基本要素之一，这从本科第一个课程设计题目"材"的训练就可见一斑（图7）；其次，每个课程的教学效果都应有其相应的理性评价，体系化的构造教学从根本上解决了传统构造课的评价标准问题，其教学效果完全可放之于构造教学体系中去检验，比如，工地实习、本科课程设计以及研究生的建造技术研究等课程既是构造技术实训，同时也是对原理课的有效检验；再次，构造教学体系的建立促进了不同课程之间的合作与交流，课程之间的协作性和连贯性得到了加强。总之，南大建筑构造教学最为重要的探索是在整体教学框架中强化了构造教学体系的建立，构造教学将伴随学生整个在校学习过程，其目的是让学生通过对构造知识的不断学习，增强一种从建造本质上理解设计的意识。

注释

1 从2007年起，南大建筑学在原有探索与国际接轨的研究生整体化教学体系的基础上，开始实行"2+2+2"的本硕贯通的建筑学教育模式，以探索一条宽基础（通识教育）、强主干（专业教育）、多分支（就业出口多元化）的树形教学之路。
2 详细内容请参见，丁沃沃，刘铨，冷天.建筑设计基础[M].北京：中国建筑工业出版社，2014，第88—91页。
3 结构概念设计课程由毕业于东京工业大学的郭屹民老师指导，同时郭屹民老师还配合该课程主讲结构理论认知。

参考文献

[1]丁沃沃，刘铨，冷天.建筑设计基础[M].北京：中国建筑工业出版社，2014.

图片来源

图1 笔者自绘
图2—7 南京大学建筑与城市规划学院提供

引入建构的构造课教学
Introducing Tectonics in Architectural Courses on Construction at Nanjing University

[原载于《建筑学报》2015年05月 本文有所删减]

在我国建筑学教育中，构造课很像是给学生开设的"中药铺"，内容繁杂，难上难学，究竟难在哪里？如何改观？南大建筑与城市规划学院教学组对此进行了深入的思考和实践，尝试从构造课教学评价标准、构造课知识架构以及构造教学体系化等方面进行探索，通过近几年来的教学实践，取得了较好的教学效果，借此机会，浅释成文，以飨同行。

在阐述南大的构造教学之前，有必要讨论一个关键问题，那就是在建筑学教育中该如何定位构造课，定位的不同，必然带来教学观和教学方式方法的差异。回顾构造课在我国建筑学教育中的定位，基本上可以从两个角度来检视。第一个角度是教研室体系划分方式。构造课基本上都划归技术教研室。第二个角度是构造课程教材编写。我国通行的构造课程教材均以详述各种技术做法为主。由此可见，构造课在建筑学中被看作纯技术课程。与建筑设计相关课程相比，纯技术课程历来是学生逃课的首选，枯燥的技术原理让学生生厌，庞杂的技术细节让学生无所适从。如何让构造课生动而不枯燥、系统而不庞杂，我们认为解决问题的关键是构造课的合理定位。换言之，就是必须将构造课纳入建筑学范畴，而不只是工程技术范畴，因此我们进行了将建构（tectonic）引入构造教学的尝试。建构作为一种联系建筑学与工程学的实践操作理论和方法，将让我们以更为全面的视角来看待构造教学，构造将源于技术而超越技术，从纯技术视野进入建筑学的视野，这必然会带来构造教学相应的改变。

一、构造课教学评价标准的改变

原理课与设计课之分

在教学时，构造课教师经常会被问及："学生上完你的构造课，为何很多大样还是不会画？"这类问题反映出构造课的评价是以实用性和技术性为标准的，如不仔细思索，似乎并无不妥。然而，构造课为原理课，如同住宅设计原理课一样，原理课强调理论认知，设计课强调动手实践，二者教学内容及目标虽有关联，却差异甚大。如果以设计课的标准来衡量构造课，教师容易掉进职业技巧训练的陷阱，既担心学生对某个具体节点技术的掌握程度，又担心遗漏了某个知识点。相反，如果以原理课的标准来衡量构造课，教师授知的重点将是从庞杂的技术细节中，有意识地进行筛选，并将之合理串联，从而加强学生对构造整体性原理的认知。

技术原理与建构原理

事实上，让原理课去承担实训目的是高校构造课的授知误区，更何况构造职业技巧的掌握远非几十节课程就能解决之事，由此，南大的构造课明确定位为"原理课"，但是对于"原理"二字的理解却与以往不同。在南大的构造课中，有两组描述原理的关键词，一组关键词是自然力、材料、构件和连接；另一

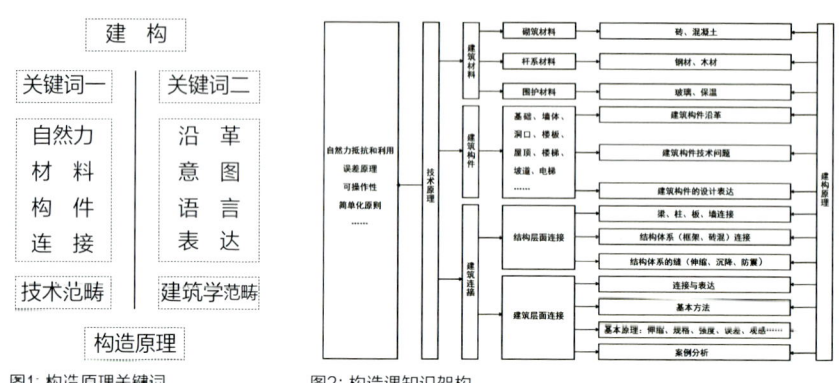

图1: 构造原理关键词　　图2: 构造课知识架构

组关键词是沿革、意图、语言和表达。前者属于纯粹的技术范畴，而后者属于建筑学范畴。对原理进行区分，其理论基础就是"建构"。关键词组一包含的技术原理是构造课必须面对的基本问题，关键词组二所包含的内容则是对基本问题的升华，其概念接近于建构中"建造的诗学"之意，与纯粹的"技术原理"相对应，我们也可以姑且称之为"建构原理"以便行文（图1）。

通过原理课与设计课之分、技术原理与建构原理之分，我们将构造课的评估标准从技术实训与理论认知的纠缠中廓清，教师可以将精力从职业技巧实训中解放出来，在有限的课时内教会学生技术原理分析能力，而建构理论的引入，则让学生理解构造技术原理与设计的关联，以及如何在设计中运用构造进行表达。所以，当面对上述提问，我们完全可以这样回答："学生虽然画得不太好，但是他知道不是所有的大样都值得去表达！"

二、构造课知识架构的改变

当前我国构造课知识架构状况

将建构理念引入构造课，除了会造成评价标准的变化之外，必然带来构造课知识架构的改变。所谓构造课知识架构，是指教师将构造知识点以何种组成方式传授给学生，而学生经过课程学习又将获得怎样的构造知识认知结构。我国高校构造课的知识构架从各种通行教材上可见其貌。构造教材通常分为上下两册，上册一般是建筑构件部分，包括从基础至屋顶的所有建筑构件；下册一般以专题形式或者以特种构造形式呈现，一般包括装修构造、声学构造、大跨构造等等。显然，其知识架构是以具体知识点汇集而成的，就单论其中的技术原理，也是分散在章节之中，系统性较弱。比如防水，在屋顶、地下室、外墙部分都会涉及，那它们之间的共同原理又是什么？有无相关的统一阐述？在此，我们无意评价通行教材之优劣，因为教材一旦通行，必然顾及各方，难编也难有特色，但其中的知识架构却是一目了然的。

引入建构的构造课知识架构

当我们引入建构理念之后,构造课的知识架构就由单一的技术线路变成技术结合建构两条线路。毋庸置疑,技术原理是构造课的基本问题,是必须面对和充分掌握的,因此技术原理仍然是主线,建构原理是对技术原理的升华,因此是辅线(图2)。技术原理主线包含了建筑材料、建筑构件、建筑连接三大部分。其中建筑材料包含三个内容:砌筑材料、杆系材料、围护材料;建筑构件包含基础、墙体、洞口、楼板、屋顶、楼梯、坡道、电梯;建筑连接包含结构层面连接和建筑层面连接两个部分。从技术原理架构中可以明显地看出建构思想的影响。知识架构编排打破了以建筑构件分类的单一方式,引入了材料和连接两大知识点,并且在讲授过程中按照材料、构件、连接的顺序进行。

1. 材料作为相对独立的知识点引入

长期以来,我们对建筑构造的理解都是局限在构件之间的关系上,而忽略材料。事实上,从建构的角度而言,设计可以通过合理处理建筑材料、构件和细部等,从而塑造空间与形态,最终升华为诗意的表达。而材料如同建筑构件一样,既是一个工程技术问题,又可成为直接的设计表达。所以,构造课知识架构中包含材料应是情理之中的事。我们借鉴建构的理念,将材料分为砌筑材料(砖、混凝土),杆系材料(钢、木),围护材料(玻璃、保温)三大类别。如此分类,将建筑材料与建造方式、受力原理、建筑物理联系在一起,并在讲授中有意识地将材料技术与设计表达相关联,从而将材料纳入建筑学的范围,而非单纯材料学的讲授。

2. 建筑构件技术原理编排受建构思想的影响

虽然沿袭了传统的从基础至屋顶的构件分类方式,但是在具体构件的编排中包含了构件沿革、构件技术、构件与设计表达三个内容。这样的编排以技术为核心,向上以历史沿革为引导,让学生了解构件之来源;向下以设计为依托,让学生明白技术之用途,其中建构思想的影响是显而易见的。例如在基础的讲解中,从古代的夯土基础一直讲述至今天的桩基础,然后再具体讲解基础的力学、类型、埋深和选型,最后以案例的方式讲解基础与大地的关系,从而让学生形成一个完整的构件知识认知结构(图3)。

3. 将连接原理引入构造课

稍有经验的建筑师都会发现连接是构造的基本原理之一,连接存在于体系之间、构件之间、材料之间,连接不仅是技术性原理,而且是具有表现性的方法。然而构造课堂上却鲜有教师将其独立出来专题讲授。究其原因是传统的知识架构限制了连接原理的集中讲授,连接原理散落于各章节之中,难以系统化和条理化。我们将连接原理独立成章,从结构层面入手,一直深入建筑层面的连接原理。结构层面包含梁、板、柱、墙连接以及结构体系的缝(伸缩、沉降和抗震),建筑层面包含连接的基本原则和方式方法,以及连接与设计表达的关系。

4. 建构原理并非构造课的专题讲授内容,而是作为一种认知构造的方法

具体而言,建构原理在以下几个方面影响着南大构造课的教学。首先,如前文所述,建构的思想直接影响了构造技术知识架构的编排;其次,在建筑材料和构件的讲解中引入了沿革的视角。沿革分为两个方面,一是技术沿革,即技术自身的来龙去脉,例如砖从远古至今的发展历程;二是设计沿革,即人们

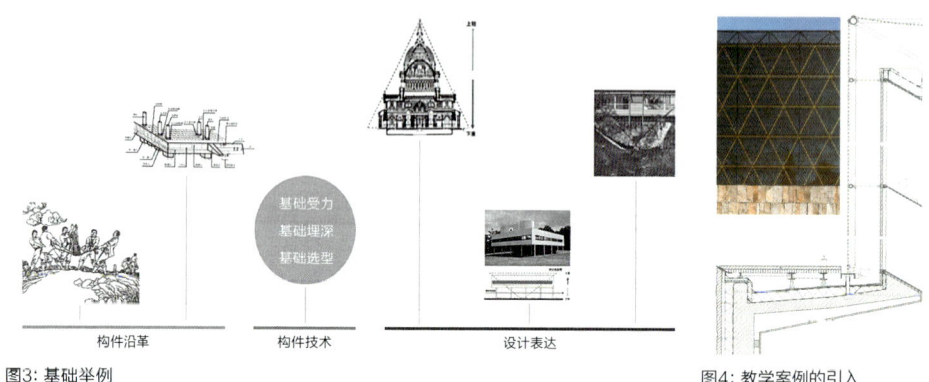

图3: 基础举例　　　　　　　　　　　　　　　　图4: 教学案例的引入

（设计者）使用砖的历程。沿革讲解所占课堂比例并不多，但不可或缺，其目的一方面是引起学生的兴趣，更重要的是让学生建立构造是设计语言而非纯技术的观念，构造可以被善加运用而成为建筑语言，从而升华成设计的表达；再次，强化案例教学法引入。案例选取不仅是构造做法工地实景照片，而且包含基于意图表达的设计案例。这一环节十分重要，它让学生兴趣浓厚，并直观地理解了构造技术如何上升为设计意图的表达，甚至是"诗意的建造"（图4）。

知识架构的整体性把握

所谓知识架构的整体性把握是指在庞杂技术细节中，教师可归纳出一些主要的技术原理来统领技术细节。这些主要技术原理包括自然力的抵抗和利用、误差原理、可操作性以及简单化原则等等。例如自然力的抵抗和利用原则是指几乎所有的构造处理都包含了对自然力的反应，对待自然力不仅仅是抵抗，也可以是利用，如抵抗雨水的构造、抵抗侧推力的构造等等。把握这样的原理将帮助学生读懂构造大样和培养自我判断构造对错的能力。但由于篇幅所限，在此不能一一展开论述，这几个整体性技术原理是判断构造设计的基本标尺之一，教师在分析构造时如能将其贯穿进去，将让学生建立起构造的技术理性思维，较之让学生能够描摹一个复杂的变形缝大样来说，其意义不言而喻。

三、结语

虽然南大的建筑学教育办学时间不长，但也省去了一些包袱，可以较为自由地思考一些问题。总体而言，南大建筑构造课在评价标准上划清了原理课与设计课的界限，让构造原理课回归理论认知的范畴，而将绘制构造大样的实训技能放到了工地实习、课程设计、建造技术研究等课程之中；将建构理念引入构造原理课,由此改变了传统构造课的知识架构,由传统的单一的构造技术讲解变成构造技术结合设计的讲解。构造原理课知识架构在一定程度上借鉴了ETH的教学,但在教学方法以及具体内容编排上与之有较大的不同,由于篇幅所限,难以展开论述。

  值得一提的是,当建构引入构造教学之后,任课教师的选择及其知识结构也将发生改变,成熟的建筑职业素养、良好的建筑学理论素养、丰富的教学经验都将成为任课教师的必要知识结构,这将打破构造课只重视教师对于构造技术知识的掌握能力而忽视教师的综合能力的传统标准。事实上,放眼国际,这样的选择标准已是基本的准则。综上,南大所做的努力,如能为同行提供一定参考,我们甚是欣慰,或如就此能得到同行的关注与批评,从而促进南大构造教学的进一步反思与改进,甚是幸事。

参考文献
[1]杨维菊主编.建筑构造设计(上下册)[M].北京:中国建筑工业出版社,2008.
[2]丁沃沃,刘铨,冷天.建筑设计基础[M].北京:中国建筑工业出版社,2014.

图片来源
图1、2、3 笔者自绘
图4 Detail 2008.4
图5 普法伊费尔等.砌体结构手册[M].大连:大连理工大学出版社,2006

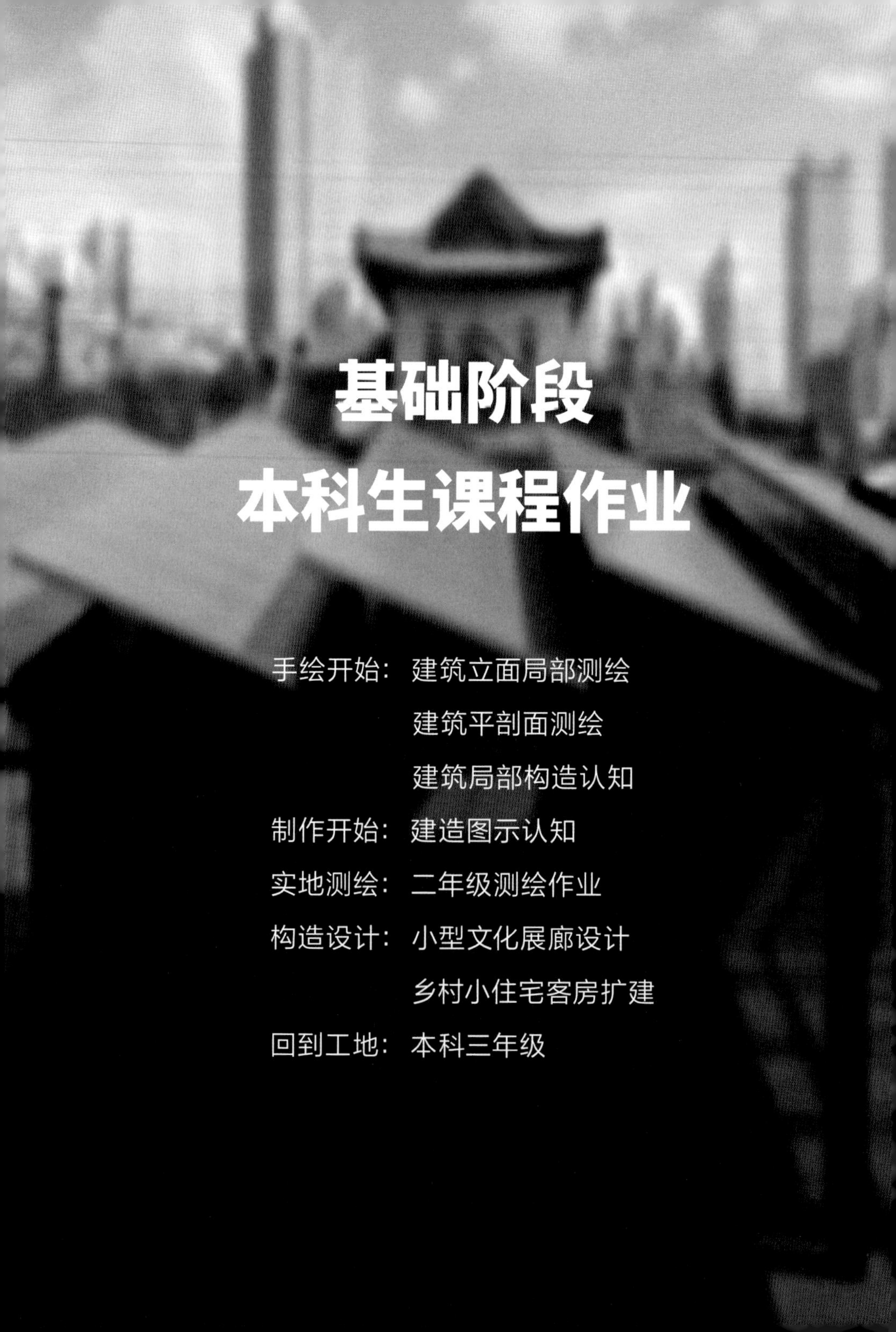

基础阶段
本科生课程作业

手绘开始： 建筑立面局部测绘

                 建筑平剖面测绘

                 建筑局部构造认知

制作开始： 建造图示认知

实地测绘： 二年级测绘作业

构造设计： 小型文化展廊设计

                 乡村小住宅客房扩建

回到工地： 本科三年级

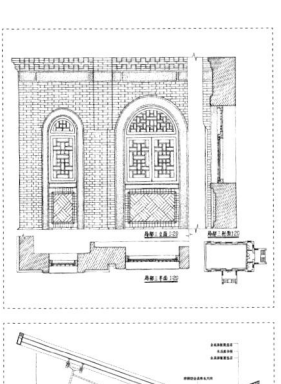
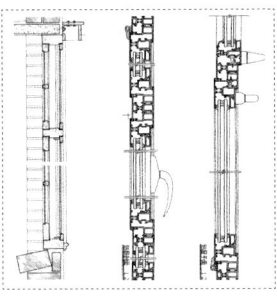
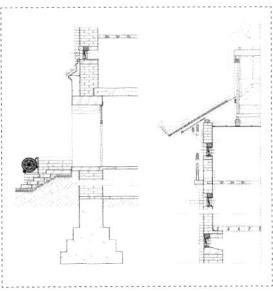
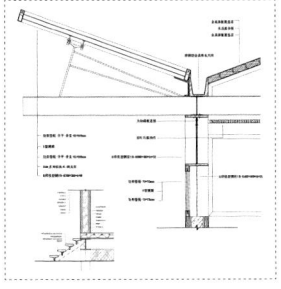
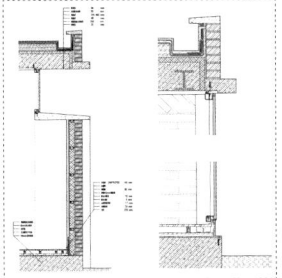
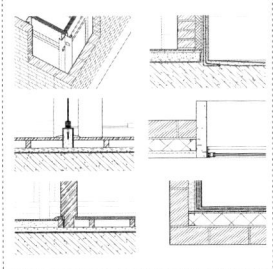

手绘开始：建筑立面局部测绘

指导老师：丁沃沃、刘铨、冷天
学生：王洁琼

认知对象

选择一幢带有较为明显的建筑材质和构造特征的小型建筑（例如带有清水实砌的承重砖墙、木框玻璃格外窗、线脚等细部的建筑），进行立面局部的测绘。这类建筑真实地表达了材质及其建造逻辑，最终形成的建筑立面能够让新生在进行二维投影图绘制训练的同时，真切地感受建造材料的质感、组合方式以及尺度。

认知目的

理解建筑正投影图绘制的原理，理解尺度、比例、线型等概念；亲身接触和了解建筑材料、质感和细部及其尺寸。

训练内容与步骤

1. 4—6人为一组，合作完成指定的立面局部测量。使用测量工具对建筑实体进行测量，并将测量数据记录在工作草图上。2. 在统一的A3网格纸上，使用铅笔，徒手按比例绘制正式草图，铅笔草图应轻而细。3. 使用不同口径的绘图笔，在铅笔正草的基础上，完成徒手墨线工作，墨线应均匀平直，接头光滑平顺，长线接线处可稍留空隙而不宜重叠。

训练时间

本练习共两周。第一周，实体测量及工作草图绘制。第二周，铅笔正草绘制，交指导老师审阅并确认后，完成墨线正图绘制。

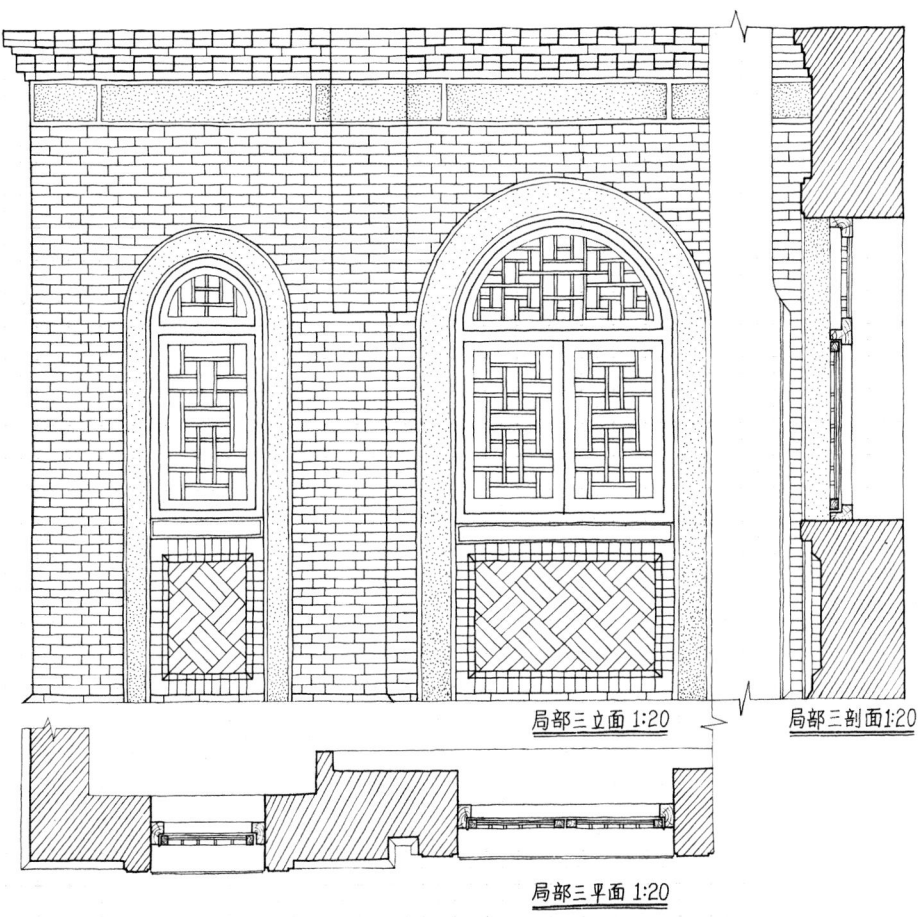

局部三立面 1:20 局部三剖面 1:20

局部三平面 1:20

手绘开始：建筑平剖面测绘

指导老师：丁沃沃、刘铨、冷天
学生：王洁琼

认知对象

选择一幢二层独立住宅建筑，有比较清晰的功能划分、楼层变化与丰富的形体，同时带有比较典型构造的建筑构件。对它进行平面与剖面测绘。这个案例最好与立面局部测绘的建筑相同，这样学生已经对此建筑有了一定的了解。

认知目的

通过对建筑实体的测量，进一步巩固投影图绘制的知识，学习通过绘制更加抽象的建筑平面与建筑剖面图纸来表达建筑空间，并初步理解建筑空间的相关概念。同时本次练习也会引导学生认识墙、楼板、门、窗、楼梯等建筑构件及其基本尺度与构造方式。

训练内容与步骤

1. 4—6人为一组，合作完成指定的立面局部测量。使用不同的测量工具对建筑实体进行测量，并将测量数据记录在工作草图上（测量精度控制在5mm以内即可）。2. 在统一的A3网格纸上，使用铅笔，徒手按比例绘制正式草图。3. 使用不同口径的绘图笔，在铅笔正草的基础上，完成徒手墨线工作（注意线型粗细的区别），墨线应均匀平直、有力度，接头光滑平顺，长线接线处可稍留空隙而不宜重叠。

训练时间

第一周：工作草图绘制与实体测量。第二周：铅笔底稿绘制，交由指导教师审阅，并进行修改。第三周：完成墨线图绘制。

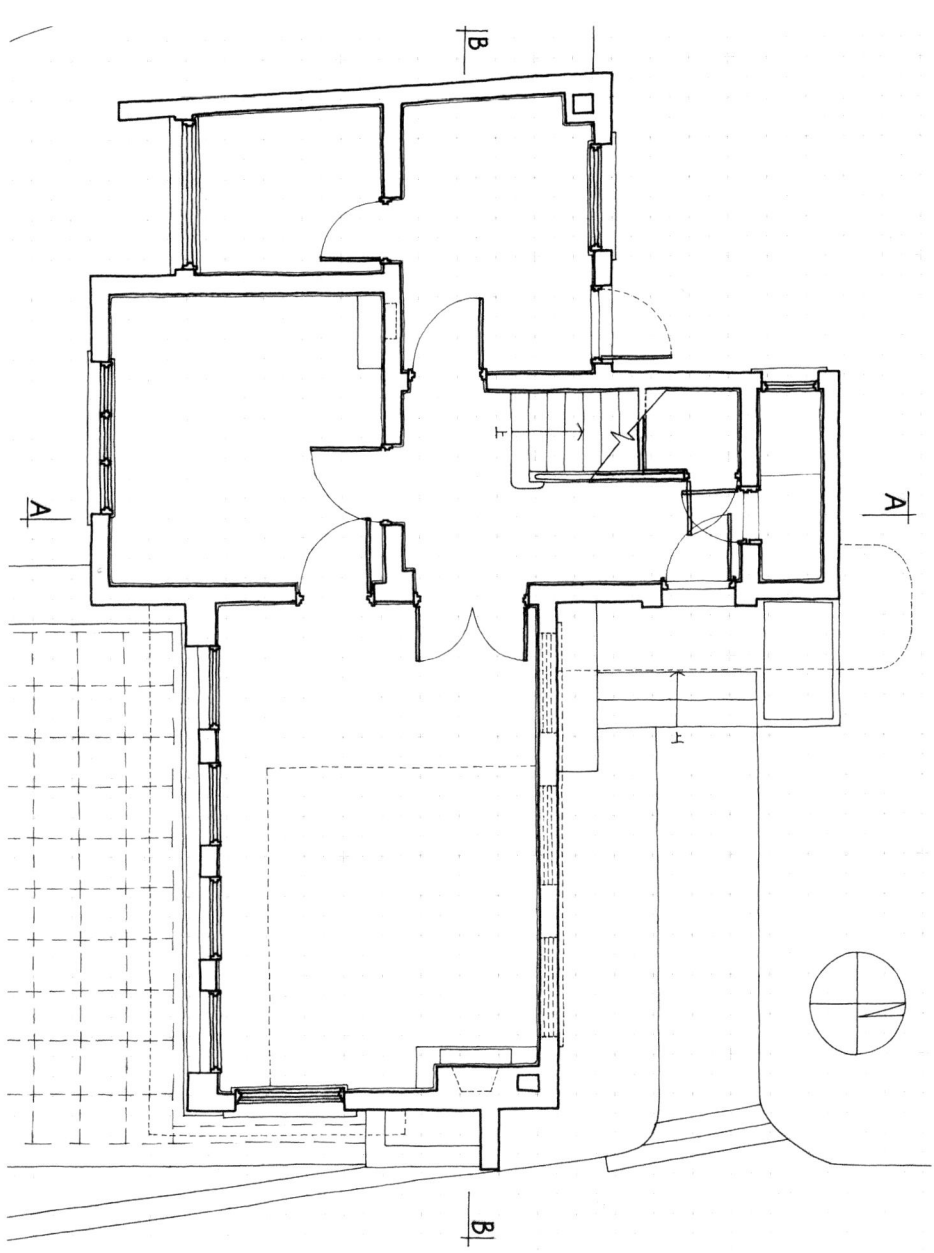

手绘开始：建筑局部构造认知

指导老师：丁沃沃、刘铨、冷天
学生：郑金海

对象及意义

本练习关注的对象是建筑的一个组成部分——窗，关键点是窗及其与墙体的联系。具体的认知载体一是传统木窗，载体二是新型铝合金窗。传统木制门窗曾经是建筑中最普遍、最常用的形式，不仅可以使学生了解门窗基本组成构件的分类，也可以进一步认知木结构构件相互搭接所采用的不同榫卯做法（如插榫、夹榫等）及合页、插销、风钩等五金的不同作用。铝合金断桥双层玻璃门窗是当今建筑中正在大量应用的做法，不仅形式新颖，开启方式多样，而且具有木制门窗无法比拟的隔音、保温等物理性能。

认知目的

本练习通过对实物木、铝窗完整模型的测量，辅助以剖开的窗转角局部模型，引导学生将认知建筑的眼光从较小比例的表达建筑空间的平、立、剖面，转向较大比例的表达建筑细部的门窗详图。进而促使学生深入体会建筑细部中所采用的不同材料及手法，对不同使用功能问题之解决。

训练步骤

1. 使用不同的测量工具对木、铝窗实物模型进行测量，并将测量数据记录在工作草图上（测量精度控制在2mm内）。2. 在统一的A3网格纸上，使用铅笔，徒手按比例绘制正式草图。3. 使用不同口径的绘图笔，在铅笔正草的基础上，完成徒手墨线工作（0.7mm的笔绘制剖断线，0.4mm的笔绘制轮廓线，0.1mm的笔绘制投形线和分划线）。

训练时间

第一周，实体测量及工作草图绘制。第二周，铅笔正草绘制，交教师审阅并确认，完成墨线正图绘制。

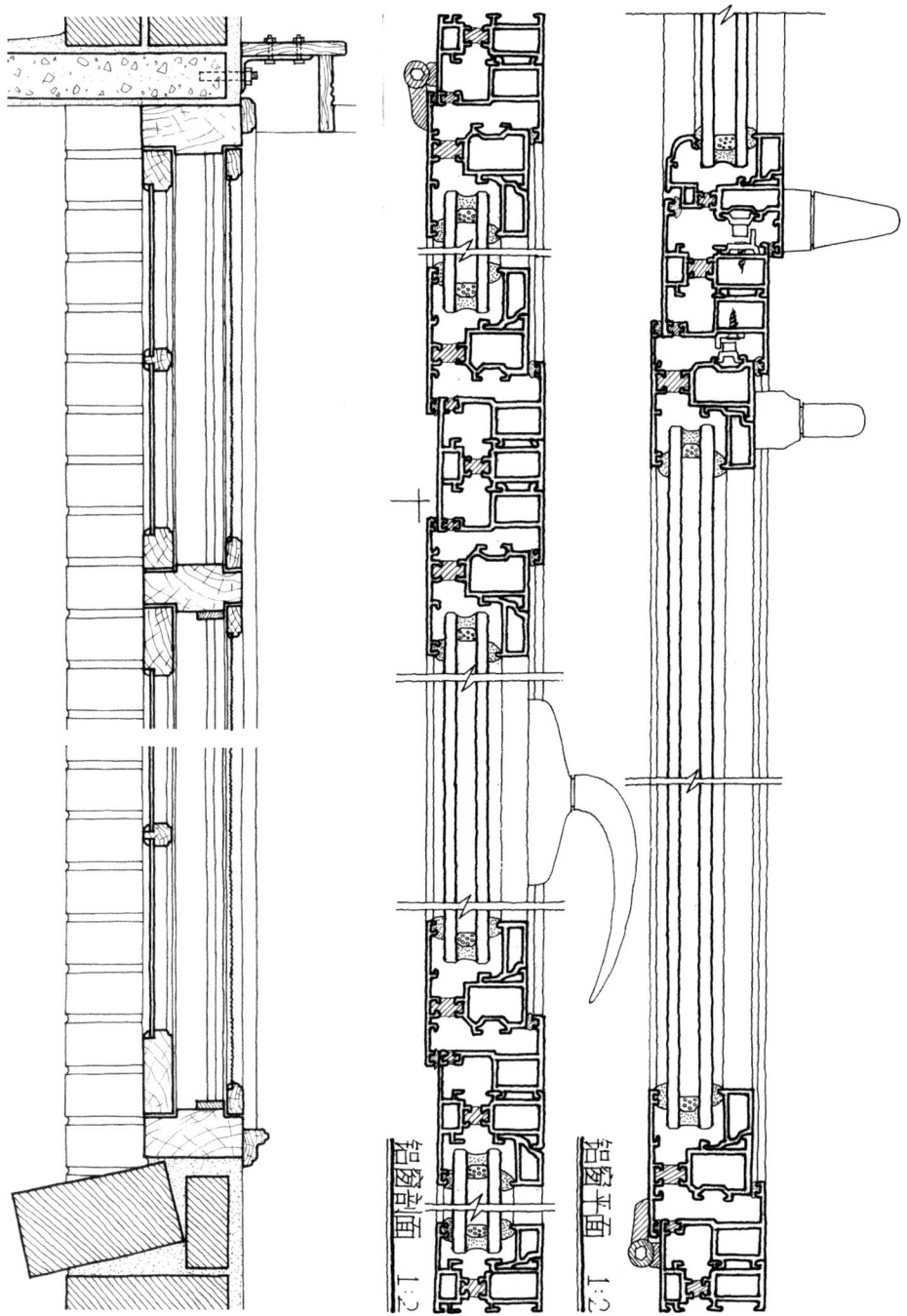

制作开始：建造图示认知

指导老师：丁沃沃、刘铨、冷天
学生：09级建筑本科生

对象及意义

本练习关注建筑构造的表达及其现实意义，选取了八种常用的外墙饰面做法作为案例：干挂石材幕墙（T型缝挂）、干挂石材幕墙（挂式背栓）、陶土板墙面（K12系列）、披叠板墙面（有龙骨）、砌体外饰面、铝塑板外墙、瓦楞钢板外墙、钢丝网抹灰面砖外饰面。

认知目的

对材料、结构、连接、承重和内外部物理性能上的不同需求，使得多种技术方案产生。对不同实例大比例纸质模型的制作，促使学生体会建筑构造中的不同材料和技术手段，并关注墙体与门窗的交接，进一步从墙身大样的细部做法中深化对建筑的认知。

训练步骤

1. 纸质模型制作：根据给定的墙身大样图纸，制作纸质模型（每个小组完成一个模型），模拟还原图纸所表达的建筑构造，以及墙体和门窗之间的关系。2. 两人一组，共同完成一个案例；模型制作范围应至少包括上下两层楼板。3. 使用不同厚度的白色卡纸作为主要的模型材料。如用2mm厚纸板制作混凝土、黏土砖、外挂板等实体性构件，用1mm厚纸板或普通白纸制作保温材料等疏松性填充物，用硫酸纸制作窗帘等。

训练时间

第一周，理解给定的墙身大样图纸资料，制作工作模型并绘制轴测分析草图。第二周，修改工作模型和轴测分析图纸错误。第三周，完成正式模型制作与图纸绘制。

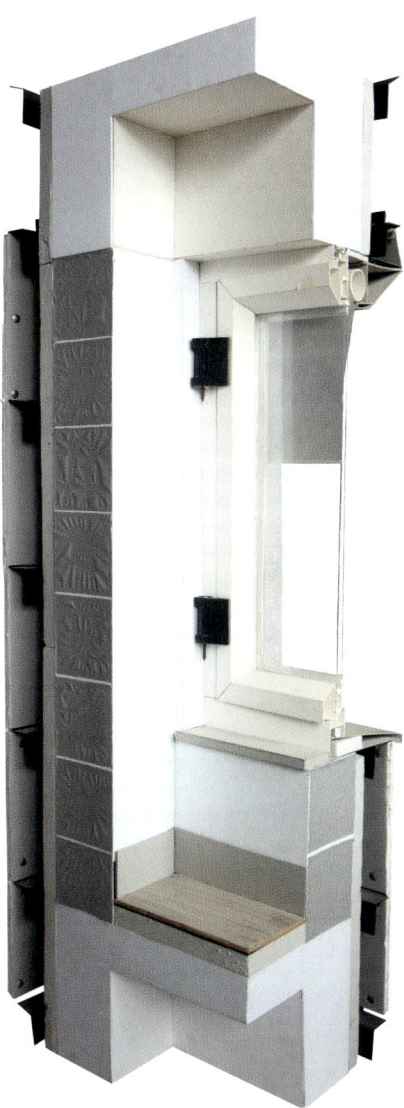

实地测绘：二年级测绘作业

指导老师：赵辰、萧红颜、冷天
学生：陈观兴、魏江洋、徐沁心、谭发民、周荣楼

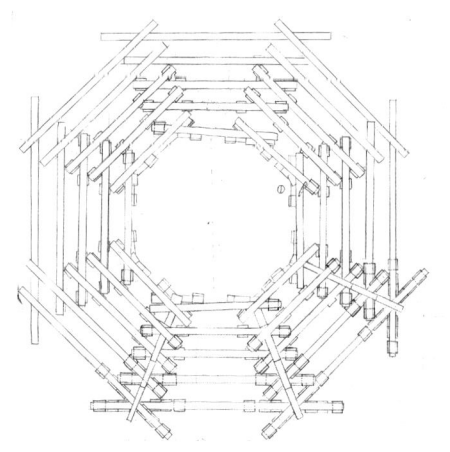
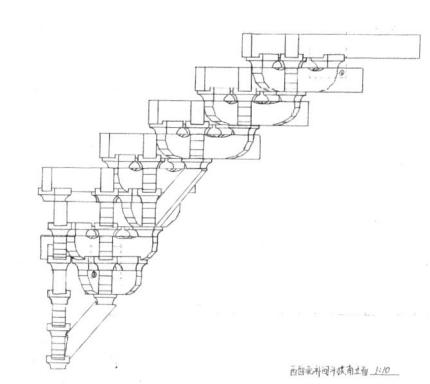

教学内容

分为"测"与"绘"两个教学环节，通过"测"与"绘"两个阶段进行相关的专业训练。"测"：对实地实物的尺寸数据的观测量取。"绘"：根据测量数据与草图进行处理、整理，最终绘制出完备的测绘图纸及报告。区别于以往单纯图纸绘制方式的测绘教学，要求学生具有问题研究的思维与视野，思考讨论相关专业问题。个人独立答辩题目为："测"与"绘"之感受——对中国传统建筑空间的初步理解。

教学安排

分为现场测绘、整理图纸与报告两个环节。其一：现场测绘。总体分析记录建筑群所在的环境特点和总体空间特征；逐一测绘单体建筑的结构样式、构件尺寸及特殊做法。其二：整理图纸。步骤一，整理测绘图纸，建筑测绘图纸的内容包括总平面、总剖面，以及单体建筑的各层平面、剖面、立面及相关大样，并绘制三维建筑模型。步骤二，编写测绘报告，测绘报告包括对测绘图纸不易表达内容的说明及对相关问题的思考。

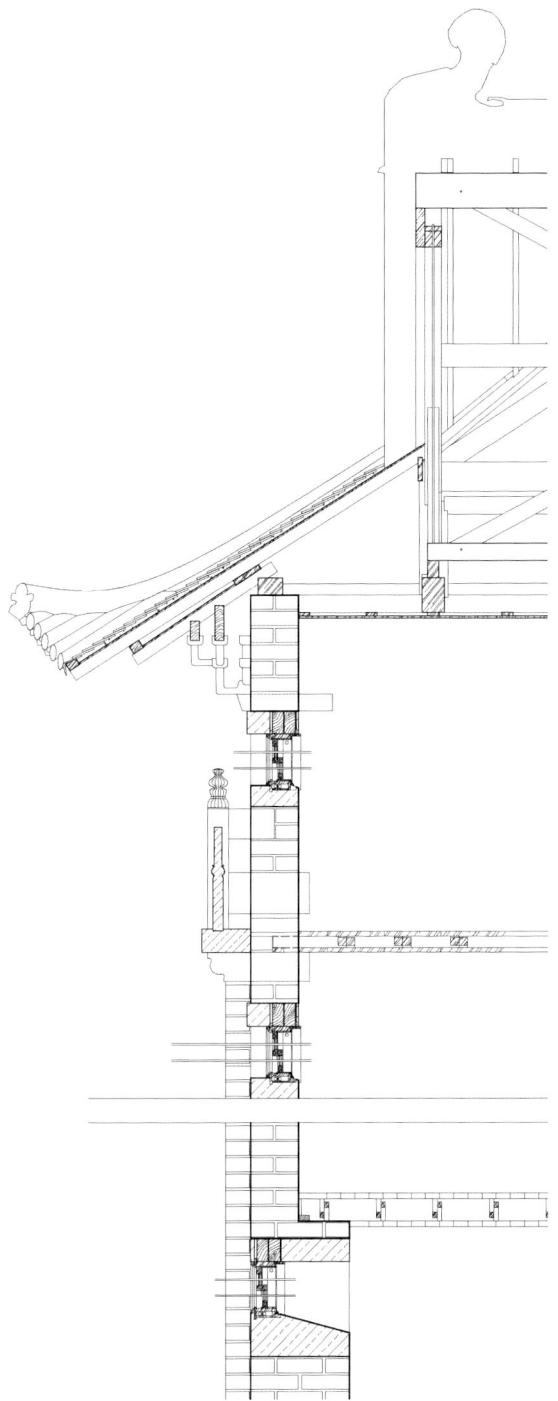

构造设计：小型文化展廊设计

指导老师：刘铨、冷天、王丹丹
学生：陈露茜、甘静雯、杨乙彬

教学目的

从最基本的城市公共建筑功能切入，进一步熟悉空间尺度与流线组织问题。场地环境也更加复杂，既要处理建筑与城市街道的关系，也要处理与保留建筑的关系。另外，在技术上加入了对结构、材料和构造的更高要求。在空间形式操作的层面上，主要是运用垂直构件进行空间尺度与流线的限定，同时研究视线在运动过程中的视域、对象及材质感知变化。

教学要点

1. 形体与场地：本次设计场地面积在 500m^2 左右，西侧和北侧为城市道路，东侧为两层高的保留空间，南侧为场地内部道路。要处理好与它们的关系。2. 空间与活动：结合老建筑的布展需求，设计新的展览空间，新建筑面积不超过 300m^2。需要考虑公共功能与辅助功能的布局关系，注意展览流线的组织。其中要包括一个多功能的大空间，可作为容纳 100 人的会议厅，或者作为展览、冷餐会场馆使用。3. 结构与构造：建筑的结构需要应对功能和空间上的灵活性，同时还需考虑围护结构的构造与建造问题。

教学进度

本次设计课程共 8 周。第一至三周：场地认知、功能拟定、结构单元研究。第四周：深化初步方案，用 1：50 的图纸比例，手绘平、立、剖面图纸，初步思考建造问题。第五至六周：制作结构体和大样节点模型，优化结构设计。第七至八周：结构体单元优化，思考选择图面表达的效果。第八周：整理图纸、排版，制作正式模型并完成课程答辩。

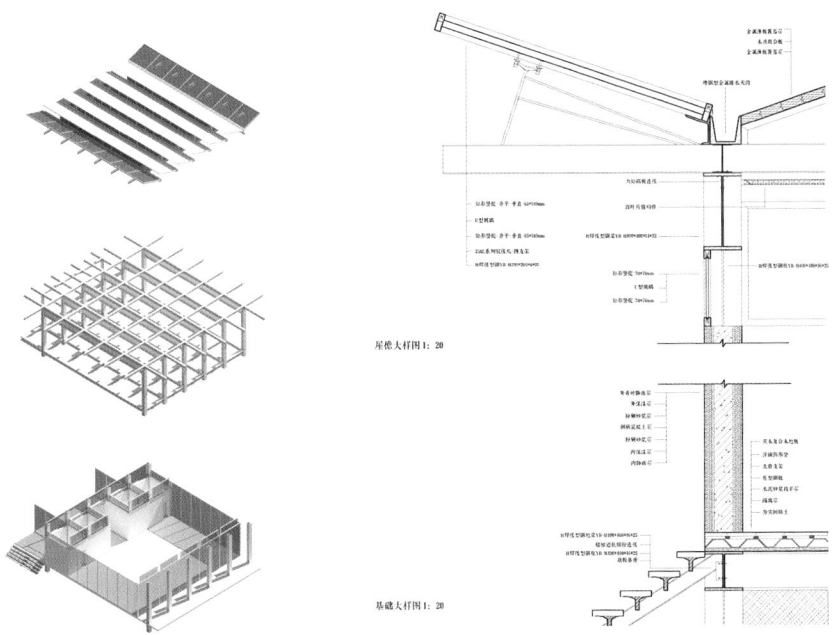

屋檐大样图 1: 20

基础大样图 1: 20

构造设计：乡村小住宅客房扩建

指导老师：周凌、童滋雨、窦平平
学生：王洁琼、李文聪

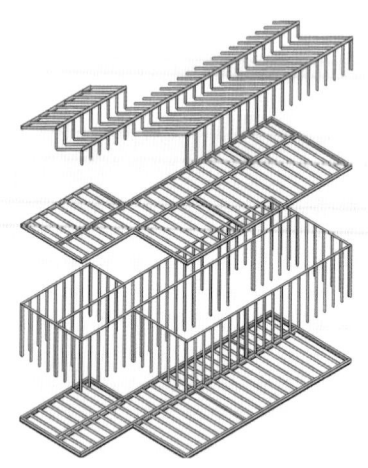

教学目标

  此课程训练解决两个基本问题：一是房屋结构、材料、构造等建造问题；二是基本起居、居住功能的平面功能排布问题。这一建筑设计课程的训练，使学生在学习设计的初始阶段就知道房子如何造起来，深入认识形成建筑的基本条件：结构、材料、构造原理及其应用方法，同时课程也面对地形、朝向、功能问题。训练核心是结构、材料、构造、基本功能，强化认识建筑结构、建筑构件、建筑围护等实体要素。

教学内容

  观音殿村位于南京市江宁区秣陵街道，由于城乡统筹发展与乡村治理的需要，要对村内现有房屋进行改造，将一些房屋改造为乡村公共配套服务建筑，一些改造为对外服务与经营用房，另一些改造为小型家庭旅馆。每个基地保留1—2栋老房子，改造为客房。另外在院子内进行加建设计，加建部分承担作坊、展示、客厅、餐厅等公共功能。

规划要求

  建筑层数1—2层，建筑限高，檐口高度不超过7.5m，总高不超过9m，平顶坡顶不限。要求充分考虑材料建造与实施的可能性。改造部分客房面积：单间20—30m^2，套间30—45m^2。加建公共部分面积约100—300m^2。

材料建造

  材料结构有预先准备的材料清单和结构选型。围合与覆盖材料可以选择砖、瓦、木、石、土、金属、玻璃、塑料等。主要结构材料必须在指定材料中选择，其他材料和辅材自定。

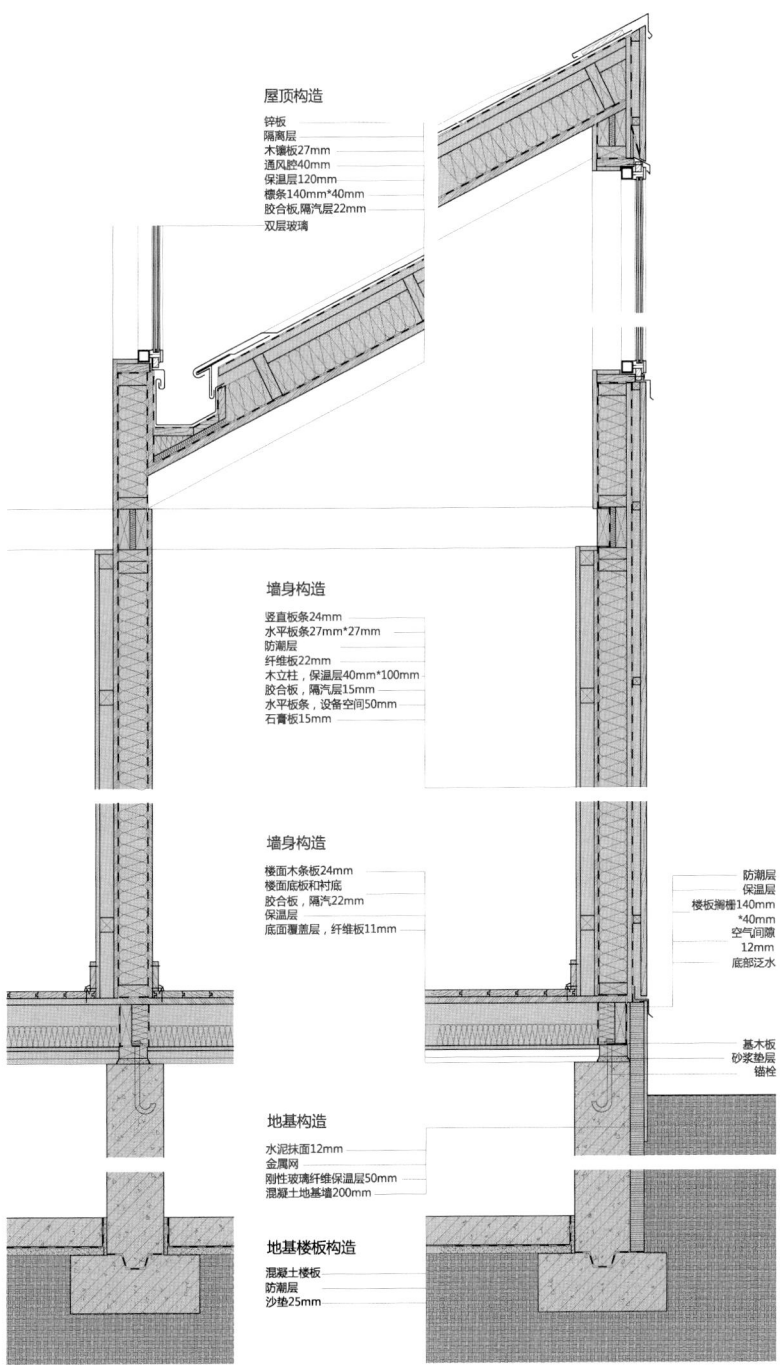

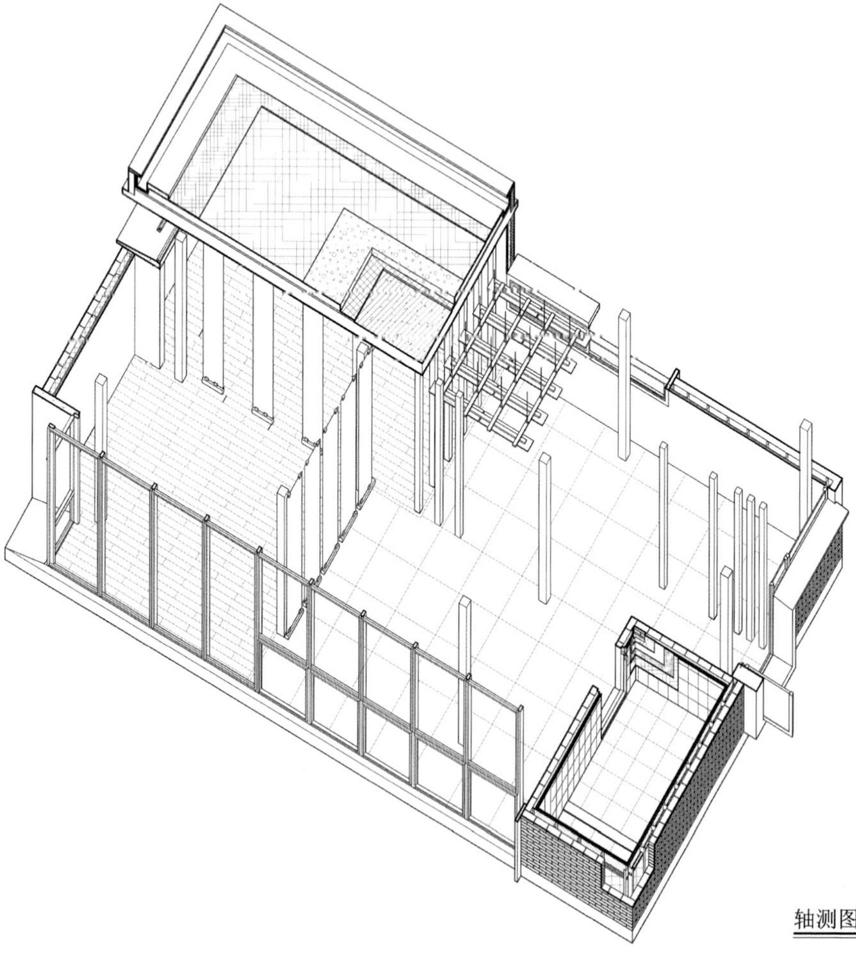

轴测图 1:10

设计说明

  本设计主要以主宅基本格局和功能缺陷以及临近道路为出发点，围合出一个对外封的盒子，再通过玻璃隔断、装饰性吊顶围合出内部各个空间，同时保持良好的室内通透性。

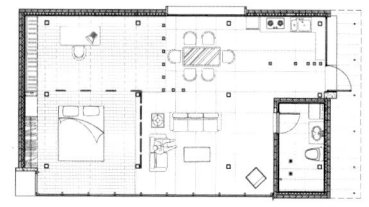

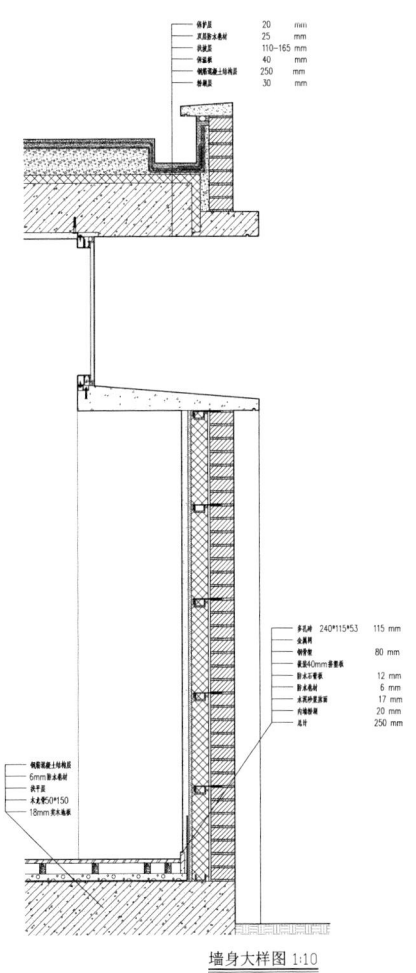

墙身大样图 1:10

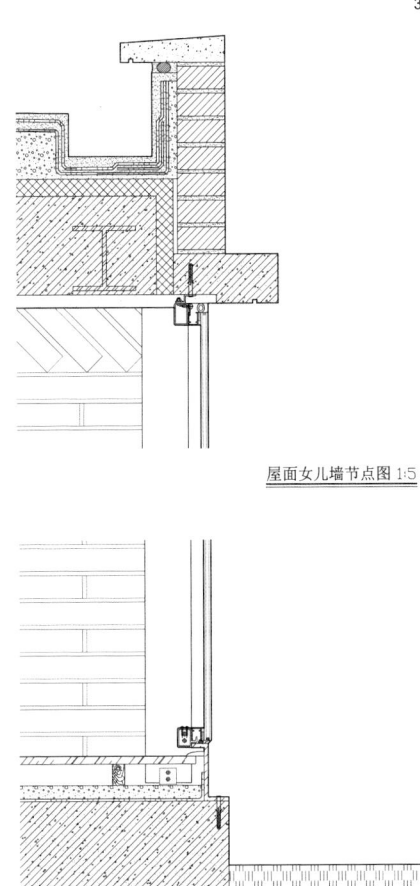

屋面女儿墙节点图 1:5

幕墙地面节点图 1:5

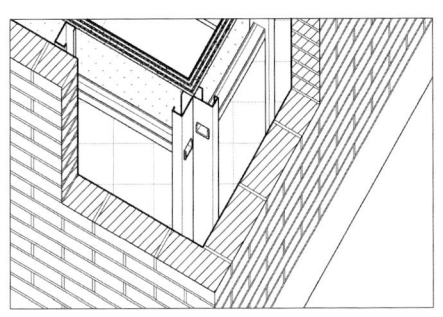

墙体结构剥离轴测图 1:5

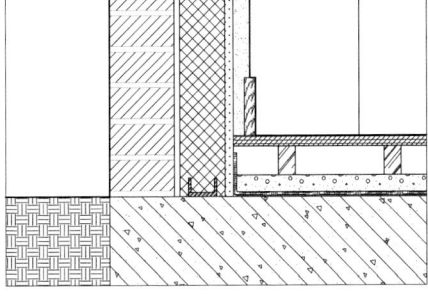

踢脚线节点图 1:5

回到工地：本科三年级

指导老师：傅筱
学生：王路、余沁蔓、雷畅、吴敏婷、吴林天池

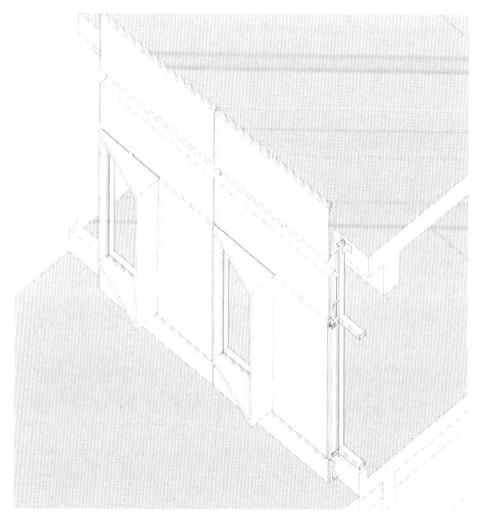

教学目标

工地实习的训练目的是加深学生对建筑从图纸到实际建造过程的认识和理解，重点理解图纸与建造的关联，了解建筑施工图纸设计的基本原理和方法，了解建筑施工的基本流程，为后续的高年级专业学习以及研究生阶段的研究打下一定的技术知识基础。

教学内容

课堂讲授：由教师课堂讲授相关的技术知识。
工地观摩：教师或者助教带领学生在工地进行考察和学习。实习报告：在课堂讲授和工地考察的学习后，完成实习报告。

教学安排

实习时间共计 6 天，第一日上午课堂讲授 2 学时，第一日下午工地观摩 4 学时；第二日上午课堂讲授 2 学时，第二日下午工地观摩 4 学时；第三至六日指导学生构造设计和 PPT 报告制作，共计 24 学时。

工地观摩以理性分析为主，并以 PPT 形式写出实习报告，每组不超过 10 页。PPT 以图为主，文字为辅。PPT 必须包含两个外墙大样，以第一个课程设计作业和观摩的工地建筑为基础进行图纸绘制，要求绘制从屋顶至基础的外墙大样，比例为 1：20。

1 25mm厚蜂窝铝板：1mm外饰铝板+蜂窝+1mm背衬板
2 115mm厚保温层
3 1.5mm厚镀锌铁皮，外涂防水胶
4 轻钢龙骨内墙：40×100mm竖龙骨，高强度自攻螺丝，底层石膏板，面层石膏板，批刮腻子，涂料饰面
5 140×65×8mm钢立柱
6 铝合金装饰板
7 黑色橡胶条
8 角钢
9 亚克力垫板
10 钢型材
11 铝合金扣盖
12 3mm厚外遮阳铝合金板
13 外遮阳骨架
14 硅酮密封胶与泡沫条
15 双层玻璃：6mm+1.14mm PVB+12mm空腔+8mm钢化LOW-E中空夹胶玻璃

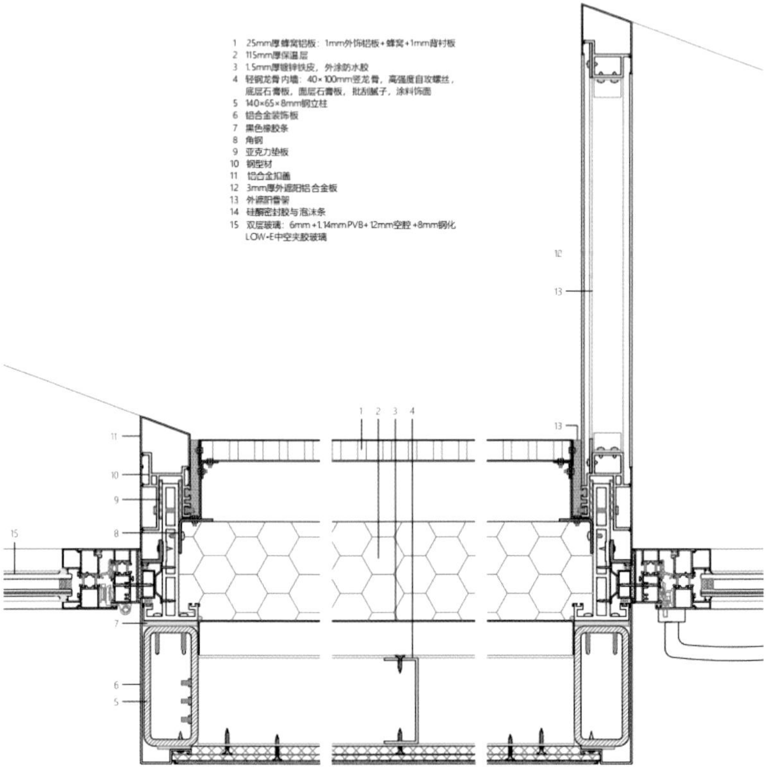

教学体会

1. 加深学生从建筑图纸到建造过程的认识,提高现场观察能力

本科建筑设计课程一般是直接的图纸操作,难以有机会对实际建造过程进行认知。通过这次工地实习,学生直接到现场观看建筑的建造过程,从而对设计图纸与现场施工的关系有了一定的直观感受和理性认识。

在教学过程中,教师先通过授课的方式,让学生对工地状况和建造流程有一个理论上的认识。随后教师安排学生到现场进行第一次观摩,并与工地技术人员一道进行现场讲解。观摩时有意识地不让学生看到工地建筑的施工图纸,培养学生直观的现场感受能力。通过现场观察,学生产生了很多疑问和不解,这时他们用在课堂学到的理论性知识对现场状况进行了一定的理解。在第二次去工地之前,教师将现场施工图纸(平立剖面图)发放给学生。由于有了第一次观摩的体验和诸多疑问,学生十分有兴趣地认真研究了图纸,并带着在研究图纸过程中的种种疑问再次来到现场,这次学生们基本上能够以一种较为理性的视角观察工地状况,并很容易地将图纸表达和实际施工联系起来观察,许多学生发现自己的观察能力有所提高。第一次到现场的时候学生们虽然很兴奋,但是比较茫然,不知应该体会哪些内容,然而第二次到现场之后,学生的兴奋度虽然下降,但是理性思考和观察的方向性明确了许多,他们通过拍照、文字、草图记录等多种方式记录下自己的观察结果,为完成实习报告打下了基础。

2. 为后续的高年级专业学习打下一定的技术知识基础

在经过从图纸研究到工地观摩的多向反复之后,同学们将完成两项工作任务:一是完成工地实习报告的制作,要求用PPT的形式表达,教师规定每组不超过10页PPT,其目的是要求学生用最简练的图纸、照片将自己观察体会到的最重要的部分表达出来,多数同学出色地完成了任务;二是要求学生根据现场的观察,将工地建筑的外墙构造详图绘制出来。这次教师同样不给学生已有的建筑施工图外墙大样,而是要求学生根据观察和构造课学到的构造原理,自己设计出与建筑立面一致的剖面构造大样。此外,教师还要求学生选取一个自己的课程设计作业,并根据自己的设计意图完成一个外墙大样。在教师的指导下,多数学生能够灵活运用自己所学的构造知识和在工地观摩时学到的知识完成外墙构造大样设计。此次实践不仅培养了学生的观察能力、动手能力,而且巩固了学生在构造课所学的相关技术知识,为后续学习打下了一定的技术基础。

研究阶段
研究生课程作业

2007—2010　基本设计深化——
　　　　　　结构、材料、构造的
　　　　　　转换分解与整合
2010—2016　基本设计深化——
　　　　　　设计概念与材料、构造
2017至今　　基本设计深化——
　　　　　　设计概念与结构分析、
　　　　　　材料、构造

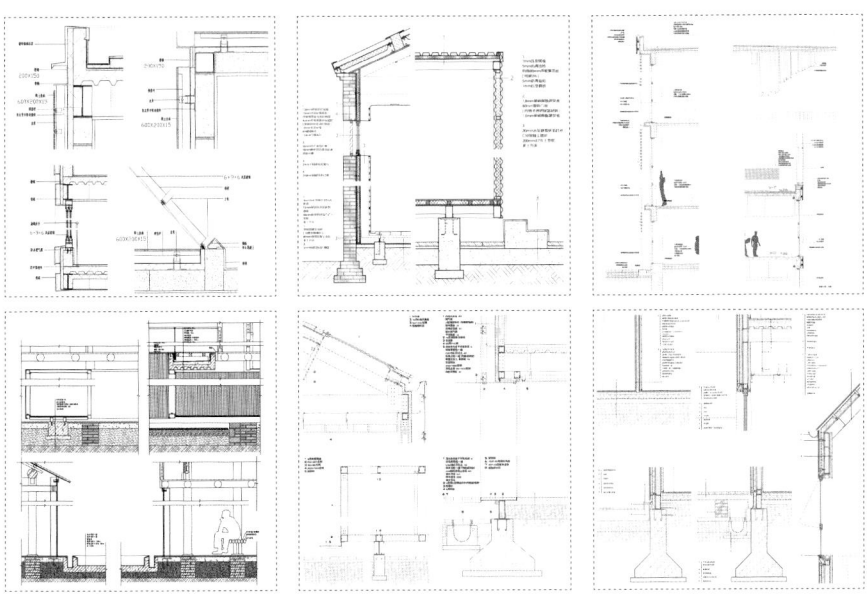

2007—2010
基本设计深化 1——结构、材料、构造的转换分解与整合

指导老师：冯金龙
学生：唐涛、吴子夜

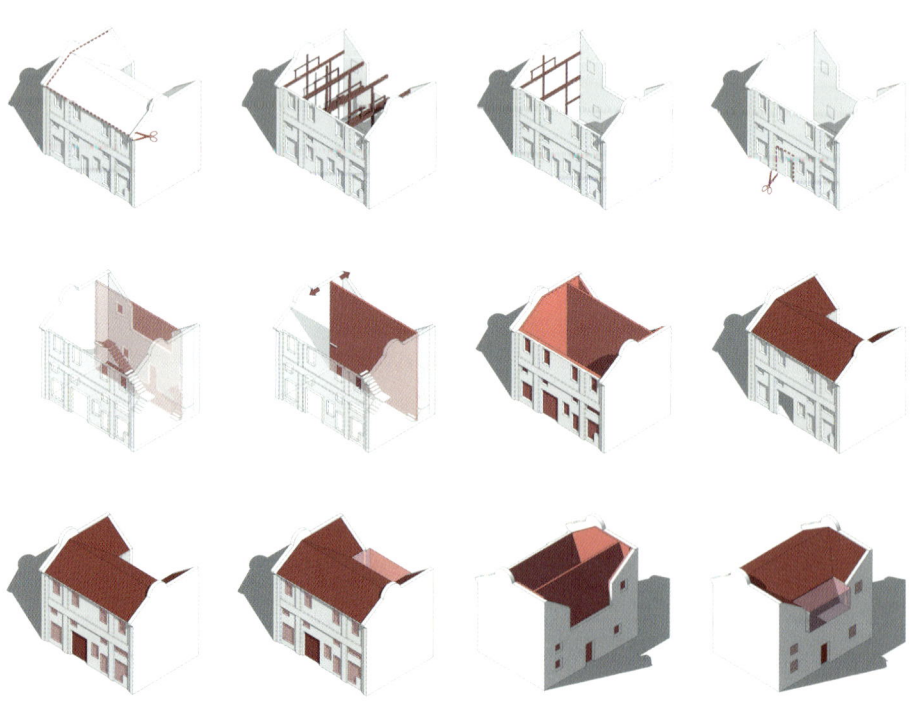

材料、构造、结构和形式的关系是建构理论深入讨论的问题，建构研究的课程改革也一直致力于此。建构课程基于对基本设计的深化而展开，对其基本设计中选用的材料构造、结构和形式的合理性提出了更高的要求。设计的深化与发展能够使学生对各种不同的建造技术特点的材料使用原则、节点构造方式加深了解，探讨由材料、结构和构造方式所形成的建造的逻辑关系，研究形式产生的物质技术基础。

45

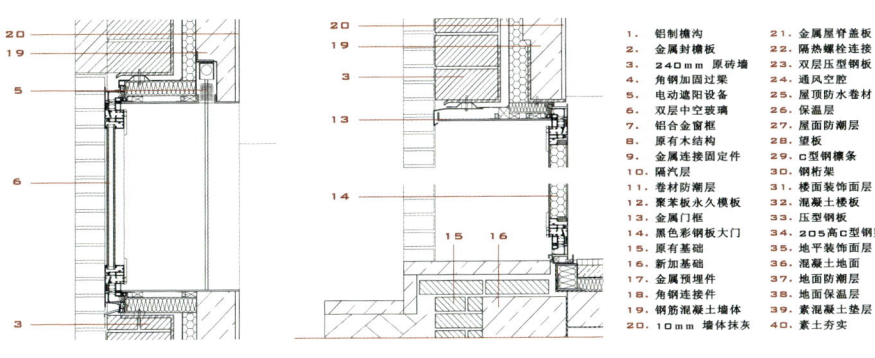

墙身立面分解 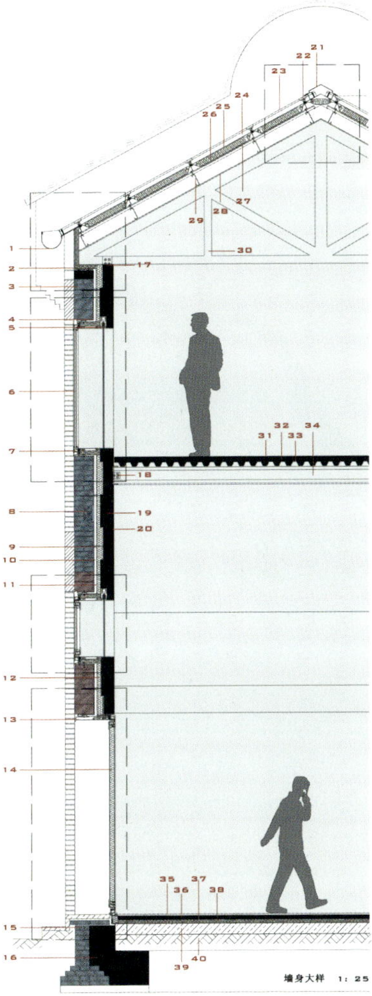　　　　　　　　　　　　　　　　　　　　　　　　墙身大样 1:25

1. 铝制檐沟	21. 金属屋脊盖板	
2. 金属封檐板	22. 隔热螺栓连接	
3. 240mm 原砖墙	23. 双层压型钢板	
4. 角钢加固过梁	24. 通风空腔	
5. 电动遮阳设备	25. 屋顶防水卷材	
6. 双层中空玻璃	26. 保温层	
7. 铝合金窗框	27. 屋面防潮层	
8. 原有木结构	28. 望板	
9. 金属连接固定件	29. C型钢檩条	
10. 隔汽层	30. 钢桁架	
11. 卷材防潮层	31. 楼面装饰面层	
12. 聚苯板永久模板	32. 混凝土楼板	
13. 金属门框	33. 压型钢板	
14. 黑色彩钢板大门	34. 205高C型钢梁	
15. 原有基础	35. 地平装饰面层	
16. 新加基础	36. 混凝土地面	
17. 金属预埋件	37. 地面防潮层	
18. 角钢连接件	38. 地面保温层	
19. 钢筋混凝土墙体	39. 素混凝土垫层	
20. 10mm 墙体抹灰	40. 素土夯实	

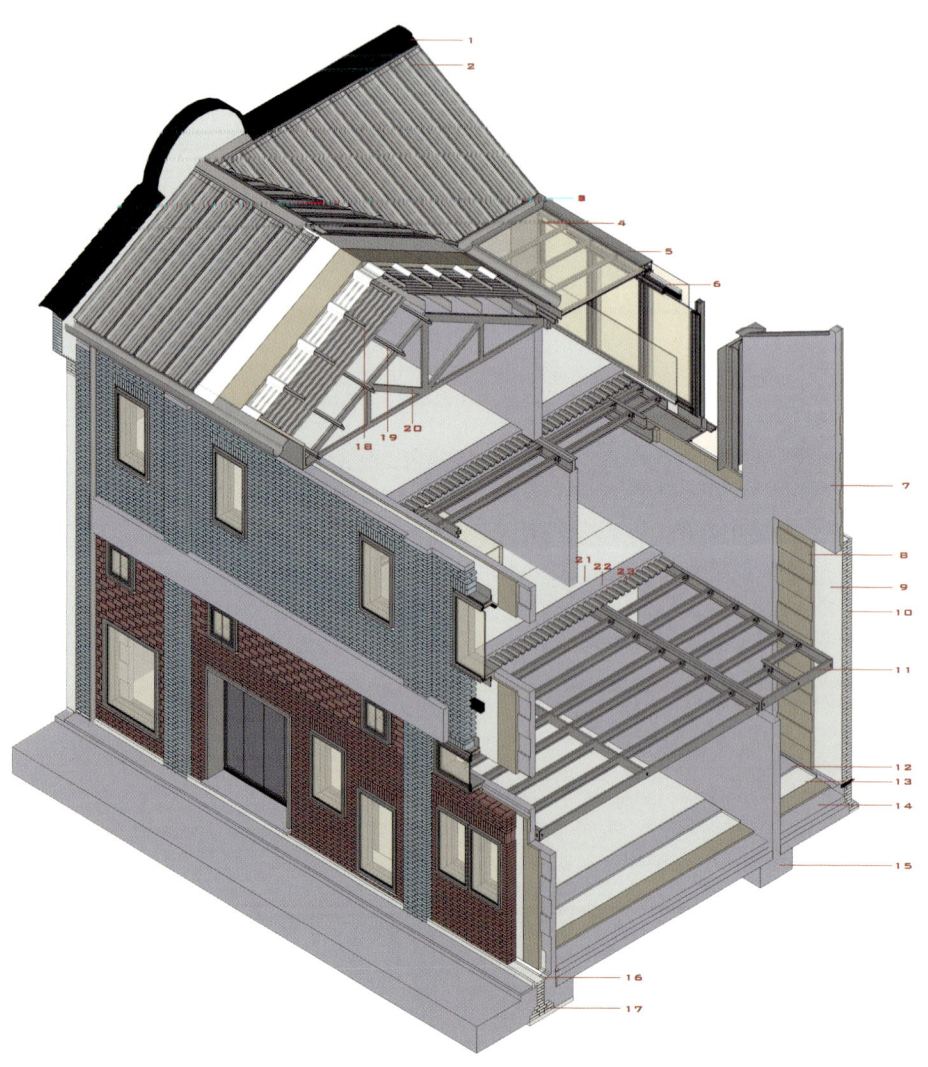

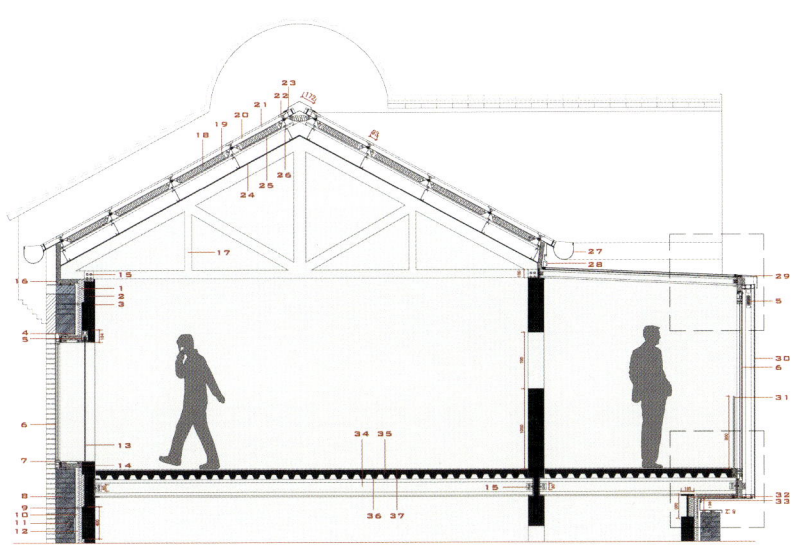

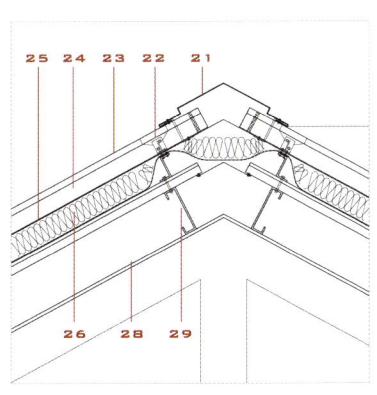
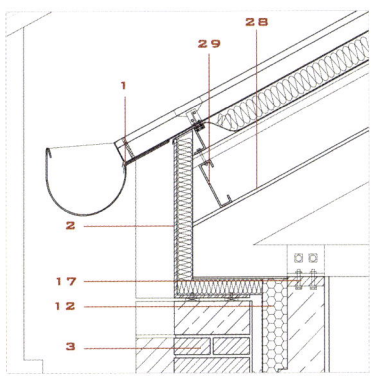
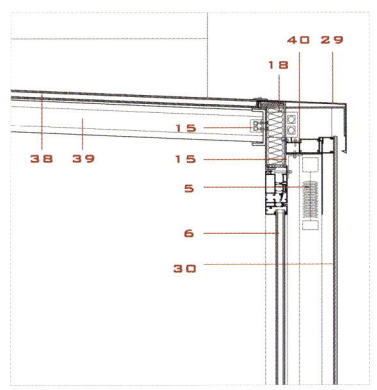
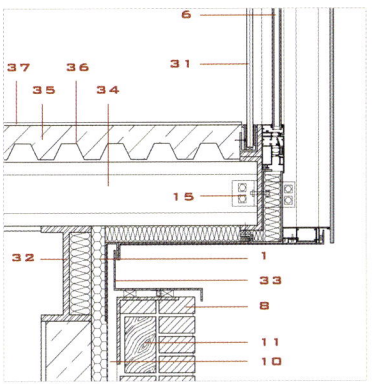

1. 砖平砌压顶
2. 双层压型钢板
3. 铝制檐沟
4. 双层玻璃屋顶
5. 金属檐口盖板
6. 电动遮阳设备
7. 钢筋混凝土墙体
8. 聚苯板永久模板
9. 砂浆抹面
10. 240mm 原砖墙
11. 205高 C型钢梁
12. 地面面层
13. 地面防潮层
14. 素混凝土
15. 混凝土条形基础
16. 防潮层
17. 原有砖墙基础
18. z型钢连接件
19. 150mm 高 C型钢檩条
20. 钢桁架
21. 楼面面层
22. 混凝土楼面
23. 压型钢板

2007—2010
基本设计深化 2——结构、材料、构造的转换分解与整合

指导老师：周凌
学生：刘涛、王冠玉

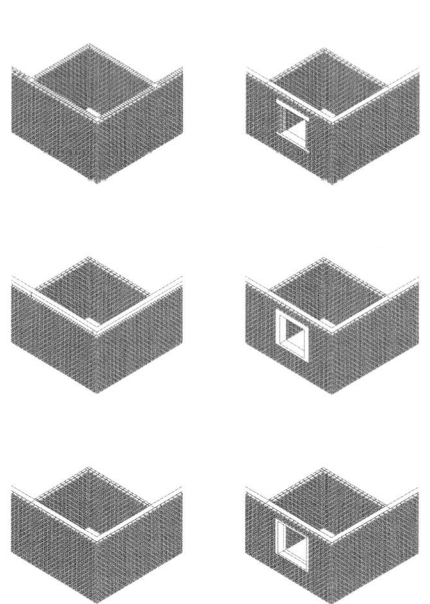

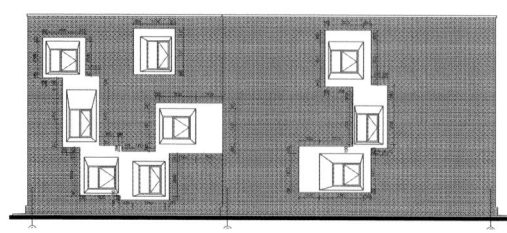

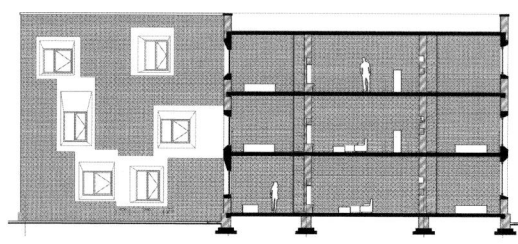

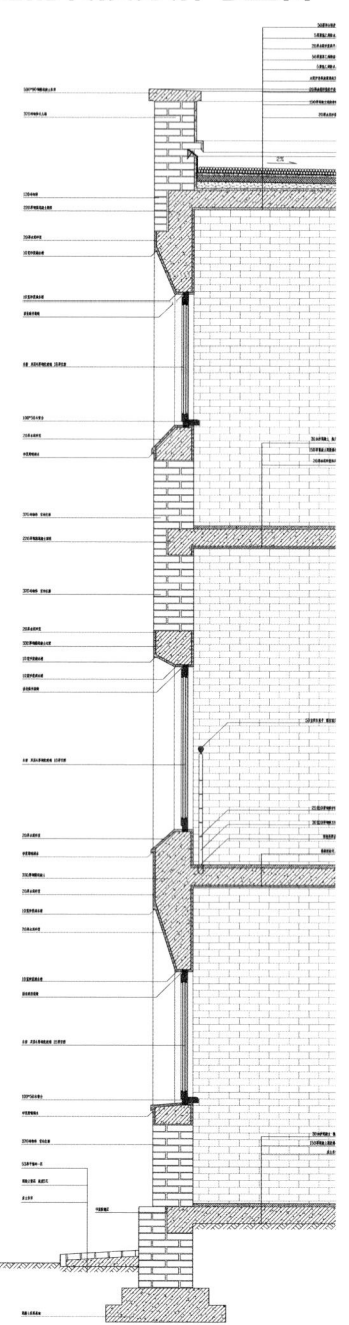

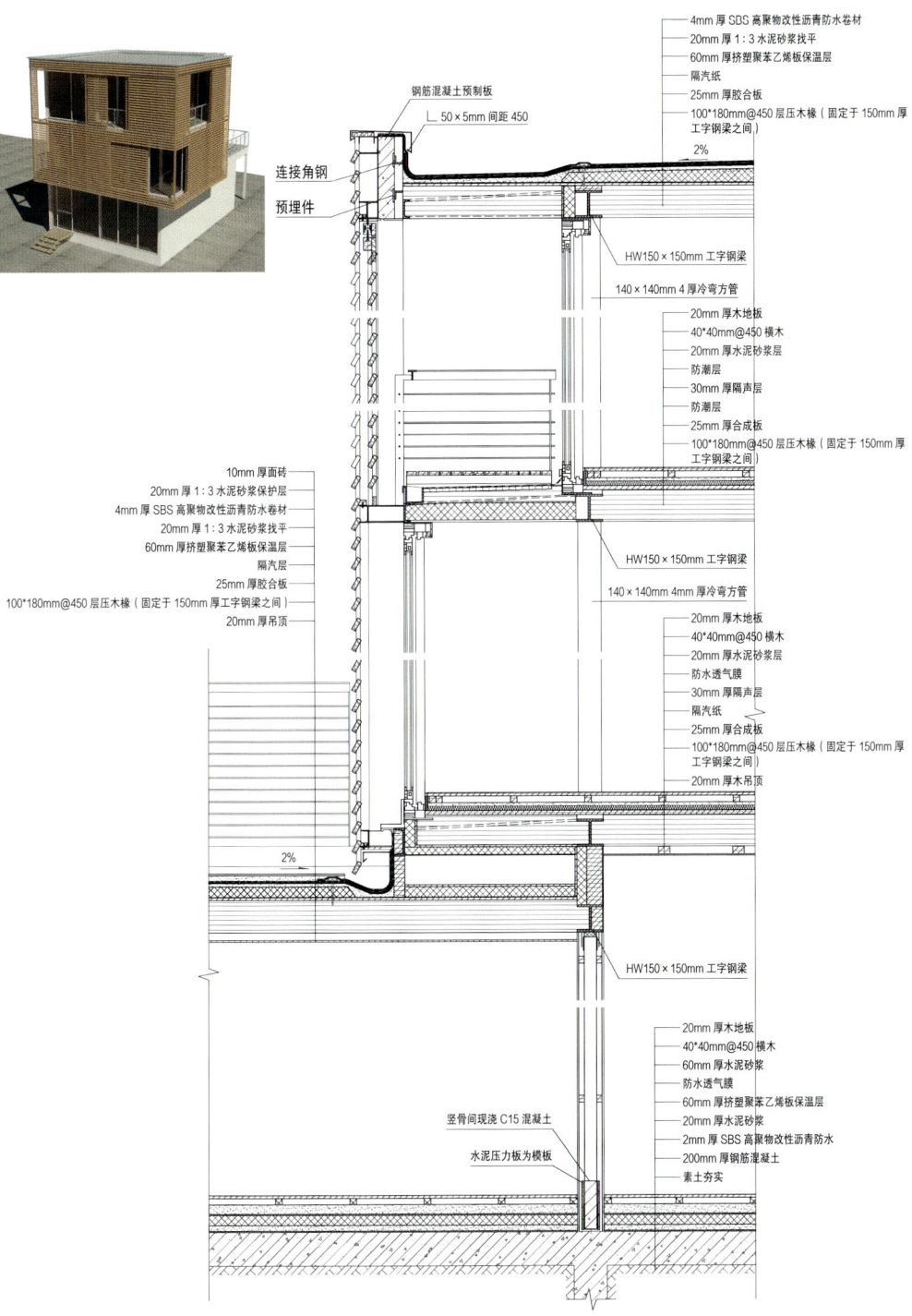

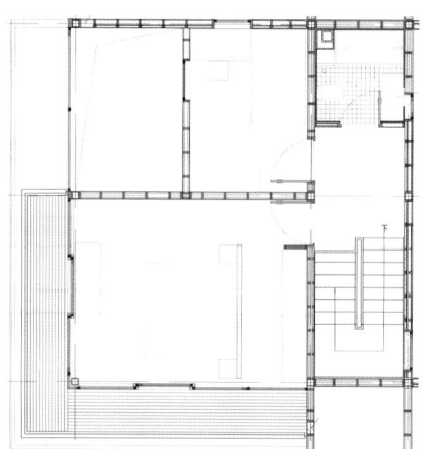

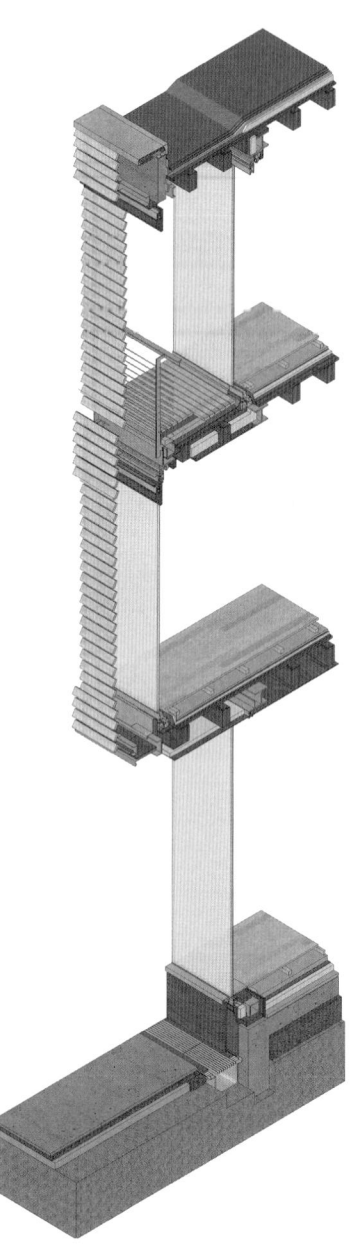

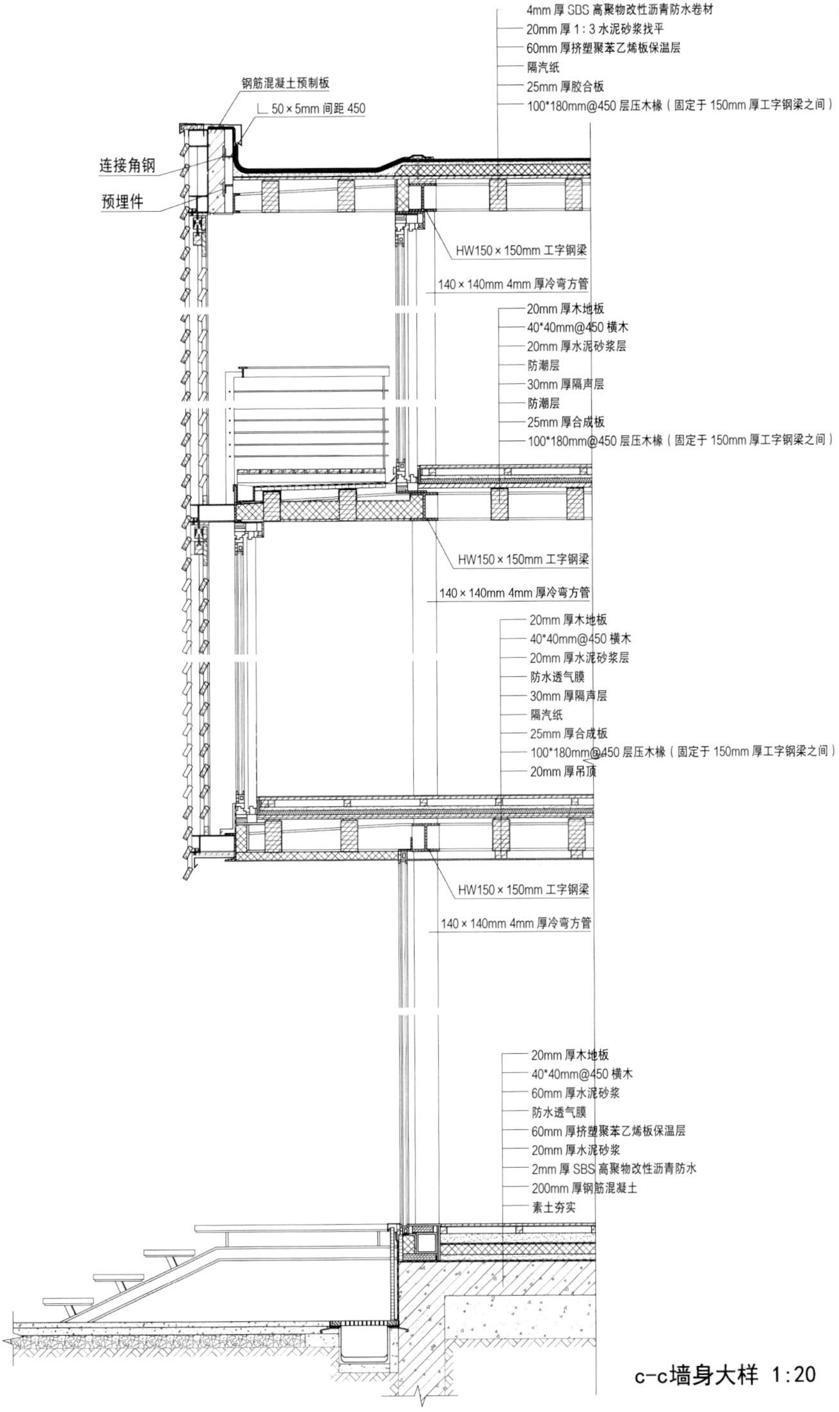

51

4mm 厚SBS高聚物改性沥青防水卷材
20mm 厚1:3水泥砂浆找平
60mm厚挤塑聚苯乙烯板保温层
隔汽纸
25mm厚胶合板
100*180mm@450 层压木椽（固定于150mm厚工字钢梁之间）

钢筋混凝土预制板
∟ 50×5mm 间距 450

连接角钢
预埋件

HW150×150mm 工字钢梁

140×140mm 4mm 厚冷弯方管

20mm 厚木地板
40*40mm@450 横木
20mm 厚水泥砂浆层
防潮层
30mm 厚隔声层
防潮层
25mm 厚合成板
100*180mm@450 层压木椽（固定于150mm厚工字钢梁之间）

HW150×150mm 工字钢梁

140×140mm 4mm 厚冷弯方管

20mm 厚木地板
40*40mm@450 横木
20mm 厚水泥砂浆层
防水透气膜
30mm 厚隔声层
隔汽纸
25mm 厚合成板
100*180mm@450 层压木椽（固定于150mm厚工字钢梁之间）
20mm 厚吊顶

HW150×150mm 工字钢梁

140×140mm 4mm 厚冷弯方管

20mm 厚木地板
40*40mm@450 横木
60mm 厚水泥砂浆
防水透气膜
60mm 厚挤塑聚苯乙烯板保温层
20mm 厚水泥砂浆
2mm 厚SBS高聚物改性沥青防水
200mm 厚钢筋混凝土
素土夯实

c-c墙身大样 1:20

2007—2010
基本设计深化 3——结构、材料、构造的转换分解与整合

指导老师：傅筱
学生：魏伟、杨叶

砖混结构三层结构模型

砖混结构成果模型

钢结构模型一

砖混结构二层结构模型

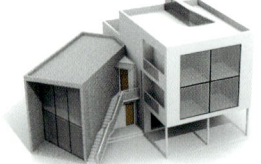

原方案成果模型

钢结构模型二

砖混结构一层结构模型

钢结构成果模型

钢结构模型三

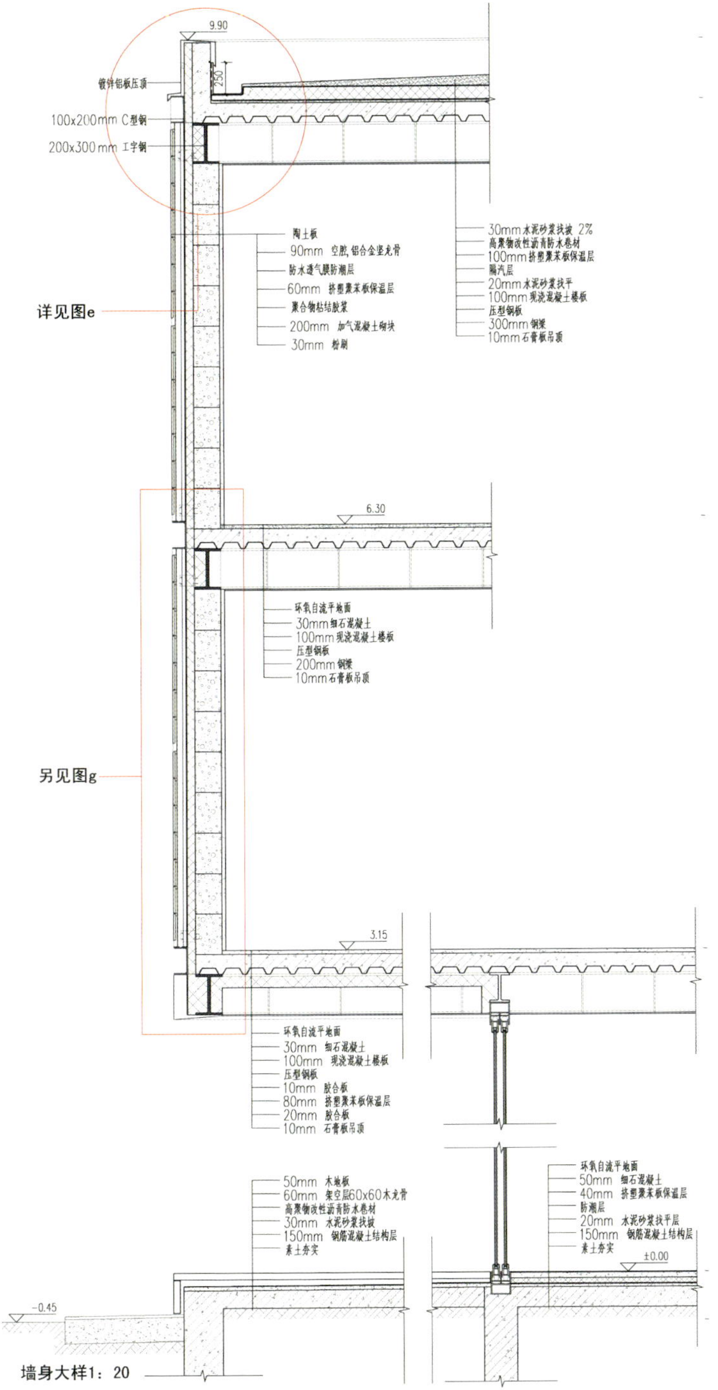

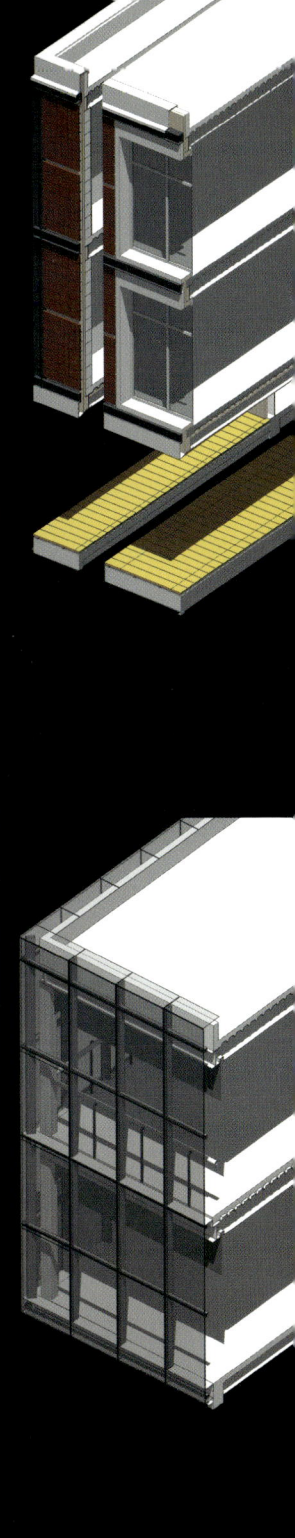

	9.90
	管件铝板压顶
	100x200mm C型钢
	200x300 mm 工字钢

详见图e
- 陶土板
- 90mm 空肋,铝合金竖龙骨
- 防水透气膜防潮层
- 60mm 挤塑聚苯板保温层
- 聚合物粘结胶浆
- 200mm 加气混凝土砌块
- 30mm 粉刷

- 30mm 水泥砂浆找坡 2%
- 高聚物改性沥青防水卷材
- 100mm 挤塑聚苯板保温层
- 隔汽层
- 20mm 水泥砂浆找平
- 100mm 现浇混凝土楼板
- 压型钢板
- 300mm 钢梁
- 10mm 石膏板吊顶

6.30

- 环氧自流平地面
- 30mm 细石混凝土
- 100mm 现浇混凝土楼板
- 压型钢板
- 200mm 钢梁
- 10mm 石膏板吊顶

另见图g

3.15

- 环氧自流平地面
- 30mm 细石混凝土
- 100mm 现浇混凝土楼板
- 压型钢板
- 10mm 胶合板
- 80mm 挤塑聚苯板保温层
- 20mm 胶合板
- 10mm 石膏板吊顶

- 50mm 木地板
- 60mm 架空层60x60木龙骨
- 高聚物改性沥青防水卷材
- 30mm 水泥砂浆找坡
- 150mm 钢筋混凝土结构层
- 素土夯实

- 环氧自流平地面
- 50mm 细石混凝土
- 40mm 挤塑聚苯板保温层
- 防潮层
- 20mm 水泥砂浆找平
- 150mm 钢筋混凝土结构层
- 素土夯实

±0.00

-0.45

墙身大样1:20

2010—2016
基本设计深化 1——设计概念与材料、构造

指导老师：傅筱
学生：管理、吴绉彦

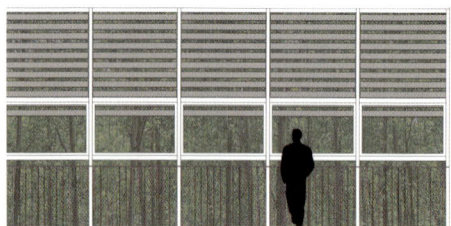

设计研究对象

以基本设计案例为基础进行深化设计，要求达到节点大样表达深度。

研究目的

1. 训练学生对设计概念与构造设计关联性的认知。（1）处理好节点的基本工程技术问题。A. 对自然力的抵抗与利用：保温、防水、遮阳……B. 构造与施工：复杂问题简单化、建造方便性、误差问题……（2）根据设计概念研究建造材料的选用和节点设计，在满足基本工程技术的前提下，重点研究超越基本工程技术问题的构造设计表达。

2. 训练学生对一个"完整空间形态"建造的认知：所谓完整空间形态是指包括室外场地，由外墙（从屋顶到基础）、设备、装修所构成的空间形态，通过完整空间形态设计，让学生建立构造设计的整体意识。

设计研究计划（2—3 人 / 组）

1. 设计研究时间安排：

第 1—1 周：布置任务

第 2—6 周：设计研究

第 7—8 周：成果制作

Daylight Analysis

遮阳板生成 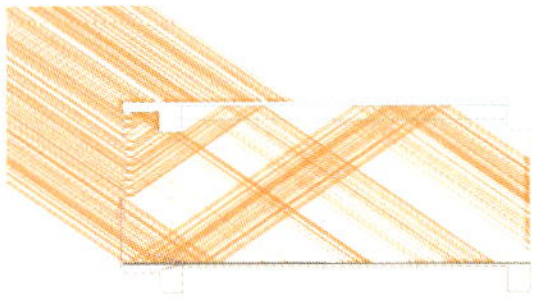　　　　　　　　　水平反射板模拟 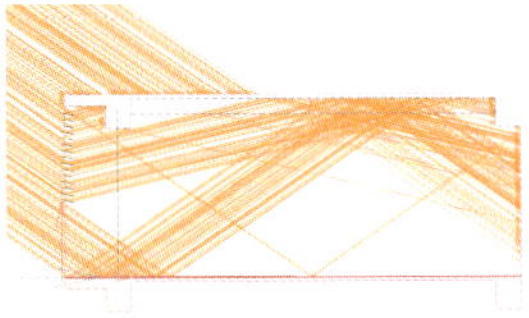　　　　　　　角度倾斜反射板模拟

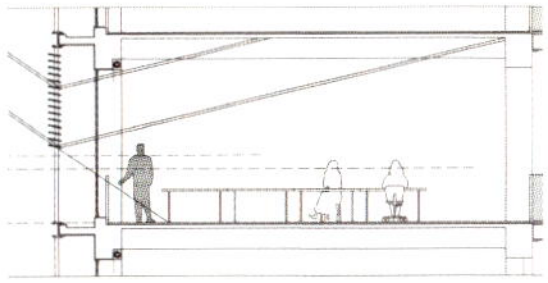

　　　　　　　　　　　　　　水平反射板实体化 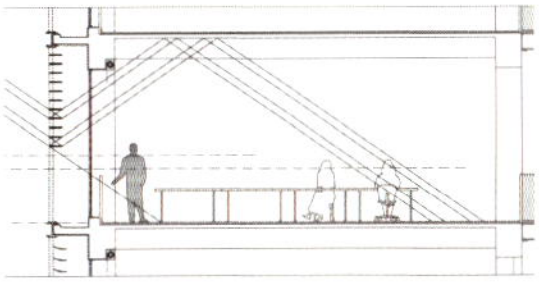　　　　　　角度倾斜反射板实体化

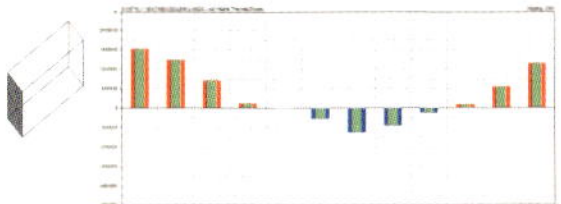

只开东向 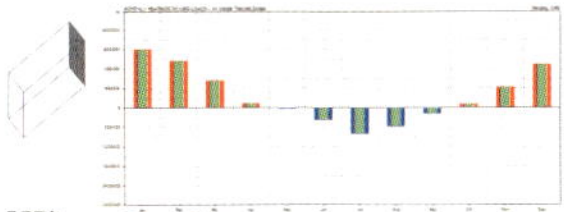　　　　　　　　　　只开西向 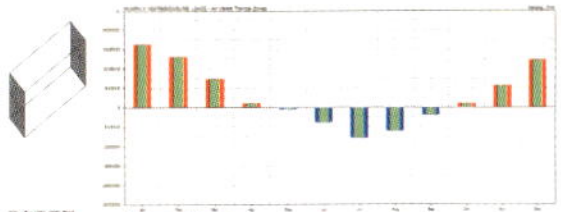　　　　　　　　　　开东西两侧

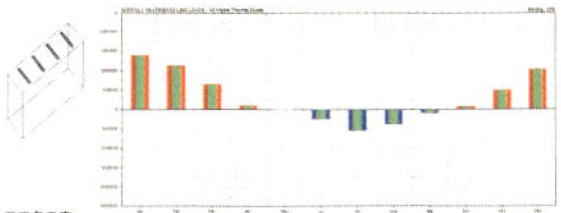

开两条天窗 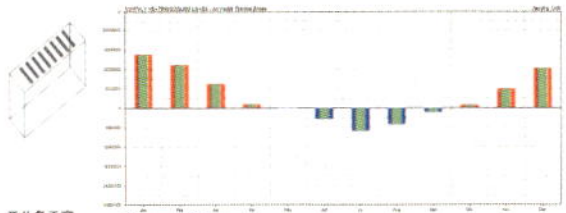　　　　　　　　　开八条天窗 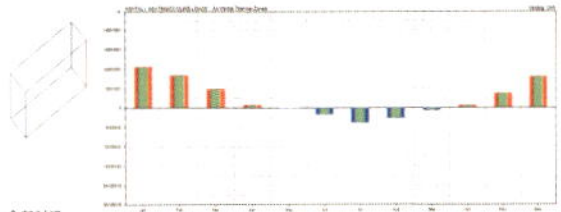　　　　　　　　　全部封闭

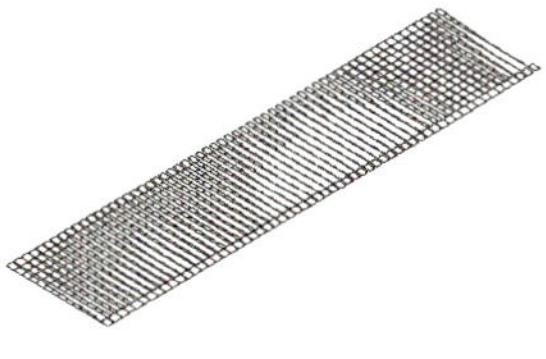

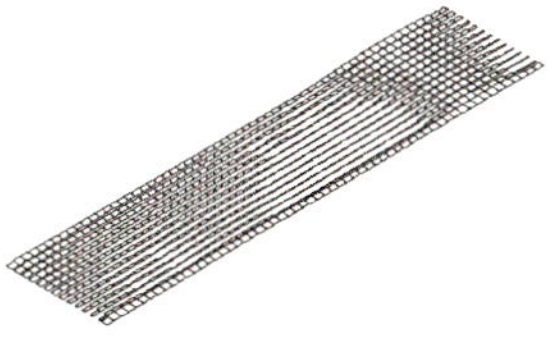

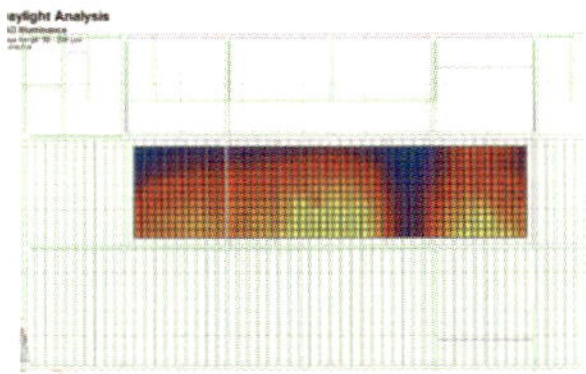

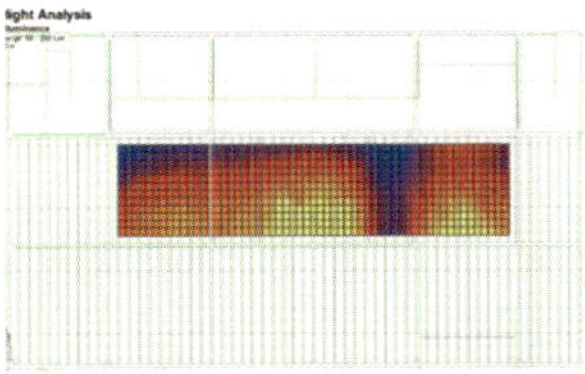

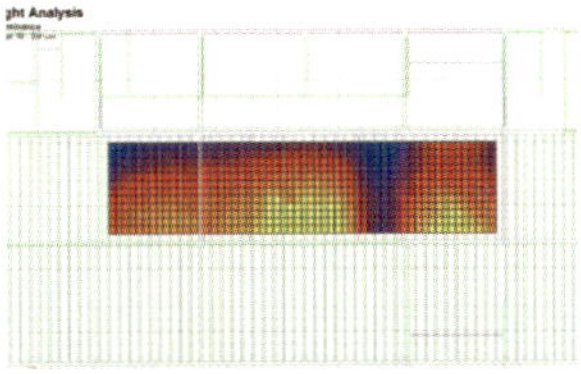

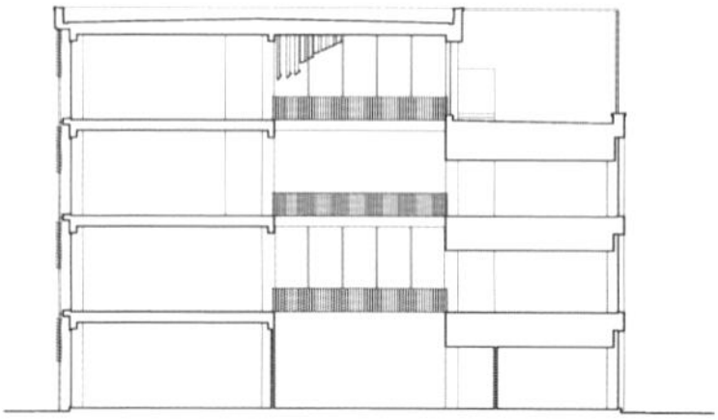

空间剖面

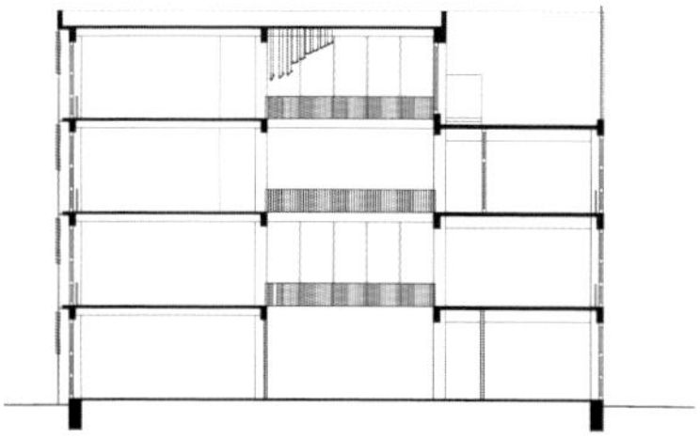

梁柱体系剖面

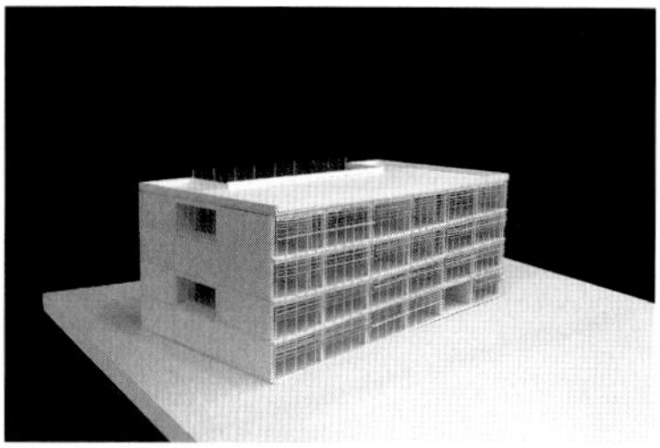

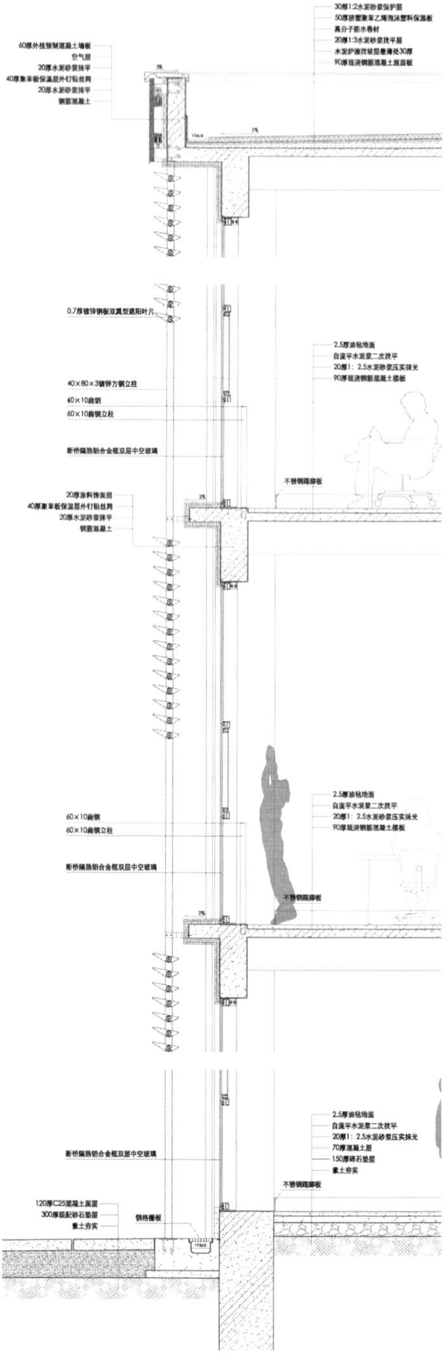
30厚1:2水泥砂浆保护层
50厚挤塑聚苯乙烯泡沫塑料保温板
高分子防水卷材
20厚1:3水泥砂浆找平层
水泥炉渣找坡层最薄处30厚
90厚现浇钢筋混凝土屋面板
60厚外挂预制混凝土墙板
空气层
20厚水泥砂浆抹平
40厚聚苯板保温层外钉铅丝网
20厚水泥砂浆抹平
钢筋混凝土
0.7厚镀锌钢板双翼型遮阳叶片
2.5厚油毡地面
自流平水泥浆二次找平
20厚1：2.5水泥砂浆压实抹光
90厚现浇钢筋混凝土楼板
40×80×3镀锌方钢立柱
60×10扁钢
60×10扁钢立柱
断桥隔热铝合金框双层中空玻璃
不锈钢踢脚板
20厚涂料饰面层
40厚聚苯板保温层外钉铅丝网
20厚水泥砂浆抹平
钢筋混凝土
2.5厚油毡地面
自流平水泥浆二次找平
20厚1：2.5水泥砂浆压实抹光
90厚现浇钢筋混凝土楼板
60×10扁钢
60×10扁钢立柱
断桥隔热铝合金框双层中空玻璃
不锈钢踢脚板
2.5厚油毡地面
自流平水泥浆二次找平
20厚1：2.5水泥砂浆压实抹光
70厚混凝土层
150厚碎石垫层
素土夯实
断桥隔热铝合金框双层中空玻璃
不锈钢踢脚板
120厚C25混凝土面层
300厚级配砂石垫层
素土夯实
钢格栅板

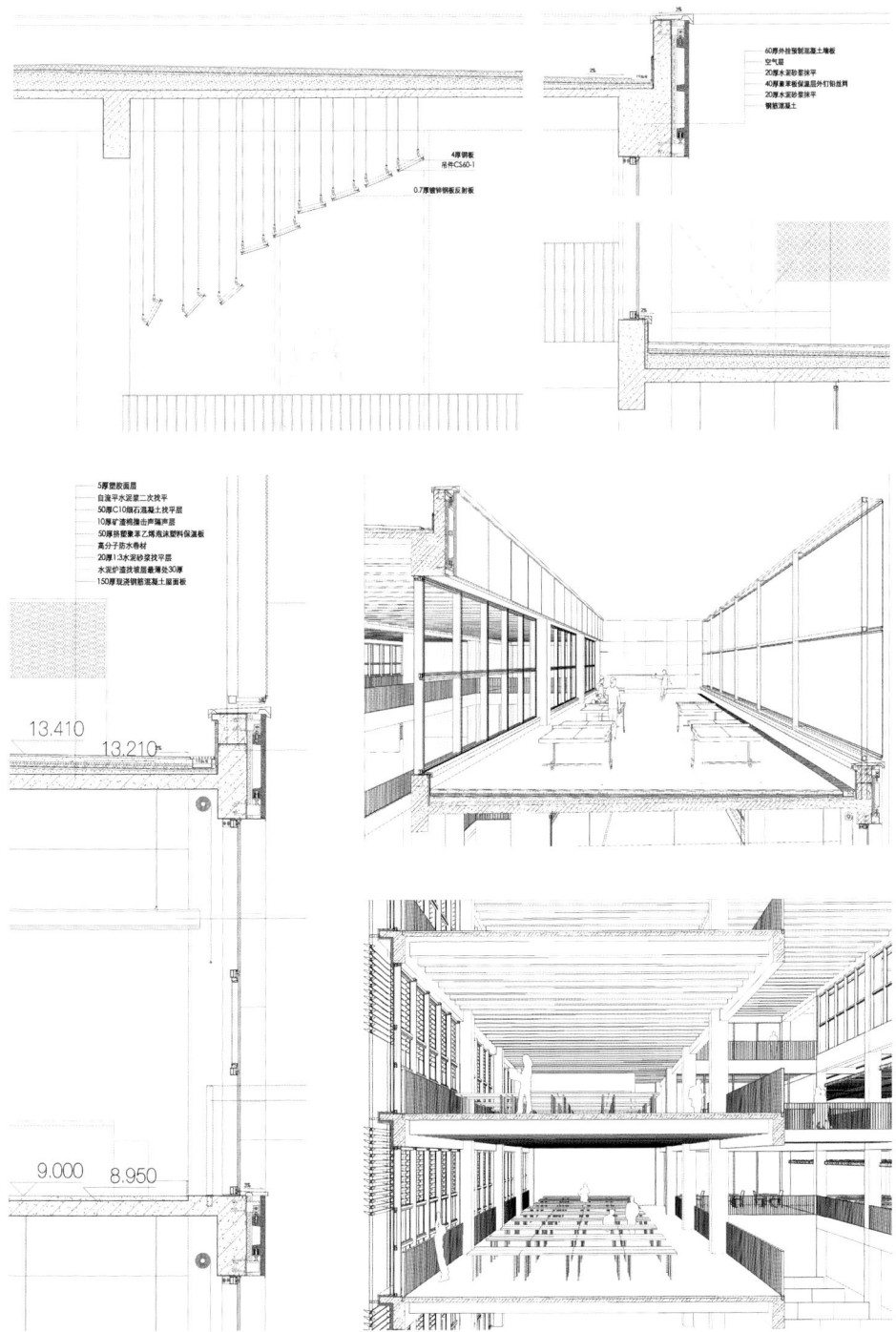

2010—2016
基本设计深化 2——设计概念与材料、构造

指导老师：傅筱
学生：王鑫星、王雅谦

原建筑与整体浴室洞口交接处节点 1:10

1.
120mm原建筑红砖墙
15mm水泥砂浆抹面
挤塑聚苯板专用粘结剂
40mm挤塑聚苯板保温层
[每600mm拉结钉固定]
10mm抗裂砂浆
耐碱网格布
15mm内墙抹灰

2.
50mm铝合金百叶窗
90mm断桥铝合金双层玻璃推拉窗

3.
2mm不锈钢板压窗台

4.
240mm砖砌平拱过梁

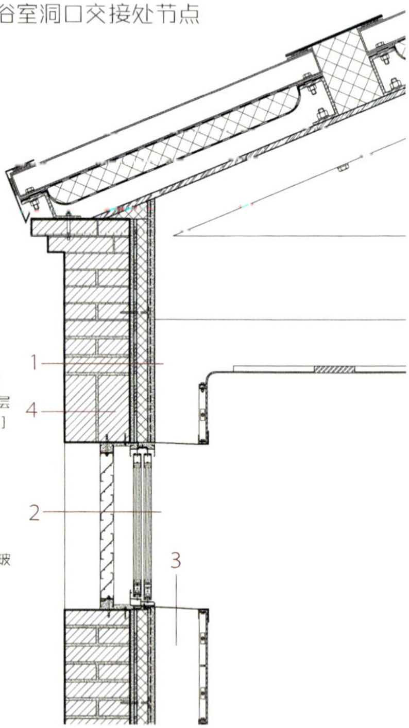

原建筑与整体浴室基础交接处节点 1:10

1.
5mmSMC整体浴室防水底盘
15mm原建筑水泥砂浆地面
60mm原建筑碎石三合土垫层
素土夯实

2.
预制混凝土基础
[内埋地脚螺栓]
80mm细石混凝土垫层
素土夯实

3.
5mm砖墙基础防潮层

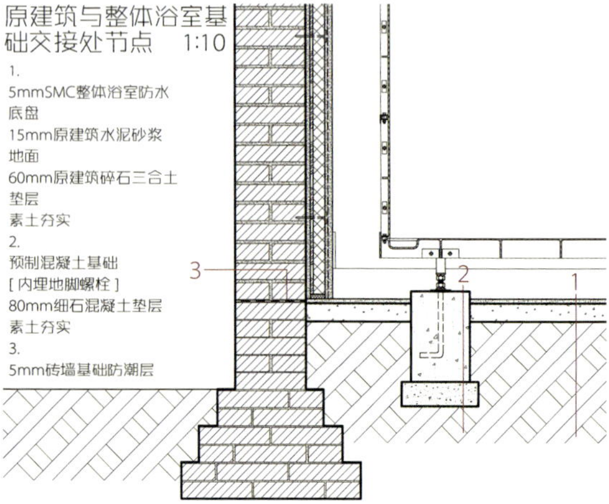

入口盒子顶面与原建筑交接处节点 1:10

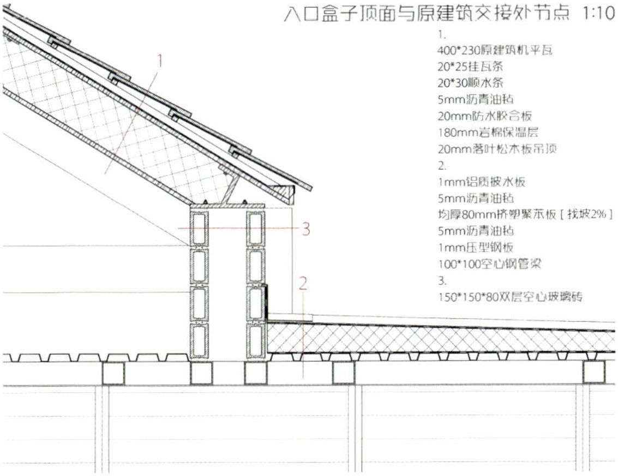

1.
400*230原建筑机平瓦
20*25挂瓦条
20*30顺水条
5mm防青油毡
20mm防水胶合板
180mm岩棉保温层
20mm落叶松木板吊顶
2.
1mm铝质泛水板
5mm防青油毡
均厚80mm挤塑聚苯板 [找坡2%]
5mm防青油毡
1mm压型钢板
100*100空心钢管梁
3.
150*150*80双层空心玻璃砖

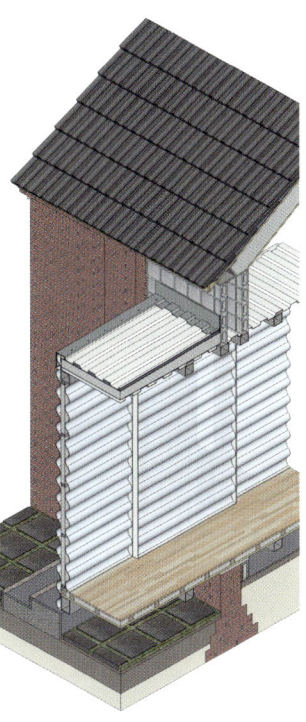

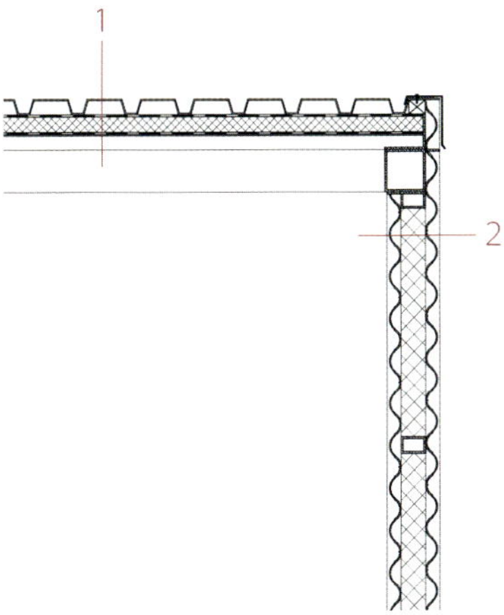

1.
1mm压型钢板
5mm防青油毡
均厚80mm挤塑聚苯板
[找坡2%]
5mm防青油毡
1mm压型钢板
2.
1.8mm聚碳酸酯波纹板
60mm塑料门板
[内填半透明保温材料]
1.8mm聚碳酸酯波纹板
3.
20mm水泥砂浆抹面赶光
C30混凝土踏步
200mm3:7灰土垫层
素土夯实

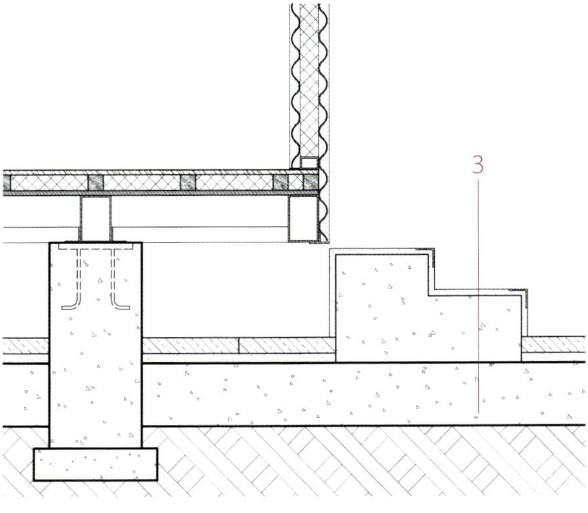

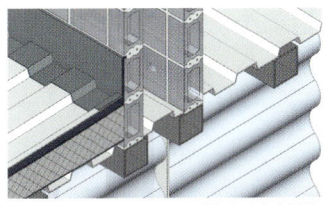

压型钢板与玻璃砖交接处

2010—2016
基本设计深化 3——设计概念与材料、构造

指导老师：傅筱
学生：王力凯、王亦播

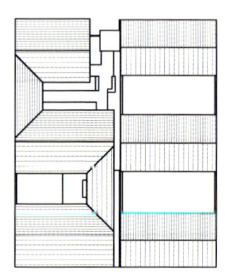
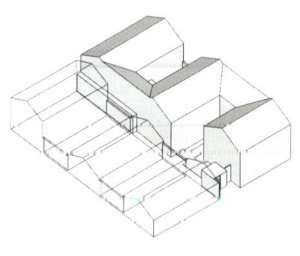

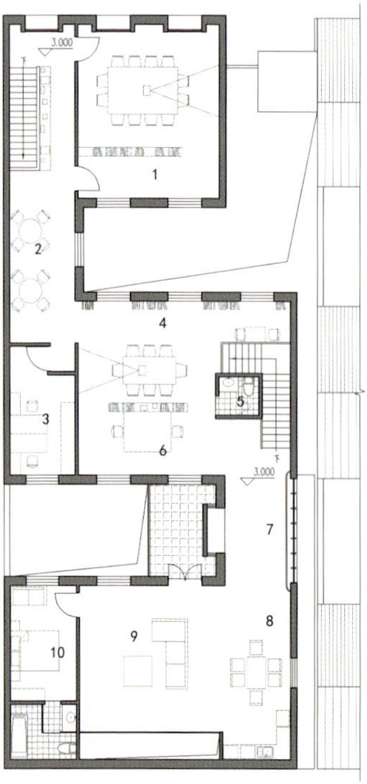

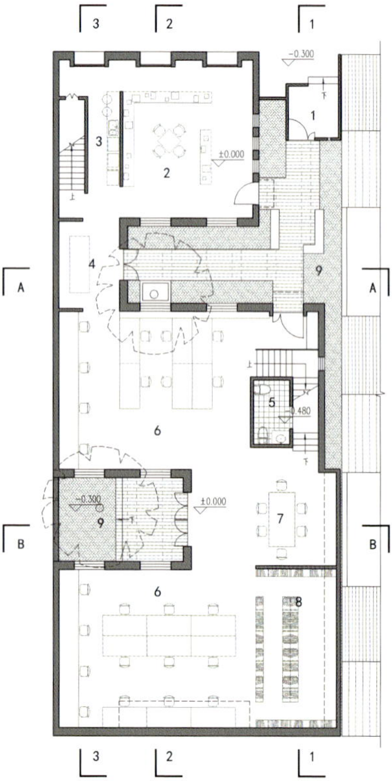

1 会议室
2 洽谈
3 财务室
4 方案讨论
5 卫生间
6 工作室
7 休息
8 餐室
9 活动室
10 休息室

1 入口
2 接待展示
3 餐吧
4 休息
5 卫生间
6 工作室
7 模型制作
8 图书资料
9 庭院

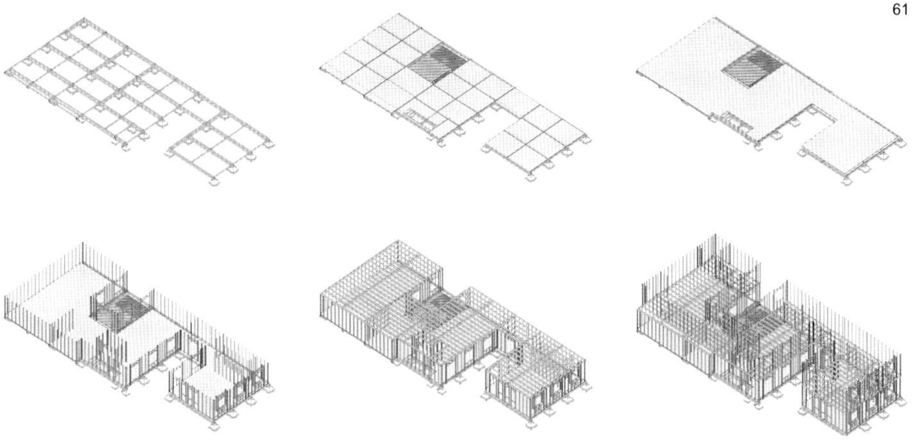

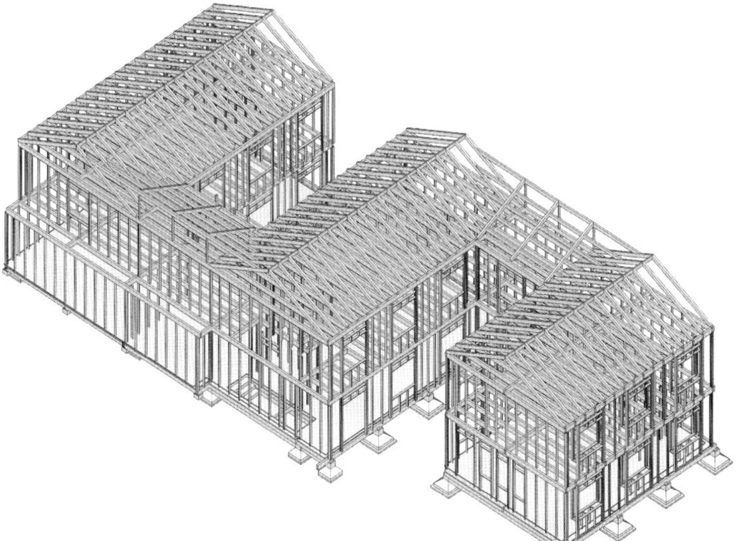

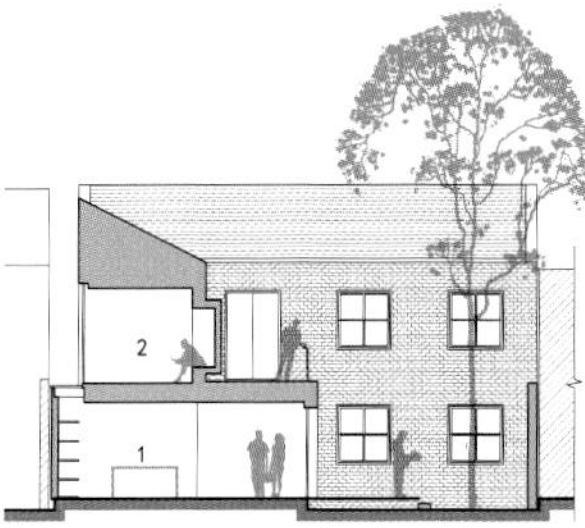

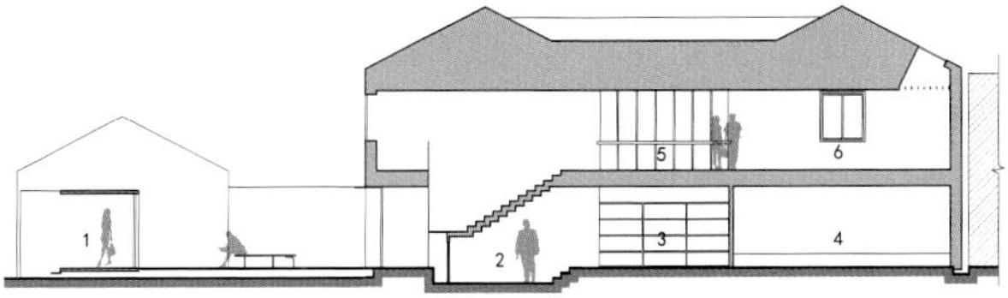

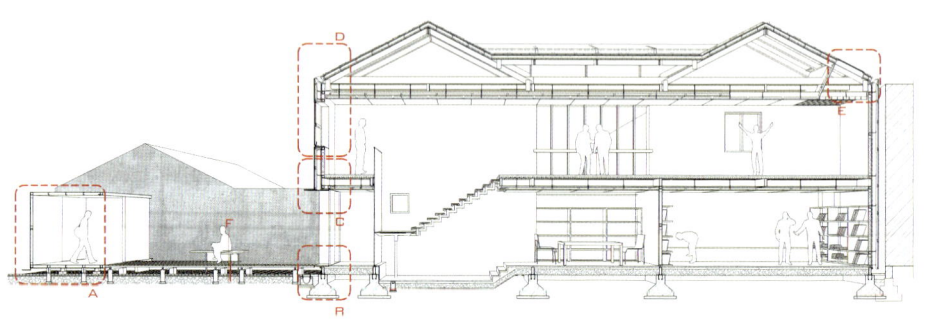

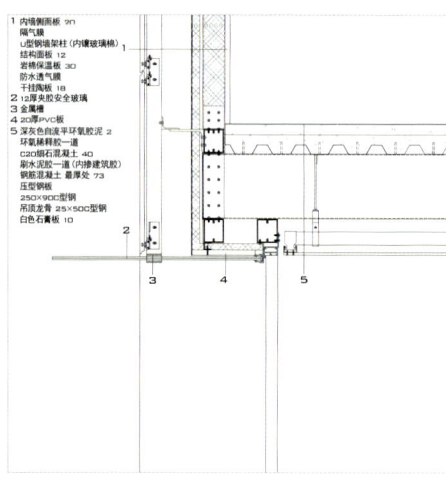

1 内墙侧面板 9n
  隔气膜
  U型钢墙架柱(内镶玻璃棉)
  结构面板 12
  岩棉板保温层 30
  防水透气膜
  干挂陶板 18
2 12厚夹胶安全玻璃
3 金属槽
4 20薄PVC管
5 深灰色自流平环氧胶泥 2
  环氧稀释胶一道
  C20碎石混凝土 40
  刷水泥胶一道(内掺建筑胶)
  钢筋混凝土 最厚处 73
  压型钢板
  250×90C型钢
  吊顶龙骨 25×50C型钢
  白色石膏板 10

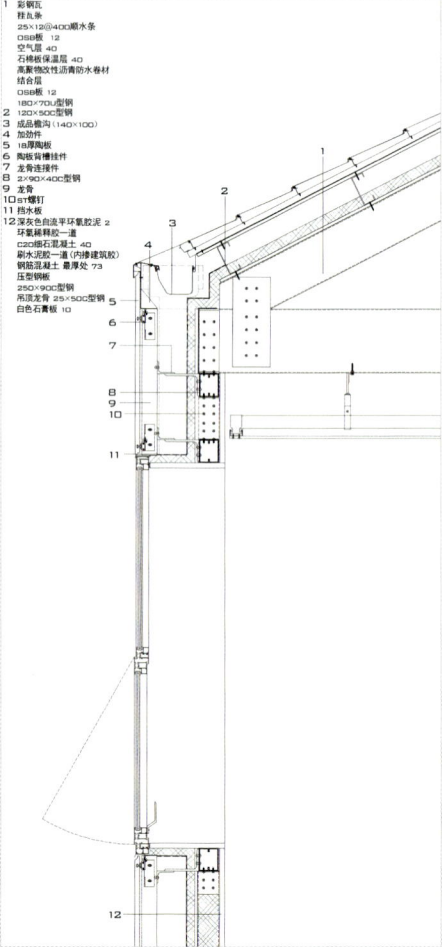

1 彩钢瓦
  羟瓦条
  25×12@400顺水条
  OSB板 12
  空气层 40
  石棉板保温层 40
  高聚物改性沥青防水卷材
  结合层
  OSB板 12
  180×70U型钢
  120×50C型钢
3 成品檐沟(140×100)
4 加劲件
5 18厚陶趴
6 陶板背槽件
7 龙骨连接件
8 2×90×40C型钢
9 龙骨
10 ST螺钉
11 挡水板
12 深灰色自流平环氧胶泥 2
  环氧稀释胶一道
  C20碎石混凝土 40
  刷水泥胶一道(内掺建筑胶)
  钢筋混凝土 最厚处 73
  压型钢板
  250×90C型钢
  吊顶龙骨 25×50C型钢
  白色石膏板 10

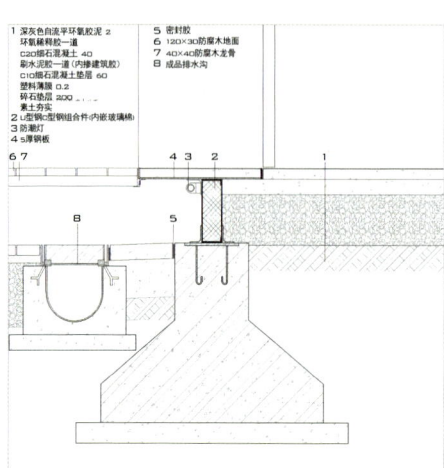

1 深灰色自流平环氧胶泥 2
  环氧稀释胶一道
  C20碎石混凝土 40
  刷水泥胶一道(内掺建筑胶)
  C10碎石混凝土垫层 60
  塑料薄膜 0.2
  碎石垫层 100
  素土夯实
2 U型钢C型钢组合件(内嵌玻璃棉)
3 防潮钉
4 5厚钢板
5 密封胶
6 120×30防腐木地面
7 40×40防腐木龙骨
8 成品排水沟

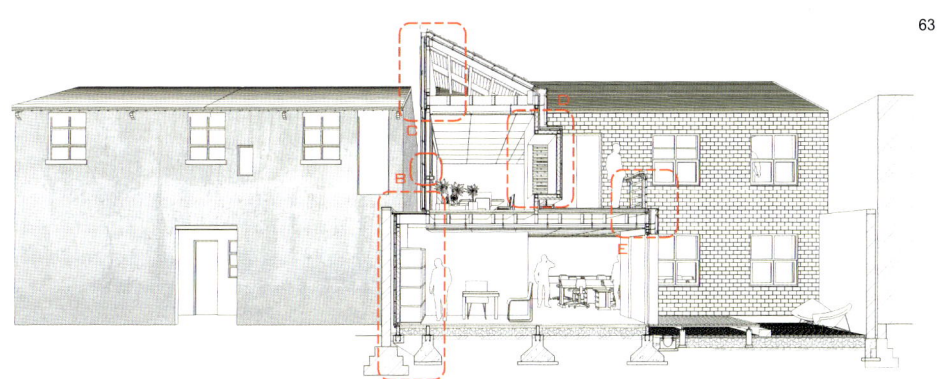

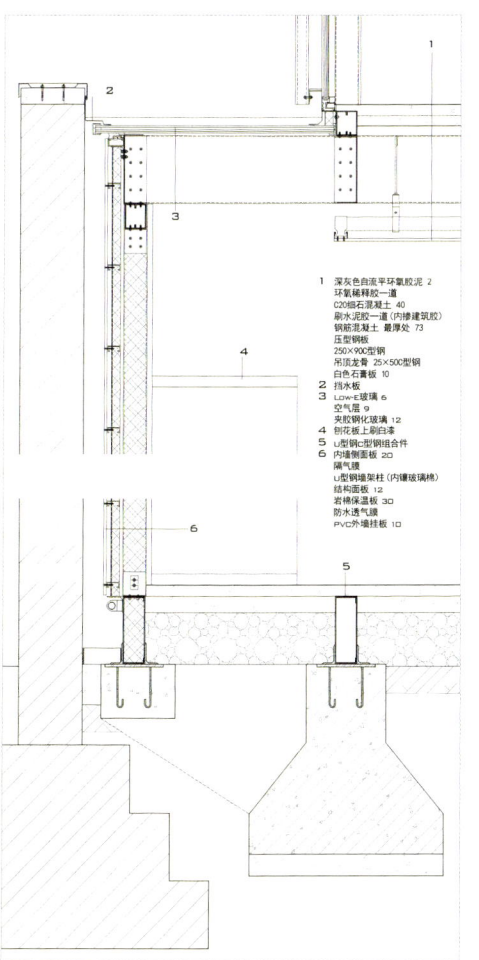

1 深灰自流平环氧胶泥 2
环氧稀释胶一道
C20细石混凝土 40
刷水泥胶一道(内掺建筑胶)
钢筋混凝土 最厚处 73
压型钢板
250×90C型钢
吊顶龙骨 25×50U型钢
白色石膏板 10
2 挡水板
3 Low-E玻璃 6
空气层 9
夹胶钢化玻璃 12
4 刨花板上刷白漆
5 U型钢C型钢组合件
6 内墙侧面板 20
隔气膜
U型钢墙架柱(内镶玻璃棉)
结构面板 12
岩棉保温层 30
防水透气膜
PVC外墙挂板 10

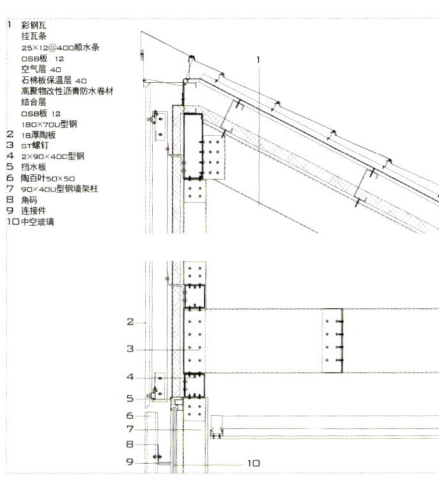

1 彩钢瓦
挂瓦条
25×12@400顺水条
OSB层 12
空气层 40
石棉板保温层 40
高聚物改性沥青的水卷材
结合用
OSB板 12
180×70U型钢
2 1B厚胶板
3 ST螺柱
4 2×90×40C型钢
5 挡水板
6 陶百叶50×50
7 90/40U型钢墙架柱
8 角码
9 连接件
10 中空玻璃

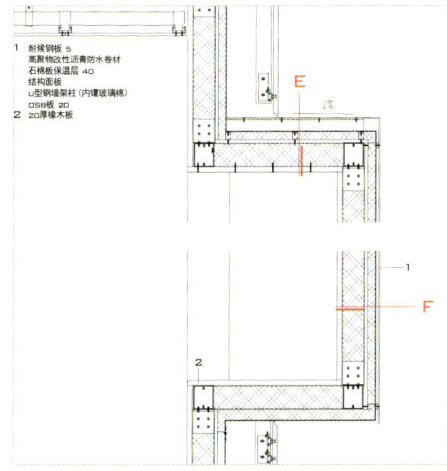

1 耐候钢板 5
高聚物改性沥青防水卷材
石棉板保温层 40
结构面板
U型钢墙架柱(内镶玻璃棉)
OSB板 20
2 20厚橡木板

2010—2016
基本设计深化 4——设计概念与材料、构造

指导老师：傅筱

学生：张方籍、赵潇欣、郑国活

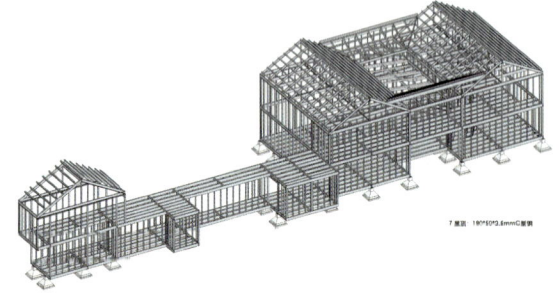

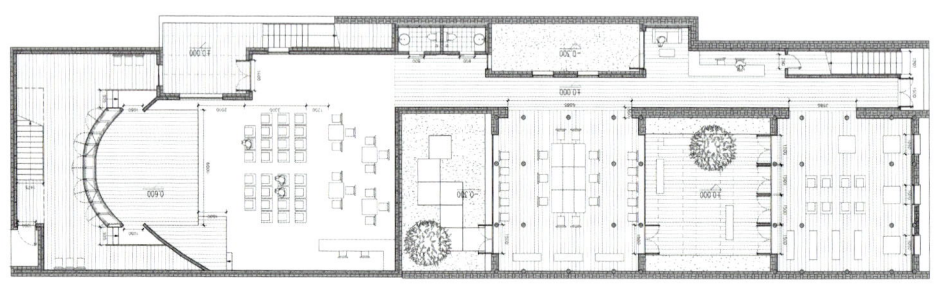

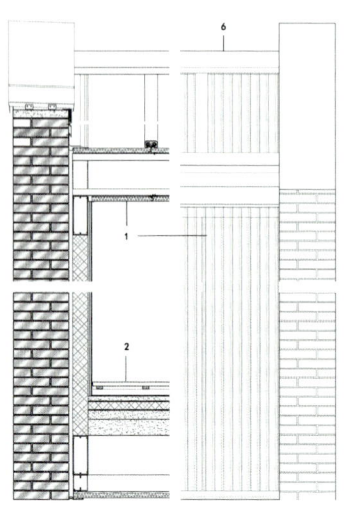
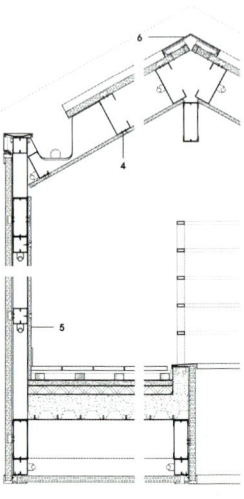

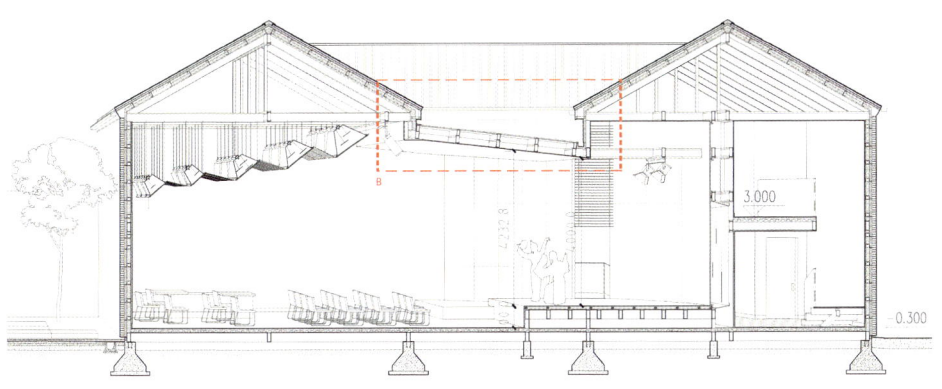

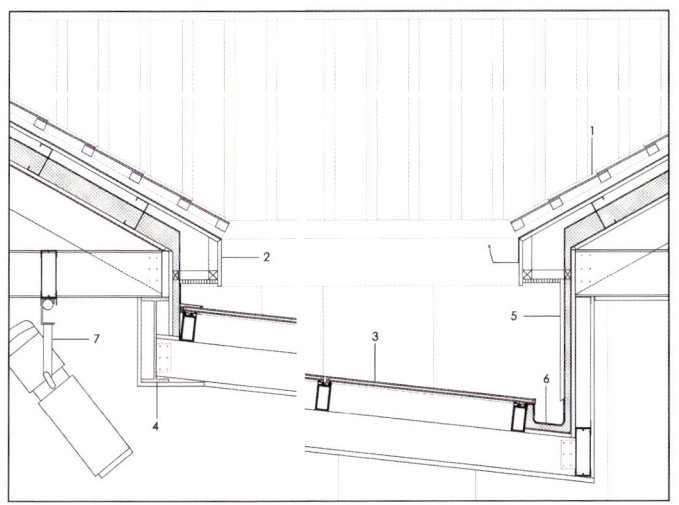

1 坡屋顶构造
  -8mm石棉瓦
  -40mm*60mm挂瓦条
  -40mm*40mm顺水条
  -防水层
  -18mmOSB结构板作木望板
  -40mm空气层
  -70mm*120mm*2mmC型钢
  -防水层
  -80mm保温层
  -隔气层
  -18mmOSB结构板
  -180*100C型钢屋顶结构屋架
2 -防水卷材
  -20mmOSB板封檐板
  -40mm*50mm木龙骨
3 舞台屋顶构造
  -隐框天窗
  -200mm*100mmC型钢组合梁
  -20mm半透明亚克力板，作顶棚吸声材料
4 200mm*480mm*12mm 工字钢
  以承接大跨度屋盖结构
5 -防水卷材
  -40mm岩棉保温板
  -18mmOSB结构板
  -100mm*50mm*2.5C型钢龙骨
  -C型钢组合梁 250*100*2.5mm
  -18mmOSB结构板
6 屋顶排水沟
  -两道防水卷材
  -保温层
  -OSB结构板

B 屋顶及内檐口构造大样 1:10   7 用于舞台照明的面光聚光灯

2010—2016
基本设计深化 5——设计概念与材料、构造

指导老师:傅筱
学生:沈周娅、虞王璐

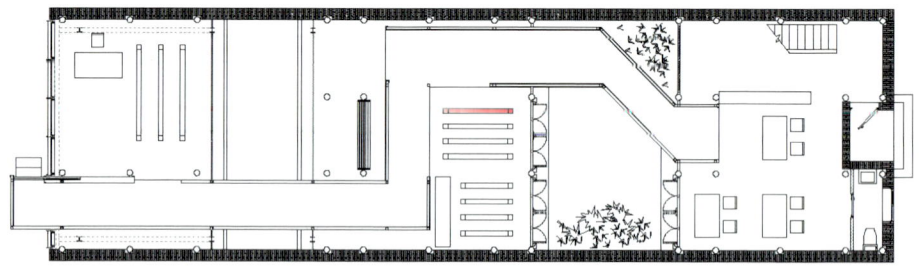

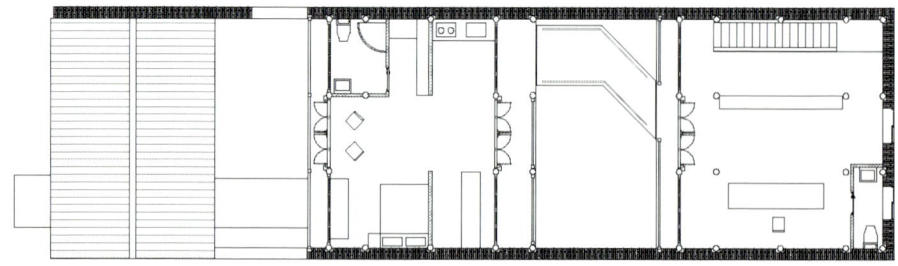

防水砂浆一道
防水卷材一道
结合层
钢筋混凝土 150mm
碎石混凝土垫层 150mm
素土夯实

松木地板 20mm
木龙骨两道
砂浆层 10mm
防水卷材
2%找坡层 最薄处50
钢筋混凝土 120mm
预埋件
钢筋混凝土
角钢 100*100
铝板

50*4角钢

管子空间透视图

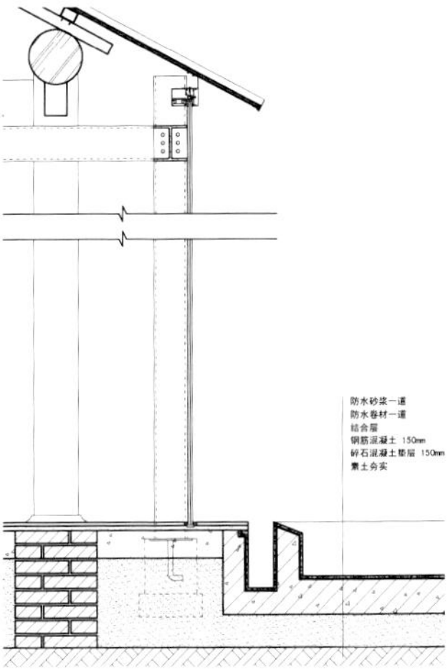

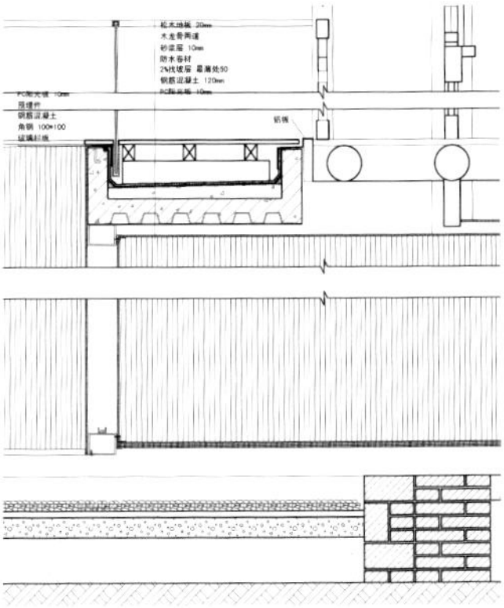

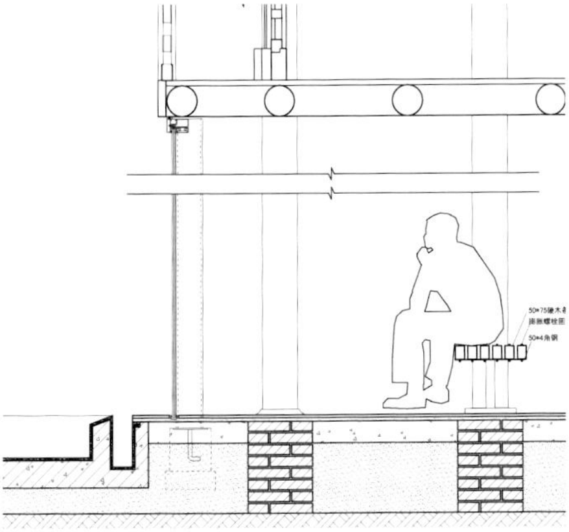

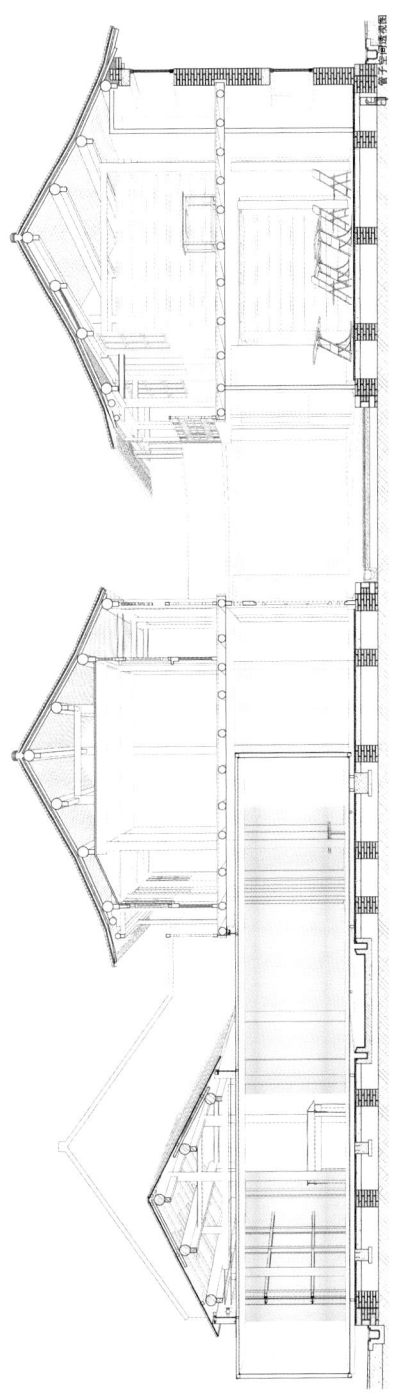

2010—2016
基本设计深化 6——设计概念与材料、构造

指导老师：傅筱
学生：王珊珊、吴超楠

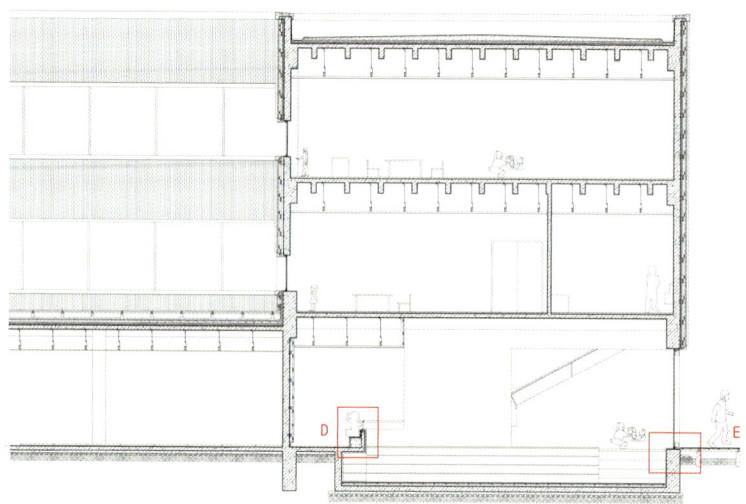

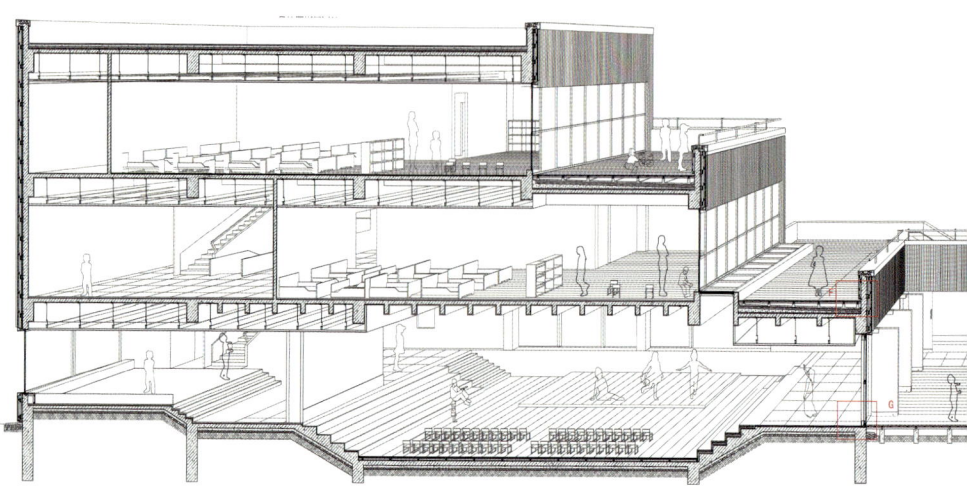

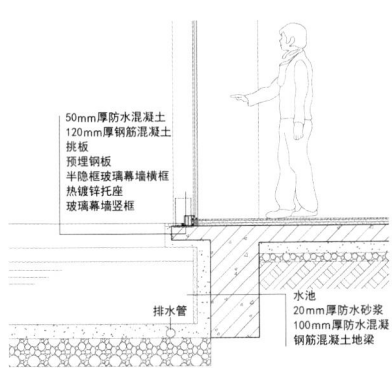

50mm厚防水混凝土
120mm厚钢筋混凝土挑板
预埋钢板
半隐框玻璃幕墙横框
热镀锌托座
玻璃幕墙竖框

排水管

水池
20mm厚防水砂浆
100mm厚防水混凝
钢筋混凝土地梁

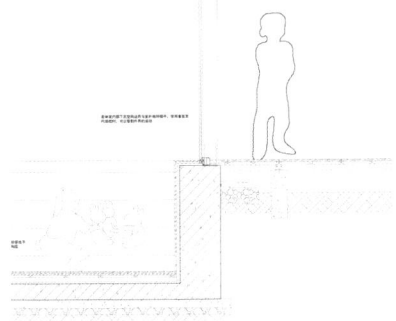

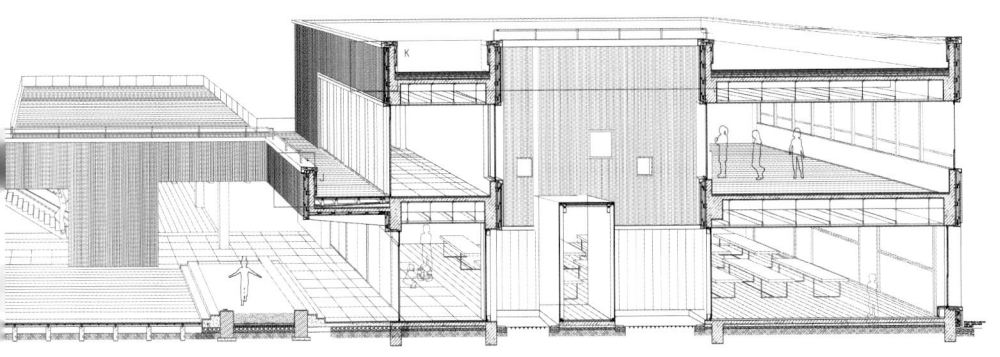

2010—2016
基本设计深化 7——设计概念与材料、构造

指导老师：傅筱
学生：孙雅贤、岳海旭

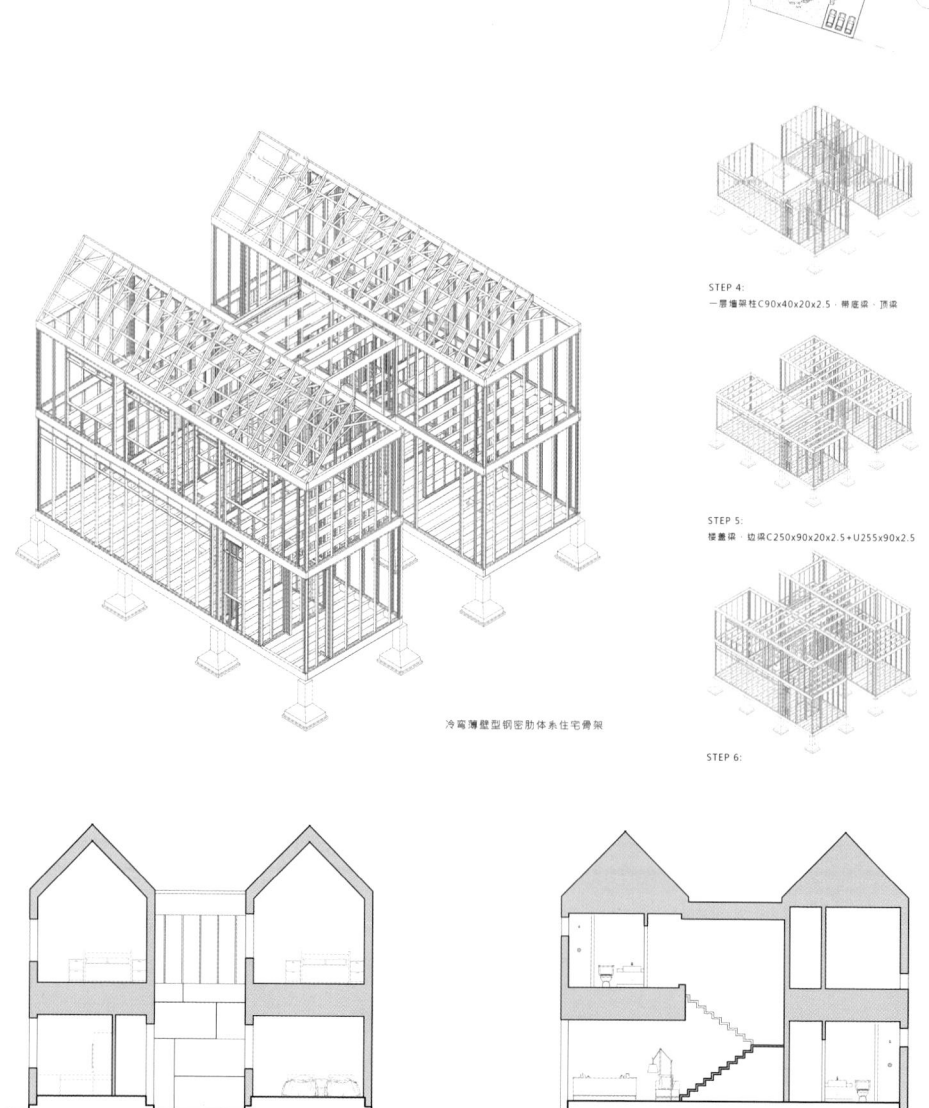

冷弯薄壁型钢密肋体系住宅骨架

STEP 4:
一层墙架柱C90x40x20x2.5、帽座梁、顶梁

STEP 5:
楼盖梁：边梁C250x90x20x2.5+U255x90x2.5

STEP 6:

1
- 15mm厚木质墙板
- 50x25mm方木龙骨
- 2mm厚结合层
- 18mm厚OSB板
- C形钢墙架柱（内填玻璃棉）
- C90x40x20x2.5mm
- 18mm厚OSB板
- 40mm厚保温板
- 防水透气膜
- 空气间层
- 8mm厚硅酸钙板
- 1mm厚胶粘层
- 9mm厚水泥纤维外板

2 錨固件＋Z形龙骨

3 不锈钢封闭条用强力胶与板粘贴

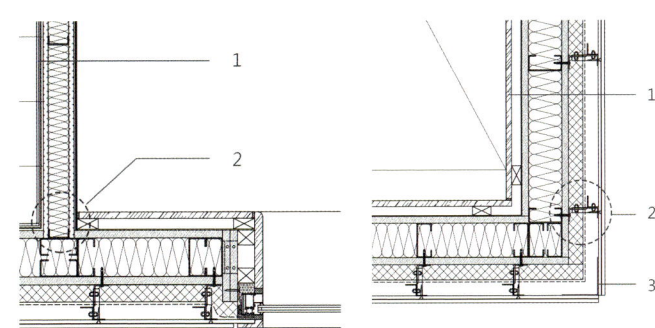

1
- 5mm厚防水面砖
- 4mm厚强力胶粉泥粘接层
- 1.5mm厚聚合物复合水泥防水涂料防水
- 5mm厚1:2.5水泥砂浆
- 18mm厚防水石膏板
- 隔汽膜
- U形钢墙架柱（内填玻璃棉）
- U50x20x2.5mm
- 18mm厚防水石膏板
- 满粘涂塑中碱纤维网格布一层
- 满刮3mm厚基地防裂腻子
- 满刮2mm厚防水腻子
- 底漆
- 乳胶漆2遍

2 U形钢＋2C形钢墙架柱用加劲件连接

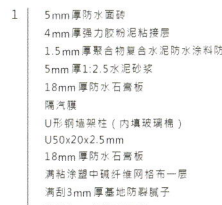
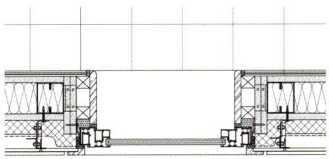
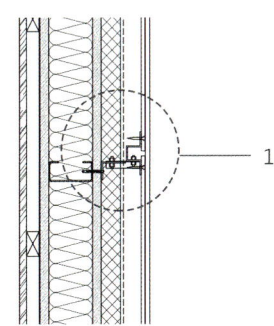

外墙干挂体系
水泥纤维板

- 保温板
- 硅酸钙板
- 防水透气膜
- C型钢墙架柱
- 组合型钢边梁
- Z形龙骨
- OSB结构薄面板
- 水泥纤维外板

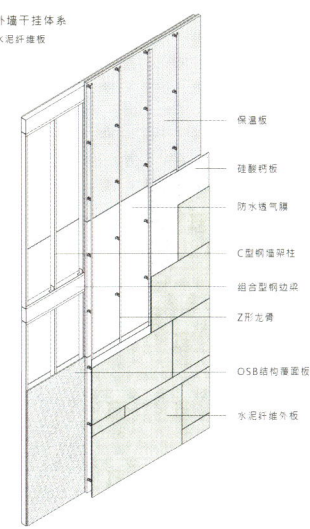

E
B
A
D
C

1
2
3
4
5
1 平台龙骨 H形钢
室外防腐木地板
2 砖砌垫脚
3 密封膏嵌缝
4 20厚防水水泥砂浆
5 成品排水沟

1 5厚防水面砖
4厚强力胶粉泥粘接层
1.5厚聚合物复合水泥防水涂料防水层
5厚1:2.5水泥砂浆
18厚防水石膏板
隔汽膜
U形钢墙架柱（内填玻璃棉）
U50x20x2.5
18厚防水石膏板
2厚结合层
50x25方木龙骨
15厚木质墙板
2 15厚企口木地板
2厚泡沫塑料衬垫
20厚1：2.5水泥砂浆找平
30厚LC7.5轻骨料混凝土填充层
防水耐碱玻纤布
80厚挤塑型聚苯乙烯保温层
防水卷材一道
水泥浆一道（内掺建筑胶）
C15混凝土垫层
200碎石垫层
素土夯实
2
1

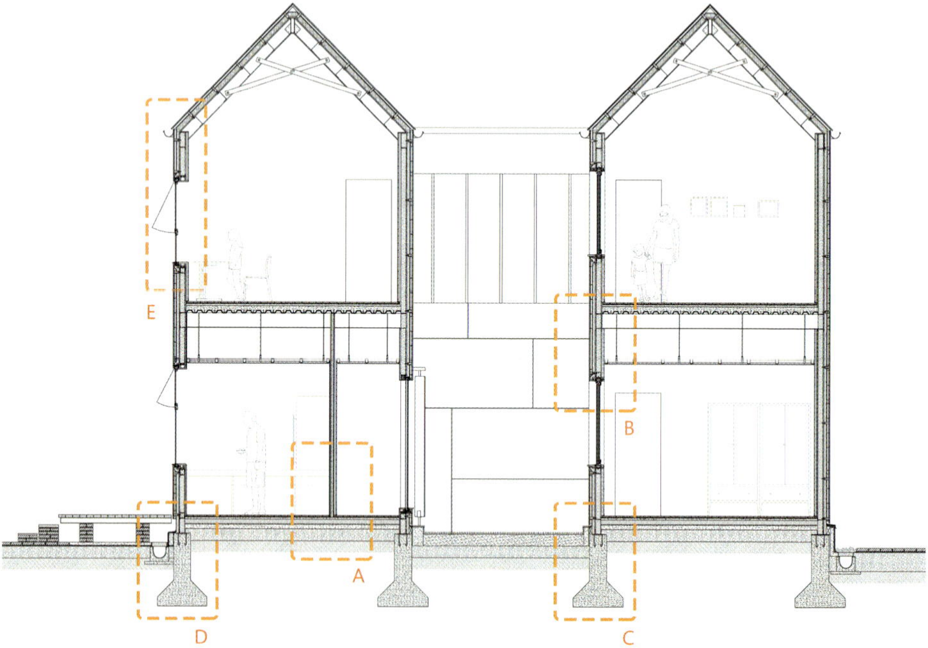

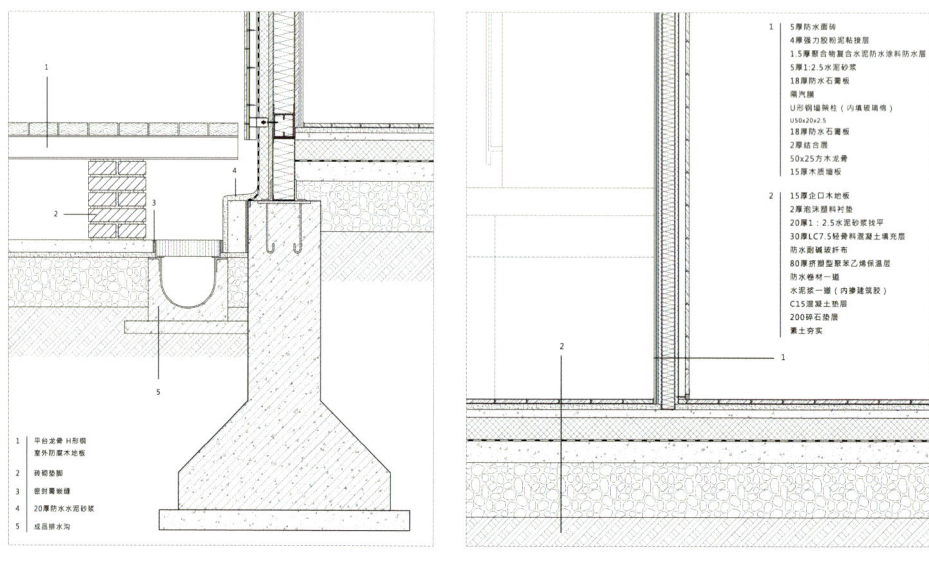

1	18厚OSB板或纸面石膏板
	U180x70x2.5厚屋上弦梁
	18厚OSB结构屋面板
	80厚保温板
	防水卷材
	龙骨
	8厚硅酸钙板
	1厚胶粘层
	9厚水泥纤维板
2	成品外挂檐沟
3	干挂连接件
4	15厚木质墙板
	50x25方木龙骨
	2瓷粘合层
	18厚OSB板
	C形钢墙架柱（内填玻璃棉）
	C90x40x20x2.5
	18厚OSB板
	40厚保温板
	防水透气膜
	空气间层
	8厚硅酸钙板
	1厚胶粘层
	9厚水泥纤维外板
5	金属泛水板

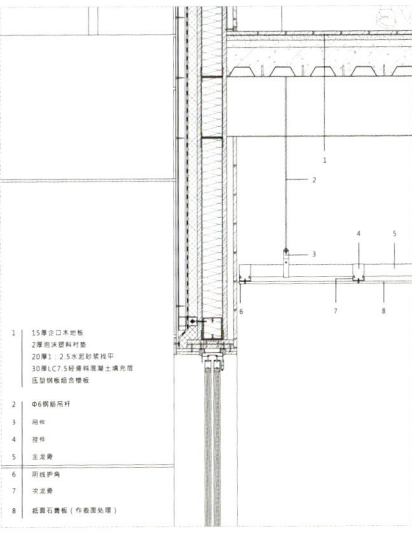

1	15厚企口木地板
	2厚防潮料衬垫
	20厚1:2.5水泥砂浆找平
	30厚LC7.5轻骨料混凝土填充层
	压型钢板组合楼板
2	Φ6钢筋吊杆
3	吊件
4	挂件
5	主龙骨
6	阴角护角
7	次龙骨
8	纸面石膏板（作表面处理）

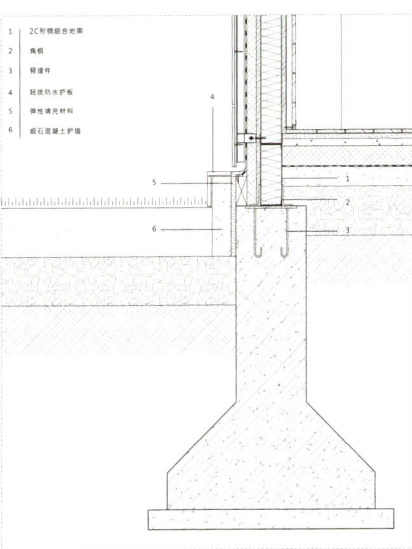

1	2C形钢组合地梁
2	角钢
3	预埋件
4	硅酸防水护板
5	弹性填充材料
6	毛石混凝土护墙

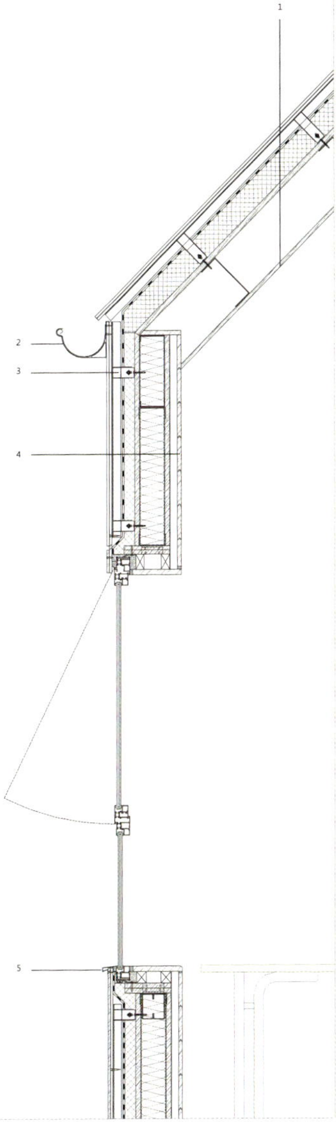

2010—2016
基本设计深化 8——设计概念与材料、构造

指导老师：傅筱
学生：陆扬帆、林陈

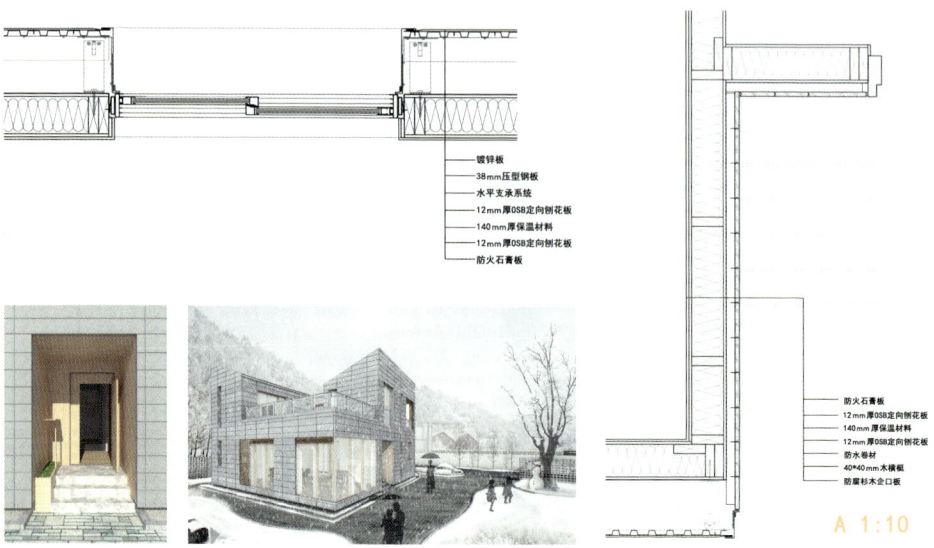

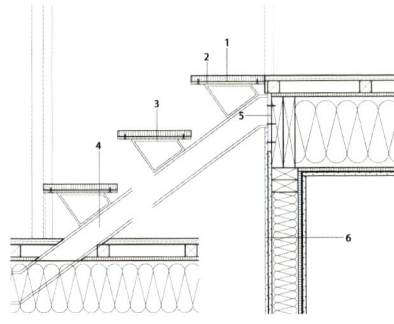

A 1:10

1. 莱茵辛克立边双咬合屋面板
   恩卡通风降噪丝网
   防水膜
   连续找平钢板
   22mm压型钢板
   硬质保温棉与中心距为600mm Z形钢
   38mm压型钢板
   防水透气膜
   OSB木基结构板
   屋面椽条系统
2. 莱茵辛克起始泛水
3. 镀锌金属支架
4. 防虫网
5. 莱茵辛克泛水
6. 莱茵辛克方形天沟系统
7. 隐框玻璃幕墙竖挺
8. 角钢固定件对穿螺栓固定在木过梁上
9. 莱茵辛克顶框泛水板与守边板
10. 幕墙卷帘盒
11. 隐框玻璃幕墙横挺
12. 幕墙扶手角钢固定件
13. 12厚钢化夹层玻璃栏板
14. 不锈钢固定件
15. 莱茵辛克内扣式板块幕墙系统
    1.0mm厚找平钢板
    0.5mm压型钢板
    空气腔
    水平支承系统含隔热垫
    防潮透气膜
    OSB木基结构板
    主体木结构
16. 莱茵辛克窗台泛水板
17. 20mm木地板
    底梁板
    OSB定向刨花板
    地面格栅空隙填满保温棉
    防腐木地垫材
    防水卷材
    钢筋混凝土基础
18. 天然毛石踏步
    60mm混凝土结构层
    80mm垫层
    素土夯实
19. 落水管
20. 现浇混凝土
    防水卷材
    素土夯实

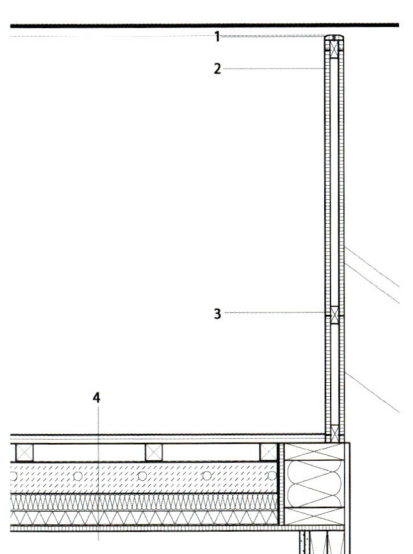

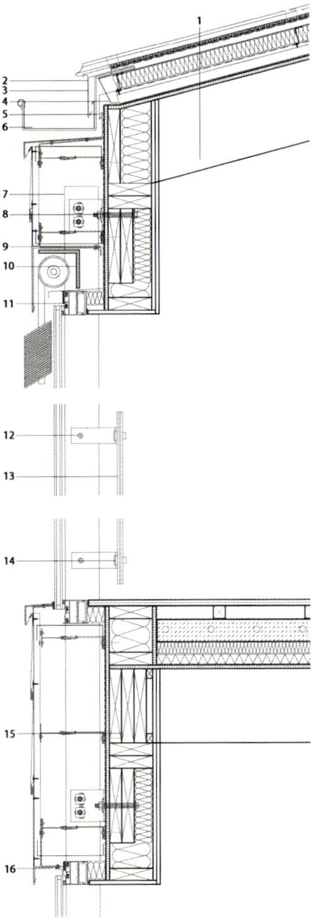

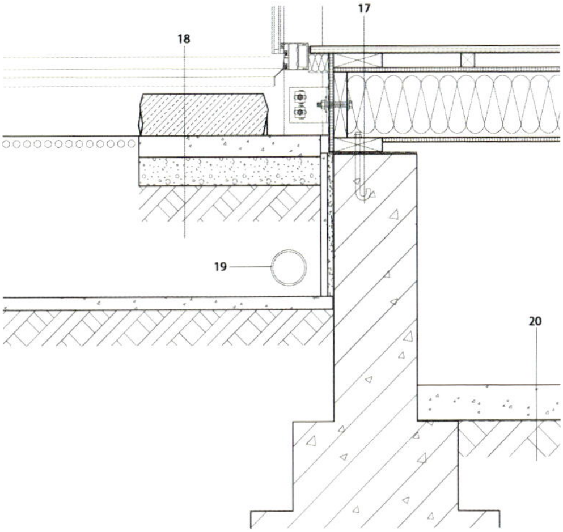

2010—2016
基于结构的构造——毕业设计临时展览设计

指导老师：郭屹民
学生：刘文娟、王涵、张楠、陈观兴

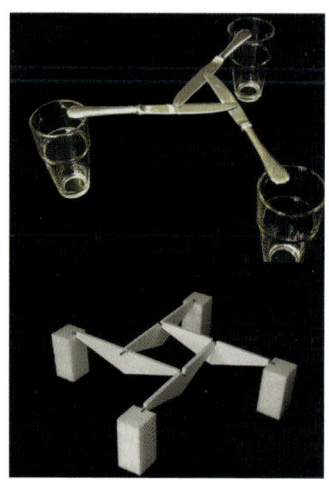

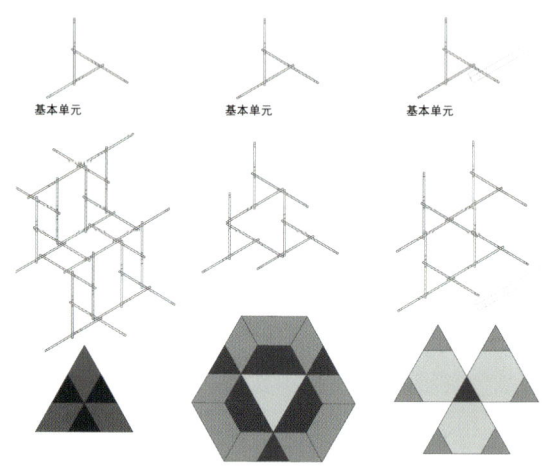

1 设计说明及图纸

（1）设计说明使用图示方式说明（1：100），可由少量标注性文字，应包括从结构原型（选型）到形态生成之间的逻辑说明（力学图示方式：弯矩图式等），应包括对场地环境的观察分析报告（人流活动、使用方式与空间界面关系、朝向、景观、地形、视线等），应包括建造材料选取、规格、加工方式、组合方式、建造方式等方面的说明（轴测图1：50）。（2）总平面图（1：200）应包括能反映选取基地特征的周边环境。应能反映出展廊设置与周边环境变化的关系。（3）基地环境剖面图（1：200）应能反映出选取基地周边环境的竖向关系（地形、地上已有构筑物、建筑物、景观植被等情况以及展廊与其关系）。（4）平面图（1：50）应包括与设计构思相关的周围环境，应包括内部功能和家具布置。应反映出人的活动同建筑、环境、家具、布展等方方面面的关系（场景表现）。标注尺寸（2道尺寸线）。（5）立面图（1：50）应包括与设计构思相关的周围环境。标注尺寸（2道尺寸线）。（6）剖面图（1：20）应包括与设计构思相关的周围环境。表示出细部设计、建造组合、材料选用等。表现室内外场景活动与物质形式之间的关联性（人、家具、展示、材料、空间形式之间的关系）。原则上两方向剖面不同布置的建筑应反映出两方向上的剖面关系，两方向上相同布置的建筑则只需反映典型剖面关系。标志尺寸（3道尺寸）。（7）其他示意图原则上应就近绘制于相关图纸处。比例和表现不限。（8）模型照片。模型照片应能反映出场景氛围。数量与大小不限。

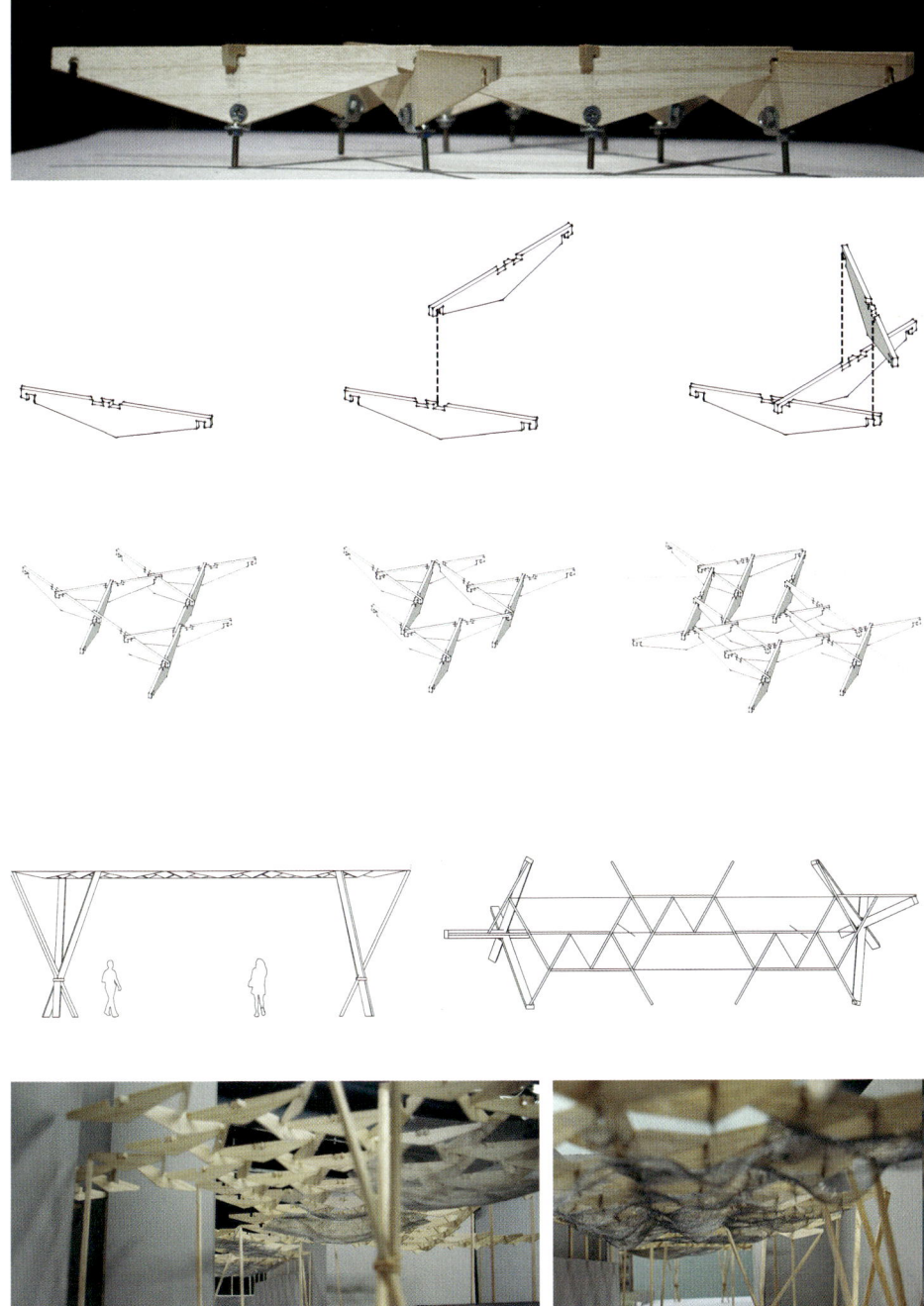

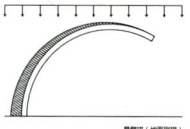

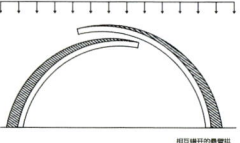
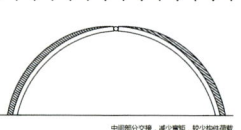

悬臂拱（地面刚接） 用部分构件的固定程度来对应弯矩大小 相互链接的悬臂拱 中间部分交接，减少弯矩，较少构件荷载

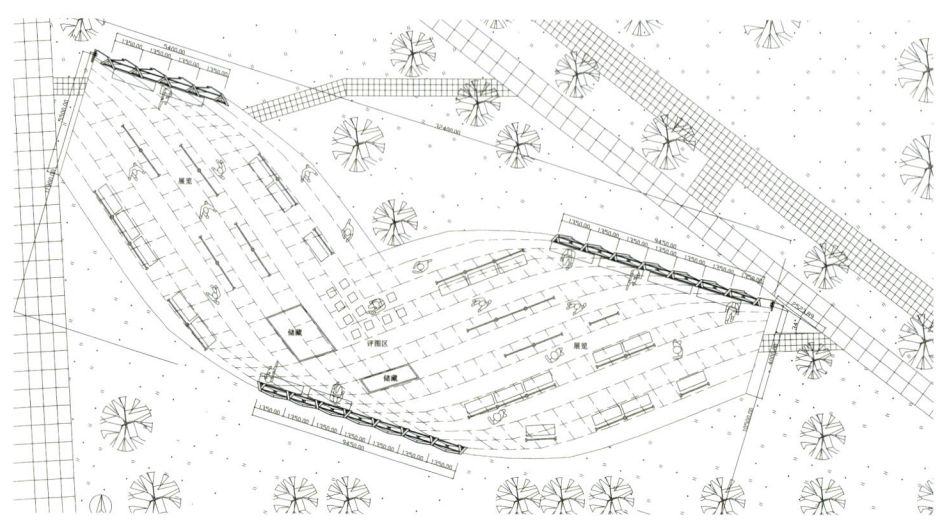

2017 至今
基本设计深化 1——设计概念与结构分析、材料、构造

指导老师：傅筱、孟宪川
学生：谭明、王熙、赵惠惠

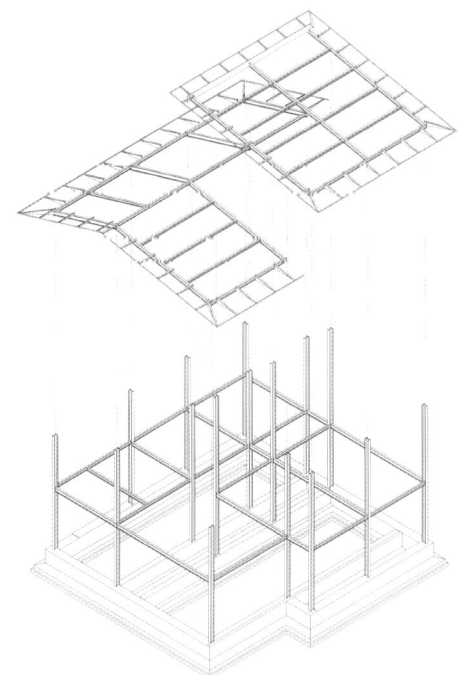

设计研究对象

"基础设计"的深化与发展：以基础设计案例为基础进行深化设计，要求达到节点大样表达深度。

研究目的

1. 训练学生对设计概念与结构、构造设计关联性的认知：（1）处理好节点的基本工程技术问题。对自然力的抵抗与利用：重力、侧向力、保温、防水、遮阳。构造与施工：复杂问题简单化、建造方便性、误差问题。（2）根据设计概念研究建造材料的选用和节点设计，在满足基本工程技术的前提下，重点研究超越基本工程技术问题的构造设计表达。

2. 训练学生对一个"完整空间形态"建造的认知：所谓完整空间形态是指包括室外场地，外墙（从屋顶到基础）、结构、设备、装修所构成的空间形态，通过完整空间形态设计，让学生建立构造设计的整体意识。

设计研究时间安排：

第 1 周，布置任务：观看以往作业 PPT，学习 karama 受力分析软件。第 2—3 周，结构分析研究：理解结构体系与空间意图表达的关系。第 4—6 周，构造设计研究：理解构造与设计意图表达的关系。第 7—8 周，成果制作。

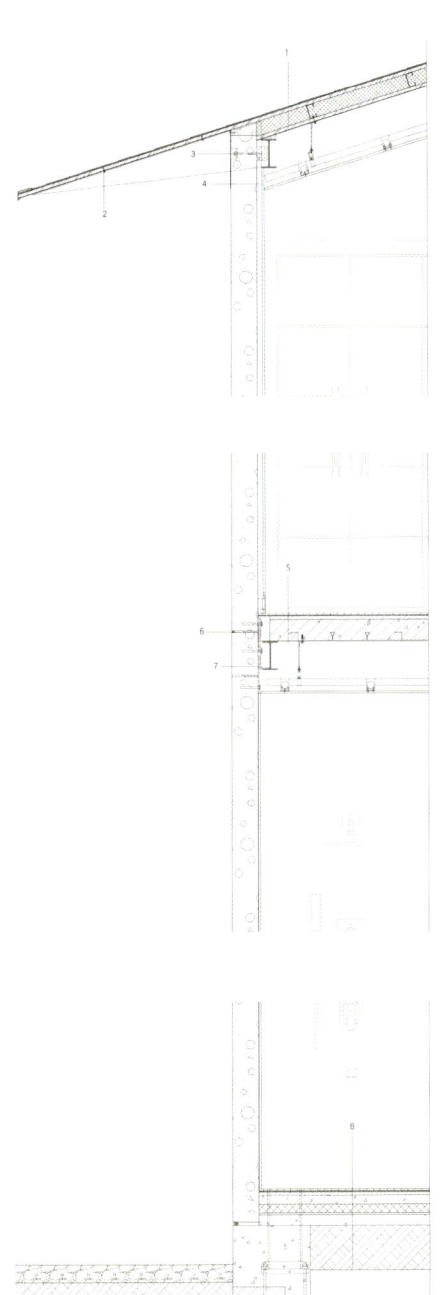

1 双层玻璃纤维沥青
  防水卷材
  20mm 厚 OSB 板
  80x40x20mm C 型钢檩条间隙填充
保温棉
  隔汽层
  20mm 厚木基层板
  200mm 高工字钢梁
2 20mm 厚 OSB 板涂防腐漆
  自攻螺钉 @600
  140x80mm T 型钢、斜切成型
3 3 厚钢板连接钢梁和 T 型钢
  L63x6mm 通长
  钩头螺栓
4 12mm 厚石膏板
  30mm 厚冷弯卷边龙骨
  150mm 厚 NALC 板
5 10mm 厚玻化砖
  5mm 厚聚合物水泥砂浆结合层
  20mm 厚 1:3 水泥砂浆找平层
  聚合物水泥浆一道
  120mm 厚闭口型压型钢板组合楼板

  5mm 厚抹灰
6 发泡剂或岩棉
  PE 棒
  专用底涂一道
  专用密封胶
7 专用压板
  L63x6mm 通长
  专用连接杆
  专用螺杆
8 10mm 厚玻化砖
  5mm 厚聚合物水泥砂浆结
合层
  100mm 厚 C20 细石混凝土
  50mm 厚聚苯乙烯泡沫板保
温层
  防水卷材
  60mm 厚 C15 混凝土垫层
  素土夯实

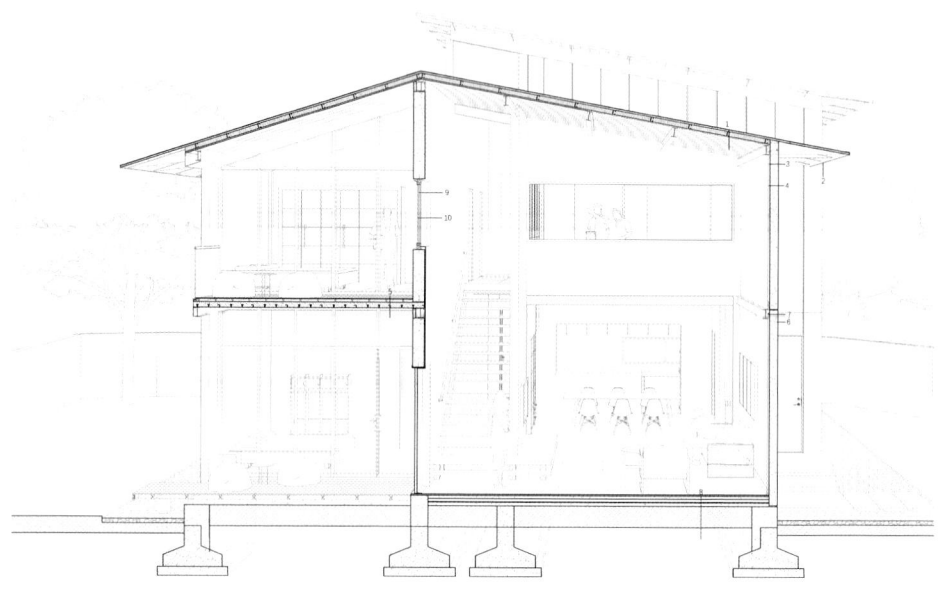

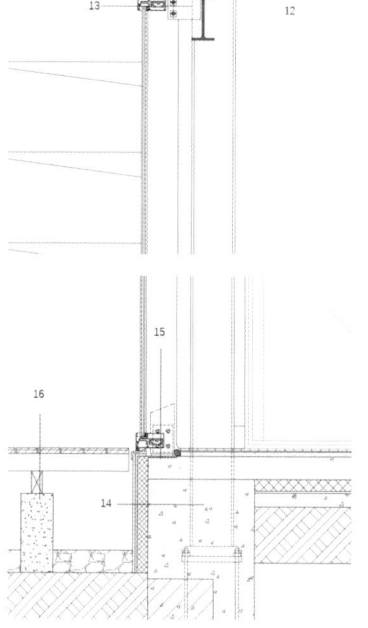

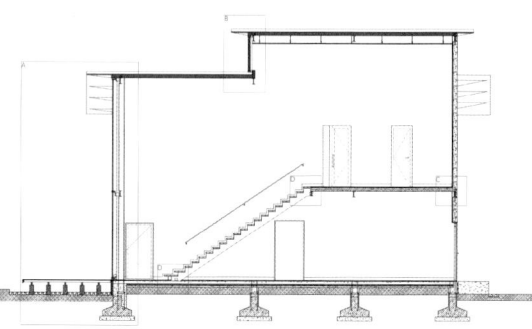

1 双层玻璃纤维沥青
  防水卷材
  20mm 厚 OSB 板
  80x40x20mm C 型钢檩条间隙
  填充保温棉
  隔汽层
  20mm 厚木基层板
  200mm 高工字钢梁
2 20mm 厚 OSB 板涂防腐漆）
  自攻螺钉 @600
  140x80mm T 型钢、斜切成型
3 3mm 厚钢板连接钢梁和 T 型钢
  L63x6mm 通长
  钩头螺栓
4 12mm 厚石膏板
  30mm 厚冷弯卷边龙骨
  150mm 厚 NALC 板
5 10mm 厚玻化砖

  5mm 厚聚合物水泥砂浆结合层
  20mm 厚 1：3 水泥砂浆找平层
  聚合物水泥浆一道
  120mm 厚闭口型压型钢板组合楼板
  5mm 厚抹灰
6 10mm 厚玻化砖
  5mm 厚聚合物水泥砂浆结合层
  20mm 厚 1：3 水泥砂浆找平层
  100mm 厚 C20 细石混凝土
  50mm 厚聚苯乙烯泡沫板保温层
  防水卷材
  60mm 厚 C15 混凝土垫层
  素土夯实
7 3mm 厚工字钢梁腹板
  3mm 厚竖框固定钢板
  垫片
  幕墙竖梃
  双层中空玻璃

8 实木地板，留 5mm 缝
  50x70mm 木龙骨
  50X100mm 木龙骨
  细石混凝土墩
9 聚合物水泥砂浆粉滴水
  铁脚点焊在预埋钢板上
  发泡剂
  聚合物水泥砂浆
10 铝合金窗
11 聚合物水泥砂浆粉窗台板
  铁脚点焊在预埋钢板上
  发泡剂
  聚合物水泥砂浆
12 双层玻璃纤维沥青
  防水卷材
  20mm 厚 OSB 板
  80x40x20mm C 型钢檩
  条间隙填充保温棉

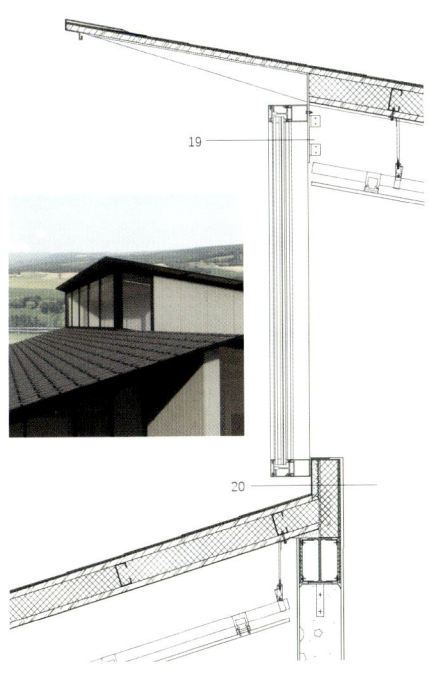
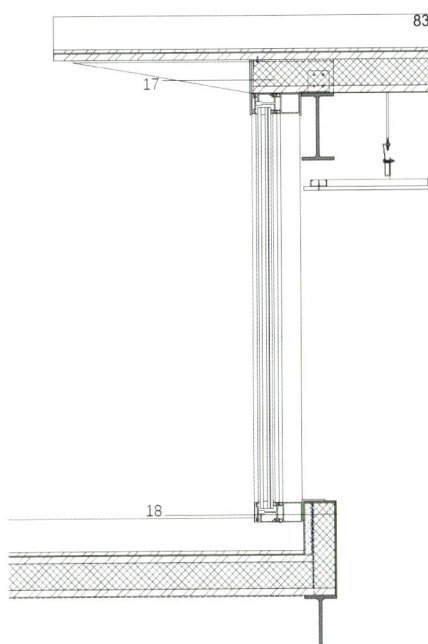

隔汽层
20mm 厚木基层板
160mm 高工字钢梁
13　3mm 厚工字钢梁腹板
　　3mm 厚竖梃固定钢板
　　垫片
　　幕墙竖梃
　　双层中空玻璃
14　芯管
　　预埋钢板
15　实木地板，留 5mm 缝
　　50x70mm 木龙骨
　　50x100mm 木龙骨
　　细石混凝土墩
16　T 型钢梁
　　2mm 厚封檐铝板
　　聚苯板保温层
17　3mm 厚冷弯薄壁型钢天窗基座
　　3mm 厚加强筋板

聚苯板保温层
1mm 厚钢板网与基座点焊
20mm 厚 1∶2 水泥砂浆找平
附加防水卷材
18　6mm 厚钢板
　　无开启天窗与钢板栓接
19　挂网抹灰
　　3mm 厚冷弯薄壁型钢天窗基座
　　3mm 厚加强筋板
　　聚苯板保温层
　　1mm 厚钢板网与基座点焊
　　20mm 厚 1∶2 水泥砂浆找平
　　附加防水卷材
20　T40 原木
　　T10 不锈钢板
　　自攻螺钉
　　锯齿形钢梁
21　L80x8mm
　　预埋钢板（MJ-1）

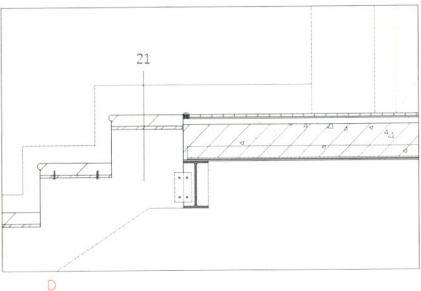
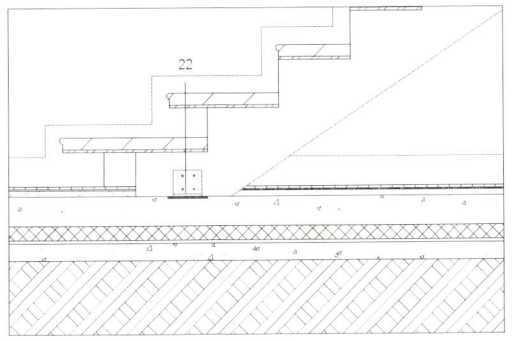

2017 至今
基本设计深化 2——设计概念与结构分析、材料、构造

指导老师：傅筱、孟宪川
学生：何志鹏、孔颖、王晓坤

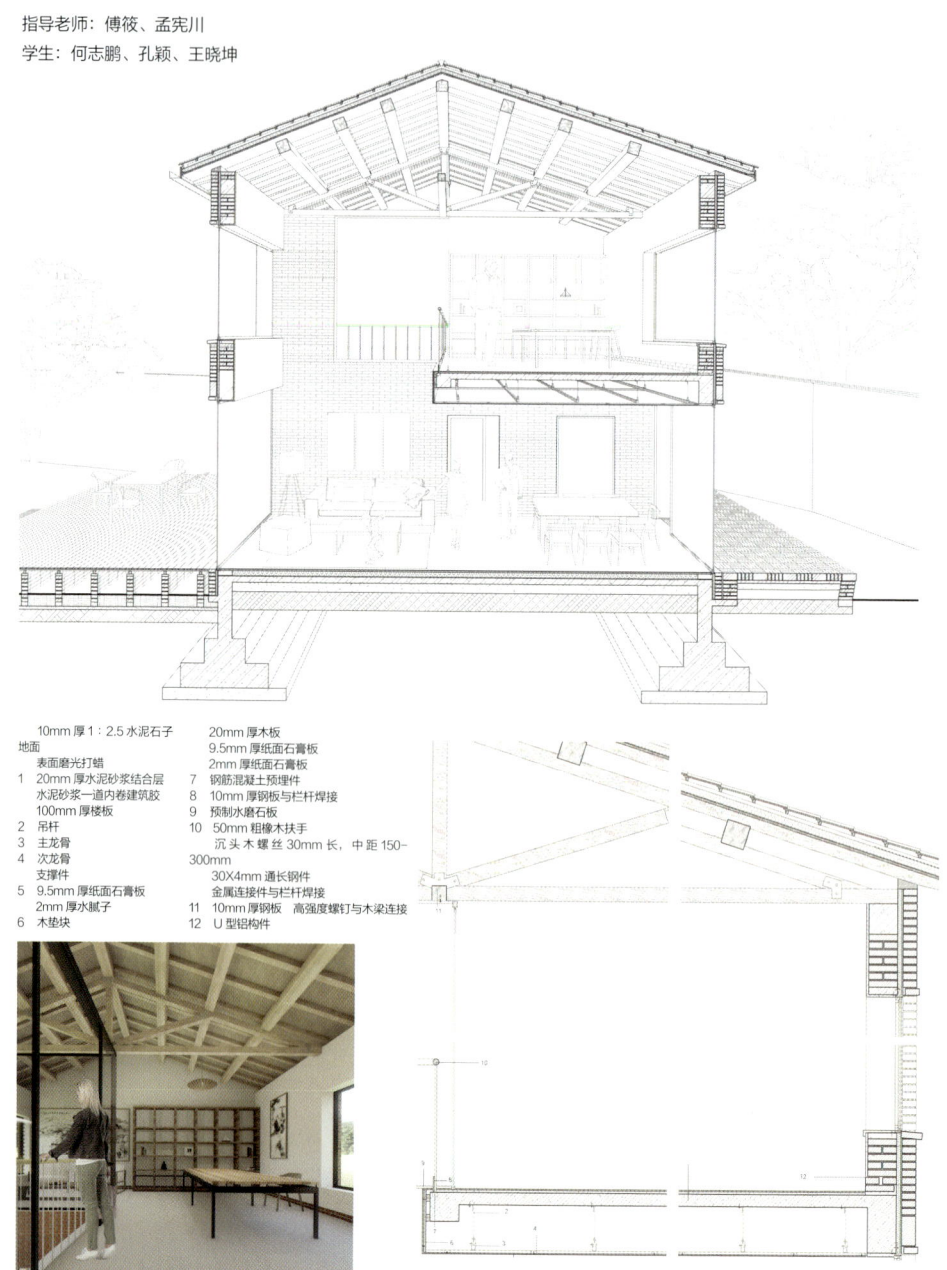

　　10mm 厚 1：2.5 水泥石子 地面
　　　表面磨光打蜡
1　20mm 厚水泥砂浆结合层
　　水泥砂浆一道内卷建筑胶
　　100mm 厚楼板
2　吊杆
3　主龙骨
4　次龙骨
　　支撑件
5　9.5mm 厚纸面石膏板
　　2mm 厚水腻子
6　木垫块

　　20mm 厚木板
　　9.5mm 厚纸面石膏板
　　2mm 厚纸面石膏板
7　钢筋混凝土预埋件
8　10mm 厚钢板与栏杆焊接
9　预制水磨石板
10　50mm 粗橡木扶手
　　沉头木螺丝 30mm 长，中距 150-300mm
　　30X4mm 通长钢件
　　金属连接件与栏杆焊接
11　10mm 厚钢板　高强度螺钉与木梁连接
12　U 型铝构件

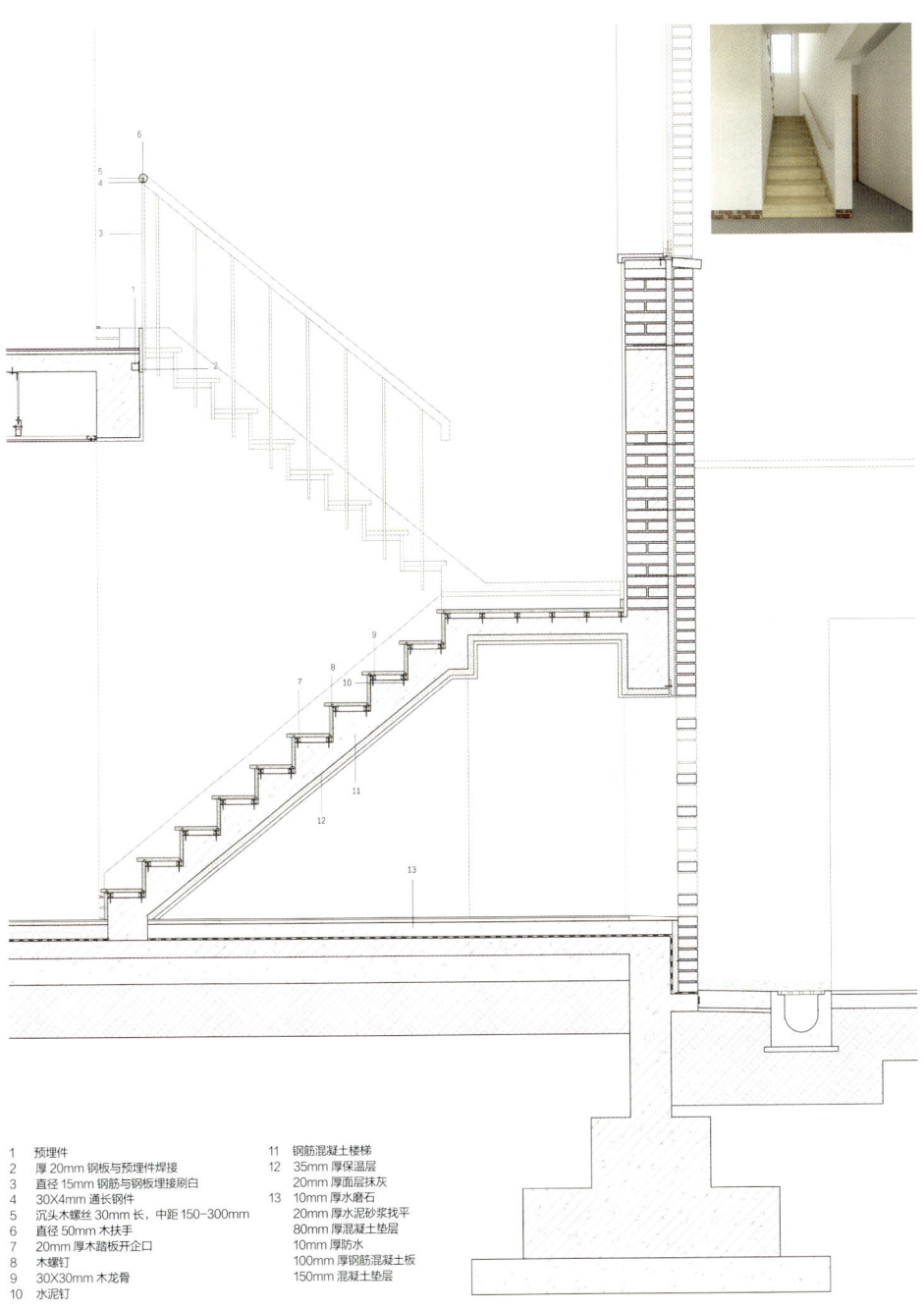

1 预埋件
2 厚 20mm 钢板与预埋件焊接
3 直径 15mm 钢筋与钢板埋接刷白
4 30X4mm 通长钢件
5 沉头木螺丝 30mm 长，中距 150-300mm
6 直径 50mm 木扶手
7 20mm 厚木踏板开企口
8 木螺钉
9 30X30mm 木龙骨
10 水泥钉
11 钢筋混凝土楼梯
12 35mm 厚保温层
   20mm 厚面层抹灰
13 10mm 厚水磨石
   20mm 厚水泥砂浆找平
   80mm 厚混凝土垫层
   10mm 厚防水
   100mm 厚钢筋混凝土板
   150mm 混凝土垫层

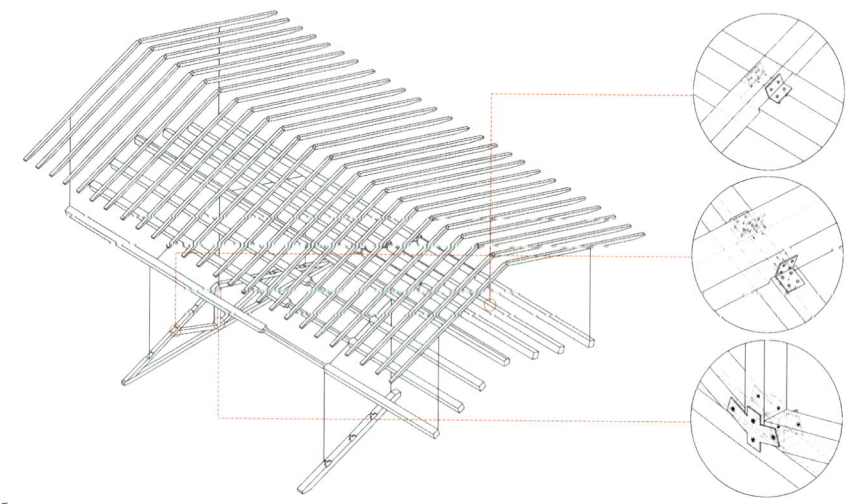

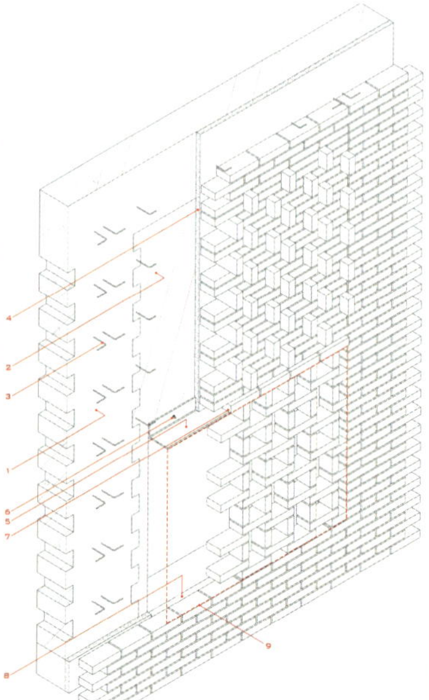

屋架结构分析

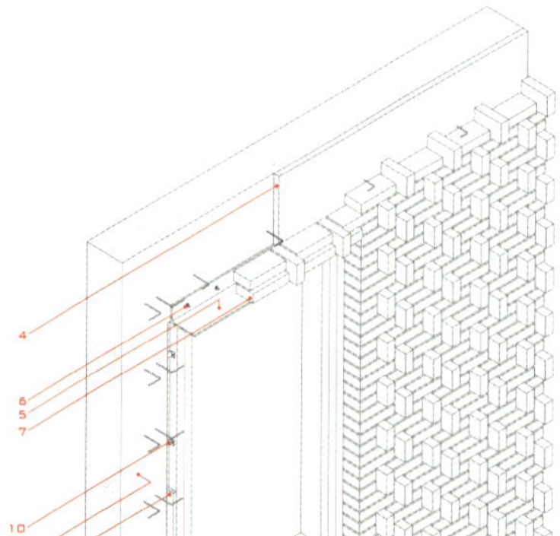

1 现浇钢筋混凝土梁及构造柱
2 承重砖墙
3 5mm 砖墙表皮拉结筋
4 35mm 厚保温层
5 160x100mm 角铁
6 膨胀螺栓
7 窗檐滴水（砌砖凸出20mm，其下开槽）
8 披水（由里至外起坡，防水砂浆抹平）
9 镂空墙（透空率≥70%）
10 窗框连接铁件
11 泡沫棒
12 砖砌披水
13 防水砂浆
14 耐候密封胶
15 凸砖

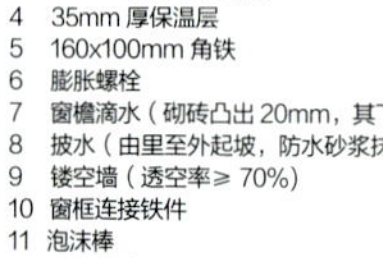

屋架结构分析　　屋架结构分析

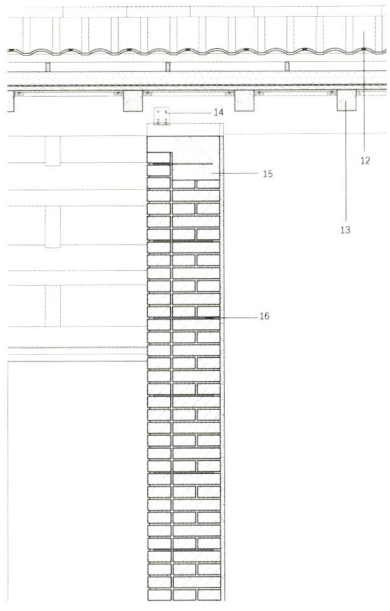

梁墙交接大样

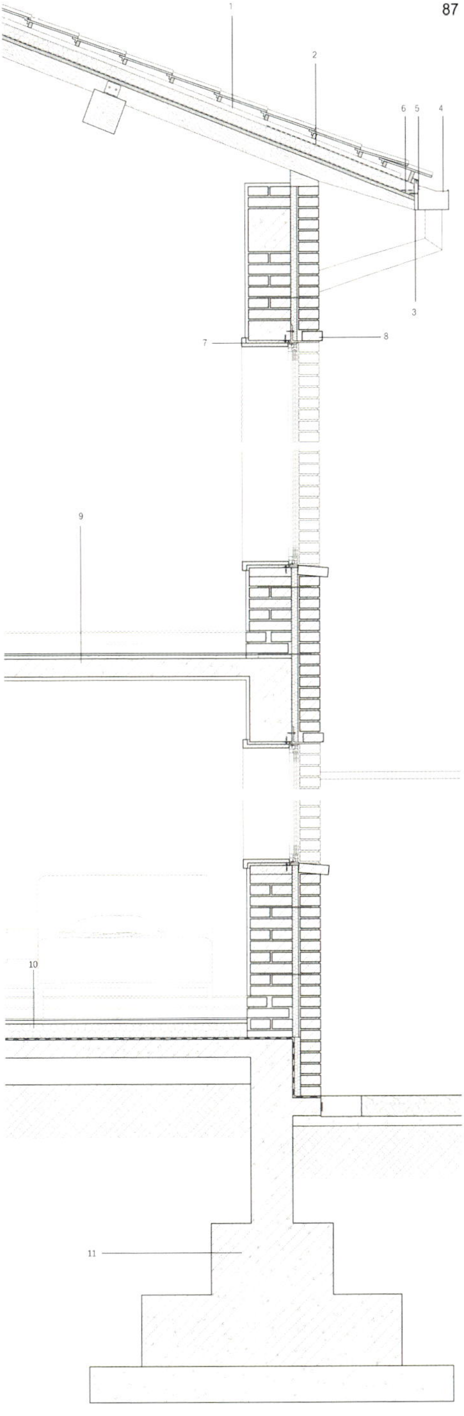

水泥瓦，上下搭接，左右咬接
挂瓦条
顺水条
60mm 厚保温层
1　5mm 厚防水层
　　20mm 厚屋面板
　　椽子 95*95mm
　　标条 195*195mm
2　防水附加层
3　20mm 厚防腐木封檐板沉头木螺钉固定
4　成品檐沟
5　金属泛水
6　三角防腐垫木
7　木窗套
8　砖凸 20mm 做滴水
9　10mm 厚 1：2.5 水泥石子地面
　　表面磨光打蜡
　　20mm 厚 1：3 水泥砂浆结合层
　　水泥砂浆一道　内掺建筑胶
　　100mm 厚楼板

　　抹灰层
10　10mm 厚水磨石
　　20mm 厚水泥砂浆找平
　　20mm 厚混凝土垫层
　　60mm 厚保温层一
　　10mm 厚防水
　　100mm 厚钢筋混凝土板
　　150mm 混凝土垫层
　　素土夯实
11　钢筋混凝土条形基础
12　顺水条
　　60mm 厚保温层
　　5mm 厚防水层
　　20mm 厚屋面板
　　椽子 95*95mm
13　L 型钢连接件
14　楼条
15　L 形混凝土梁
16　直径 5mm 砖拉结筋

2017 至今
基本设计深化 3——设计概念与结构分析、材料、构造

指导老师：傅筱、孟宪川
学生：杨淑婷、杨泽宇、马耀

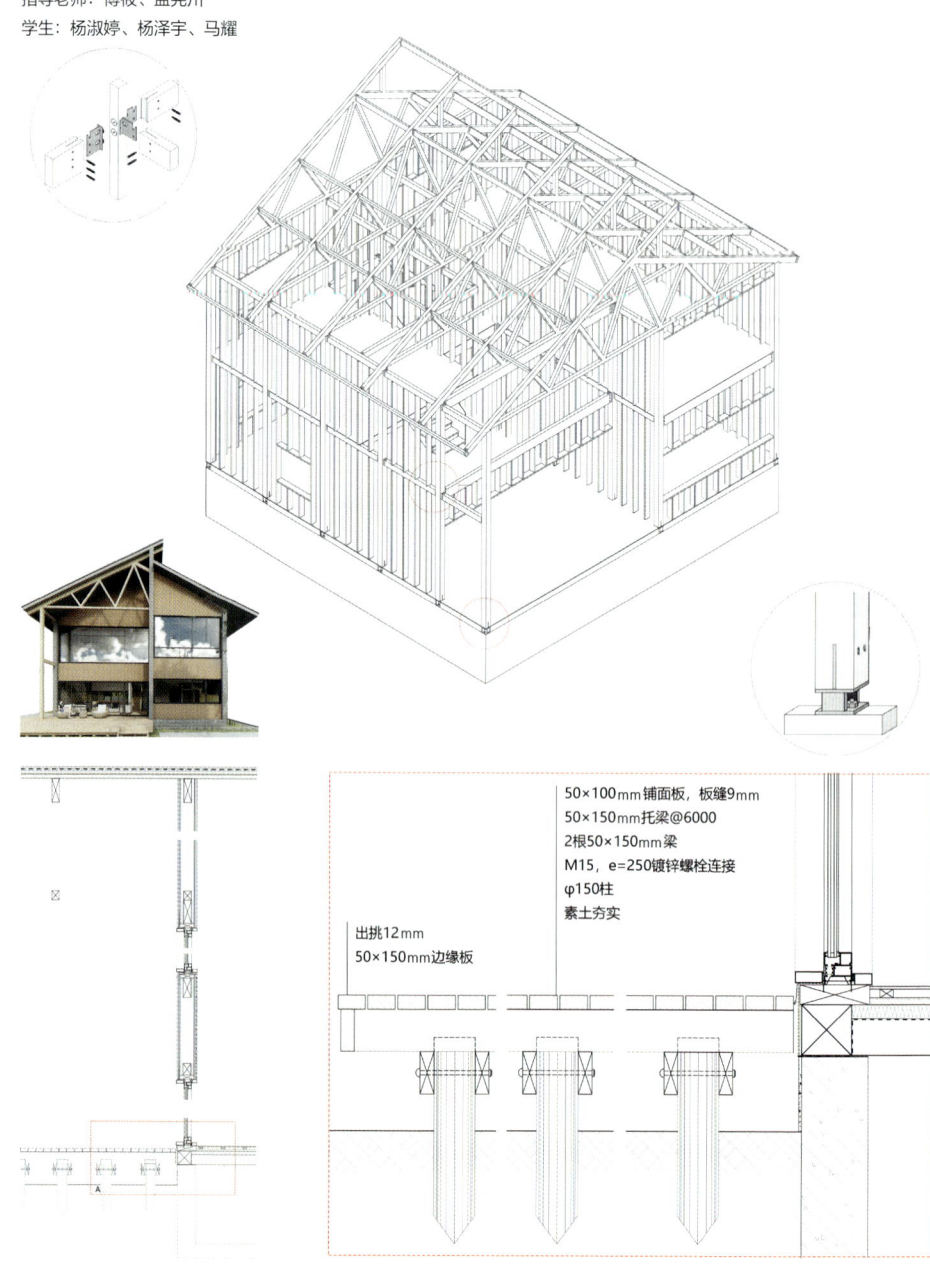

50×100mm铺面板，板缝9mm
50×150mm托梁@6000
2根50×150mm梁
M15，e=250镀锌螺栓连接
φ150柱
素土夯实

出挑12mm
50×150mm边缘板

结构调整过程

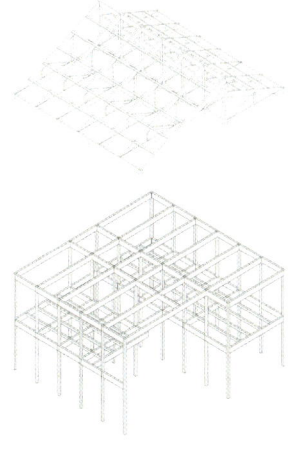
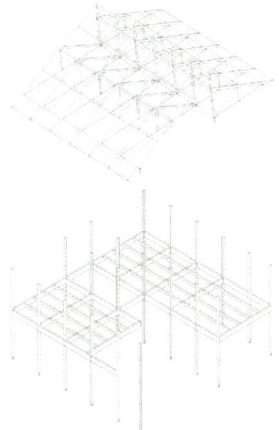
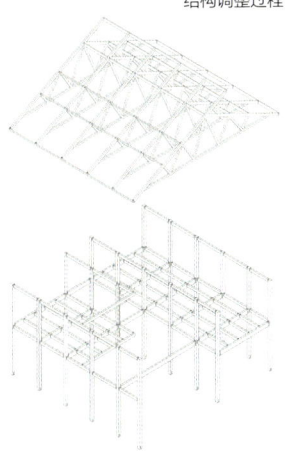

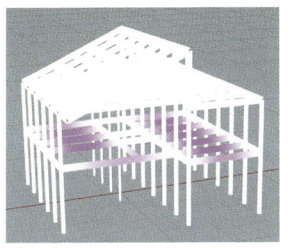
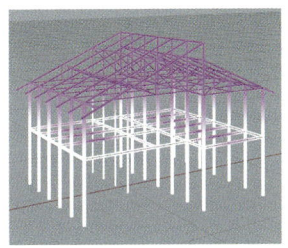
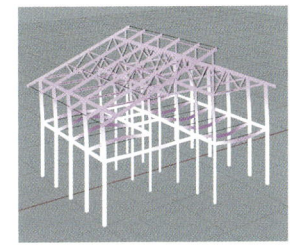

1. 空间结构提取：屋架构件截面尺寸偏大，檩条间距太密，柱网跨度太窄，屋架椽数随柱网调整。

2. 原始结构调整：屋架不整体，分为左右两部分。柱网和屋架椽数分别减少一跨和一榀。屋架杆件与建筑主体梁柱结构混淆不清晰。

3. 整体结构调整：屋架采用双芬克式，屋架变为整体式屋架，屋架构件截面尺寸符合木结构住宅荷载设计要求。梁柱尺寸优化更经济合理、节约材料。

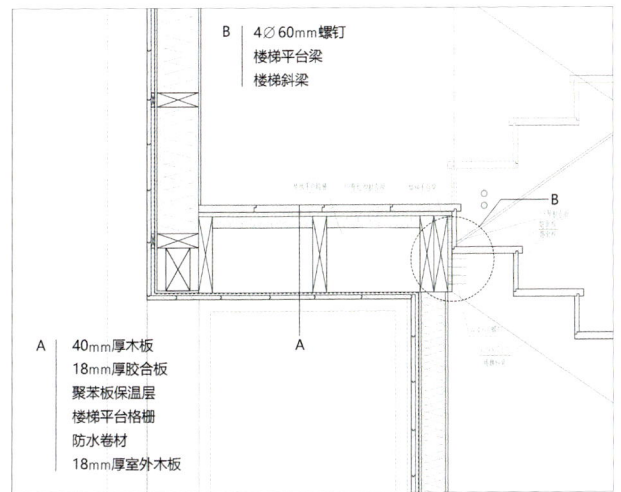

B | 4⌀60mm螺钉
楼梯平台梁
楼梯斜梁

A | 40mm厚木板
18mm厚胶合板
聚苯板保温层
楼梯平台格栅
防水卷材
18mm厚室外木板

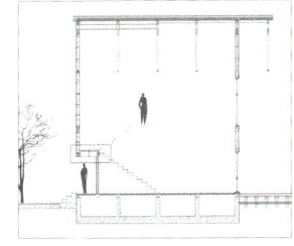

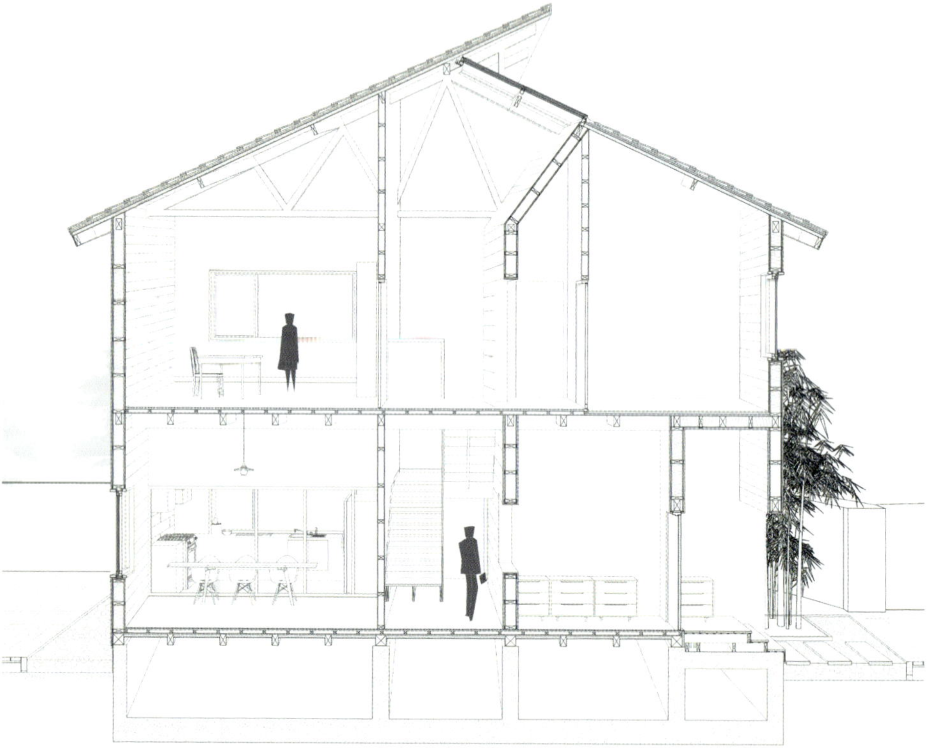

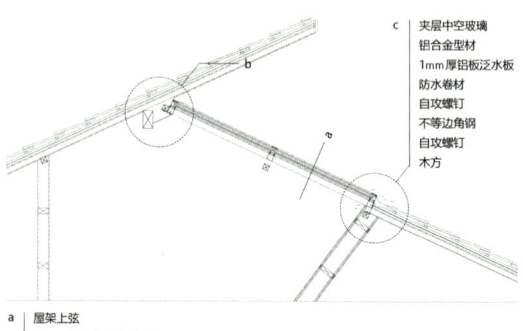

c　夹层中空玻璃
　　铝合金型材
　　1mm厚铝板泛水板
　　防水卷材
　　自攻螺钉
　　不等边角钢
　　自攻螺钉
　　木方

a　屋架上弦
　　12mm厚室内石膏板吊顶
　　塑料薄膜
　　椽子（内填EPS保温棉）
　　防水透气膜
　　垫条（通风间隙）
　　防水卷材
　　顺水条
　　挂瓦条
　　块瓦

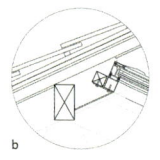

b

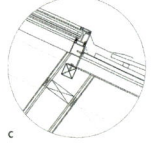

c

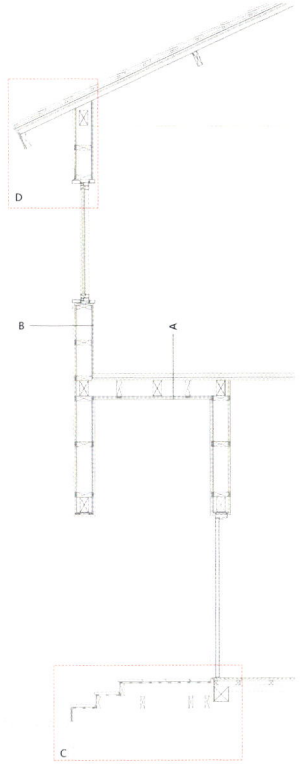

A
118mm 厚外饰面木板
40X15mm 空气间层（钉板条）
12mm 厚 OSB 木板
40X150mm 木龙骨
12mm 厚 OSB 板
防水卷材
水泥砂浆
5mm 厚防滑地砖
B
5mm 厚防水面砖（防水胶粘接）
10mm 厚水泥压力板
防水卷材
12mm 厚 OSB 木板
40X150mm 墙体木龙骨
12mm 厚 OSB 板
40X15mm 钉板条
18mm 厚外饰面木板

a1
屋架上弦
12mm 厚室内石膏板吊顶
塑料薄膜
椽子（内填 EPS 保温棉）
防水透气膜
垫条（通风间隙）
防水卷材
顺水条
挂瓦条
块瓦
b1
防水卷材
泛水板
封檐板
封檐木
C1
楔形木条
自贡螺钉
金属窗套

铝合金窗
A2
0.8mm 厚不锈钢板
慢干型大力胶垫
封闭乳胶底涂料
6mm 厚 1：1.25 水泥砂浆罩面
12mm 厚 1：3 水泥砂浆打底
扫毛
108mm 胶素水泥砂浆 1 道
混凝土
B2
钢筋混凝土基础
圆木柱
木格栅
30mm 厚踏面木板
C2
0.8mm 厚不锈钢板底部打孔
自攻螺钉
楔形木块

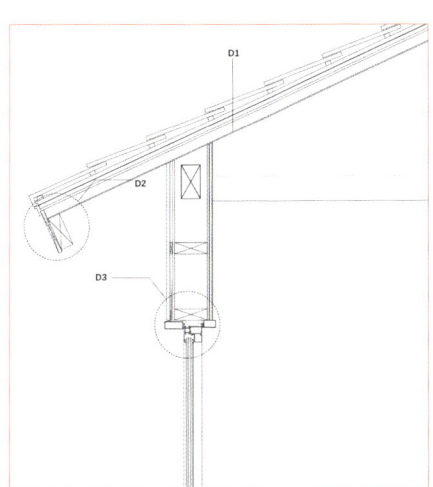
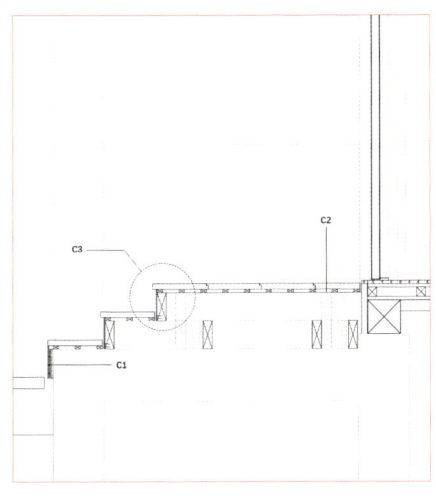

2017 至今
基本设计深化 4——设计概念与结构分析、材料、构造

指导老师：傅筱、孟宪川
学生：王秋锐、顾芳荣、李子璇

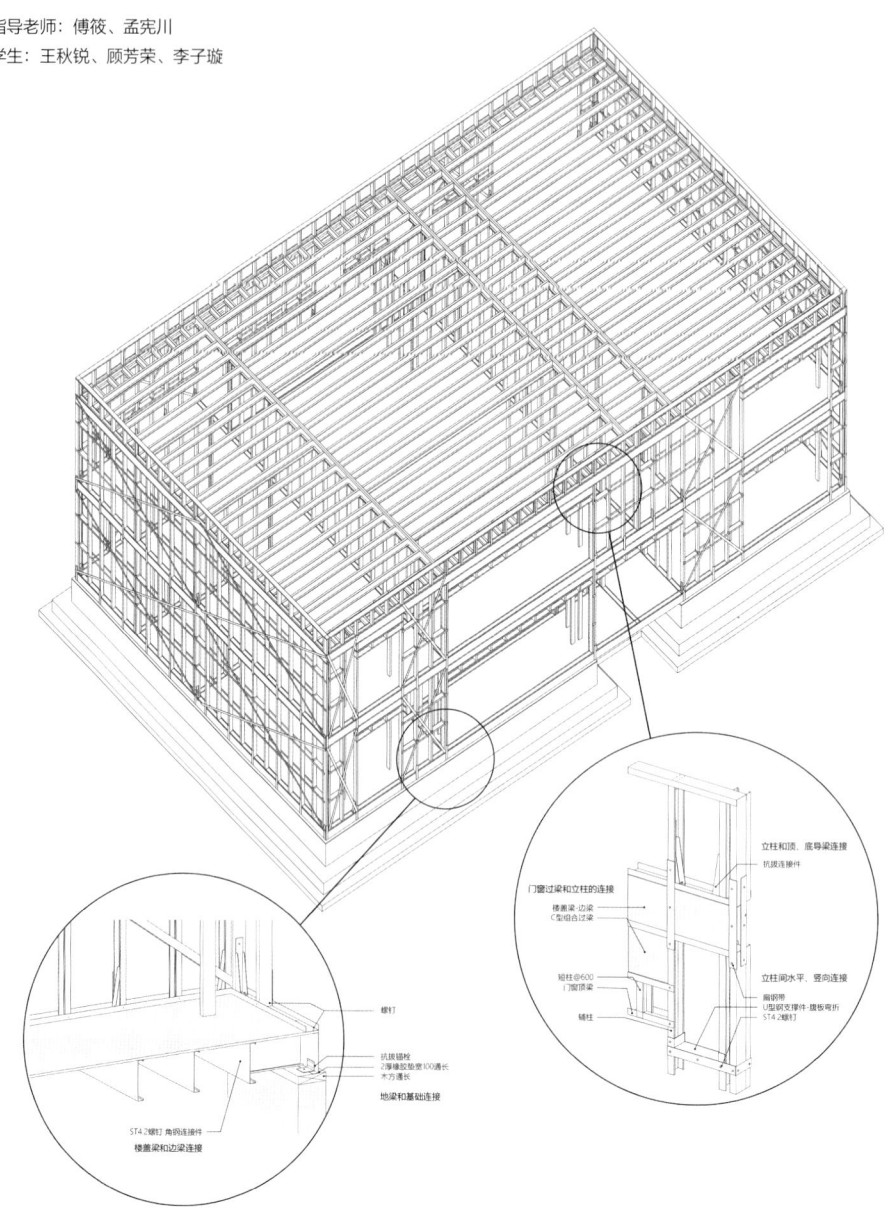

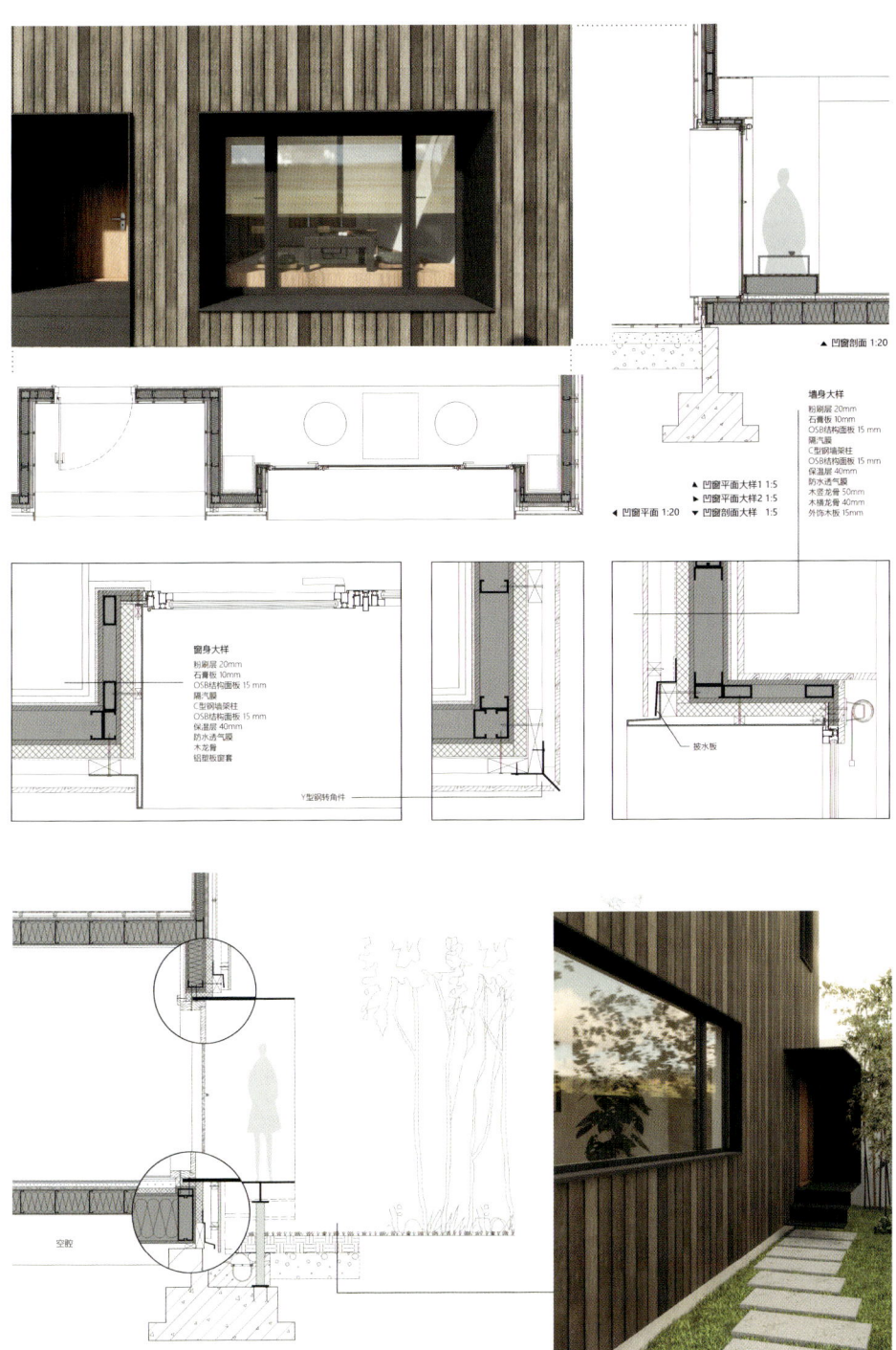

Step 01
钢筋混凝土基础

Step 02
楼盖梁和地梁C250*40*10*1+U255*40*10*1地梁

Step 03
一层墙架柱C90*40*10*1，带顶梁、底梁

Step 04
抗拔锚栓、水平刚性支撑、水平和斜向钢拉带

Step 05
楼盖梁、边梁C255*40*10*1+U250*40*10*1

Step 06
二层全部结构

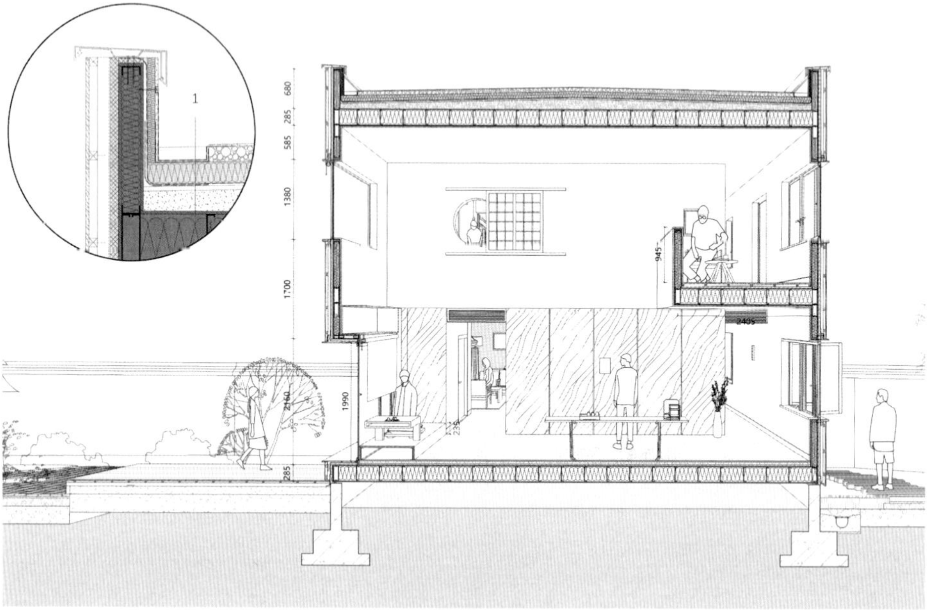

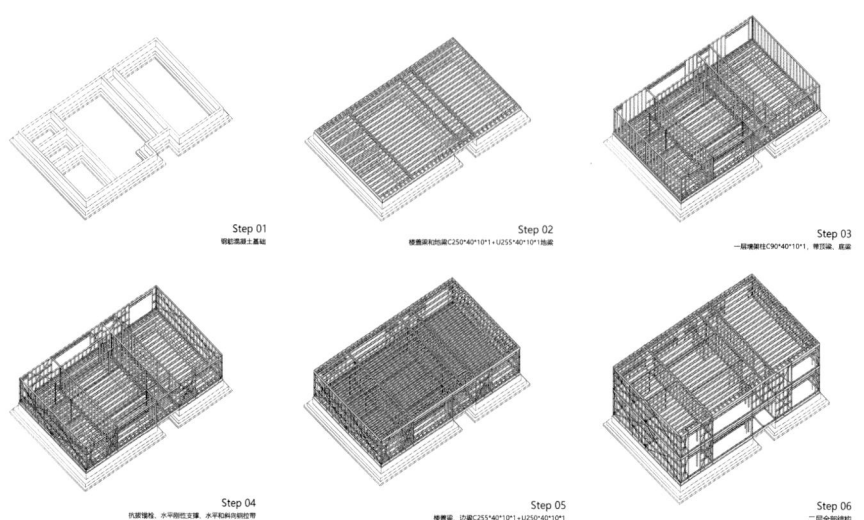

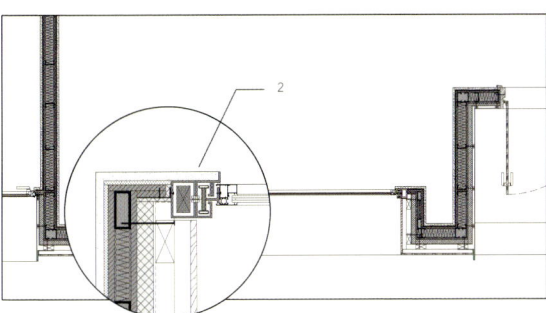

1 屋顶构造
   10mm 厚水泥砂浆保护层
   卵石保护层 60mm
   干铺无纺聚酯纤维布一层
   保温层 100mm
   防水层（上设隔离层）
   水泥砂浆找平 20mm
   轻集料混凝土 30-150mm
   OSB 结构面板 15mm
   型钢楼盖梁 255mm
   OSB 结构面板 15mm

2 窗框构造
   重锤
   连接滑轮（重锤与导轨）
   窗框导轨
   窗框

3 楼板构造
   硬木地板 18mm
   木龙骨 30mm——架空 20@400
   保温层 30mm
   OSB 结构面板 15mm
   C 型钢楼盖梁 255mm
   OSB 结构面板 15mm
   石膏板 10mm
   粉刷层 20mm

4 室外地板构造
   防腐木板 15mm
   木横龙骨 4mm
   木竖龙骨 50mm
   防水层
   保温层 20mm
   OSB 结构面板 15mm
   C 型钢楼盖梁 205mm
   OSB 结构面板 15mm

5 地板构造
   水泥基自流平一道 8mm
   水泥基自流平界面两道
   细石混凝 ±40mm
   保温层 30mm
   OSB 结构面板 15mm
   C 型钢楼盖梁 255mm
   OSB 结构面板 15mm

关闭 ▶

空腔

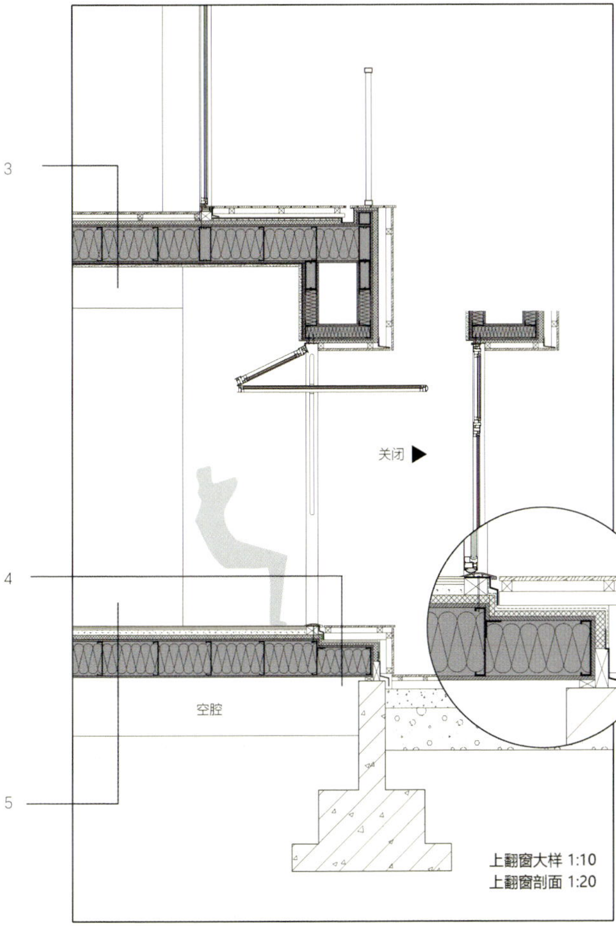

上翻窗大样 1:10
上翻窗剖面 1:20

实践阶段

学生参与教授
工作室实践成果

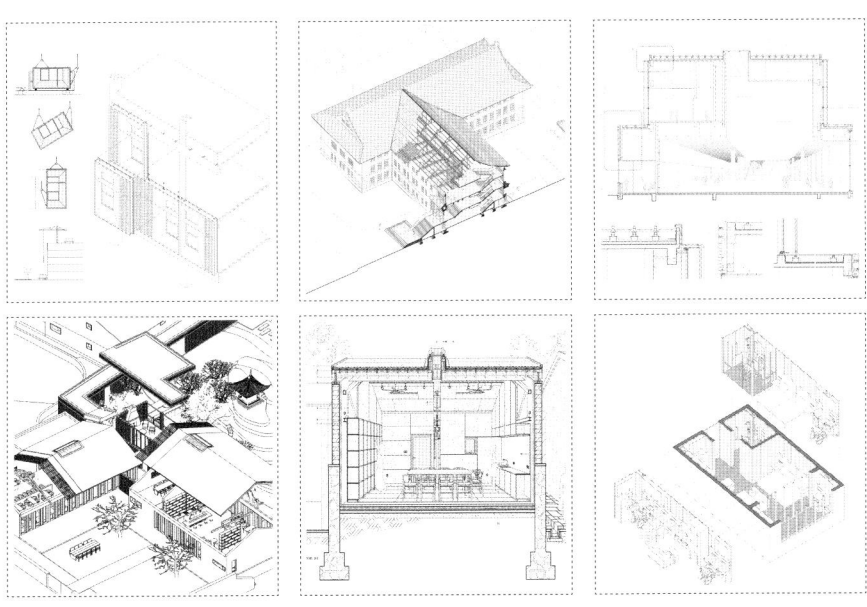

西南楼内部空间再造

建筑师团队：赵辰、冷天、武苗苗
学生：丁展图、顾楚婕

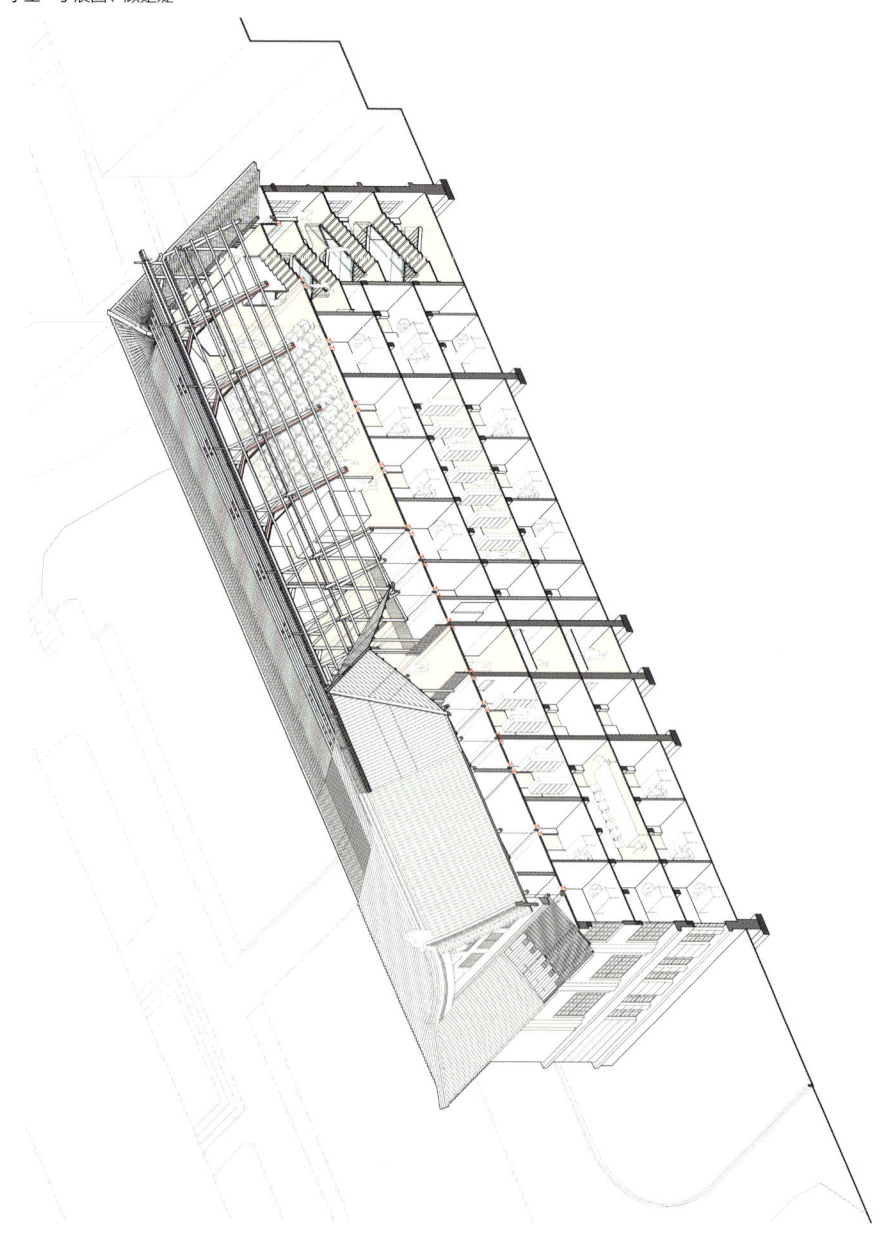

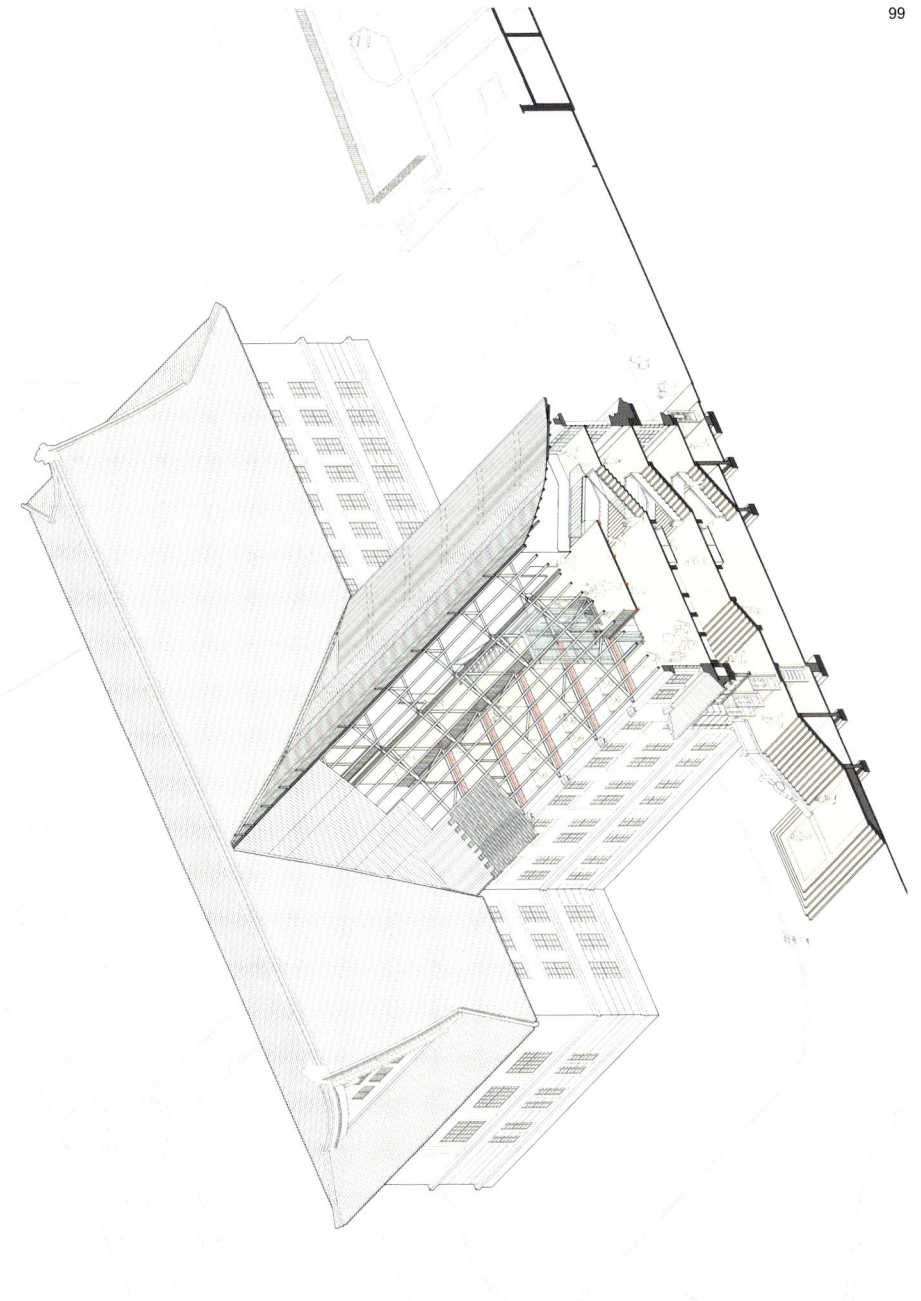

南京大学鼓楼校区文怀恩故居砖墙砌筑特征研究

指导老师：赵辰、冷天
学生：王瑜

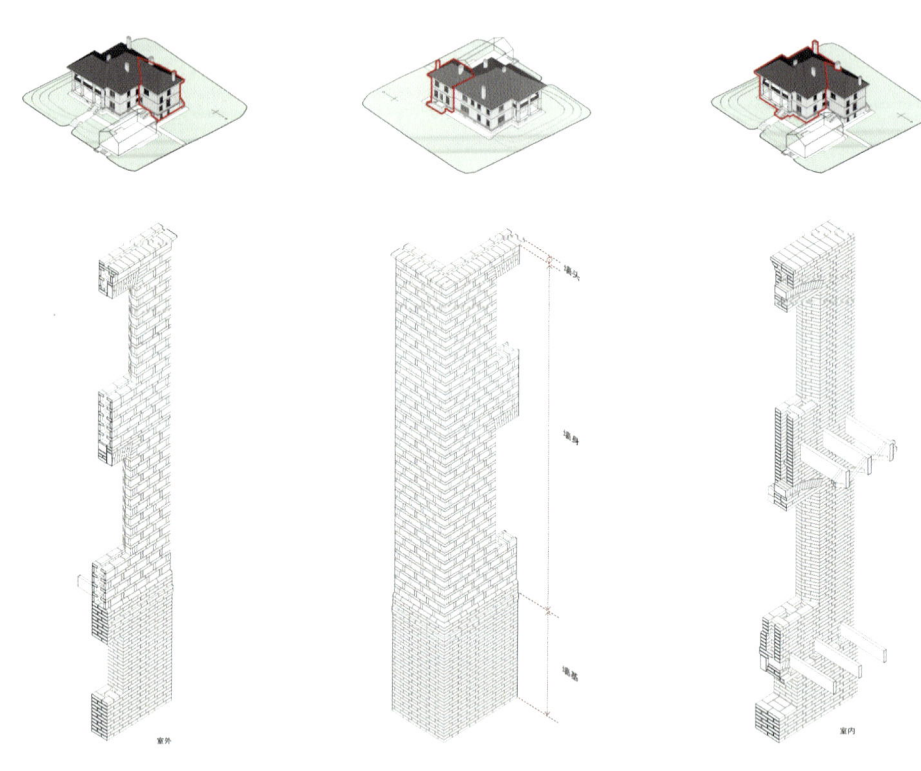

　　建筑既是历史的产物，也是文化的载体，它们从各个层面承载着其所处时代的重要信息。中国近代建筑则充分地反映了在交流与冲突的时代背景下，中西方在建造技术、文化层面的交融。对于中国近代的砖砌体建筑而言，砌法从某种程度上体现着技术发展的过程、建筑文化的演进。

　　19世纪末20世纪初，南京的近代建筑因为西方新建筑技术的传播和应用而得到某种程度的繁荣发展。与原金陵大学（University of Nanking）校园的大部分建筑类似，文怀恩（John Elias Williams）故居的建造时间刚好处在20世纪初南京近代新建筑技术应用的繁荣时期。对文怀恩故居以及原金陵大学校园住宅建筑砖砌体砌法的深入解析，有助于我们对中国近代的西式砖砌体建筑的砌筑特征进行深入的认知和理解，从而对这类近代建筑文化遗产进行有效的保护再利用。

　　本文基于前人对中国传统砌法和西方常见砌法的研究，通过对实物的深入研究，借助历史文献研究、拍照、测绘、现场破拆、三维模型绘制等研究手段，对原金陵大学校园内的住宅建筑砌法进行对比分析研究，特别对文怀恩故居砖砌体砌法进行了深入的解析。

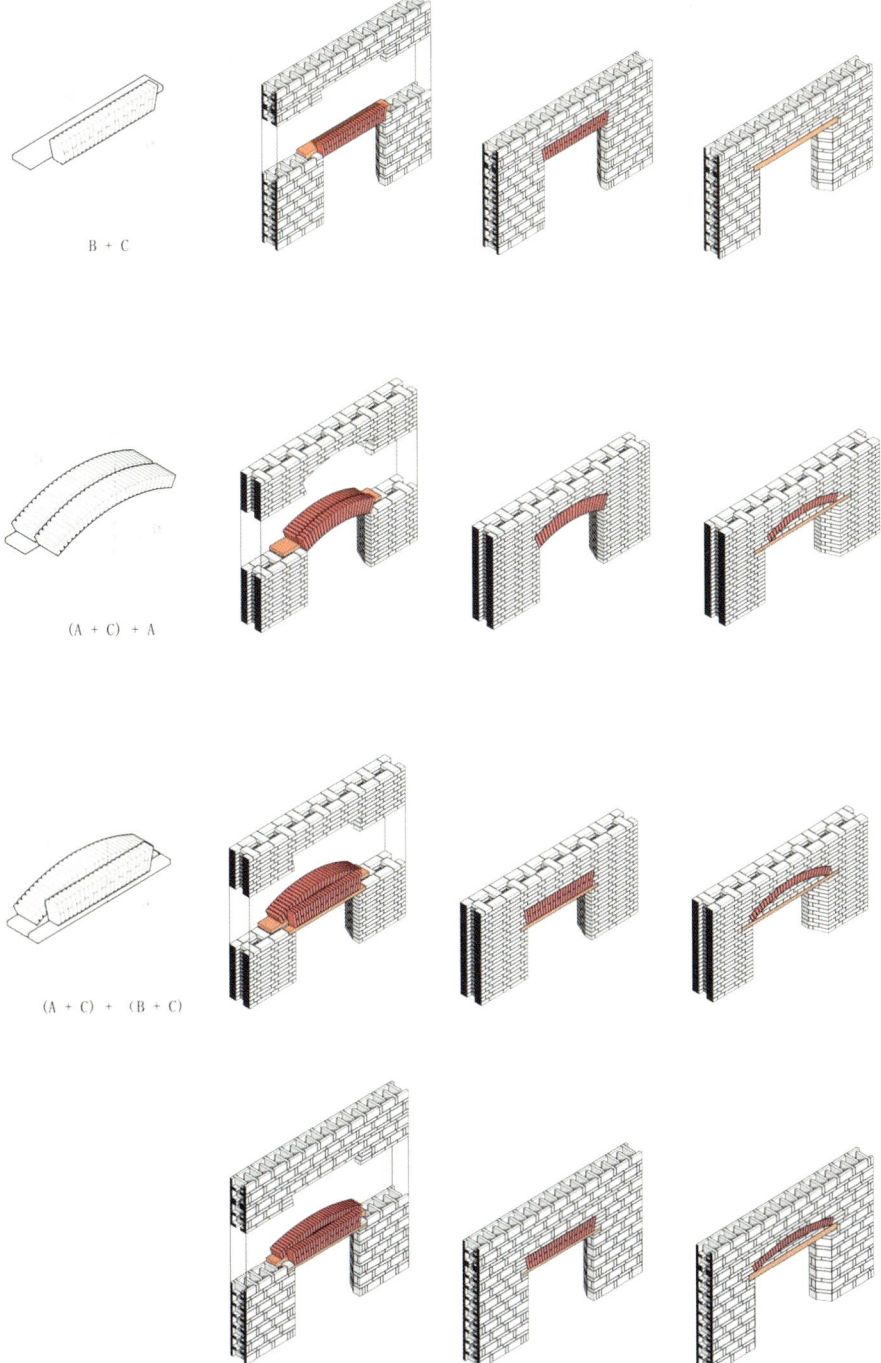

南京大学大数据与人工智能科研楼设计
——基于 UHPC 围护墙板系统的学科群建筑立面模块化设计研究

指导老师：冯金龙
学生：何志鹏

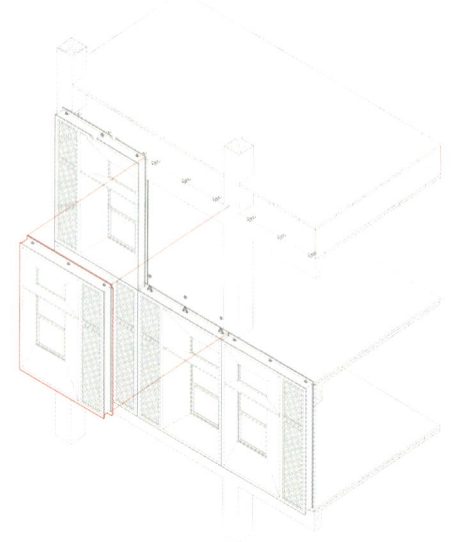

任务书

项目总建筑面积 51600m²，其中地上建筑面积 39500m²，地下建筑面积 12100m²。其中大数据与人工智能科研楼拟建 30260m²，地上建筑面积为 23000m²，主要建设内容为人工智能学院、人工智能交叉研究中心、脑科学研究中心，以及其他预留平台的科研及辅助用房等；地下建筑面积为 7260m²，主要建设内容为按照南京市政府要求配建的地下人防和停车场。军民融合研发中心拟建 21340m²，其中地上建筑面积为 16500m²，主要建设内容为高性能高分子材料研究中心、电磁波极限感知与工程应用研究中心、智能光传感与调控技术研究中心、原子制造创新研究中心仿生材料研究中心、空间科学与技术研究中心的科研及辅助用房；地下建筑面积为 4840m²，主要建设内容为按照南京市政府要求配建的地下人防和停车场。

两栋楼均需满足多个研究中心与平台的需求，其具体功能包括多种类型实验室、研讨室、办公室、会议室和其他辅助功能等，功能需求较为复杂，对平面柱网的布置与层高的设计提出了挑战，不同功能房间对立面的采光通风需求也不同。

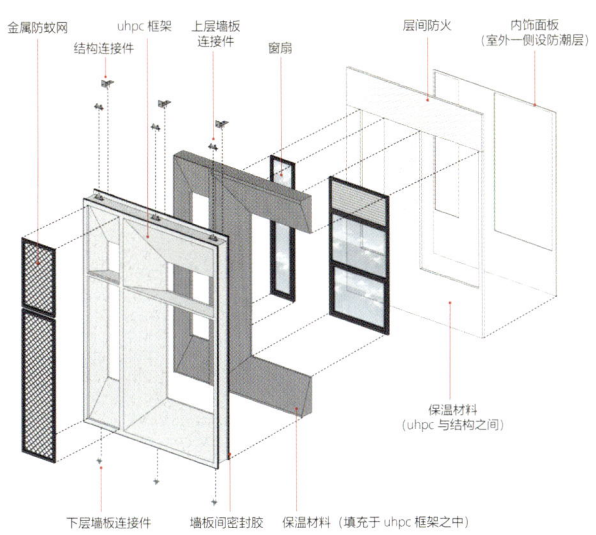

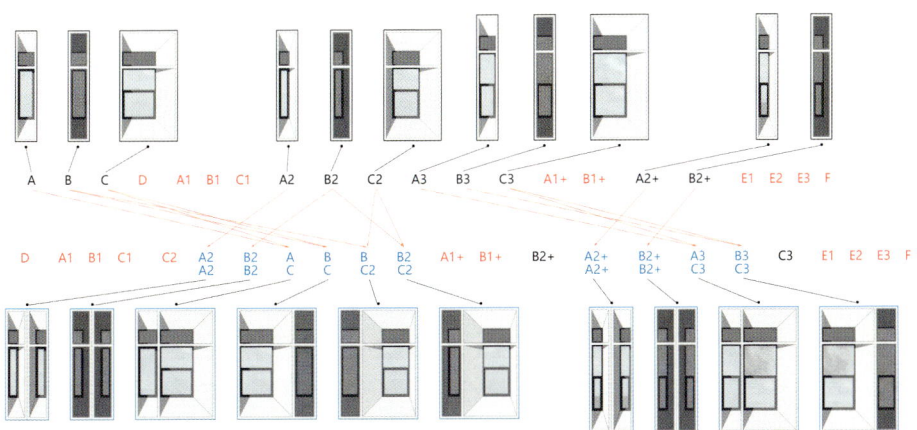

墙板模块自身保温防水节点

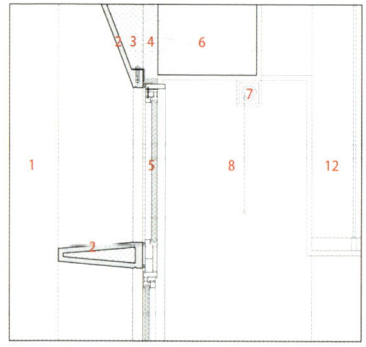

剖面节点1

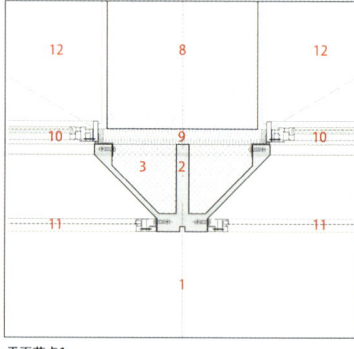

平面节点1

1 室外
2 UHPC材料
3 填充聚苯乙烯
4 60mm厚防火岩棉
5 固定窗扇/通风百叶
6 结构梁
7 窗帘盒
8 结构柱
9 60mm厚岩棉
10 内开窗扇
11 金属防虫网
12 室内

墙板模块之间连接节点

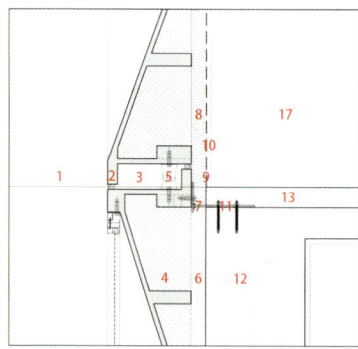

剖面节点2

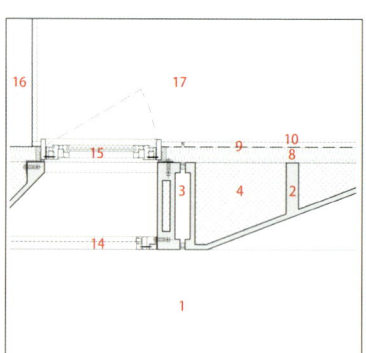

平面节点2

1 室外
2 UHPC材料
3 空腔
4 填充聚苯乙烯
5 上下墙板铰接铁件
6 60mm厚防火岩棉
7 L形铁件
8 60mm厚岩棉
9 防潮层
10 内饰面板
11 化学螺栓
12 结构梁/板
13 室内地坪
14 金属防虫网
15 内开窗扇
16 结构柱
17 室内

墙板整体上下边缘连接节点

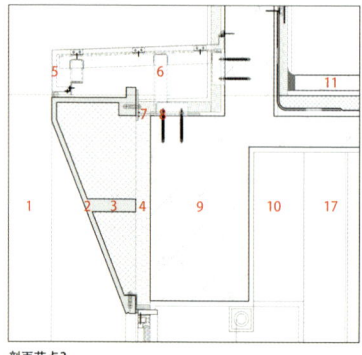

剖面节点3

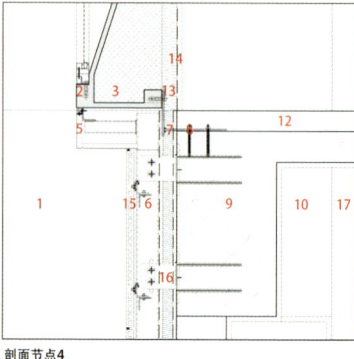

剖面节点4

1 室外
2 UHPC材料
3 聚苯乙烯
4 60mm厚防火岩棉
5 深色铝板
6 背附钢架
7 L形铁件
8 化学螺栓
9 结构梁/板
10 结构柱
11 屋面地坪
12 室内地坪
13 60mm厚岩棉
14 防潮层
15 30mm厚陶板
16 预埋铁件
17 室内

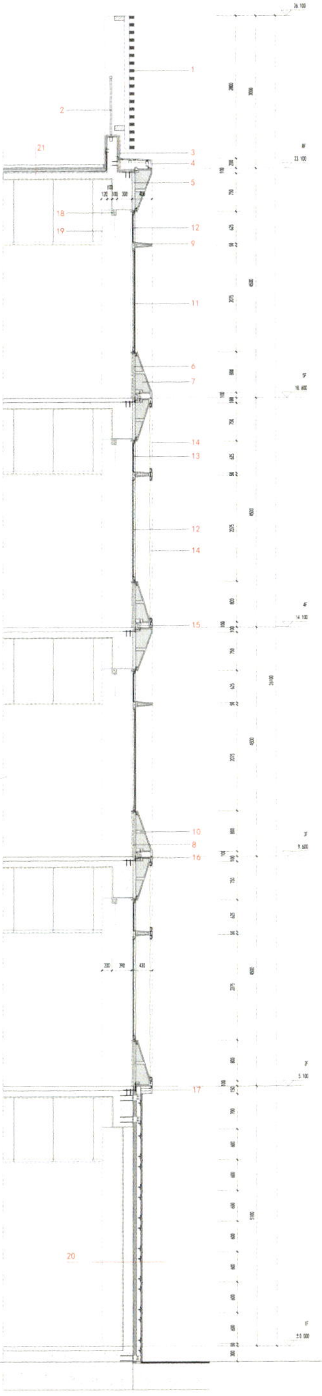

21 60厚C30细石混凝土保护层，粉平压光
    20厚水泥砂浆保护层
    50厚聚苯乙烯泡沫塑料板
    4厚SBS自粘改性沥青防水卷材
    20厚水泥砂浆找平层
    钢筋混凝土楼板

1   深灰色金属格栅60X100，间距90
2   深灰色女儿墙栏杆
3   40厚保温岩棉板
4   深灰色铝板压顶
5   60厚岩棉板
6   60厚岩棉板
7   聚苯乙烯，填充于UHPC框架中
8   防潮层
9   UHPC框架≥20厚
10 UHPC加强筋≥50厚
11 双层中空玻璃外开窗扇
12 双层中空玻璃外开窗扇
13 双层中空玻璃固定窗/通风百叶
14 金刚砂防盗网
15 上下楼板连接操作
16 墙板与建筑结构连接件
17 深灰色铝板封边
18 窗帘盒
19 室内吊顶

20 20厚抹灰
    200厚混凝土双排孔砌块
    15厚水泥砂浆抹平
    隔汽防潮层
    40厚保温岩棉板
    15厚水泥砂浆保护层
    防水透汽层
    幕墙竖龙骨60X90
    L形幕墙横龙骨50X50
    陶板挂件
    砖红色干挂陶板

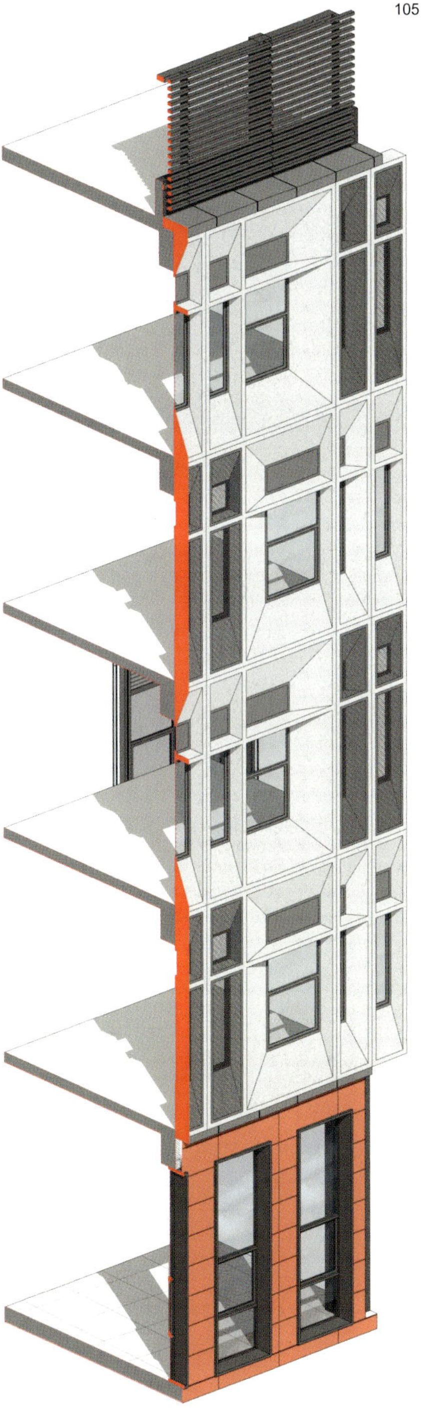

南京徐家院文旅中心综合楼及酒店建筑设计

指导老师:周凌
学生:宋富敏

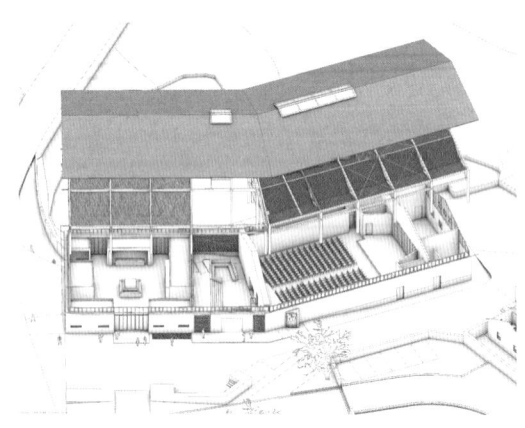

项目内容包含两部分:徐家院文旅中心综合楼单体设计和文旅中心民宿组团及景观设计。设计者在过程中发现了一些问题,并针对其进行研究探讨。美丽乡村项目的建设过程中有两种类型的建筑尤为常见,作为公共建筑的大空间和供游客休闲度假的民宿酒店。公共建筑的大空间相对于村子中的原有建筑来说体量庞大。因此研究大体量建筑在乡村中的融合显得尤为重要。另外美丽乡村项目的民宿面对的景观往往是田园风景,而江南以往以私家园林著称,如何将现代的民宿结合传统的园林显得尤为有趣和必要。此次课题希望结合导师工作室的实际工程项目——南京江宁徐家院文旅中心综合楼及民宿设计来研究大体量建筑在乡村中的融合和研究园林景观规划在民宿中的应用。

整个项目主要规划为两个大功能块,分别是北侧具有会议展销功能的文旅中心综合楼区域和南侧酒店民宿区域,两个区域相对独立设置。项目所在基地比较长,深入农田内部,故将公共性较强的文旅中心综合楼设在靠近主要道路的位置。相对较私密的民宿放在农田景观更好的农田内部。从总体上来讲,文旅中心综合楼的主要活动区域在其入口前面广场。酒店民宿区域的主要活动动线围绕中心的园林景观设置,动线上设置不同类型的休息活动场地,满足不同游客的各种需求,并且分别面对三面最好的景观。在功能房间之间的部分设置户外休闲活动空间,包括户外休息平台、户外休闲广场、户外水池吧、户外烧烤活动场地等,它们均与中心景观由小道连接,并成为与田园景观相承接的部分。这些空间将成为带动户外景观观赏的重要部分。

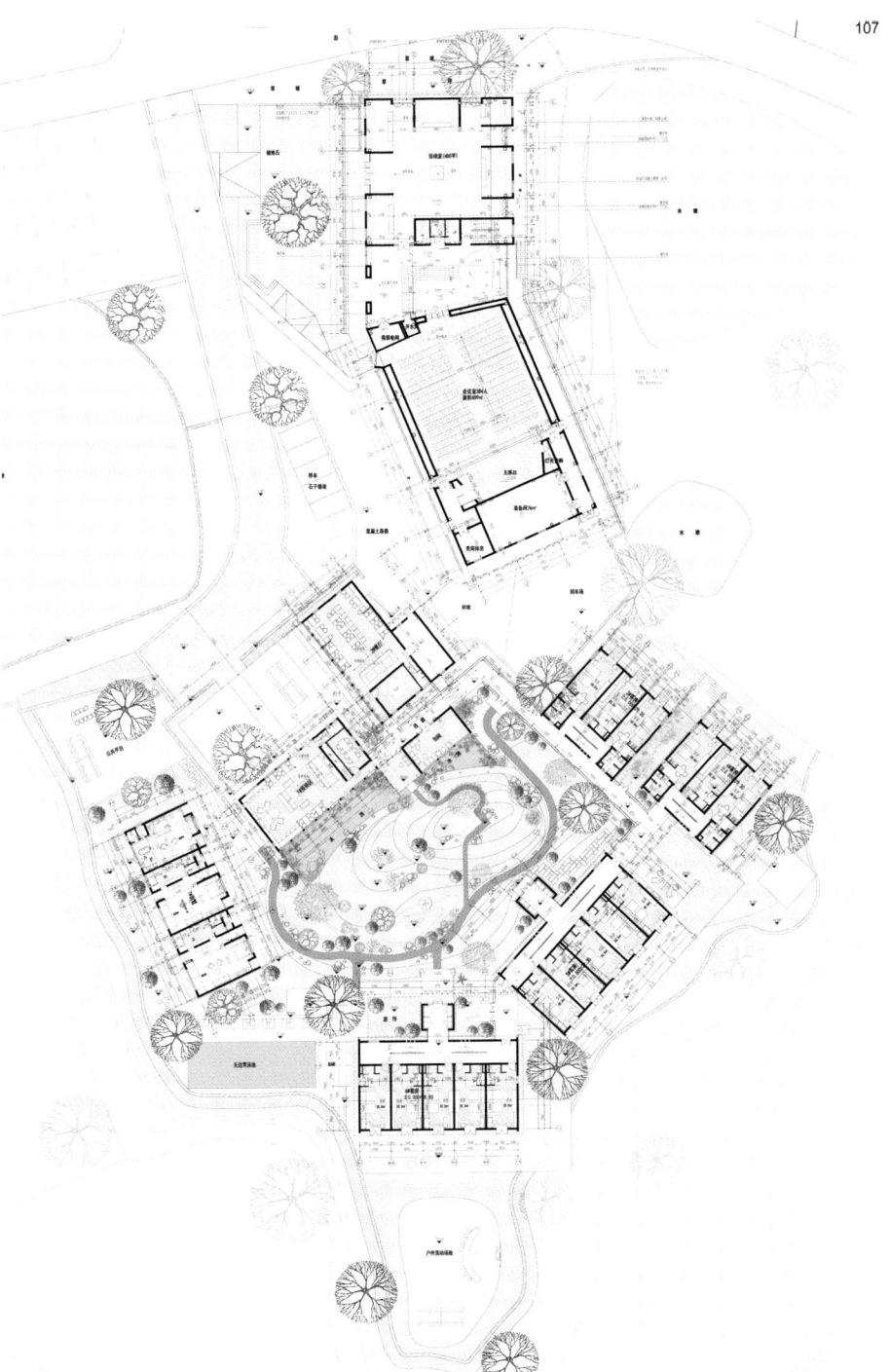

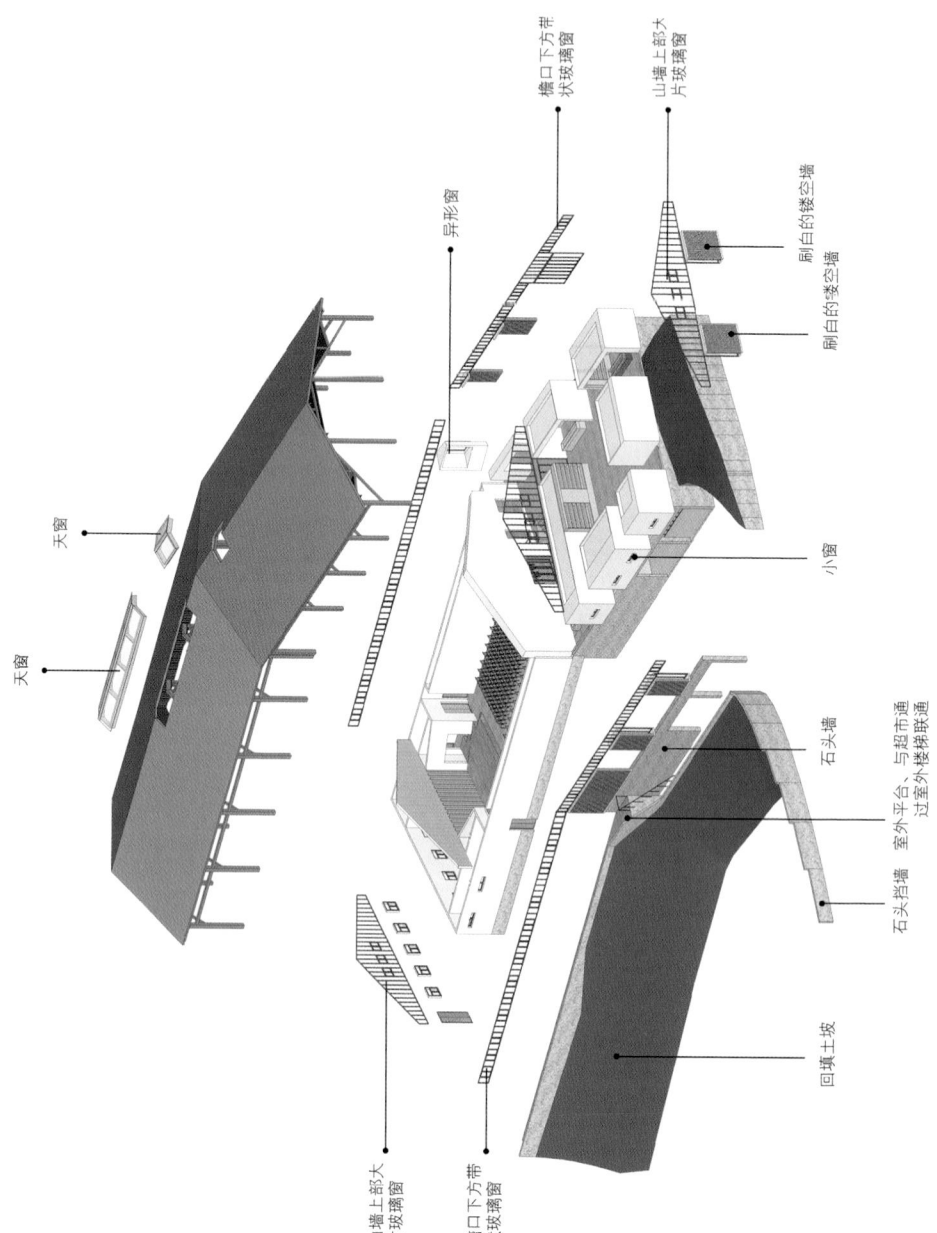

南京桦墅村民艺展览馆——三房三法

指导老师：傅筱
学生：潘幼建、奥申颖

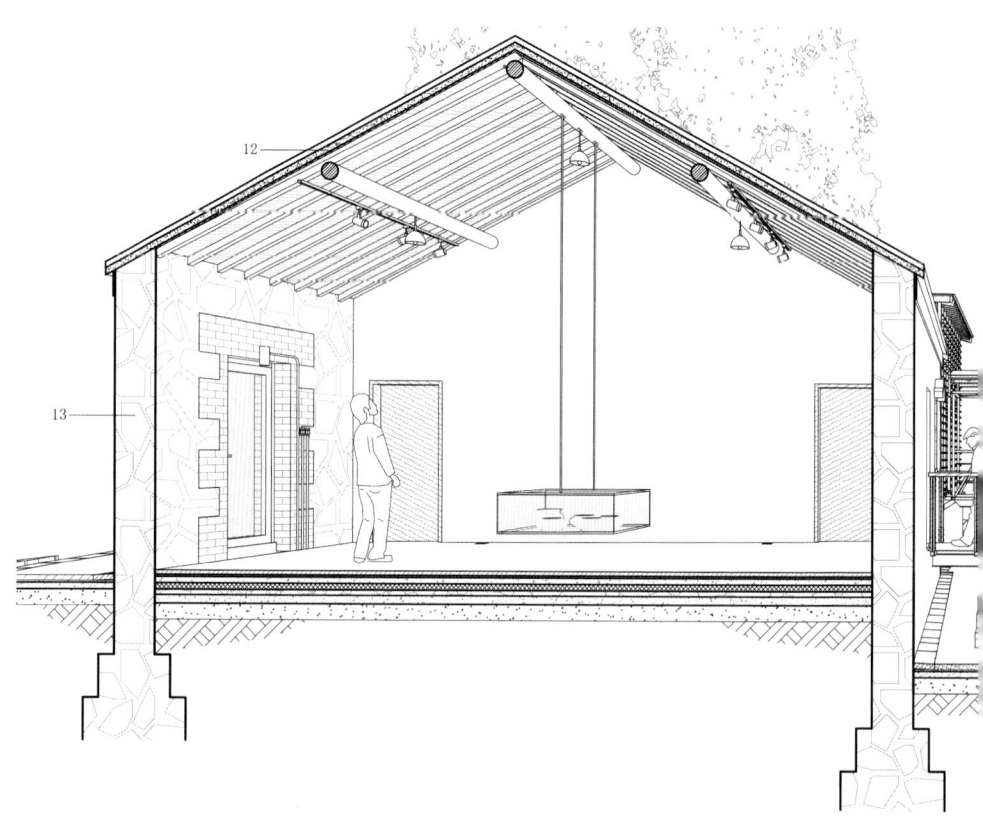

三房三法

设计者通过对场地内三栋房子质量的评估，对呈现不同品质等级的三栋房子采取三种不同的改造方法。1号房为石墙加砖墙砌筑，墙体风貌和质量较好，但屋面已经破败，留存的钢桁架却展示出当地的建造智慧。方法：1. 老屋架再利用，利用原有钢桁架构建新的钢结构独立支撑体系，保证房子结构强度；2. 原有房子开窗较小，室内幽暗，通过架高屋顶，形成高侧窗，改善采光；3. 新置内胆，增加保温隔热层，改善室内物理环境。2号房为石砌墙体加内部木框架结构，是具有地方特点的建造方式，因为整体质量和风貌较好，所以完整保留。3号房为在原有老房子上采用空心砌块临时搭建的建筑，建筑结构存在安全隐患。方法：1. 将其主体拆除，保留老墙和原有基础，呈现原有历史痕迹；2. 置入伞状结构，解放墙体，减少老基础承力。

1 3mm铝单板盖顶,深灰色粉末喷涂
  40mm保温层
  胶合木梁
2 1.2mm铝单板泛水,深灰色粉末喷涂
3 沥青油毡瓦屋面(带保温)
  114x64防腐胶合木梁
  100x100mm方钢管
4 12mm欧松板吊顶
5 20mm防腐松木封檐板
6 115x64mm胶合木过梁
7 伞状钢结构支撑
8 20mm半透明乳白色阳光板
  140x64mm阳光板竖龙骨
  20mm半透明乳白色阳光板
  20mm厚140mm宽回收老木材遮阳板,水平向排列
9 C20钢筋混凝土室外平台
10 彩色鹅卵石铺地
11 原有石砌基础墙体
12 原有老房子屋顶修葺
13 原有石砌墙体

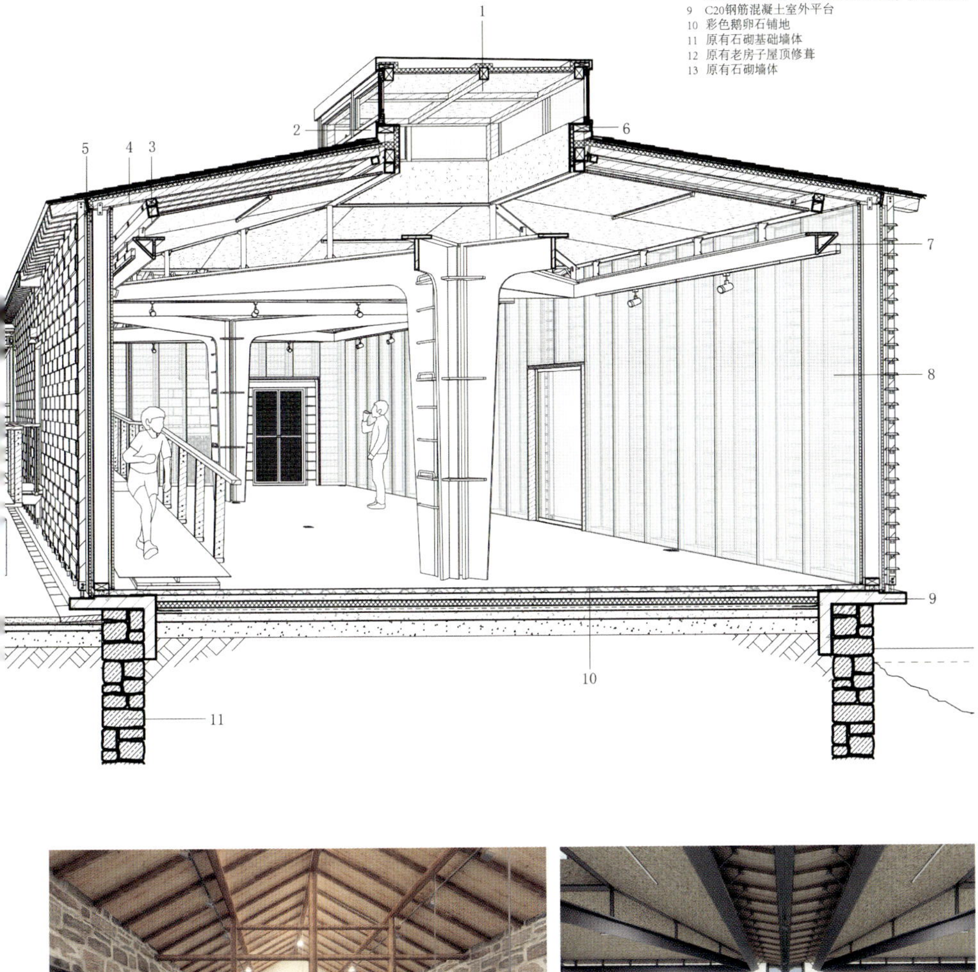

茅山游客中心

建筑师：傅筱、陆蕾、潘幼建
学生：李潇乐

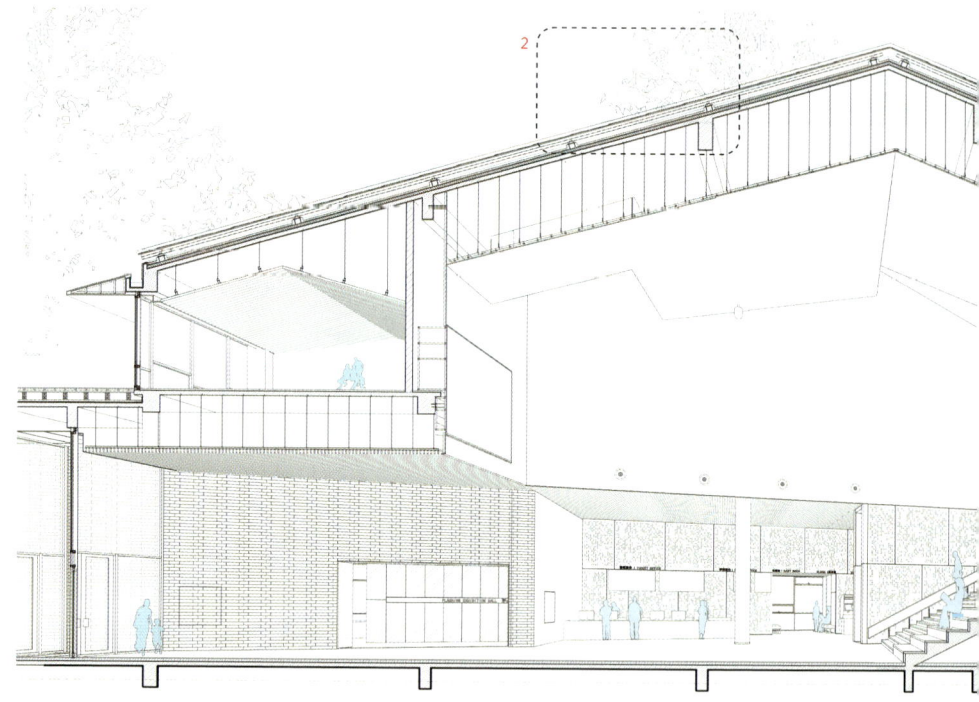

基地区位

基地位于江苏省常州市金坛茅山风景区南部，南临尚水路，从西侧的寻仙路可直接进入茅山风景区。从基地的西北起至东侧均为竹林山体，中部有一片水塘；整个地势中间低两边高，总用地面积为45468.05m²。基地北面拟建80床规模的精品酒店。

单体建筑设计

游客中心功能分区明确，建筑总共分三大体量。游客服务中心布局在建筑西侧的体量中。首层主要布置票务中心、展厅、多媒体厅、超市、候车厅、自行车驿站以及相应的辅助用房；自行车驿站有独立的出入口，功能上既自成一体，又与游客中心由通道相联系。二层为新闻会议中心和创意办公区。内部办公布局在东侧的两个体量中。

建筑通过设计屋顶天窗、天井使得整个使用空间，包括走廊、楼梯间等辅助空间均可自然采光通风；通过在建筑一层设计凹入的虚空间形成建筑自遮阳，二层在幕墙外设计竖向陶棍百叶遮阳系统进行综合遮阳，降低能耗。建筑和停车场均使用太阳能系统，停车场配设充电桩，生态节能。屋顶进行雨水收集处理，广场采用透水材料。

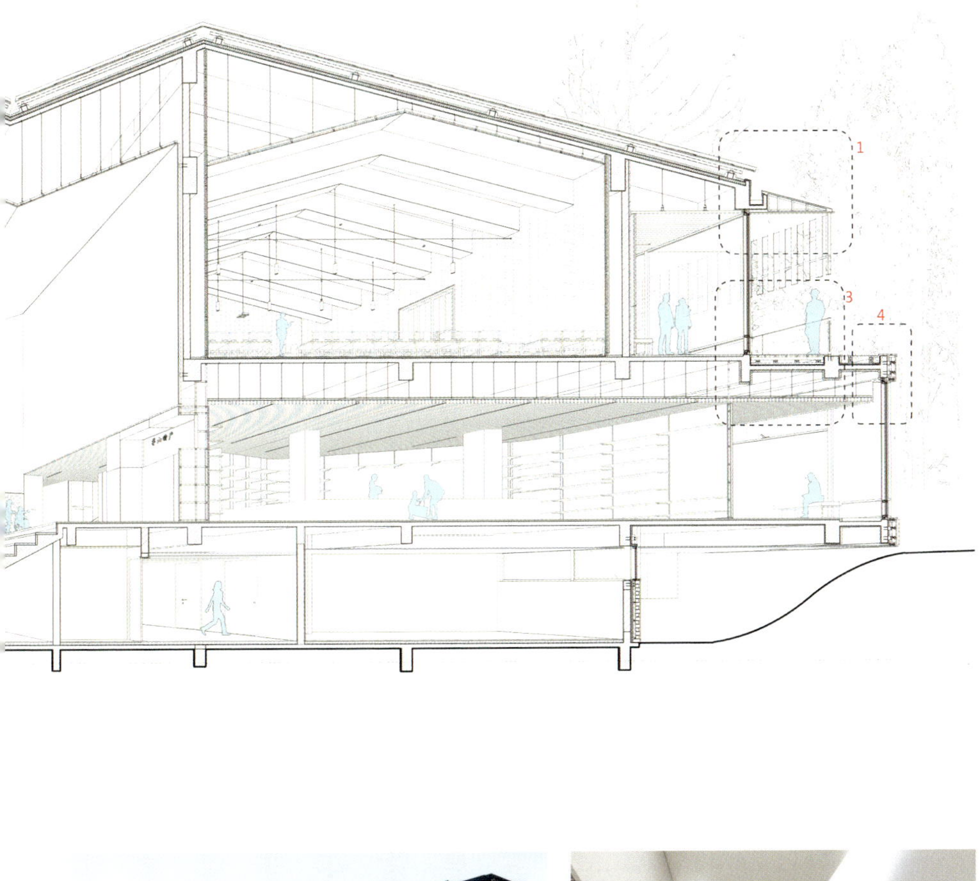

南京近代住宅建筑立面细部特征研究及修缮策略——
以汉口路 22 号("中山楼")为例

指导老师:冷天
学生:杨颖萍

"中山楼"位于南京市汉口路 22 号,南京大学鼓楼校区南苑邻汉口路大门。它始建于 1911 年,历经百余年,伴随着原金陵大学的成长、改革、调整和重组,见证了其从南往北发展的整个过程。该楼早期原为传教士布洛克夫妇、美以美会牧师胡默尔一家的住所。而在原金陵大学诸多独立住宅中,"中山楼"是建成时间最早(1911 年主体完工)的一栋,是早期原金陵大学校园建设"愿景"式的存在,具有极高的历史人文价值。

"中山楼"建成于 19 世纪末 20 世纪初南京近代建筑发展的盛期,也是西方建筑文化与技术传播和应用的繁荣时代。其作为原金陵大学独立住宅的代表,既有此类建筑"西式"特征的一般性,同时又因其更为精美的立面细部特征而具有特殊性。对"中山楼"及原金陵大学校园独立住宅立面细部特征的研究,有助于我们了解近代西方建筑文化与技术;对"中山楼"修缮策略的探索则有助于对此类近代建筑文化遗产进行有效的保护及再利用。

本文以原金陵大学独立住宅为研究对象。首先,通过对现有资料的深入解读和开展现场调研工作,从外墙、窗、门、过梁、线脚、山花、窗、柱子、栏杆、阶基等方面对独立住宅的建筑细部进行了对比研究,总结归纳出原金陵大学独立住宅立面细部处理手法的潜在规律。然后,结合胡默尔家族档案资料,参照原金陵大学独立住宅立面细部特征规律,对"中山楼"的细部特征进行详述,呈现出这样一座细部精美、形制讲究的独立小楼的原材料、原工艺和原做法。最后,从现在使用的安全性、舒适性等角度出发,对原材料、原工艺和原做法进行"现代转译",以适用于现在的使用需求,并且详细呈现了"中山楼"的修缮设计方案。

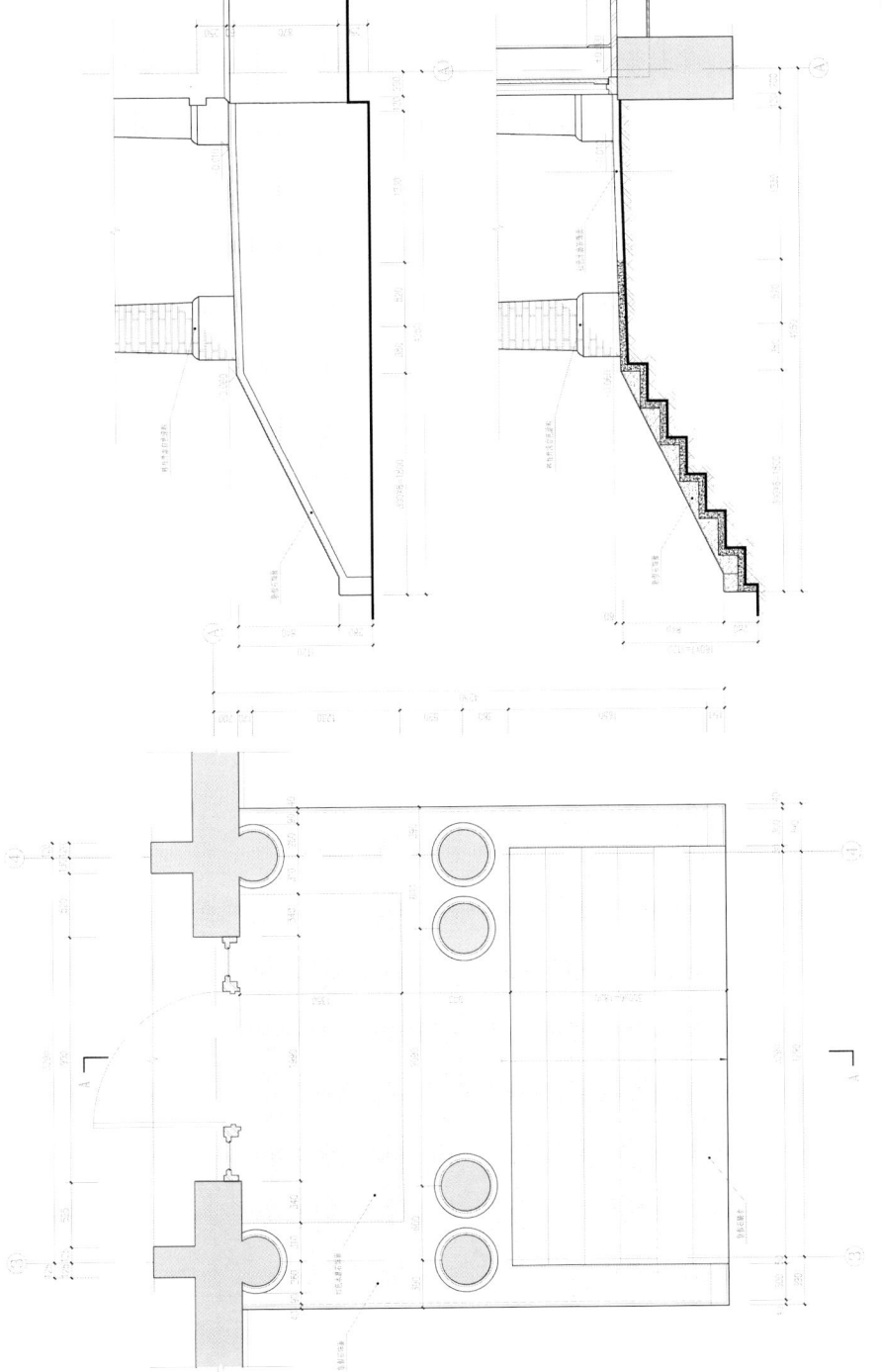

南京近代住宅建筑保护与再利用设计研究——
以金银街 4 号为例

指导老师：冷天
学生：薛鑫

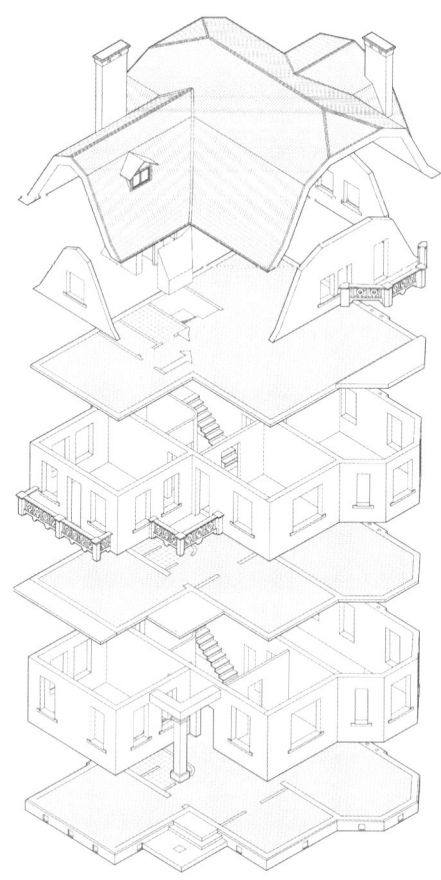

　　这一近代建筑位于南京市鼓楼区金银街 4 号，在南京大学鼓楼校区北园内，金银街 4 号为南京大学鼓楼校区整个历史风貌区的组成部分，并且为原金银街住宅区的重要遗存。

　　《冈村宁次回忆录》中记载："在鼓楼西，原大使馆西方约四百米处的田野中，有四栋两层木结构的住宅，其南侧两栋为原日本大使馆所租用，作为机关宿舍，现由联络班继续租用（1946.7.2）。"金银街 2 号楼和 4 号楼作为日军侵华的侧面见证，具有重要的历史文物价值，现金银街 2 号建筑和 4 号建筑均被列入"南京重要近现代建筑"名录。

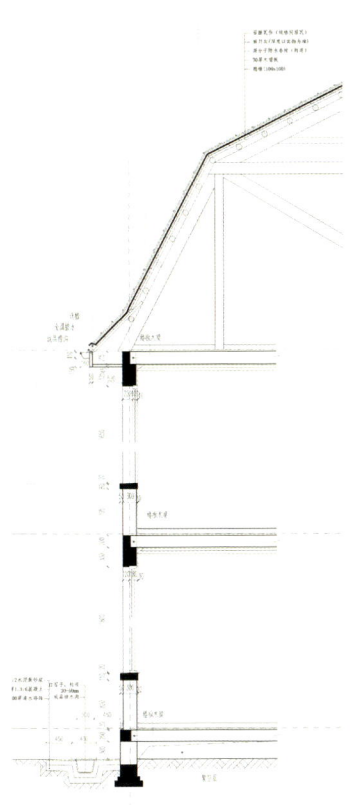
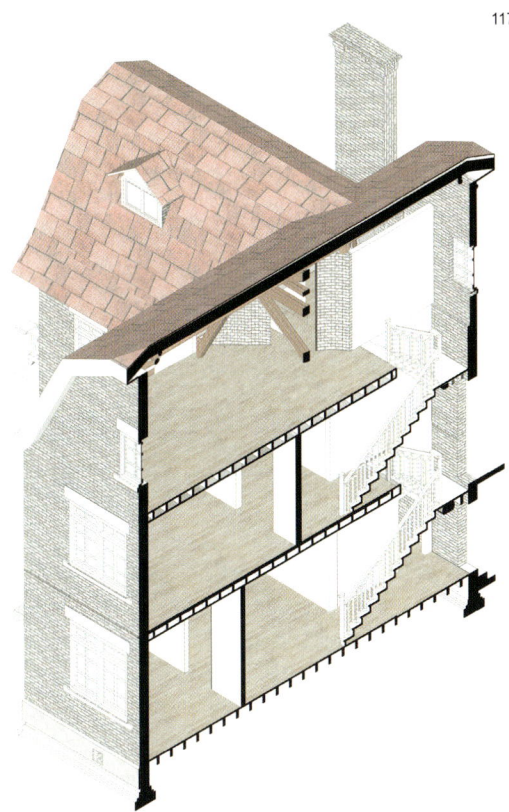
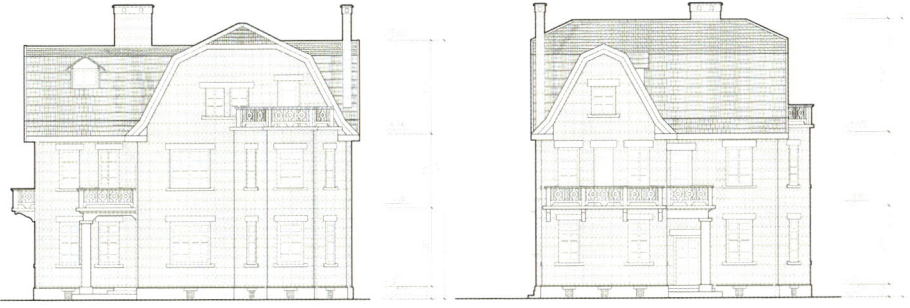

老年公寓模块产业化设计

指导老师：周凌
学生：宋富敏

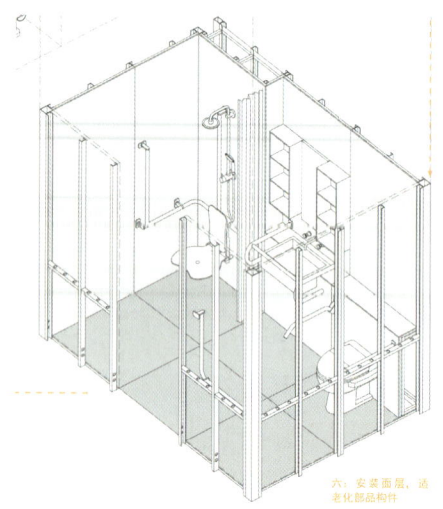

六：安装面层，适老化部品构件

步骤一：模块分级

模块产业化的特点决定了模块分级的必要性。模块可以分为两个层级：一级模块和二级模块。一级模块指能独立完成某种居住功能的模块，比如厨房、卫生间；二级模块指在一级模块下的单一功能模块，比如卫生间的洗浴功能模块。二级模块组成一级模块，一级模块组成老年公寓。

步骤二：模数协调

模数协调在模块产业化的过程中发挥着重要作用。模数协调指应用模数来实现尺寸协调及安装位置的方法和过程。在二级模块组成一级模块的过程中，需要控制完成面之间的净尺寸，保证模数网格的实现。这也意味着设计之初就要考虑墙体的间距、墙体到面层的间距、误差范围等。模数协调的本质就是创造一个模数化的空间。

步骤三：标准化设计

通过对一级模块的功能分解，得到二级模块。再结合人体尺度、老年人的特殊要求，选择合适的模数，合适的部品构件，形成二级模块的标准化设计，进而生成二级模块列表。一级模块可以挑选其中的二级模块，形成标准化的一级模块，进而组合成标准化户型。

步骤四：构造、集成和装配

在二级模块标准化设计的基础上，需要进一步研究落地的可能性，即考虑模块的构造和集成。模块的构造主要考虑模块与模块、模块与楼地面的连接问题。模块的集成主要考虑与水、电、室内等专业的配合。同时也考虑模块的生产、运输和现场装配。

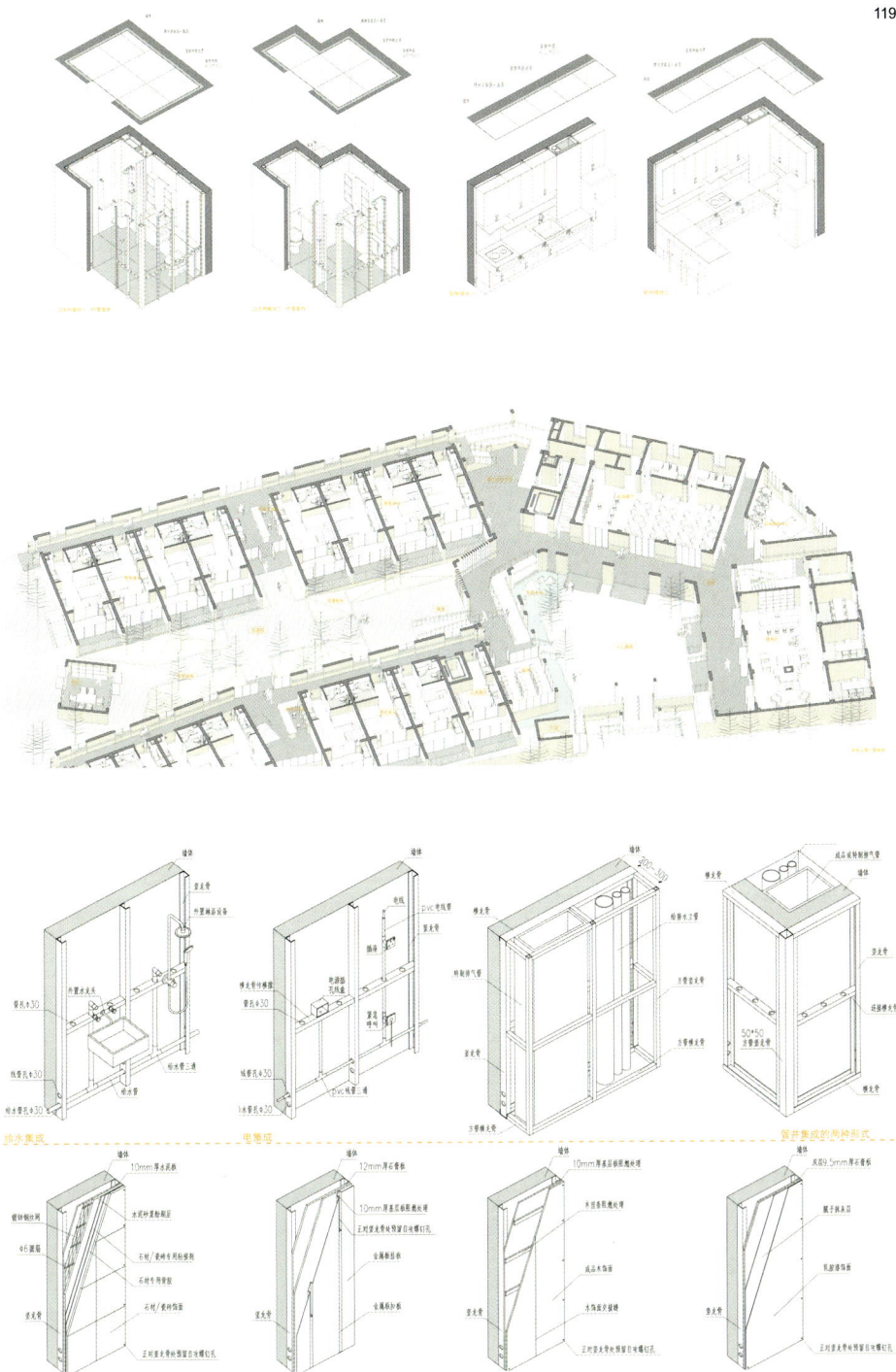

周凌工作室

指导老师：周凌
学生：宋富敏

经济发达地区传承建筑文脉的产业化营建体系研究

指导老师：傅筱
学生：方柱、孔颖、刘洋宇、赵中石

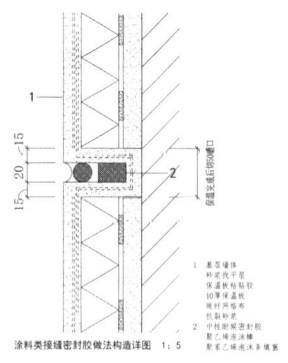
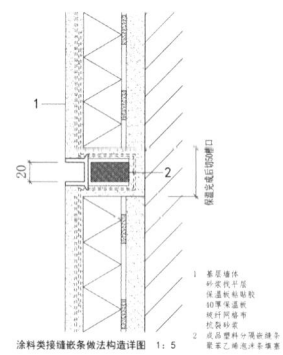
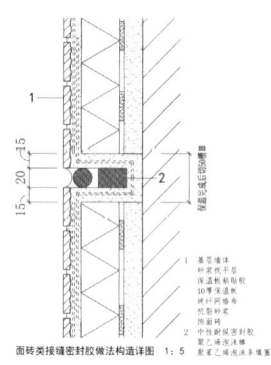

涂料类接缝密封胶做法构造详图 1:5　　涂料类接缝嵌条做法构造详图 1:5　　面砖类接缝密封胶做法构造详图 1:5

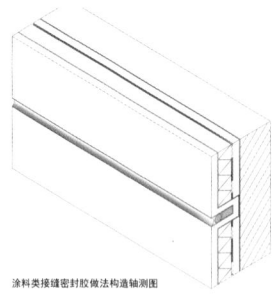
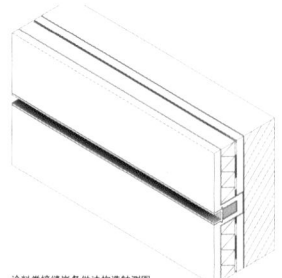
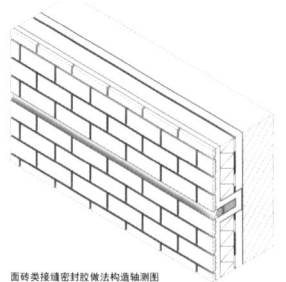

涂料类接缝密封胶做法构造轴测图　　涂料类接缝嵌条做法构造轴测图　　面砖类接缝密封胶做法构造轴测图

本文属于十三五国家重点研发计划重点专项"经济发达地区传承中华建筑文脉的绿色建筑体系"中课题"经济发达地区传承建筑文脉的绿色建筑营建体系"下的任务"经济发达地区传承建筑文脉的产业化营建体系研究"的一部分。作者有幸参与了课题中《沿海经济发达地区大量性建筑外围护结构耐候性构造设计图集》的编制工作，在课题组的带领下完成了前期的文字框架脉络整理和资料收集分类工作，使用BIM工具绘制了洞口设计与干作业墙身设计两个章节的二维图纸和三维模型，并参与了相应BIM族库的制作。

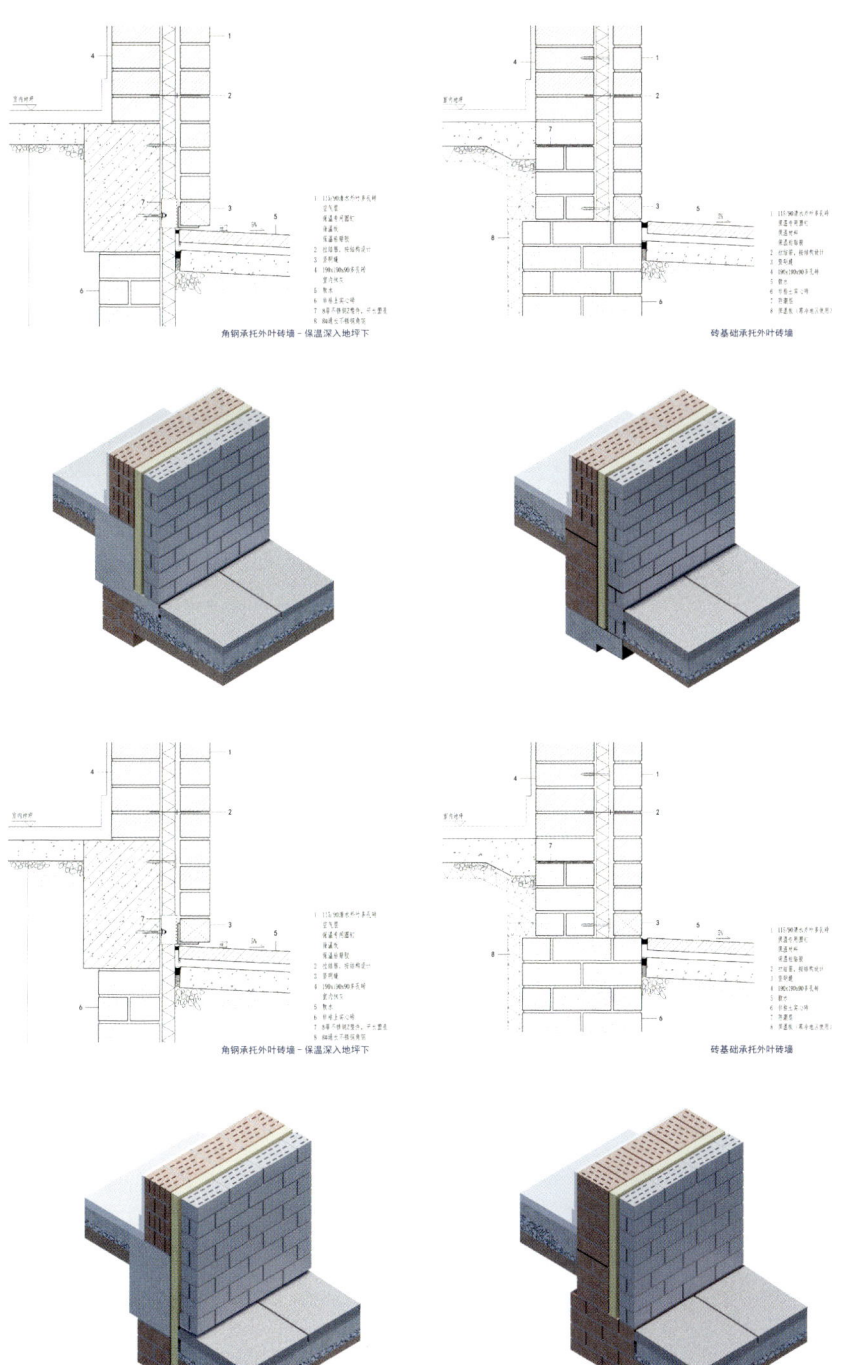

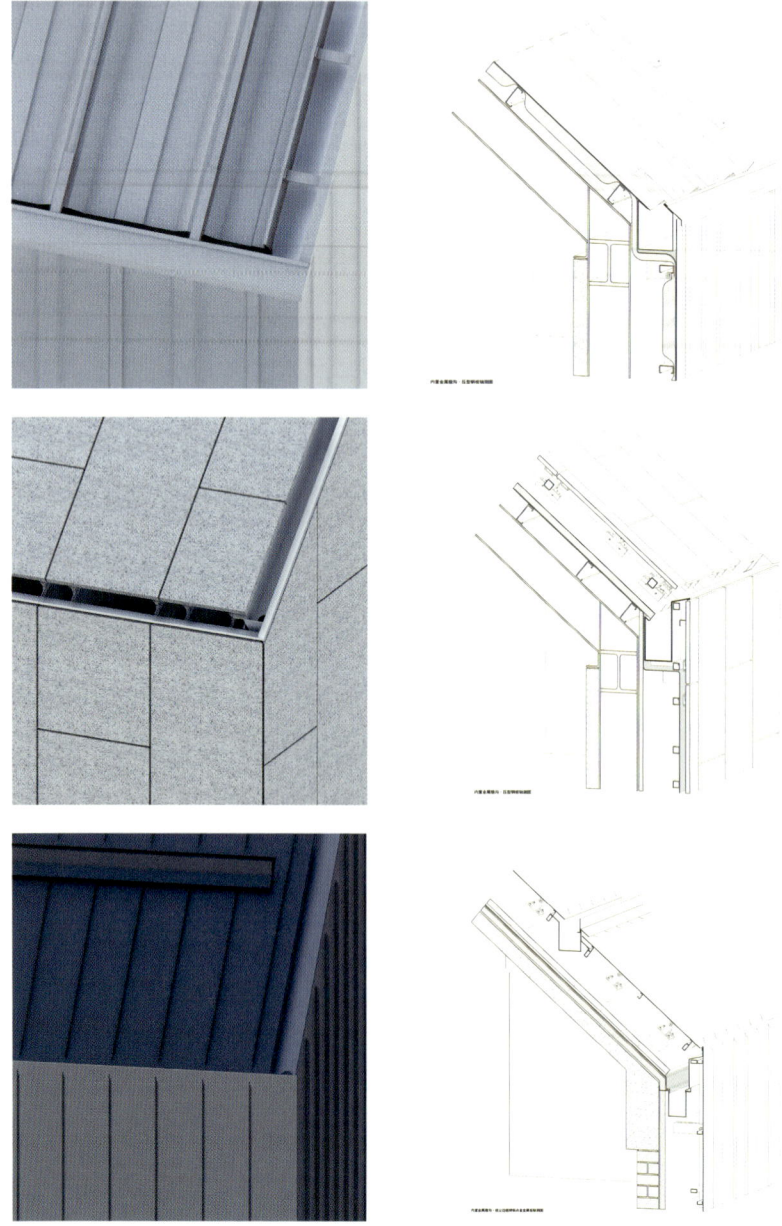

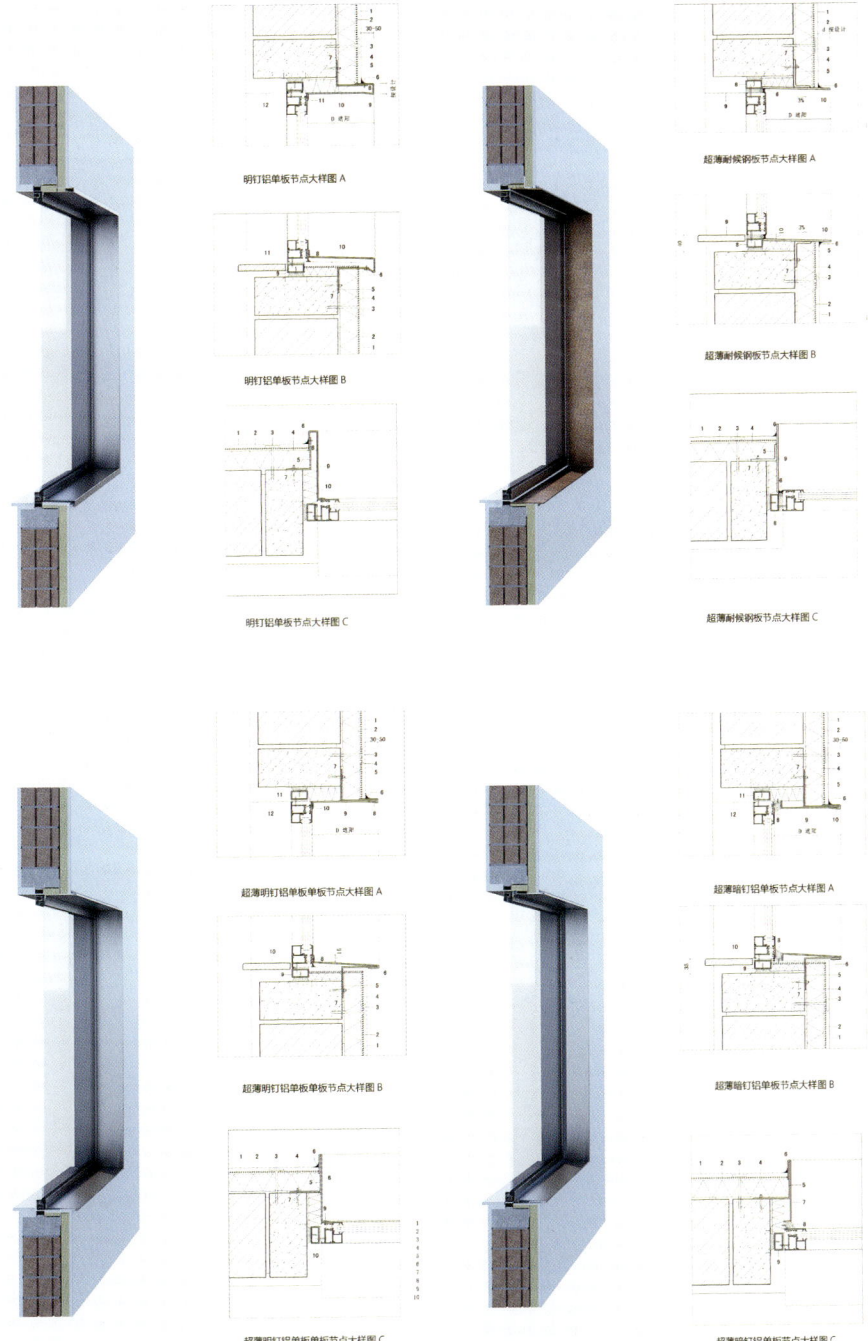

南大建筑实验手册 | 主编 鲁安东

技术人文与共生设计

Technological Humanism

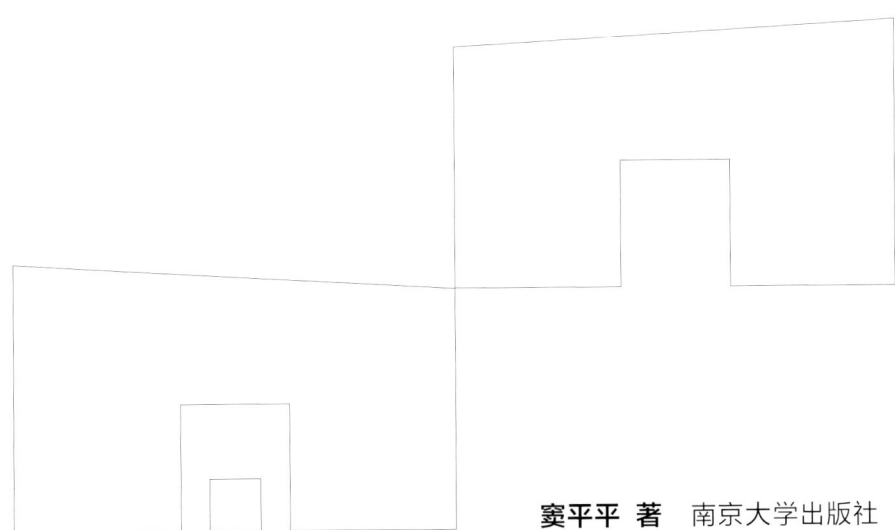

窦平平 著　南京大学出版社

图书在版编目（CIP）数据

南大建筑实验手册.技术人文与共生设计/鲁安东
主编；窦平平著. -- 南京：南京大学出版社, 2025.
7. -- ISBN 978-7-305-29165-4

Ⅰ.TU2-53

中国国家版本馆 CIP 数据核字第 2025SX5628 号

出版发行　南京大学出版社
社　　址　南京市汉口路22号　　邮　编　210093
书　　名　南大建筑实验手册
　　　　　NANDA JIANZHU SHIYAN SHOUCE
主　　编　鲁安东
责任编辑　王冠蕤　　张　静

照　　排　南京新华丰制版有限公司
印　　刷　南京爱德印刷有限公司
开　　本　787 mm × 900 mm　1/32　印张14.75　字数732千（共五册）
版　　次　2025年7月第1版　2025年7月第1次印刷
ISBN　978-7-305-29165-4
定　　价　218.00元

网址：http://www.njupco.com
官方微博：http://weibo.com/njupco
微信服务号：njupress
销售咨询热线：（025）83594756

* 版权所有，侵权必究
* 凡购买南大版图书，如有印装质量问题，请与所购图书销售部门联系调换

前　言

共生，源自生物学概念，指两个彼此相邻又不同种的生命之间的交互作用。

将城市类比为生物有机体由来已久。塞尔达（Cerda, 1867）将城市比作身体，将规划师比作诊断和外科医师。莱伊（Choay, 1969）在阐释奥斯曼的现代巴黎规划时将新的道路系统比作"循环系统的主动脉"。桑内特（Sennett, 2008）更认为17世纪解剖学的发展影响了城市规划，其中一个直接的影响是人们对血管中血流的认知启发了单行道的诞生。其中黑川纪章（1994）直接引用了共生理论，认为共生哲学关乎各个元素之间的关系，并且强调它们之间存在制约和矛盾。而柯林斯（Collins）则在总体上解释了这一现象背后的原因，因为建筑学的演进无法依赖进化论——新优于旧从而优胜劣汰，于是理论家只好诉诸其他类比方式，诸如来自生物学、机械学和语言学的模型。

共生，共与生。

共即混合、复合、异质共存。建筑从来就不只关乎单一的价值体系，而是不同价值体系的集合，或者是一种混合多元的秩序。

生即延续、动态、在变化中获得稳定。建筑和城市是一直处于变化中的，内在结构应当保持开放，积极容纳变化。

共生的主导关系是互利的。互利是共生设计的核心目标。共生理论营造了一种动态情境，使得两种异质元素可以在保持张力的状态下共同依存，彼此支撑，甚或促使它们愈发差异化发展。因此，两种元素之间的媒介界面就显得尤为重要，它起到生发机制的作用，这就是共生建筑。

窦平平

目　录

图解共生关键词 2
共生关键词 4
    关键词 1：并置 5
    关键词 2：集合体 7
    关键词 3：多样性 10
    关键词 4：共时性 12
    关键词 5：气候响应 14
    关键词 6：适变性 18
    关键词 7：使用后 20
    关键词 8：历时性 22

教学内容 26
    主题课程 27
    国际合作课程 1："外出就餐"南京餐厅的想象 28
    国际合作课程 2：重塑 20 世纪城市形态 29
    国际合作课程 3：社会—空间图示方法 30
    国际合作课程 4：城市发展的再适应 31
    教学成果 32
    教学展览 1："物物相生"设计教学作品展 44
    教学展览 2：英国皇家建筑师学会主席奖作品展 45
    教学展览 3：无尽之墙：过滤与扩散的建筑学 46

教学方法论文 47
    教学方法论文 1：拼贴法辅助设计构思——与剑桥大学联合教学的记录、反思和探索 48
    教学方法论文 2：设计研究作为一种启发式实践——与谢菲尔德大学联合教学中的思考 55

拓展论文 61
    配景人、主体人与后人类 62
    卫生间的小历史 70
    《建筑评论》的人文视角 74
    旋转木马·城市寓言 78

研究成果图谱 84

图解共生关键词

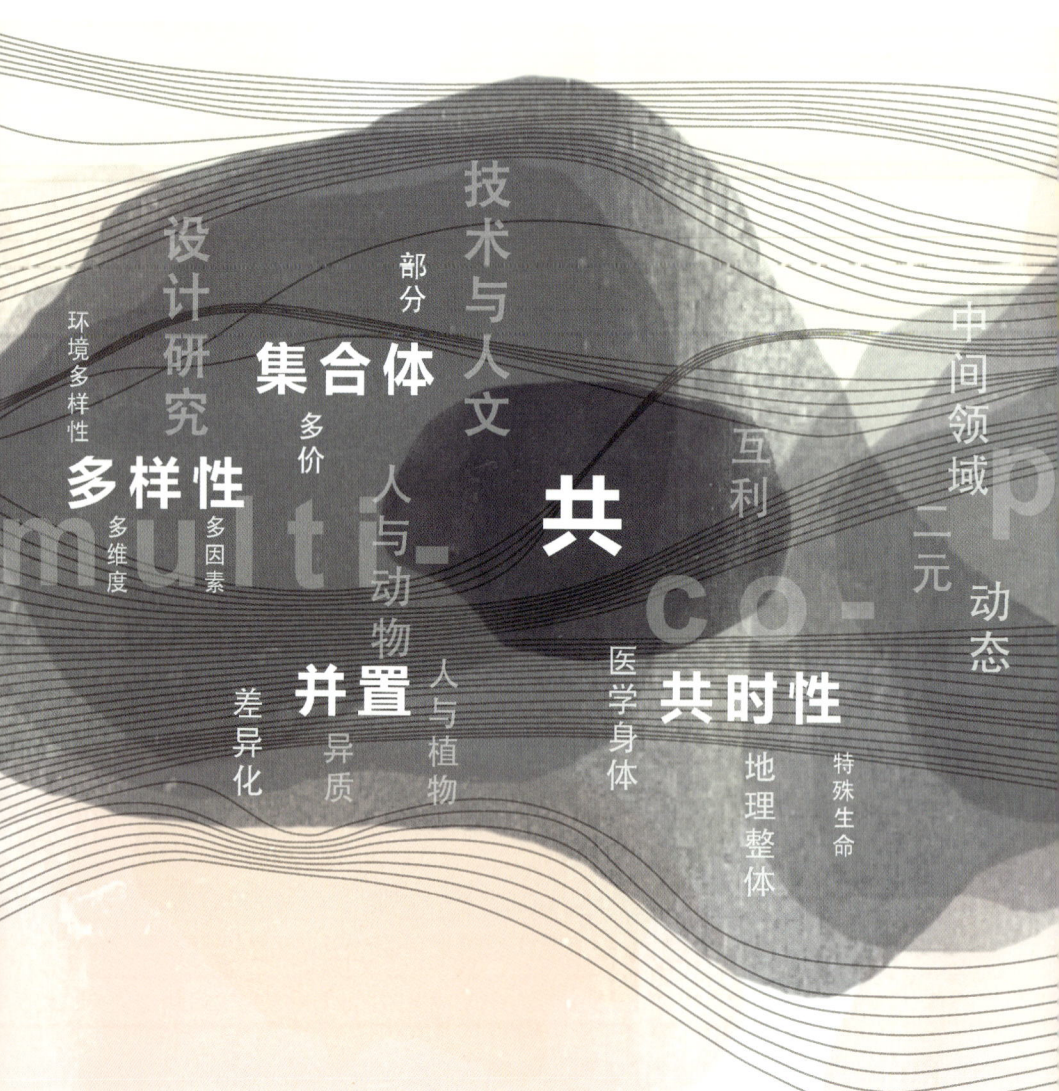

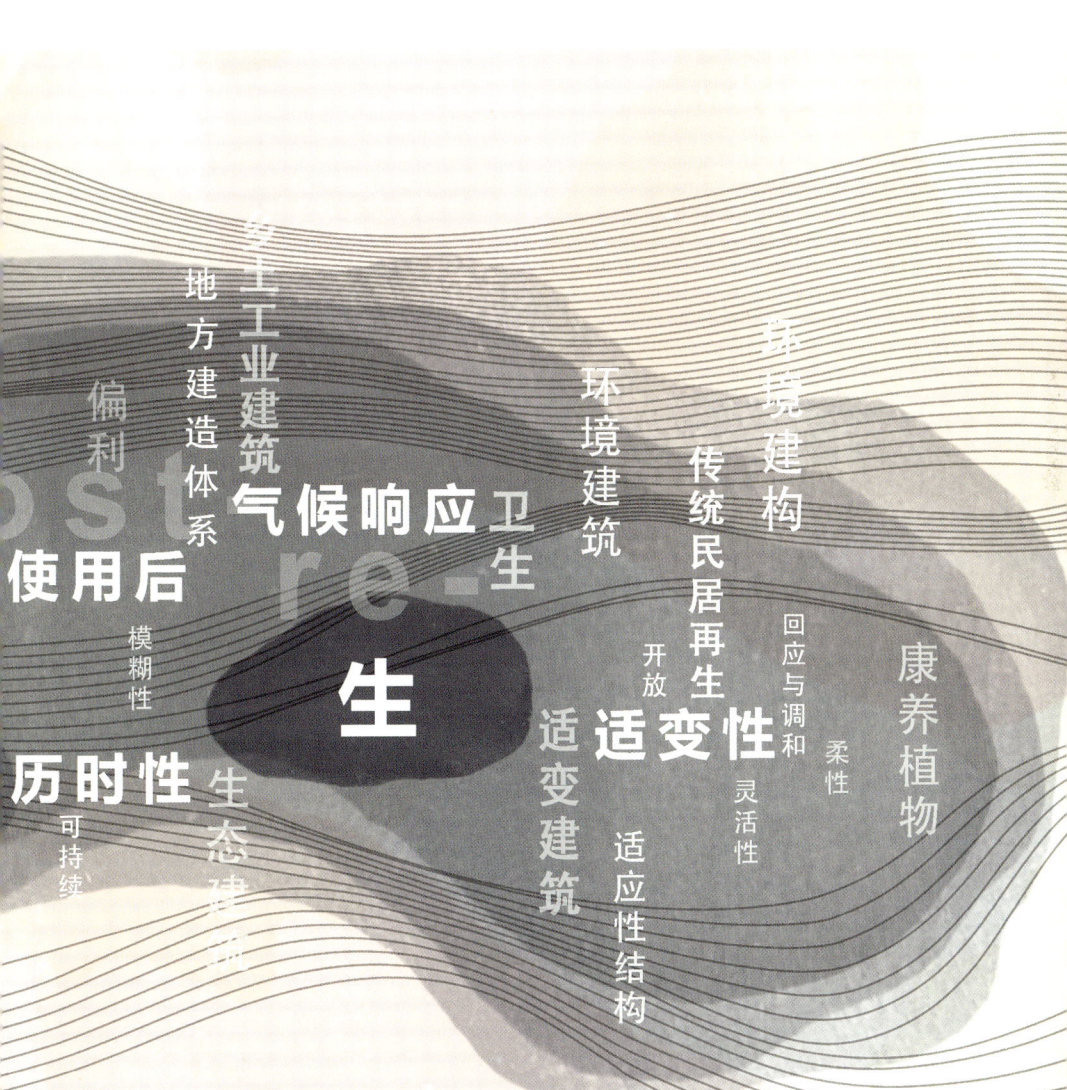

共生关键词

并置	Juxtaposition
集合体	Assemblage
多样性	Diversity
共时性	Synchronicity
气候响应	Climatic Response
适变性	Adaptability
使用后	Post-Occupancy
历时性	Diachronicity

关键词 1：并置

Keyword 1: Juxtaposition

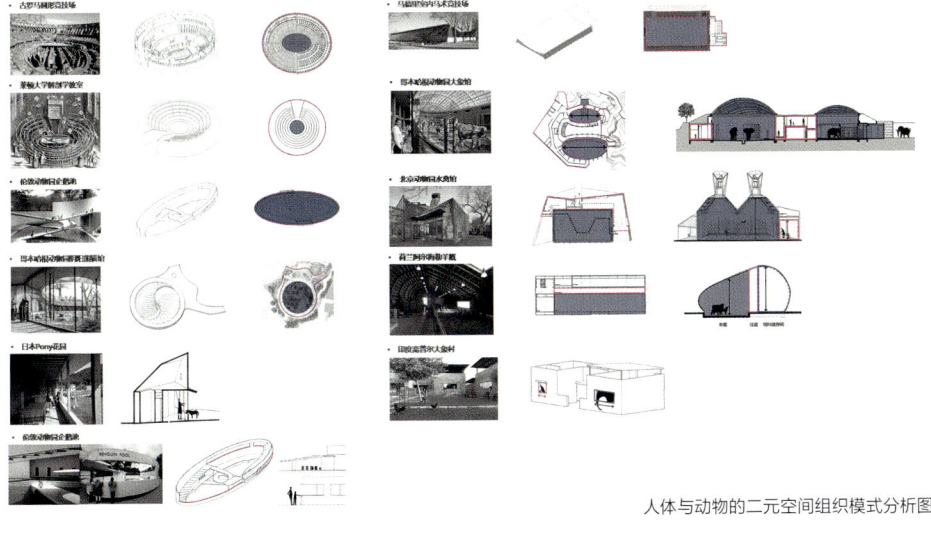

人体与动物的二元空间组织模式分析图

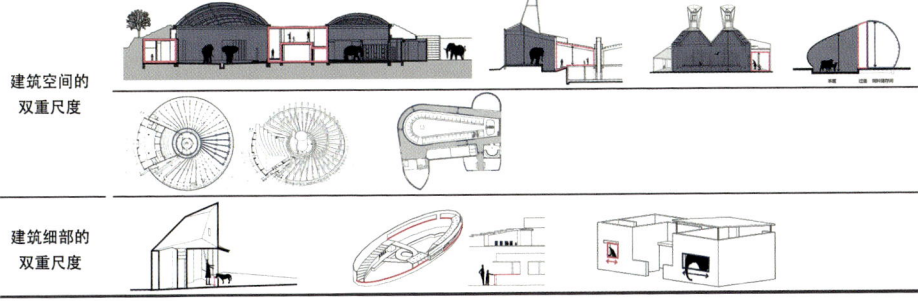

空间与细部的双重尺度分析图

《共生建筑——人与动物的差异化空间并置类型探索》，学生：潘璐梦，指导教师：窦平平

人体与动物双重尺度分析图

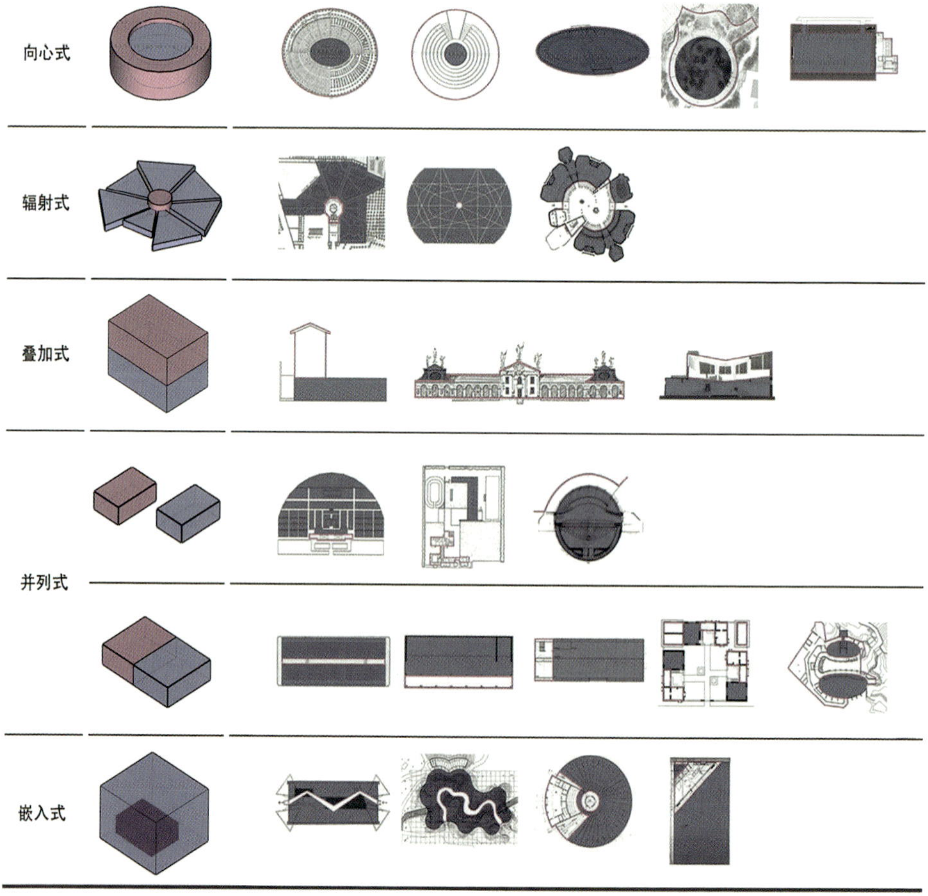

向心式						
辐射式						
叠加式						
并列式						
嵌入式						

人体与动物空间组织模式分析图

《共生建筑——人与动物的差异化空间并置类型探索》，学生：潘璐梦，指导教师：窦平平

关键词 2：集合体

Keyword 2: Assemblage

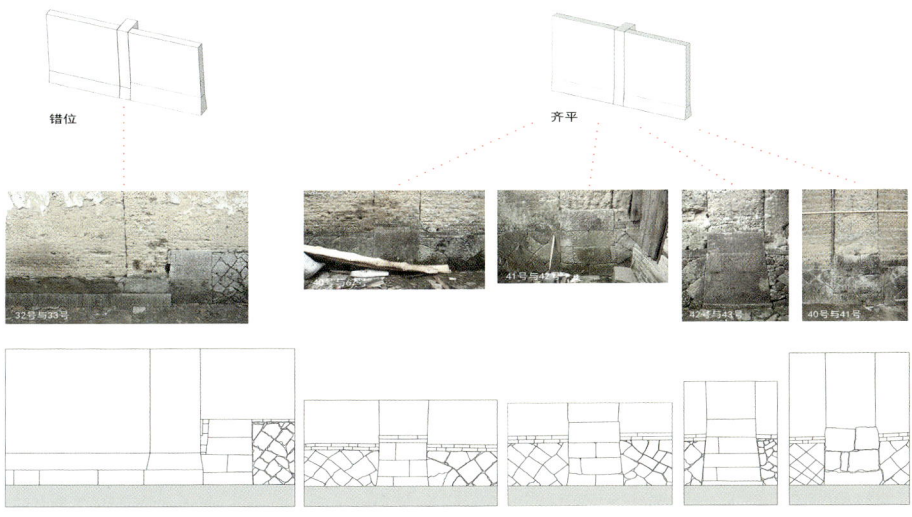

夯土墙石基立面图

《闽北围堡形态演进研究》，学生：刘树豪，指导教师：窦平平

《高资蚕种场环境解析》,学生:刘彦辰,指导教师:鲁安东、窦平平

关键词 3：多样性
Keyword 3: Diversity

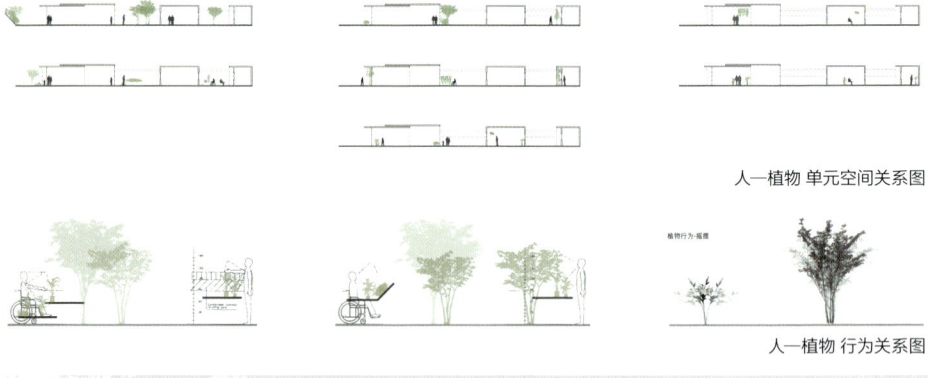

人—植物 单元空间关系图

人—植物 行为关系图

《共生：百草康养园居》，学生：林易谕、朱雅芝，指导教师：窦平平

百草康养园居6-6轴测分析图

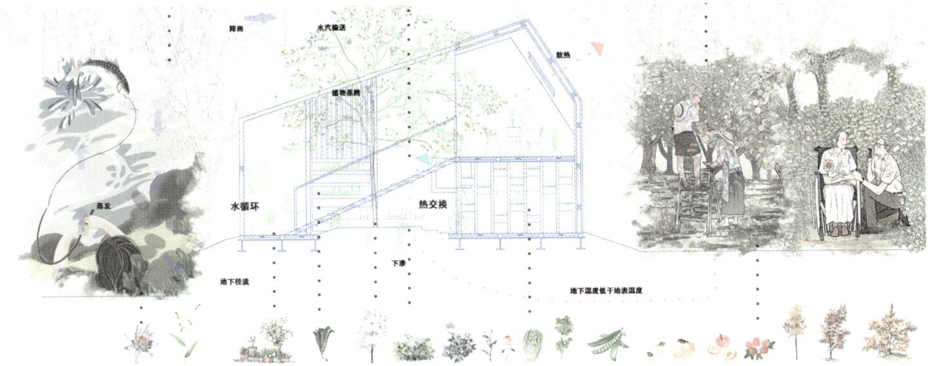

百草康养园居6-6设计图

人运动与植物高度疏密关系图

关键词 4：共时性
Keyword 4: Synchronicity

《学术景观》，学生：席弘，指导教师：窦平平、英格丽德·施罗德（Ingrid Schroder）

《学术景观》，学生：席弘，指导教师：窦平平、英格丽德·施罗德

关键词 5：气候响应
Keyword 5: Climatic Response

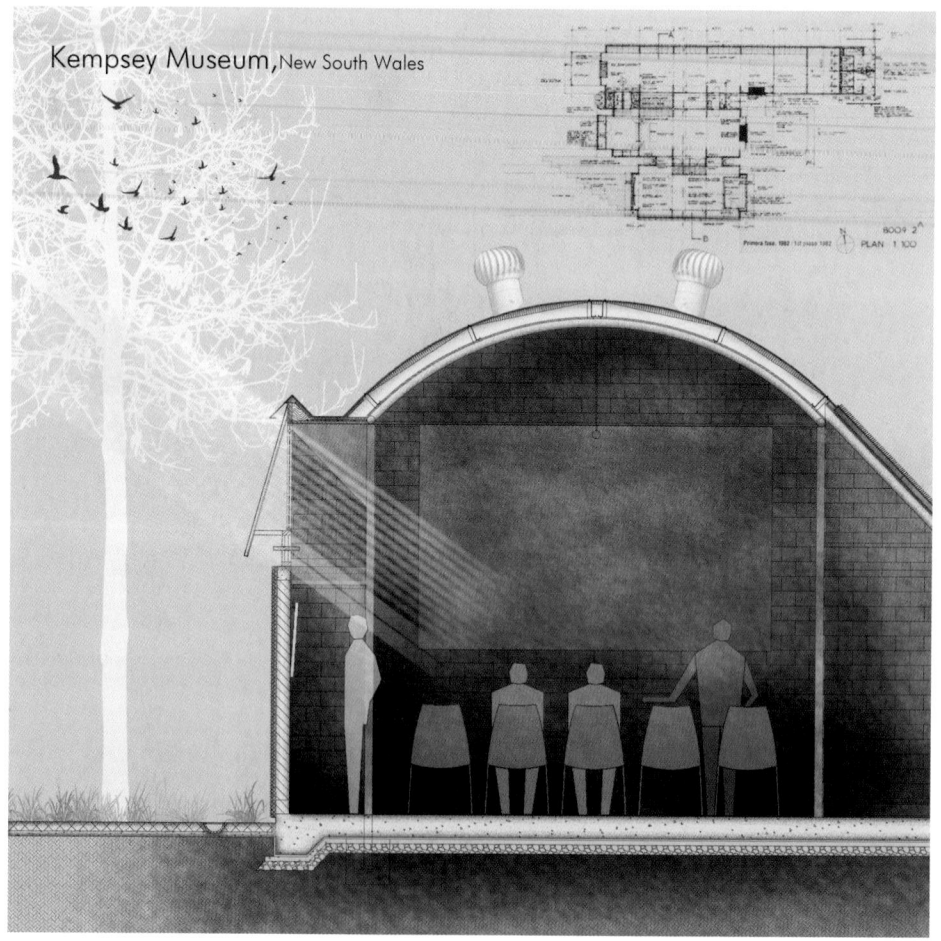

格伦·马库特（Glenn Murcutt），肯普西博物馆（Kempsey Museum）画廊窗剖面图

《格兰·默科特建筑案例环境分析》，学生：符靓璇，指导教师：窦平平、鲁安东

格伦·马库特,肯普西博物馆画廊窗构造图

《格兰·默科特建筑案例环境分析》,学生:符靓璇,指导教师:窦平平、鲁安东

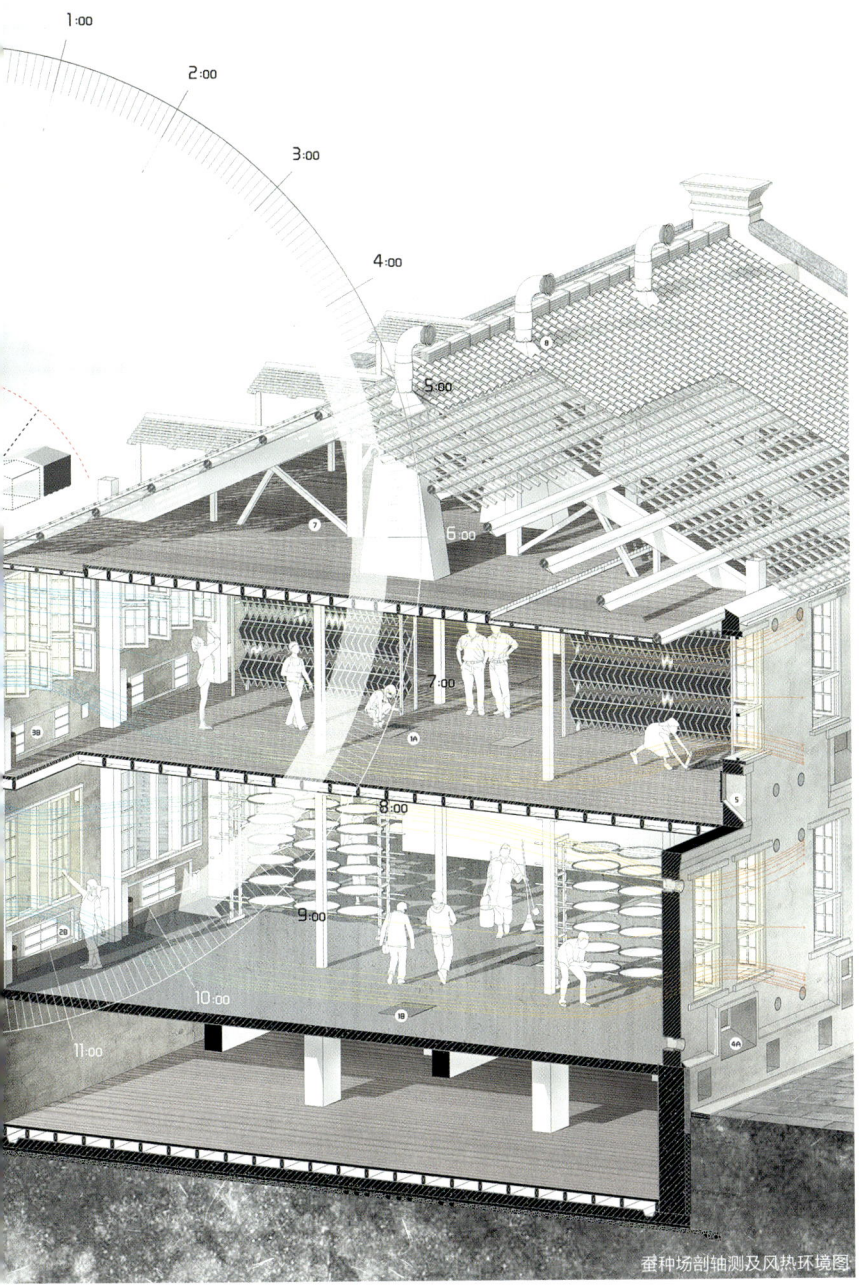

《大福蚕种场环境解析》,学生:徐少敏,指导教师:鲁安东、窦平平

关键词6：适变性
Keyword 6: Adaptability

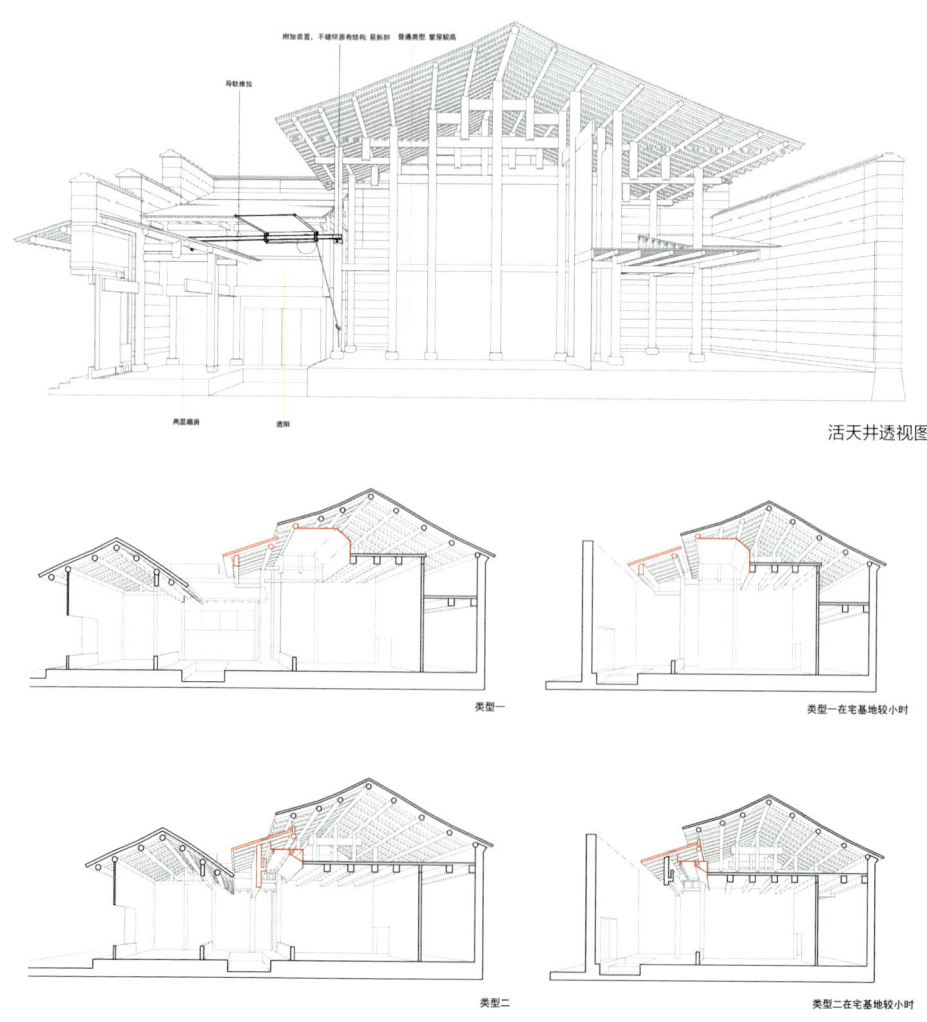

活天井透视图

天门类型变化图

《闽北围堡天井适应性设计》，学生：夏侯蓉，指导教师：窦平平、赵辰

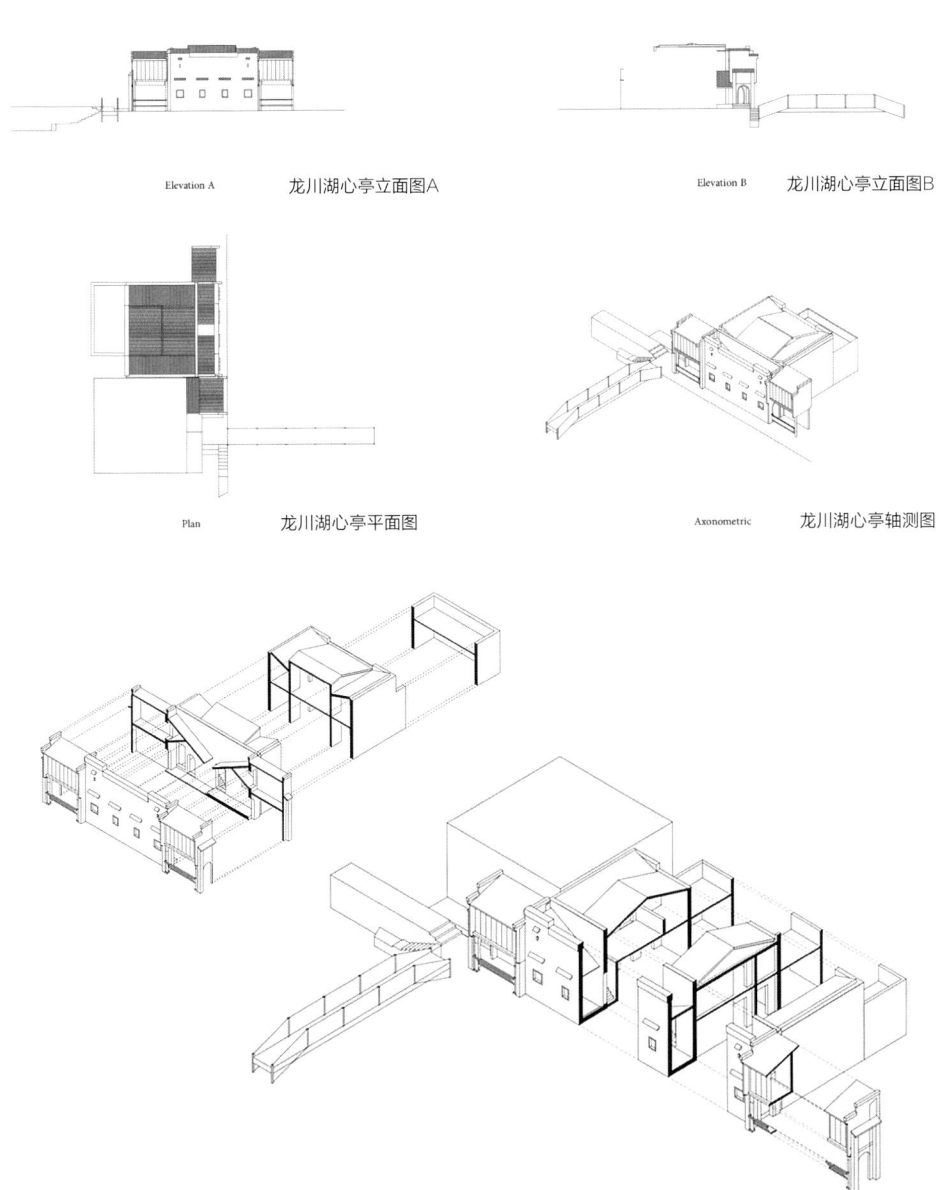

Elevation A 龙川湖心亭立面图A

Elevation B 龙川湖心亭立面图B

Plan 龙川湖心亭平面图

Axonometric 龙川湖心亭轴测图

龙川湖心亭剖轴测图

《民居形态适变解析》，学生：余佳浩，指导教师：夔平平

关键词 7：使用后

Keyword 7: Post-Occupancy

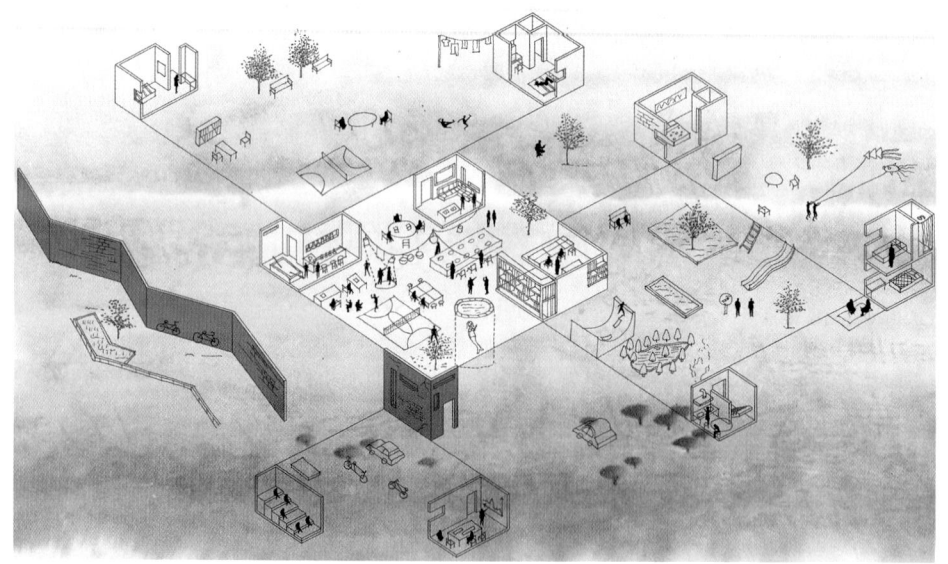

日常活动机制图

《准学习空间中的交互》，学生：黎乐源，指导教师：窦平平、英格丽德·施罗德

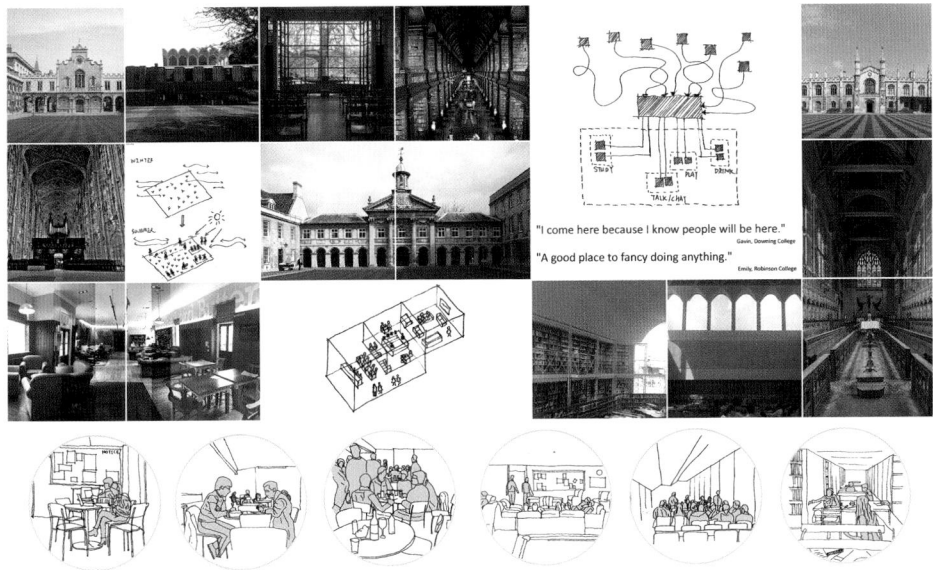

共享空间

《准学习空间中的交互》,学生:黎乐源,指导教师:窦平平、英格丽德·施罗德

关键词 8：历时性
Keyword 8: Diachronicity

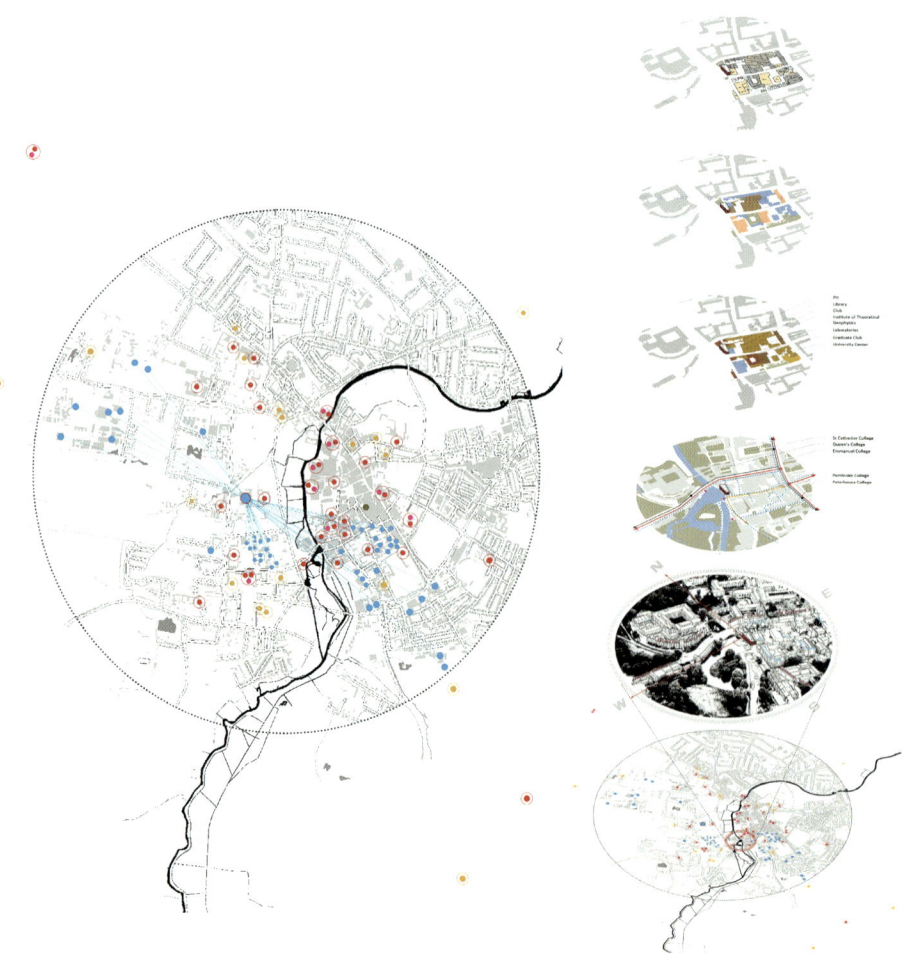

图书馆分布图

《学术景观》，学生：席弘，指导教师：窦平平、英格丽德·施罗德

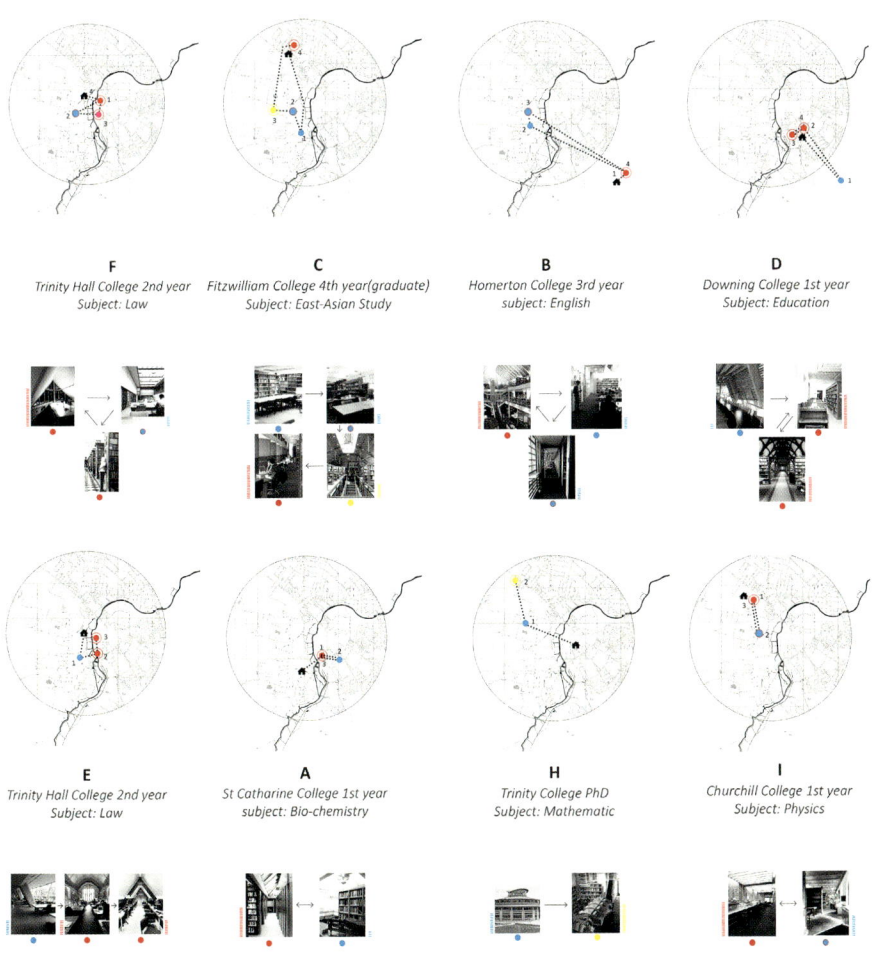

学生日常图书馆行为分布图

《学术景观》,学生:席弘,指导教师:窦平平、英格丽德·施罗德

《学术景观》，学生：席弘，指导教师：窦平平、英格丽德·施罗德

剑桥图书馆演进图

教学内容

主题课程

国际合作课程

教学成果

教学展览

主题课程
Theme Course

共生：建筑学中的技术人文主义/Symbiosis: Techno-Humanism in Architecture, 2015—2020

  一方面，我们依托南京大学深厚的人文底蕴，在复杂多变的社会情境下探索契合当代的人文精神；另一方面，我们彰显大学新工科的优势，探讨如何在历史脉络中理解新兴技术，如何在多学科交叉的平台上运用新兴技术。在这里，建筑学作为不可替代的整合性和应用性学科，将人文与技术相融合的探讨置于可操作的语境中，并付诸专业实践和社会行动，为我们的认知和理解提供丰富的情境和维度。

  课程面向本科高年级和研究生，共16讲，分为4个系列，每个系列由3个主题讲座和1个研讨课组成。既有跨时代的纵向梳理，也有跨文化和跨学科的横向比较，还有学科前沿主题。

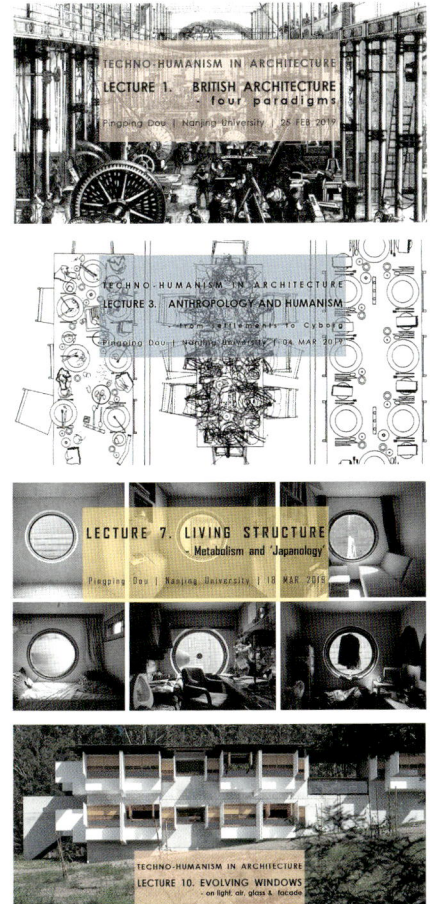

"建筑学中的技术人文主义"课程教案封面图

国际合作课程 1："外出就餐"南京餐厅的想象

International Cooperative Course 1: "EAT OUT" Imaginations of Dining Halls in Nanjing

主讲人：尤里斯·法赫（Joris Fach）

时间：2012.6

合作学校：剑桥大学

课题内容：

我们将详细研究这个国家的饮食文化，并为一个外出就餐的地方设计一个描述性的方案。每个小组的地点将由一张南京的城市情况照片来确定。我们将通过突出特色元素来分析该场地，并最终确定作为餐厅所在地的建筑或结构大厅。作业的呈现形式主要是三种：一个外部图像、一个内部图像和一个特写集合。

外部

内部

课程作业

国际合作课程 2： 重塑 20 世纪城市形态

International Cooperative Course 2: Shaping the Twentieth Century City

主讲人：尼古拉斯·布洛克（Nicholas Bullock）

时间：2014.6

合作学校：剑桥大学

课题内容：

本课程将为20世纪的国家和地方政府应对城市增长的挑战进行的各种尝试提供一种解读，将帮助学生理解形成当代城市形态的力量，并有助于他们理解发展中国家的城市正在面临的问题。课程将通过5个讲座结合研讨的形式来解读5个不同主题，而不是提供一个连续的叙事史。

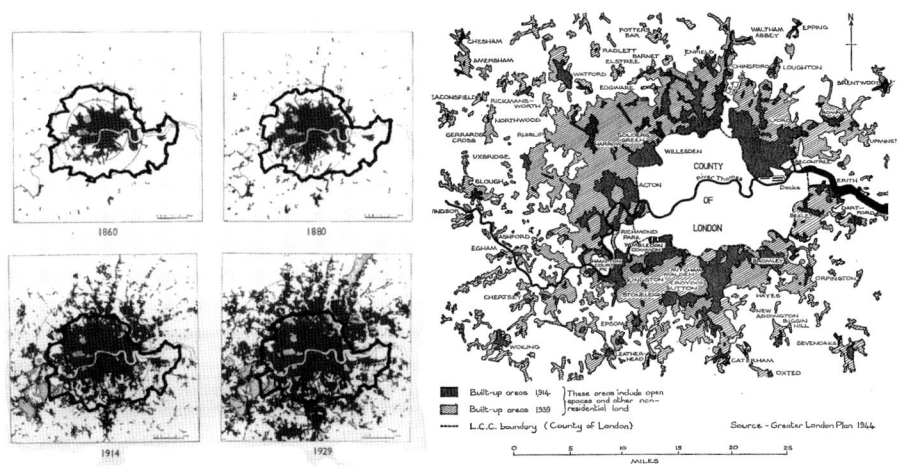

教案插图

国际合作课程 3：社会—空间图示方法

International Cooperative Course 3: Social-Spatial Mapping

主讲人：塔吉雅娜·施耐德（Tatjana Schneider）

时间：2015.6

合作学校：谢菲尔德大学

课题内容：

本课程旨在探索复杂的社会与空间关系的形象化表达方式。学生分为5个小组，每组3人，分别关注南京市中心的一个片区并表达——日常性的且处于持续变化中的碰撞性现实——这在传统的空间再现方式中往往被我们忽视。我们不仅关注客观物质存在、社交性使用及其背后的理论，也试验形象化表达现实因素的方式，并表达新兴复杂的体制和不断变化的空间。

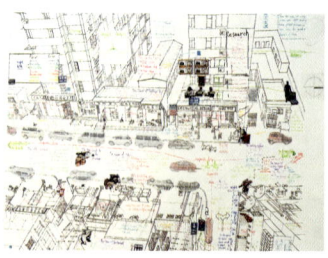

课程作业

国际合作课程 4： 城市发展的再适应

International Cooperative Course 4: Re-appropriate the Boom

主讲人：弗洛里安·科萨克（Florian Kossak）

时间：2017.6

合作学校：谢菲尔德大学

课题内容：

城市设计和规划通常被理解为从上帝视角构想的干预措施：不同尺度的规划视角通常是制订干预策略方法的基础。从上帝的视角观察——通过鸟瞰——可以提供对特定地区的物理和形式方面的强有力的见解，但是这种方式无法预见许多影响我们干预措施的问题。例如，从上帝视角看，我们完全错过了除此（城市形态）之外的其他可见事物，诸如占有痕迹、公共空间的实际用途、纹理、材料、修复的状态等。然而，至关重要的是，我们也很难理解该地区的无形和不可见的方面，如其空间的总体氛围、听觉和视觉质量，还有政治压力、文化特征、日常挑战与欲望的迹象。

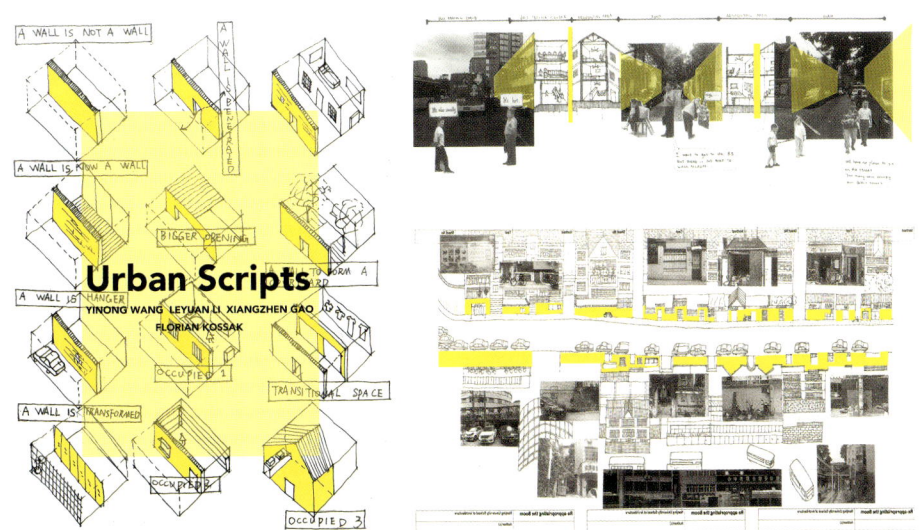

课程作业

教学成果

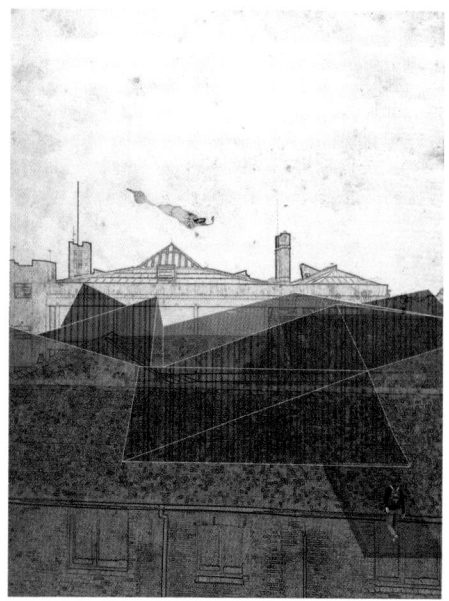

《准学习空间中的交互》,学生:黎乐源,指导教师:窦平平、英格丽德·施罗德

交互空间设计策略图

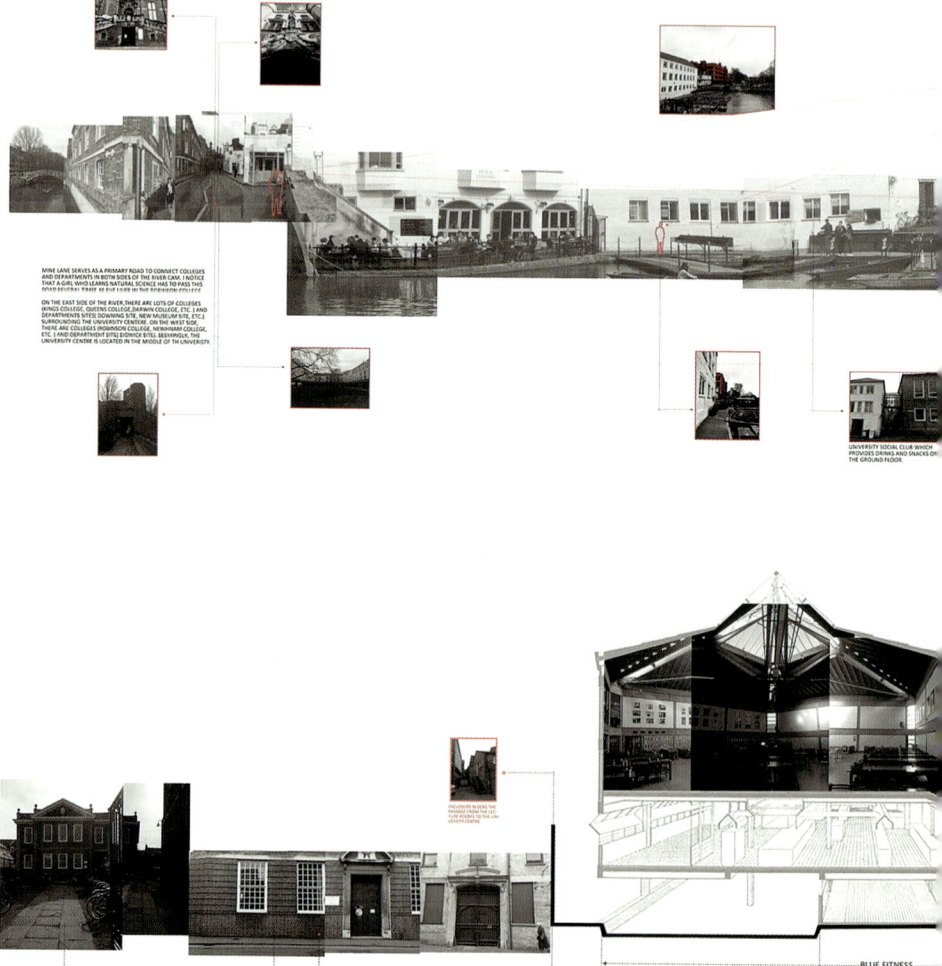

《准学习空间中的交互》,学生:黎乐源,指导教师:窦平平、英格丽德·施罗德

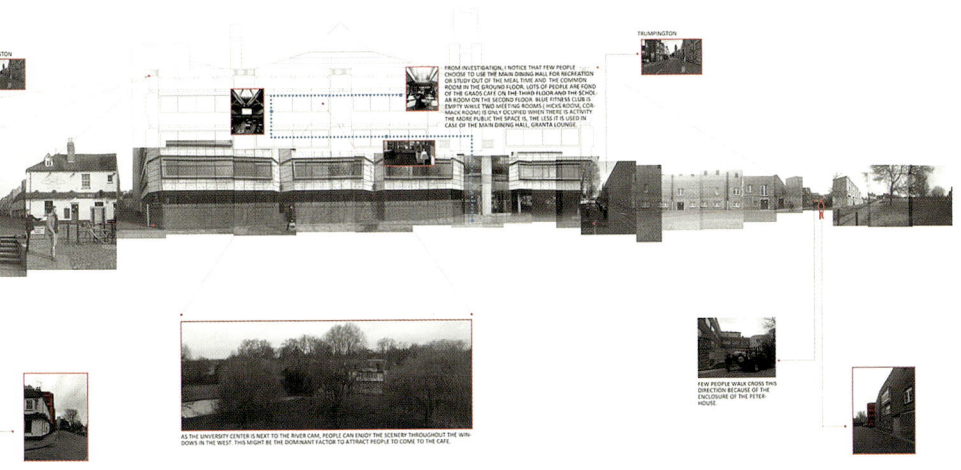

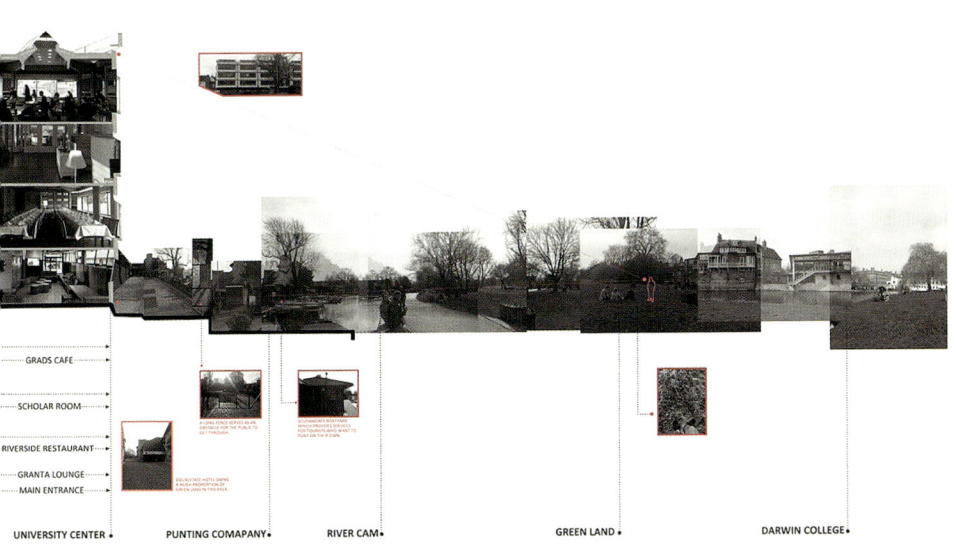

日常活动空间分析图

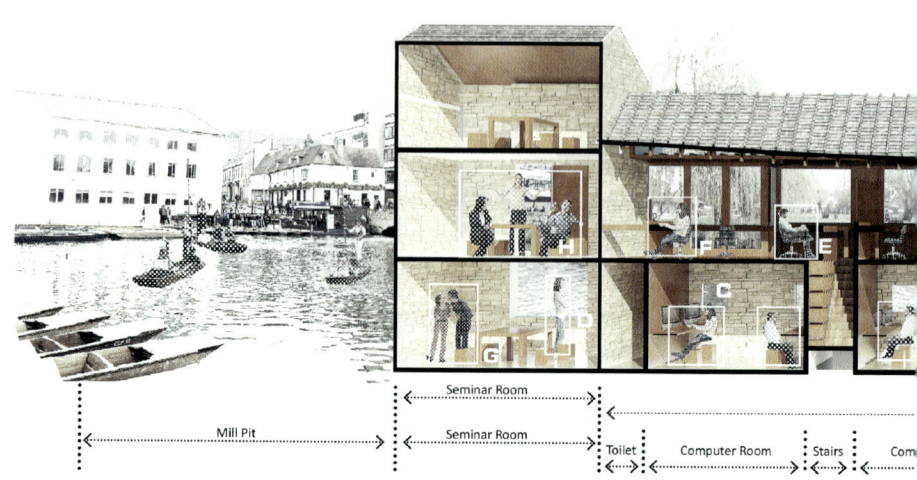

《学术景观》,学生:席弘,指导教师:窦平平、英格丽德·施罗德

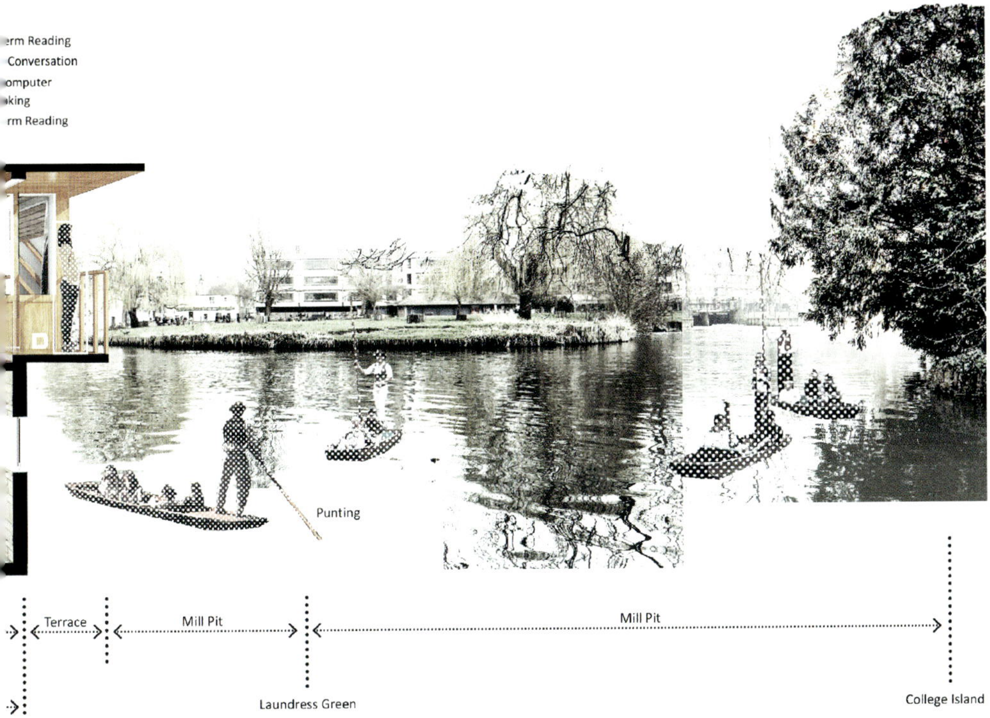
erm Reading
Conversation
omputer
king
rm Reading
Punting
Terrace
Mill Pit
Mill Pit
Laundress Green
College Island

ng Area
n
Stairs
Computer Room
Stairs
Computer Room
Common Area
C Using Computer
D Overlooking
E Long-Term Reading
F Writing

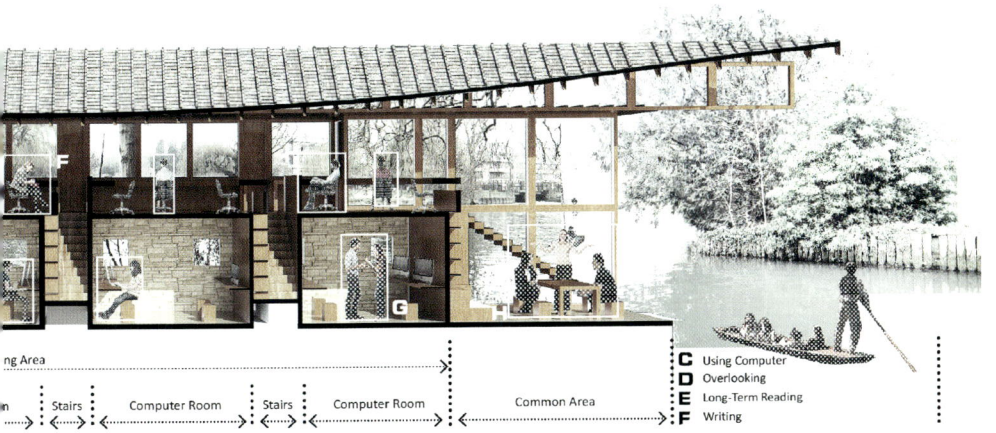

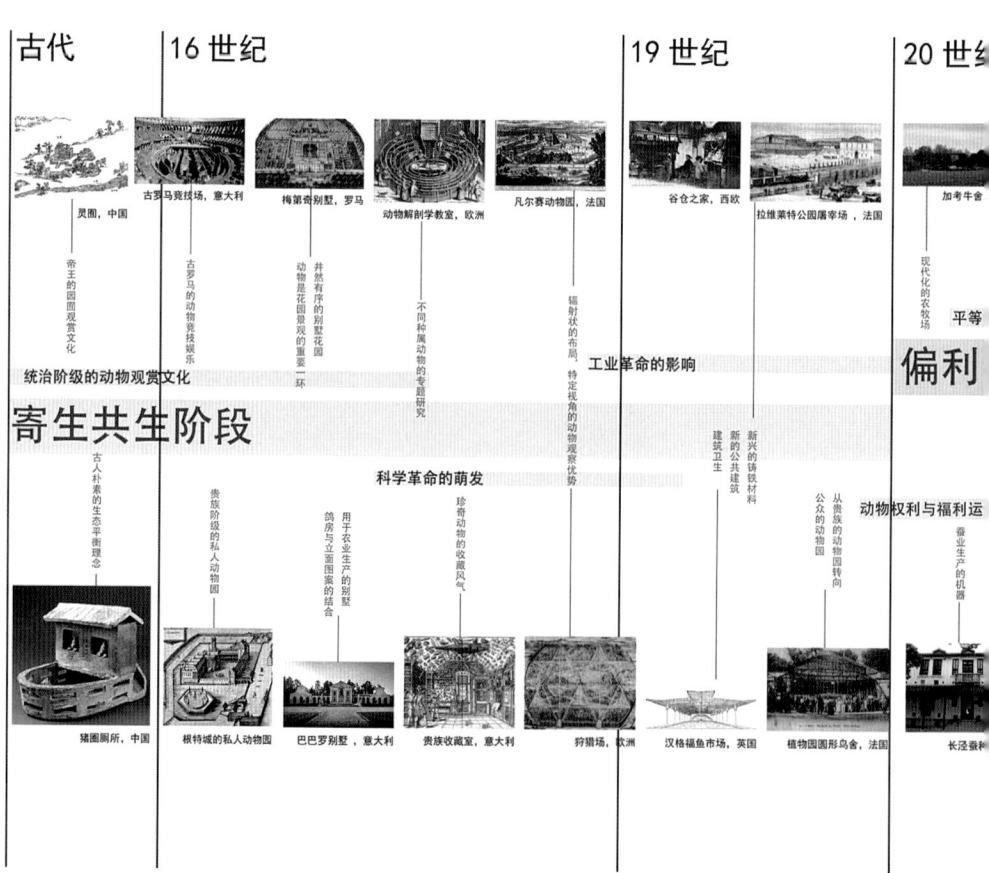

《共生建筑——人与动物的差异化空间并置类型探索》，学生：潘璐梦，指导教师：窦平平

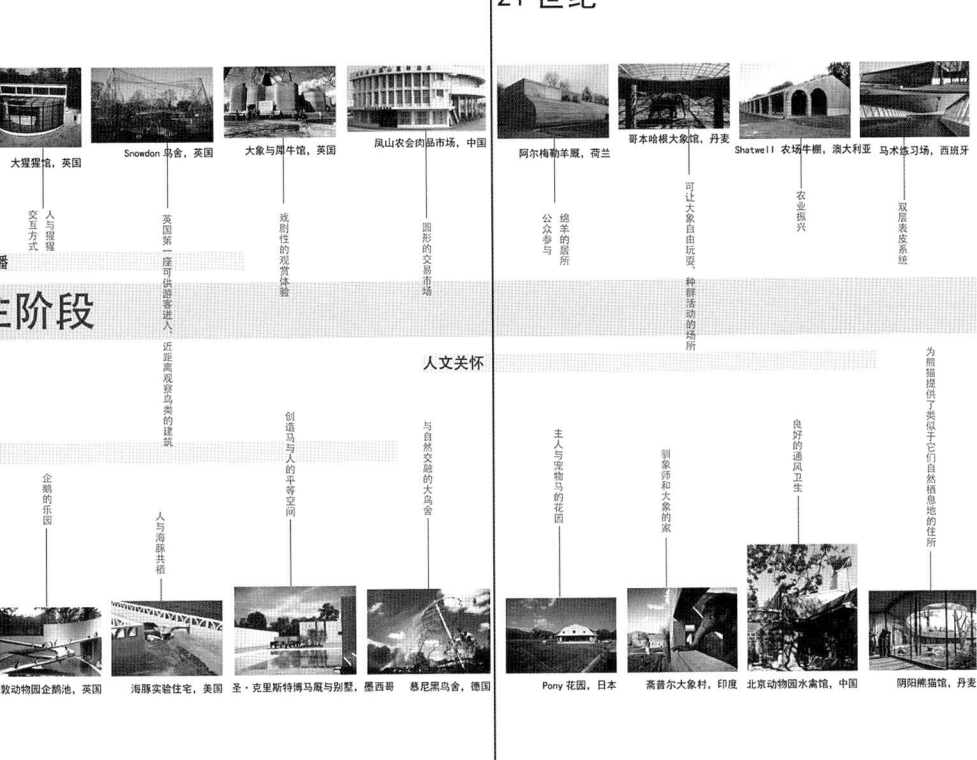

共生建筑阶段分析图

1 INDIVIDUAL LEARNING

A large number of students prefer learning individually in quiet and private places especially in college libraries. Those who rarely visit good academic libraries may wonder why students would go to the library seeking for individual places while they have many other choices like dorms, classroom and labs. The fact is that the academic library is perceived as a comfortable, ecumenical, and welcoming place of serious academic purpose. To enter the library is to be motivated to learn. Dorms, on the contrast, are messy, noisy, and full of distractions.

10 Eating and drinking

Group learning or group study is increasingly popular among students especially in collaborative work. Those people require a relatively closed room including large worktables with seating for three to six people, white boards and network connections.

3 OPTIONAL LEARNING IN QUIET

Those people read, contemplate, sleep and whisper in semi-private place. They are alone in a quiet place while simultaneously being in a public place associated with scholarship. It is socially acceptable alone in the library. Interacting with others is possible, but optional.

4 USING THE WEB ROOMS

Internet plays an indispensa[ble role in students'] academic lives, and all the lib[raries in] Cambridge are installed with [wired and] wireless Internet connection[s. Although nearly] every student today is equipp[ed with a personal] laptop, desktop computers in [IT rooms are still] highly used for unaffordable [software like SPSS,] convenient connections to p[rinters and large] comfortable screen.

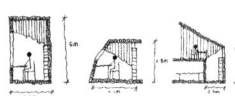
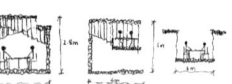

7 TEACHING AND LEARNING

Faculty libraries often become a place for classes, lectures and talks for the handy access to learning resources and the atmosphere of teaching among books. This requires a good arrangement of timetable, for example, Seeley Library often holds talks after closed time. Different kinds of seminar rooms are needed in college libraries. Seminar rooms in Darwin College enjoy a high population among members of Darwin.

2 GROUP LEARNING

Group learning or group study is increasingly popular among students especially in collaborative work. Those people require a relatively closed room including large worktables with seating for three to six people, white boards and network connections.

12 RECREATION

Internet plays an indispensable role in students' academic lives, and all the libraries in Cambridge are installed with wired and wireless Internet connection. Although nearly every student today is equipped with a personal laptop, desktop computers in IT rooms are still highly used for unaffordable software like SPSS, convenient connections to printers and large comfortable screen.

13 VISITING

Libraries in Cambridge enjoy [fame] worldwide. They are famou[s for their] precious collections and the [buildings] themselves, many of which h[ouse the] most beautiful libraries all ov[er the world.] Trinity Hall library, Newnhar[m College library] and Girton College library etc[. are examples] that libraries have become s[uch places] friends families of students a[re brought to at a] certain time.

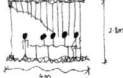
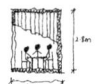

5 EXPLORING INFORMATION FOR CLASSES AND PROJECTS

Cambridge University Library is famous for its incredible resources on all subjects, but few students are aware of how to search for the information they need. It becomes worse when students wander around the library in need of help will never approach them. This requires friendly and accessible consulting spaces designed for deep consultation.

11 APPRECIATING NATURE, ART, AND SPACE DESIGN

In Cambridge, all libraries contain some art, for instance paintings exhibitions in the corridor of Christ's College Library, sculptures in Trinity College Wren Library and sometimes the building itself is a piece of art. Students enjoy perusing the works on display throughout the building and increasingly use their enjoyment of particular works as one of their criteria for selecting a favorite place to study.

The well-maintained space of libraries like the reading room of Darwin College Library, overlooking the River Cam, students can always appreciate the fabulous natural views outside, encouraging a way of efficient learning.

8 BROWSING

Browsing plays a profound role in students learning lives, which often results in serendipitous discovery. It is common experience for library users that they are awarded every day in their print and electronic browsing by an unexpected encounter that produces a new clue, opens a new train of thought in an intellectual puzzle, or provides the missing link in their argument or understanding. This requires a comfortable standing or seating places beside stacks.

9 Meeting and socializing

Many students spend countless hours in the library and appreciate an environment that places study in a social context. They say that rather than distracting from one's work, opportunities to meet and socialize make the experience of spending long hours in the library more pleasant and rewarding. Some students say they are even dating in libraries or they first met in libraries.

Library as a form of academic community center, the space is prized for the opportunities it creates for socializing, while socializing is not necessarily its primary purpose. This requires public space like living rooms or tea rooms.

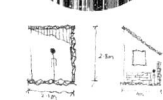

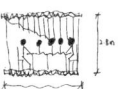

《学术景观》，学生：席弘，指导教师：娄平平、英格丽德·施罗德

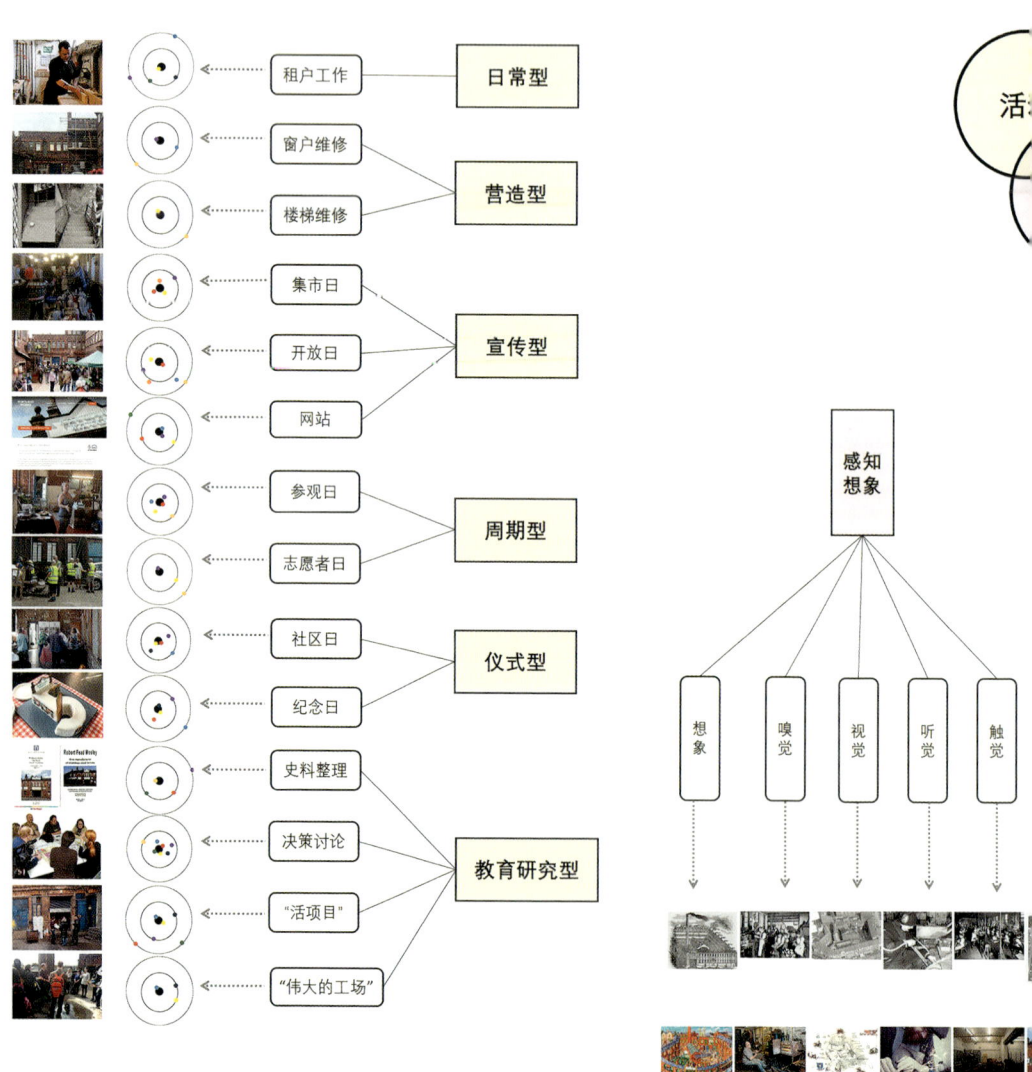

《公众参与下的工业遗产保护性再利用——以谢菲尔德波特兰工场为例》,学生:陈硕,指导教师:窦平平

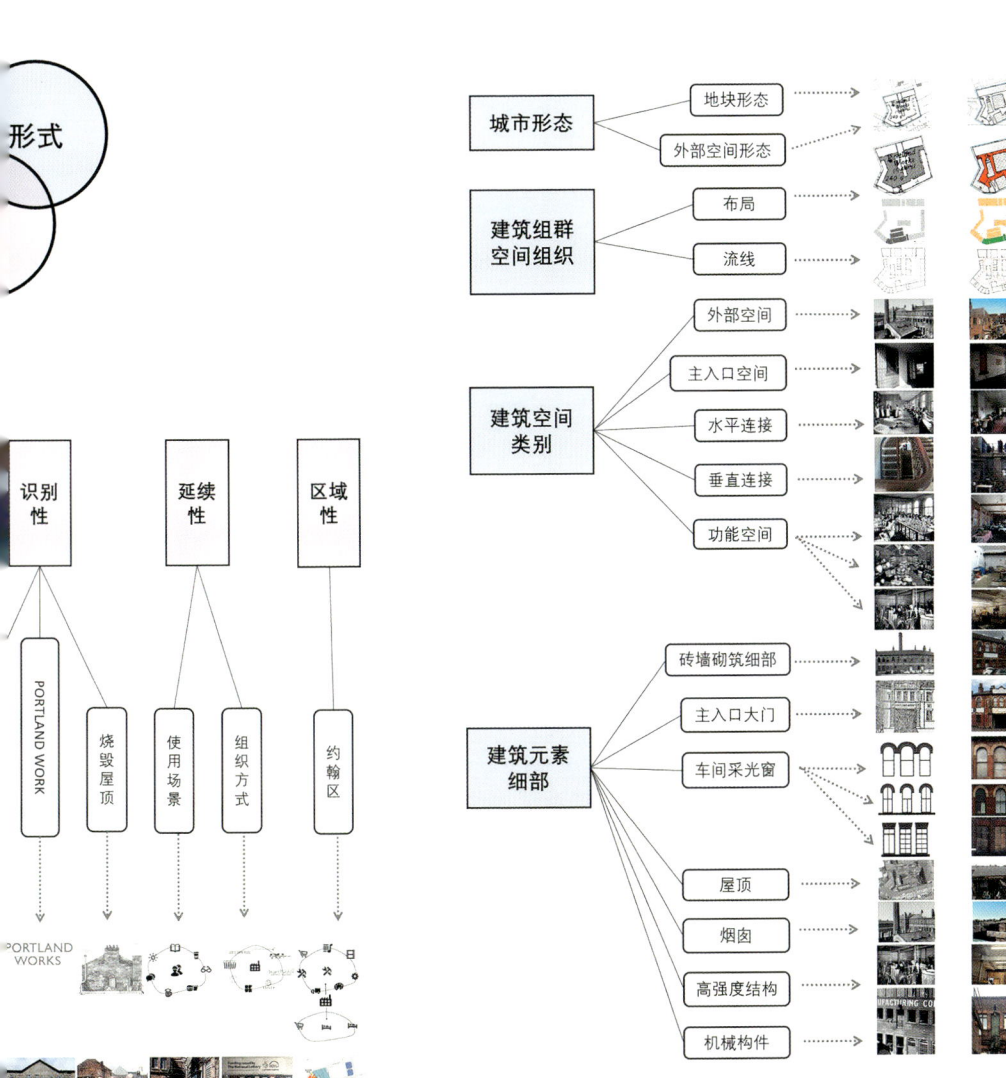

教学展览1: "物物相生"设计教学作品展

Exhibition 1: "Wu Wu Xiang Sheng" Design Teaching Exhibition

地点: 罗湖美术馆, 深圳

时间: 2017

策展人: 唐克扬

参展作品:《设计研究——让个体成为参与主体》

展览现场照片

教学展览 2： 英国皇家建筑师学会主席奖作品展

Exhibition 2: Royal Institute of British Architects (RIBA)

地点：RIBA展馆，伦敦

时间：2015

参展作品：《学术景观》(*Academic Landscape*)

展览现场照片

教学展览 3: 无尽之墙：过滤与扩散的建筑学

Exhibition 3: Endless Wall: Architecture of Filtration and Diffusion

地点：南京艺术学院，南京

时间：2014

策展人：鲁安东

参展作品：《蚕种场环境解析》

展览现场照片

教学方法论文

《拼贴法辅助设计构思——与剑桥大学联合教学的记录、反思和探索》
《设计研究作为一种启发式实践——与谢菲尔德大学联合教学中的思考》

教学方法论文 1： 拼贴法辅助设计构思——与剑桥大学联合教学的记录、反思和探索

Pedagogy 1: Collage Aided Design Conception: Record, Reflection and Exploration of Joint Teaching with Cambridge University

原载于《中国建筑教育：2013全国建筑教育学术研讨会论文集》，有修订。

照片拼贴作为辅助设计构思的方法，在欧洲有现象学的理论基础，并在以空间环境意识和人文思想培养见长的建筑院校具有三十多年的教学背景，但在国内尚没有系统的介绍和讨论。结合笔者在剑桥大学的学习和评图经历，本文将以与剑桥大学联合教学的夏季工作坊为例，介绍和讨论拼贴法作为辅助设计构思的方法的教学经验、理论发展以及在当代中国建筑教育中的意义。

1.拼贴法简介

图像本身是二维的，经过剪切的图像是片段化的，又经过拼贴合成被作者赋予了叙事关系，表达三维空间。将拼贴运用于设计方案的构思和表达，方案既是得益于拼贴的敏锐性的产物，同时也被拼贴所表现。拼贴能够表达寓居者在不同时间点的空间体验或可能的使用方式，是方案在空间与时间上的双重呈现。

现代主义建筑大师密斯在二十世纪三四十年代积极采用照片拼贴法表达自己的建筑主张，多个建成和未建成作品中蕴含的思想以照片拼贴的形式流传至今，启发了众多后人（图1）。密斯激进地批判古典主义建筑对人与社群关系的割裂，认为其使得文艺复兴以来逐渐建立的人的自我培育（德语：Bildung）受到冲击，他试图重新缝合建筑艺术与人的生活之间的关系。拼贴作为形象化的媒介充分且有力地表达了他的立场和意图，继而拼贴技艺包含的选取现成材料进行适当化应用的特性影响了他战后作品的结构表达，帮助他在实践中塑造和表现了他所理解的"新时代"。

在剑桥大学，建筑理论家达利博尔·维斯里（Dalibor Vesely）教授和彼得·卡尔（Peter Carl）教授自20世纪70年代起在对现象学的研究和教学中发展并推动了照片拼贴法，70年代在剑桥任教的布里特·安德莱森（Brit Andresen）教授于80年代到昆士兰大学任教时将这一方法引入。在剑桥大学和昆士兰大学，照片拼贴练习在二年级的设计教学中进行。常用的方法有：老师给学生一段丰富翔实的对空间的文字描述，例如巴什拉（Gaston Bachelard）的《空间诗学》（Poetics of Space）或卡尔维诺（Italo Calvino）的《看不见的城市》（Invisible Cities）节选，要求学生将文字转化为二维的图像表达，继而转化为三维的图像拼贴，最后根据给定任务书做一个建筑设计，要求表达出自己的拼贴中所体现的空间质量和材料特性。经过一系列照片拼贴训练的学生会自觉将其纳入建筑设计构思和表现的方法体系，在之后的作业中将这一方法加以运用和发展。

设计方法影响建筑空间的形式，而哲学基础决定设计方法。在剑桥大学的教学中，形式是由对寓居者的意义建构的，而非设计者。这种以现象学为哲学基础的建筑学要求有别于实证主义式分析的直觉和整体性洞见——建筑的实体，若只是依据建筑设计者对实体结构与机能的设计，而不考虑寓居者介入的

主观意识，其形式表现虽也能不断地发展，变化出运用先进技术和材料的"新"建筑，但不是真正意义上的现代建筑。建筑的实体是表达意义的工具，而非目的。建筑实体本身并没有意义，意义的产生是通过使寓居者体验其性质并进行主观使用。建筑现象学修正了主流现代主义建筑的自我表现意图，将建筑的主体位置由建筑实体转向寓居者。

里索住宅（Resor House Project）（1），1937

里索住宅（2），1937

范斯沃斯住宅

里索住宅（3），1937

1:1模型高尔夫俱乐部会所，Mies

用模型展示灵感|博物馆的一个小城市项目，1941—1943

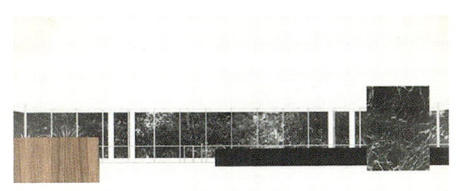

柏林美术馆

柏林美术馆

图1：密斯的照片拼贴与设计方案

2.拼贴工作坊教学及成果

2012年,剑桥大学-南京大学建筑与城市合作研究中心正式成立,双方合办了一系列理论研讨会和短期设计工作坊。2012年夏季,剑桥大学设计导师尤里斯·法赫(Joris Fach)的工作坊"Eat Out"(在外用餐),即要求学生以照片拼贴作为主要操作和表达方式(图2)。

2013年夏季,中心邀请了剑桥大学建筑系设计教授、NRAP事务所主持建筑师尼古拉斯·雷(Nichlas Ray)教授和澳大利亚昆士兰大学建筑学院院长、建筑史学家约翰·麦克阿瑟(John Macarthur)教授共同开设为期一周的工作坊。工作坊主题"日常性的培育"(Cultivating Domesticity)由两位老师共同提出,照片拼贴是贯穿其中的重要方法。工作坊为期五天半,学生为硕士研究生,共二十一人。

第一天:介绍内容,布置任务,提出策略。上午,雷教授做题为"日常性的培育——英国经验的反思"(Cultivating Domesticity—Some Reflections on the UK Experience)的讲座,以英国为例介绍住宅类型的演变与文化的关系,气候、地形、经济技术等因素对住宅类型的影响,各类型住宅与庭院的关系。讲座旨在引发学生对住宅类型的反思,以英国经验为鉴反思中国,特别是南京地区的当代住宅类型。讲座结束后,学生自由分组,三人一组,共七组,要求每组起一个能反映小组努力方向的组名,并以速写或图解的方式对老师提一个问题。下午,布置课程任务,要求各小组思考南京当代住宅类型难以承载的日常性活动,在数小时之后提出有针对性的策略和设计发展方向。

第二天:进行关于空间构思与表现的理论课程,照片拼贴训练。上午,麦克阿瑟教授做题为"关于日常性的思维开拓"(Thinking About Domesticity)的讲座,以诸多案例探讨寓居者的主体性和对日常空间的个性化需求,以及建筑实体、室内与室外的关系在其中的作用。下午,进行照片拼贴练习。晚上,麦克阿瑟教授做题为"带着如画主义的眼镜:从'文明'到'拼贴城市'中的视角与政治"(Looking

拼贴模型与雕塑,本·尼克尔森(Ben Nicholson)　　　　　　　　　　　　Papier-collé and found materials

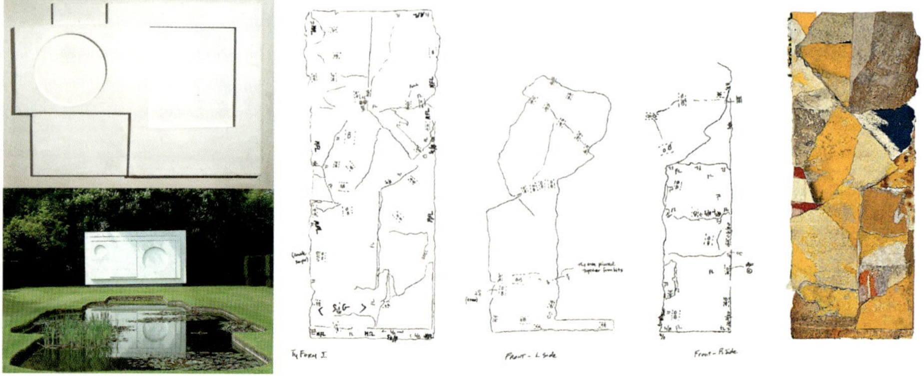

图2:拼贴案例

Down with the Picturesque: Viewpoint and Politics from Civilia to Collage City）的讲座。

第三天和第四天：方案发展和深化，分组一对一改图。要求在1：1250的总平面上表达居住密度；在1：200的平面图和1：100的剖面图上表达每个居住单元与相邻单元的关系，以及户外空间、入户方式，着重设计"你如何遇见你的邻居"；在1：50或1：20的细节平面或剖面图上表达关于日常居住方式的设计意图，着重表达寓居者的空间感受和体验。

第五天：方案表现，集体讲评。要求运用照片拼贴法展现方案可能的使用方式，并表现空间质量。

第六天上午：作业展览，公开评图。由墨尔本大学尤斯蒂娜·安娜·卡拉季耶维奇（Justyna Anna Karakiewicz）教授、剑桥大学马克·布里兹（Mark Breeze）担当外请评委。

照片拼贴练习要求学生通过对一张素材照片的操作，创造一个使用性质完全不同的全新的空间，迫使学生打破常规思维。在操作的过程中，学生需要迅速认知素材照片中的空间性质、材质特征、元素位置、尺度和色彩，之后想象这些元素对空间认知的影响，并通过改变和重组这些元素之间的关系，达到创造另一种空间性质的目的。在这个操作过程中，空间质量比设定的空间性质更为重要，因为一个高质量的空间可以承载多样的使用。

拼贴练习作业一（图3）巧妙地通过在素材照片的墙面上开洞的方式创造了进深，并通过一次主要的移动创造出了前后两个空间的视觉层次，对元素有选择的复制和粘贴创造了空间序列和环境光感，最终塑造了一个围合感强烈的备餐空间和一个通透且开敞的用餐空间。

拼贴练习作业二（图4）充分利用了无限的画板空间，对素材照片中垂直向的元素加以利用，创造了多层次的纵深空间，辅以素材照片中的曲面元素，创造了富有美感的垂直交通系统，最终塑造了一个伴随上升而逐渐安静的休息和盥洗空间。由拼贴转化成的空间模型合理采用了素材照片中的材料质感和颜色，加强了空间中的竖向元素。

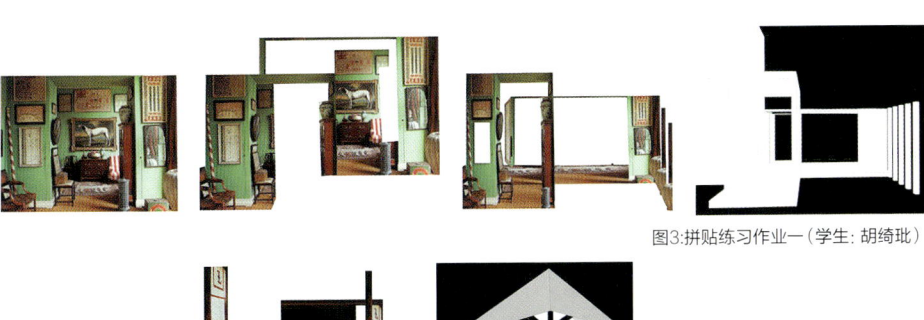

图3：拼贴练习作业一（学生：胡绮玭）

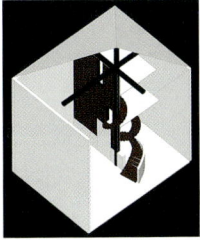

图4：拼贴练习作业二（学生：殷奕）

设计作业一（图5）利用多样的层高和户外平台在住区上部创造了一个人工地形，不仅在流线上连通了基地两侧的湖面景观，也为更大范围内的城市居民提供了适宜活动和交流的生态环境。照片拼贴以混合并置的方式为设计意图做出了丰富的表达：人工地形的空间效果；居民多样的休闲活动；天井的尺度和空间感受；设计的原型——传统民居类型，窑洞；居住单元内部的空间层次和尺度。

设计作业二（图6）通过将用餐空间从室内移至有顶棚的室外平台，并有组织地连系一系列平台，创造了一个共享的社区生活网络。照片拼贴表达和强化了设计意图中重要的"反转"概念——首先是地面材质的反转，为楼下的室内客厅空间和与其相邻的庭院赋予了典型的室外地面材质，为楼上的半室外用餐空间和与其相邻的备餐空间赋予了室内地面材质。材质的反转引发了空间内与外性质的反转。拼贴通过楼上的热闹和楼下的安静之间的对比表达了对空间预期占有方式的反转，即与邻居相连和共享的用餐空间取代客厅空间成为居家活动的最佳发生地。

3.关于照片拼贴法的反思与拓展

当下建筑学正面临着媒体图像的快速传播机遇，同时也面临着原始图像庞杂的来源问题。我们在认识到建筑图像化和媒体化倾向的同时，也应当合理利用和转化信息时代的优势。照片拼贴便是对丰富易得的图像资源进行有意识和创造性的使用，这是早年的设计教学所不可想象的。

笔者于2014年在南京大学本科一年级的教学中引入了此方法（图7）。练习分为四个步骤：1. 每位学生选择给定的建筑照片中的一张；2. 选取切割线，将照片切割并移动一次；3. 再选取照片中的部分元素，进行复制、放大、缩小、定位并粘贴；4. 根据拼贴的结果抽象出一个空间模型，并进行绘制。该练习可以帮助学生对空间进行认知、想象、构思和表现，暗含着叠加了时间的空间思维方式。

照片拼贴法的意义还包括：培养学生对材质质感和色彩等特性的敏感度，对构件在空间中的位置关系及其对塑造空间的作用的辨识度；帮助学生反思现有的建筑类型和建成空间的质量，发现被忽视的差异化的空间需求；最为重要的是，培养学生从使用者对空间的真实体验出发，将建筑视作人的生活的承载物，去丰富建筑的容纳力，而不是将建筑视为"图画建筑"（picture architecture），去美化建筑实体本身。

图5: 工作坊设计作业一（学生: 胡绮玭、王洁琼、周雨馨）　　图6: 工作坊设计作业二（学生: 殷奕、徐怡雯、陶敏悦）

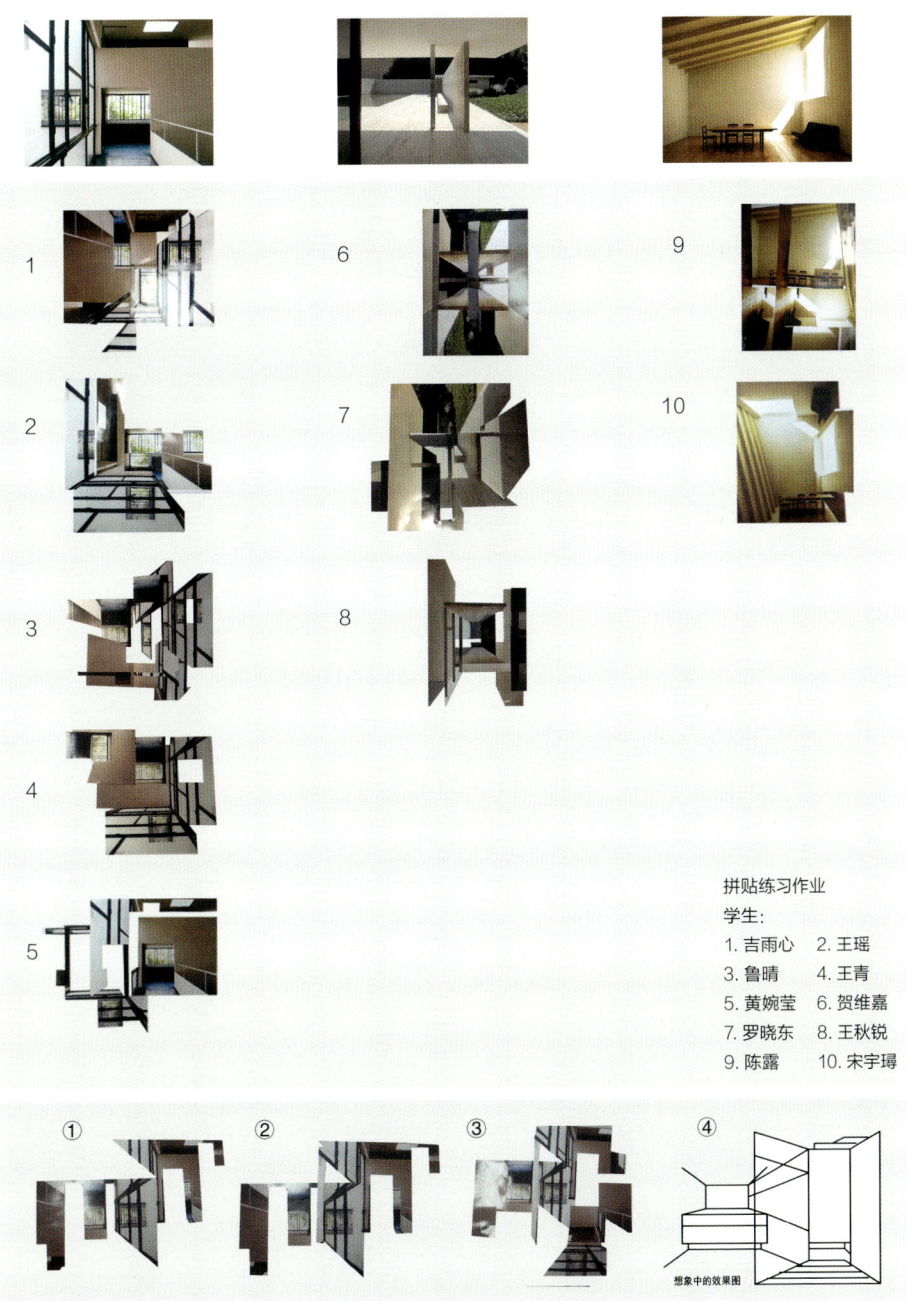

图7: 一年级学生拼贴练习

参考文献

[1] K. Michael Hays (1984). "Critical Architecture: Between Culture and Form," *Perspecta*, Vol.21, pp.14–29.
[2] Eric K. Lum (1999). *Architecture as Artform: Drawing, Painting, Collage, and Architecture 1945-1965*, MIT doctorate thesis.
[3] Detlef Mertins (2005). "Mies's Event Space," *Grey Room*, No.20, pp.60–73.

教学方法论文 2：设计研究作为一种启发式实践——与谢菲尔德大学联合教学中的思考

Pedagogy 2: Design Research as a Heuristic Practice—Thinking in the Joint Teaching with Sheffield University

原载于《城市建筑》，2017（10）：32-34，有修订。

"研究"活动常常与高校和科研机构联系起来；而另一类在很大程度上被低估的研究，是以操作为导向、与建筑师们紧密关联的设计研究。设计活动是在有限的时间周期内面向未来的，而相对稳定的学术"知识"形式很难被直接应用到设计这种推断性的过程中。相对于知识（knowledge），设计的过程更像是一种动态的认知（knowing）。动态的知识创造只能在设计的过程中获得，也只能在设计的成果中交流。[1]如果研究中能够产生"设计师式"的知识，反馈到设计和建造之中，将对建成环境的质量和长效运转起到积极作用。因此，设计研究对优秀的建筑师是十分重要的——在实践中解决问题，在过程中产生新的知识，新的知识再次融入建筑形体。

1.设计研究的三个迷思

然而"设计研究"是一个富有争议的话题，有些学者认为研究可以通过设计实践获得，而另一些则认为研究只能通过传统的学术形式进行。[2]

迷思一：建筑学就是建筑。第一种迷思认为建筑学的知识形式完全不同于其他学科，所以一般的研究定义和程式不适用于建筑学。设计过程被认为是天才式（genius）的，超越了解释和分析的范畴。相应地，建筑学科被认为是自治式（autonomy）的，研究方法论对其并不适用。于是建筑学在自己的术语体系里繁衍，知识的基础愈加碎片化，在大学科体系中愈加边缘化，也因此丧失对社会的责任感。

迷思二：建筑学不是建筑。建筑学涉及的领域从人文学科延展到科学学科，每个部分都相应地与其他学科关联，于是这种迷思认为建筑学的研究必须依赖其他学科的权威知识，从而获得认识论上的可靠性。当然这是受到了研究机制和基金的影响，很多相关学科被纳入了建筑学研究的接受范畴，也因此稀释了建筑学研究自身的智识稠度。

迷思三：设计和建造就是研究。这种迷思认为建筑学知识终究还是存在于建成物之中的，并认为每一个建成物都是独一无二的，由此认为设计和建造的过程便自然而然产生新的知识。然而尽管建筑学的知识在相当程度上存在于建成的物质体中，但也存在于其他很多方面，比如诉诸实施的过程、认知、再现、使用。建筑学超越建筑物而存在，建筑研究也因此需要涵盖这些拓展的领域。

2.设计研究的三个代际

理查德·富凯（Richard Fouqué）在2001年欧洲建筑教育联盟设计研究国际会议上提出"设计研究的真正意义"时指出："科学研究试图解释世界，设计研究则试图探索和改变世界，并且还希望以此获得关于人类如何分析和探索世界并使之形成文化之过程的知识。"[3]按照设计研究的发展历程，我们可以将其大致分为三个代际。[4]

第一代设计研究：20世纪60年代，系统化分析从而形成科学化的设计方法（design method）是主要模式，试图将设计过程分解和设定为一系列形式模块的系统化合成。

第二代设计研究：20世纪70年代，面对第二次世界大战后出现的社会和经济问题，基于解决复杂设计问题和满足使用者需求的考虑，设计过程被看作"问题—解决"（problem-solving）和"决定—执行"（decision-operation）的行动。

第三代设计研究：20世纪80年代之后，设计研究逐渐转向了对"设计过程"和"设计思考"本身的关注，将其视作"反思性实践"（reflective practice）和"启发式行动"（heuristic activity）。布莱恩·劳森（Bryan Lawson）指出，个体的创造性可以把设计从科学研究中解放出来，同时设计研究也将设计从"问题—解决"范式中解放出来，指向具有更广泛潜能的批判性方法。[5]

3. 一个案例

本文选取笔者在英国谢菲尔德大学任设计导师教学和交流期间的一份学生作业作为案例，借助作业的发展过程阐述如何利用设计教学培养研究思维，进而使设计者具备自主进行启发式行动的能力。硕士设计课程主题：落脚城市（Arrival City）。课程主持：约翰·辛普森（John Sampson）。学生姓名：汉娜·佩瑟（Hannah Pether）。设计研究题目为《门槛：多重世界的发源地》（The Threshold: Home of Many Worlds）。课程以对某种空间现象的主动探索作为目标，该作业自行选定的主题是"领域"，关注对空间领域的感知、界定和营造，以积极应对当代城市的碎片化和瞬时性所带来的问题。作业的整个发展过程可以分解为四个阶段，前三个阶段都可以被认为是研究，最后一个阶段才开始传统意义上的设计。

第一阶段，对主题的选取和相关概念的明晰。"领域"作为主题，一方面来自作者本人的空间经验和兴趣，另一方面也来自相关理论知识的学习和积累，如卡尔维诺、波德莱尔、本雅明等的经典著作。主题确定之后便是以其为核心，向相关概念和子概念进行拓展。作者的关注范围是城市尺度，因此将"领域"细分为五个层级：一是城市，作为文化性领域；二是街道，作为社会性领域；三是建筑，作为物质性领域；四是身体，作为经验性领域；五是时间，作为暂时性领域。

第二阶段，纵向梳理与横向分析。一方面从历史视角对主题进行纵向梳理和认识，另一方面采用合适的方法，对各个层级分别进行解读、横向比较和类型分析。在对文化性领域的研究上，作者采用了文献研究和城市形态图示分析方法。通过这些分析，作者敏锐体察到了领域的界限在不同情况下的细微差别，比如在纪念性空间和日常空间之间存在着有形界限，而在新建建筑与历史建筑之间存在着无形界限（图1）。在对社会性领域的研究上，作者采用了文献研究与人类学认知相结合的方法（图2）。在对物质性领域的研究上，采用了空间图示分析。在对经验性和时间性领域的研究上，作者则采用大量的参与式观察，以影像作为媒介记录（图3）。可以看到在主题的引领下，杂乱纷呈的空间现象既可以被系统化地分门别类，更可以获得不同以往的新解读（图4）。在这一阶段，分析既是对过往的、现有的空间模型的

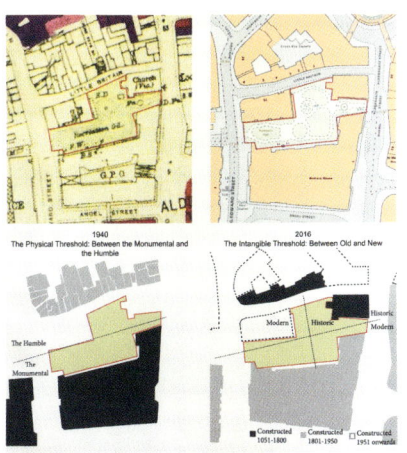

图1:城市形态演化进程中的领域变化

图2:领域与领域的限定

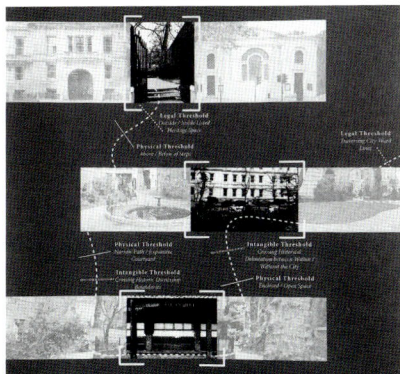

图3:以影像作为参与式观察的媒介

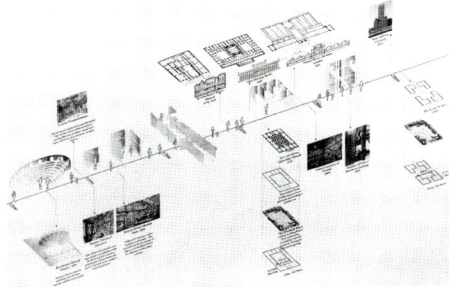

图4:领域限定的历史演化

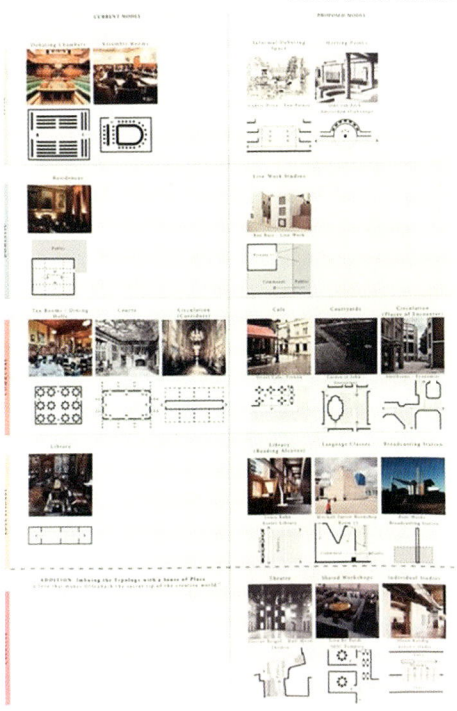

图5:领域限定的类型

谢菲尔德大学建筑系硕士生汉娜·佩瑟课程设计及论文《门槛:多重世界的发源地》,课程主题"落脚城市",课程主持约翰·辛普森认识和梳理，也是对未来的、提倡的空间模型的展望（图5）。因此，分析是带有强烈的主观意愿的，以对空间真实的存在和使用方式进行探索并做出改变作为引领。

第三阶段，自行选取基地，对研究主题进行回应。这是从认识逐渐指向空间操作的过程，包含对空间形态细微差异的区分（图6），对空间形式、材料构成与行为模式的关联性的把握（图7），以及将理论阅读转译为空间语言（图8）。自行选择项目基地也是一个重要的研究过程。如果说建筑设计本质上就是对城市的改进，那么自行选取基地就是发现所处的城市哪里需要被改进、哪里可能被提升的过程。发现与设想本身就是设计过程重要的部分。

第四阶段，从策略到建构，给出设计提案。作者选择对一栋既有建筑进行改造（图9），将过渡性空间的丰富化作为设计策略，在其研究的五个层面中进行具体操作。可以看到对身体与时间的现象学认知体现在了对建筑细节富有触感的把握和设计中（图10）。作业的主题是领域的界定与营造，因此这些细部的层叠和建构与其说是方案的末节，不如说正是方案的核心（图11）。

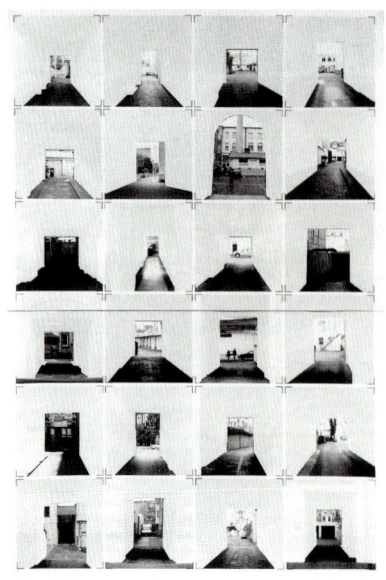

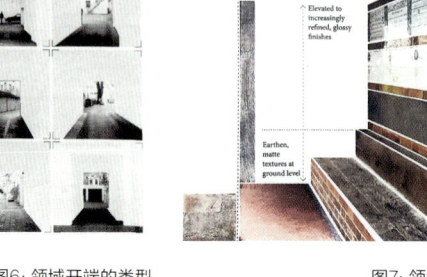

图6: 领域开端的类型　　　　　　　　　　　图7: 领域开端与空间形式、材料构成的关系

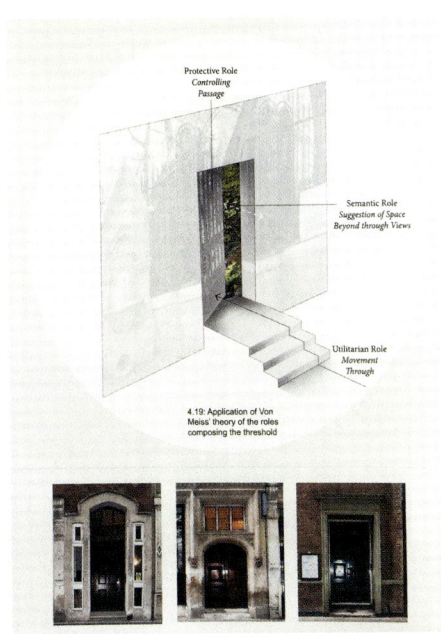

图8: 原型归纳: 领域开端

图9: 选取方案基地

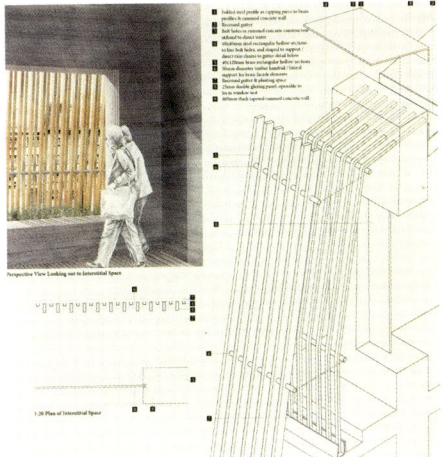

图11: 方案设计——细节建构

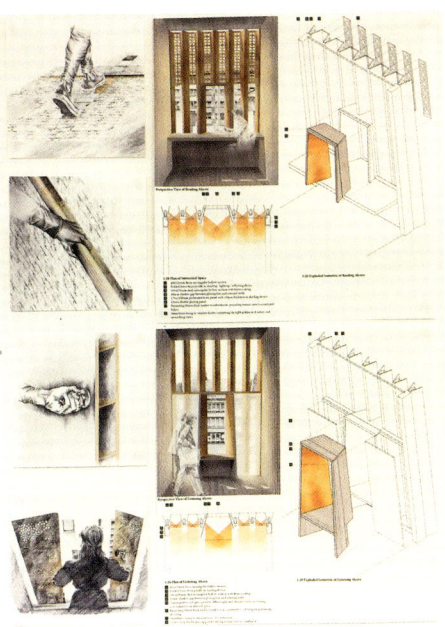

图10: 方案设计——空间关系与材料细节

4.结语

  建筑实践的新任务,是基于对既有空间的再认识、基于人与空间真实关系的理解进行操作。对空间潜力的想象与其物质营造同样重要,而启发式的研究行动将更好地导向富有创造力的实践。建筑实践的焦点正从本体向多元转变,从将建筑物本体视为唯一核心关注点,拓展到关注与建成环境相关的诸多方面。[6]同时建筑研究正从经典式向体系化转变,从只关注经典案例、领域和方法这些具有特定性的研究,转向内容更为宽泛、更加具有过程导向性的研究。[7]因此设计研究在这个现实向知识进行转化的过程中具有不可替代的作用。

参考文献

[1] Fraser M. Design Research in Architecture: An Overview[M]. Surrey: Ashgate Publishing Limited, 2013.

[2] Royal Institute of British Architects. Architectural Research: Three Myths and One Model[R]. London: Royal Institute of British Architects, 2014.

[3] Fouquer. On the true Meaning of Research by Design[C]//Research by Design International Conference Proceedings B. Delft: Delft University Press, 2000.

[4] Bayazit N. Investigating Design: A Review of Forty Years of Design Research[J]. Design Issues, 2004, 20(1): 18.

[5] lawson B. Research in UK Architecture Schools: Clarification and Case Studies[J]. Expert Clarification, Arq: Architectural Research Quarterly, 2002, 6(2): 101-106.

[6] Royal Institute of British Architects. Architects and Research-based Knowledge: A Literature Review[R]. London: Royal Institute of British Architects, 2014.

[7] Royal Institute of British Architects. How Architects Use Research: Case Studies from Practice[R]. London: Royal Institute of British Architects, 2014.

拓展论文

《配景人、主体人与后人类》

《卫生间的小历史》

《〈建筑评论〉的人文视角》

《旋转木马·城市寓言》

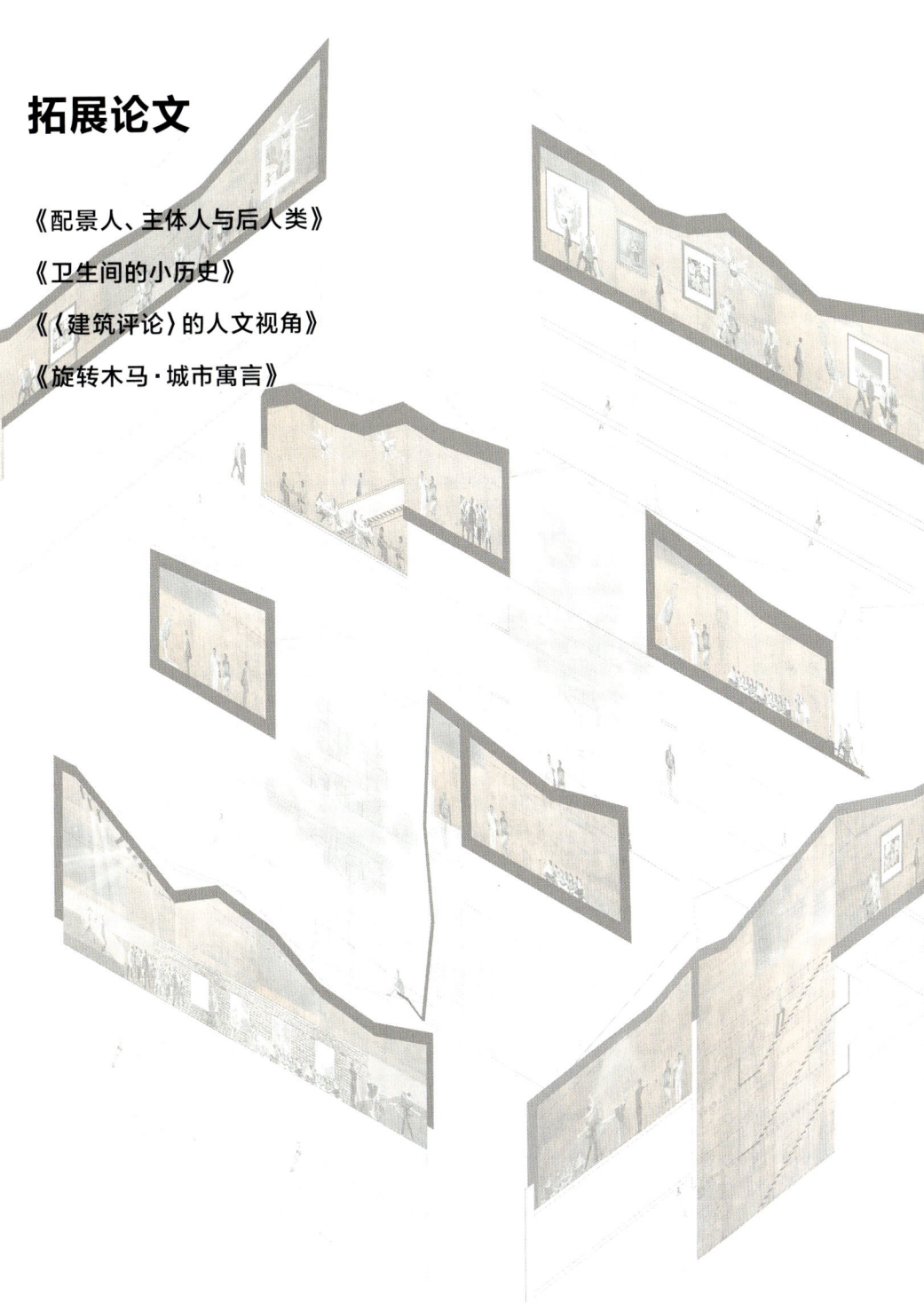

配景人、主体人与后人类

Figure, Agent and Post-human

本文原载于谷德设计网想法专辑第42期，原文题目为《配景人、主体人、半机半人——人类学对建筑学的启示》，内容有修改。

拥有超前思维的英国建筑师塞德里克·普赖斯（Cedric Price）在20世纪60年代便说道："对于一个空间问题，新建房子未必是最佳对策。"20世纪60年代发生了很多事情，比如我们现在觉得炙手可热的赛博格（Cyborg）概念便诞生于那时，那是人类对外太空的认识获得突破的年代。

赛博格，半机半人，技术、生物与文化的混合体。克莱恩斯（Clynes）和克莱恩（Kline）于1960年发表在《宇宙航行学》（Astronautics）杂志的《赛博格与空间》（"Cyborgs and Space"）一文中写道："改变人类的身体机能去适应外太空条件，比在那里营造地球般的环境要可行得多。"其实，赛博格离我们并不遥远，运用即便现在看来很基础的技术来增强身体物理性能的人都可以算是赛博格，比如安装了假肢、心脏起搏器的，甚至戴助听器、隐形眼镜的。（好了，现在你们知道了，你们正在看一篇赛博格写的文章。）

传统建筑学的成果，闪亮的新房子点缀着作为配景的小黑人，这些人在合适的地方做着合适的事情，形影瘦削抽象，干净的画面中连光线角度不合适时的影子都显得多余。然而，真实的空间体验是怎样的？柏林的艺术家拉里萨·法斯勒（Larissa Fassler）创作了一系列作品，融合城市学、人类学、社会学视角，表达了在建成环境中真实丰富的主体行为和感受，如同画面呈现的一般——"这个楼下风很大""这个台阶突然高出一截""我找不到路了"——总之一团乱。

英国建筑理论家杰里米·提尔（Jeremy Till）和建筑师萨拉·威格尔斯沃思（Sarah Wigglesworth）夫妇在设计他们的梦想之家前花了两年时间构思，构思的结果呈现为一组被戏称为"餐桌礼仪"（Table Manners）的图解——梦想之家不应是完美的，而是能够承载生活的方方面面，包括无法预知的行为。如同晚餐过程中觥筹交错之后的杯盘狼藉，是创造性栖居的体现。

建筑师设计自宅总是很有趣的。卢努甘卡庄园（Lunuganga）是杰弗里·巴瓦（Geoffrey Bawa）在长达四十年间逐渐完成的作品，没有一次性的完整的设想，而是逐步兼并、在过程中设计、改造与加建、种植与布置的一连串实验过程，如同一场真实的建筑拼贴。密密匝匝的平面图绘制的是场景化的生活，如同内向的迷宫，没有明确的外部形式，只有无限延伸的内部空间。在这张图上，丰富变化的铺地、带有历史和文化记忆的旧家具、恣意生长着的植物、位置和形状合宜的地毯……都获得了应有的重视和表达。

上面这几个案例，虽然着重点仍是空间，但其中的人，即使并没有出现，也不再是抽象的，而是具体的，不再是配景，而是主体。从生物和文化的角度对人类进行研究，我们称为人类学。这也是为什么我们多多少少觉得这几个案例有着人类学的色彩。如果说建筑学是一种文化在栖居的过程中将技艺具体化的学科，那么它应当是当代人类学最重要的依据来源；如果说人类学记录人类行为模式，那么它反过来应当是对建筑学最有意义的工具。当然我们更为关心的是：人类学可以给建筑学什么启发？

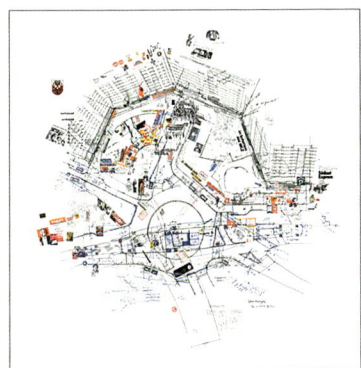

图1: 科蒂（重游）[Kotti (revisited)], 拉里萨·法斯勒, 2014

图2: "餐桌礼仪", 萨拉·威格尔斯沃思与杰里米·提尔, 2009

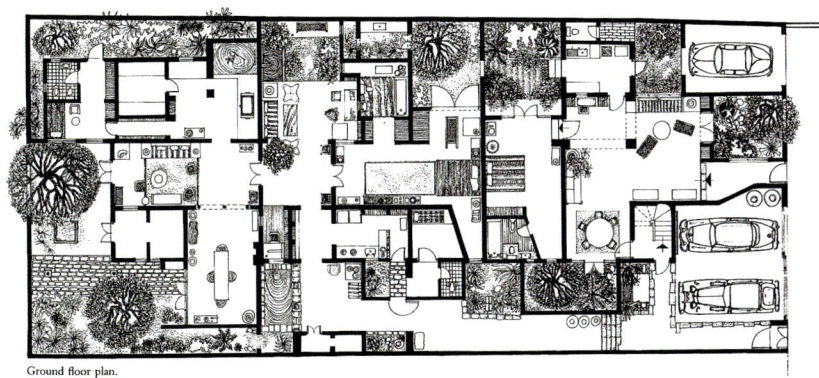

图3: 卢努甘卡庄园一楼平面图, 杰弗里·巴瓦, 1985

有一位建筑师很早便做了这样的事情。日本的今和次郎（Wajiro Kon）从民俗学视野下的民居田野调查开始，在1923年关东大地震后观察和记录灾后重建，见证了最基本状态的生活行为，从中发现了幸存者们本能的创造力，并发展出了日本的一个现代学派——"考现学"（modernology）。顾名思义，与"考古学"相对，"考现学"基于对现在呈现的实态进行精细的观察和记录，来分析人们今天是如何生活的，以及未来将如何生活。在震后，今和次郎又敏锐地察觉到了城市正在发生显著变化，转而观察和记录社会大变革中日常生活的物质表达，完成研究包括《银座时尚调查报告》《本所深川贫民窟附近风俗采集》《学生宿舍个人物品调查》《新婚夫妇家庭物品调查》《东京井之头公园自杀地点调查》。

有一位西方建筑师也做了类似的事情，他就是我们熟悉的《没有建筑师的建筑：简明非正统建筑导论》（1964）的作者伯纳德·鲁道夫斯基（Bernard Rudofsky）。不过他不是一下子就想到做这个研究、写这本书的，他先做了另一件轰动的事情。1944年，他在纽约的MoMA策划了一个展览"我们的服饰现代吗？"（Are Clothes Modern?），整个展览就像一篇视觉散文，将传统的民族志物件与当代商

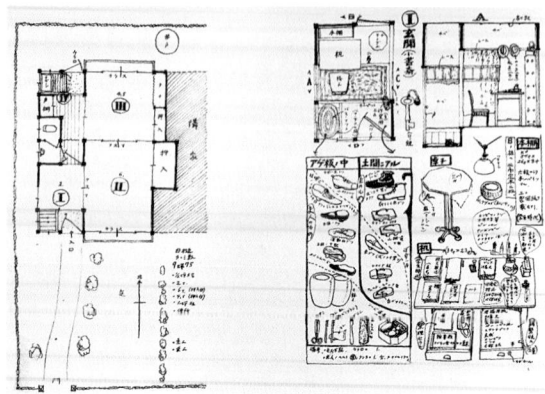

图4: 新婚夫妇家庭物品调查，今和次郎

业化产品并置，视角犀利，挑战被普遍接纳的时尚品位和行为习惯。例如，他还原了时尚服装和鞋履之下与之匹配的女性人体，荒诞的身形让人忍俊不禁，继而反思：服饰和躯体究竟是谁在适应谁？在另一张图示上，他用X光透视般的方式呈现了一位男士身上多达24个口袋和70多粒纽扣，其中绝大多数是无用的，这似乎不可思议，但这就是一位参加鸡尾酒会的绅士的正装穿着。同时，展览暗暗表达了贯穿鲁道夫斯基职业生涯的建筑观——设计当注重个体和群体间的差异与需求，而非试图普适，更非随波逐流。

建筑师用人类学的视角和方法可以做什么？最近受朋友推荐在翻一本书《即将消失的世界：海岛人类学笔记》——两位毕业于米兰理工大学的意大利学生，在太平洋岛国基里巴斯生活了三个月，通过细致的走访、体察和研究，用图绘和讲故事的方式呈现了那里的生态和文明，让世界地图上浩瀚蓝色中的几个小黑点有了深厚的意义。人类学和建筑学在观察与表达中交织，以人为线索的医疗卫生、宗教信仰、耕作捕捞、娱乐生活和以空间为线索的民居与教堂布局、学校设置、丧葬流程、水电网络等基础设施，共同拼贴出了一幅陌生又真切的图景。

其实很多东西都已经从这个世界上消失了，或是正在消失中，只是我们并未在意。比如我们自认为熟悉的纽约中央公园，它并不是在未开垦的荒地上规划修建的。在1857年修建中央公园前，大约在82街至89街之间，这里是一个以废除奴隶制后的自由非洲裔美国人为主，混合着爱尔兰、德国移民和土著的塞内卡村（Seneca Village），是典型的纽约早期社区。可惜它消失前没有既有建筑学知识又有人类学兴趣的人来过，因此我们今天对它知之甚少。一些人发起了"纪念塞内卡村"（Remembering Seneca Village）计划，我们可以在网站上滑动鼠标，看到中央公园卫星图与塞内卡村测绘图（1856）的叠合。几乎被遗忘的塞内卡村不仅是纽约历史的一部分，也是城市建造史的一部分。知道了这些之后，中央公园的草地并未发生任何物质性的变化，但我们对它的"记忆"已经不一样了。

以上种种让我们认识到，人类学的视角会让我们对自己、对他人、对所处的世界的来龙去脉知晓更多。那么知道这么多对设计，也就是对未来有什么作用呢？加拿大的Lateral Office事务所一直在探索建筑、景观与城市学交织的设计策略，着眼于不可见的"关联"，而非仅仅是物质化的"基地"。他们为生

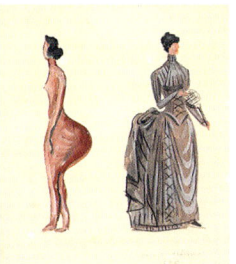
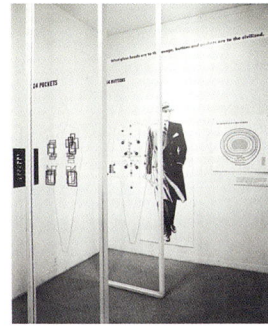
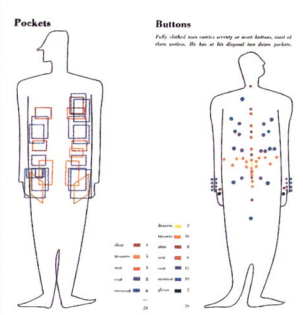

图5：展览"我们的服饰现代吗？"，伯纳德·鲁道夫斯基，MoMA，1944

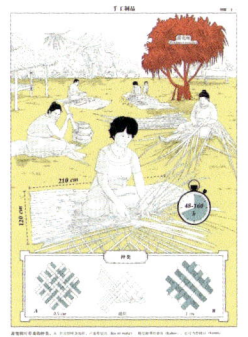

图6：阿利切·皮丘基（Alice Piciocchi）、安德烈亚·安杰利（Andrea Angeli）著，刘湃、许丹丹译，《即将消失的世界：海岛人类学笔记》，新星出版社，2018

图7："纪念塞内卡村"计划 [https://kentondejong.com/blog/remembering-seneca-village]

活在极地的因纽特人设计了一系列在极端环境中采集食物的小房子,设计的过程是一份翔实的地理、气候、生物、人类的生态系统研究,以图表的方式清晰呈现,最终落实为一组形态各异的轻型小建筑。建筑的形态体现着自然环境、食物链与人类需求的博弈,既古老又当代,它们在冰天雪地里像一群被建筑武装和增强了的人类。

因此我现在想说的是:建筑学如何正视"人"作为空间的主体,继而以延展他/她的能力、增强他/她的体验为目的?这需要对既有的视角、原则、方法、美学体系、评价标准进行改变。当代建筑学需要在类型层面发生变革,这是公认的,那么仅研究建筑本体肯定是不够的,甚至是偏离的,而是应当关注建筑的主体——人。这是人类学给建筑学最大的启示。

我们可以看看三个不同时期关于手臂功能延伸的探索。首先是文艺复兴时期,在修道院和大学里,学者们用一台巨大的木轮机辅助读书。因为书很厚重,同时翻看很多本需要耗费很大的体力,于是当时的人们发明了这个颇具空间感的"阅读机器",省时省力。然后是20世纪初,战争造成的灾难和创伤催生了科技的创新,以钢和皮为主要材料的人工手臂弥补和延展了受伤手臂的功能。昂贵但更加坚固的材料结合更加具有延展性的材料,共同模拟人体。最后是当代,看似柔软但十分有力的充气手臂。造价低廉,只运用了基础的充气织物、送气机、阀门和塑料管,通过控制送风来控制动作和力度。然而建筑师往往会依然青睐文艺复兴时期的那个设计方案,这也许就是这个学科的障碍。

有的建筑师很早便突破了障碍。维也纳先锋派建筑团体豪斯拉克科(Haus-Rucker-Co)在六七十年代实验了一系列假体装置和充气结构。充气结构挑战了布尔乔亚式的审美品位,代之以临时的空间、可抛弃型的材料。而头盔或防毒面具般的假体装置增强了人们的感官体验,强化或改变了习以为常的知觉。

这呼应了本文开篇赛博格概念提出者的观点,或许我们应该再次思考一下——从人的需求和能动性出发,延伸和增强人的身体机能去适应外界条件,是否比营造坚固永久的宜人空间环境要可行得多?

周边领域都在进行着变革。在产品设计领域,我们看到如吊灯一般从天花板挂下供人们在公共空间不受周围声音干扰使用手机的五边形电话亭(Pentaphone),它类似一个放大的头盔,内部是吸音材料,同时也避免干扰周围人。也有已经在各大国际机场和写字楼开始使用的能量舱(EnergyPod),它是整合了机械、电子设备和新材料的一体化躺椅,在嘈杂流动的空间中隔离出一个暂时的、极小的私密休憩空间。

伦敦的时装设计师侯赛因·卡拉扬(Hussein Chalayan)常将新的科技和材料融入时装设计,比如激光射线、LED灯、塑性材料、水溶性材料、自动化机电装置,让T台走秀成为表演艺术与科学实验的结合。他用科学、技术和建筑化的元素将人体与服装整合,建构了围绕文化和人类学的多重叙事。

建筑早已如同假体一般,是人类身体的技术化延伸,它们既不是自然的也不是文化的,而是赤裸裸的人工的。而建筑师却总有一股回归自然和本初的乡愁。在机器时代的巅峰,人类将自己的身体送往了外太空。今天,在一个多世纪的电子信息技术的推进下,人类已将自己的中枢神经系统延伸至全球各个角落。空间和时间不再具有传统的意义。视觉、听觉、触觉逐渐让位于虚拟空间中的感官体验。人类的身体不再是单纯的生物体,而是浩瀚的数字记忆海洋中的载体。

建筑如何在这个层面建构意义,增强人的体验,延展人的能力?

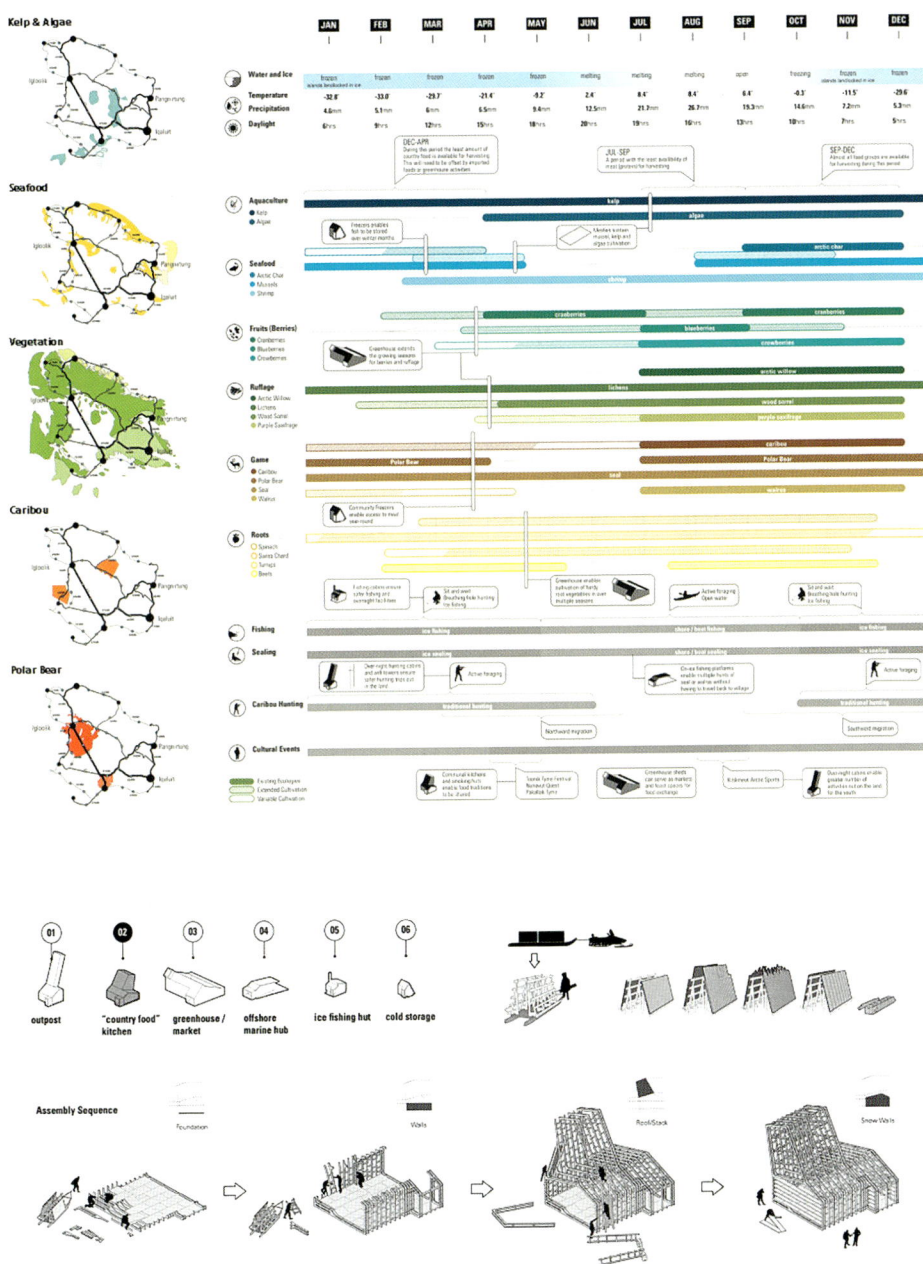

图8-1: 北极地区的食物网, Lateral Office, 2011—2012

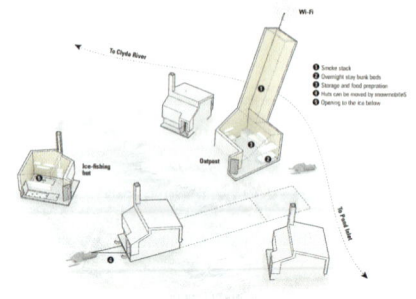

图8-2: 北极地区的食物网, Lateral Office, 2011—2012

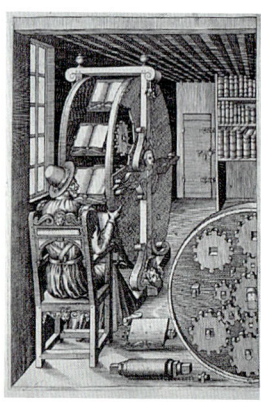

图9: 阅读机器, 阿古斯帝诺·拉美利, 1588

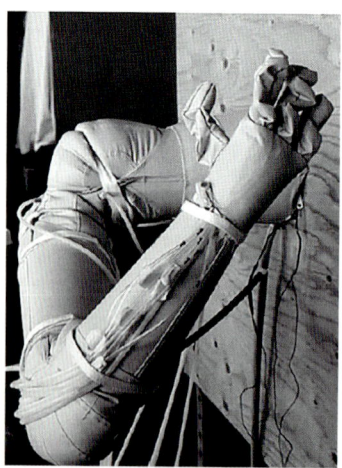

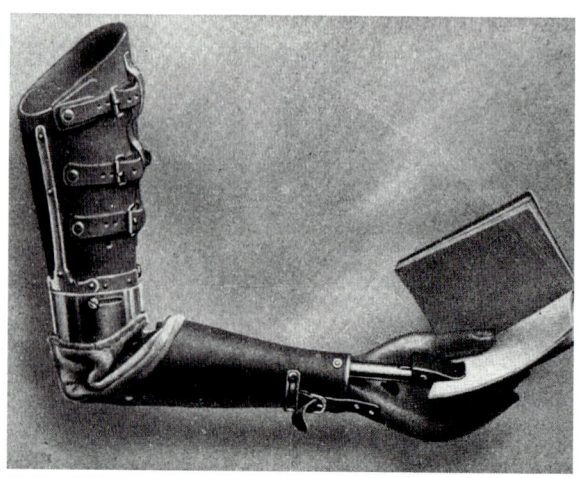

图11: 可充气手臂, Otherlab, 2011　　图10: 战争创伤矫形治疗, 1915

图12: 飞头/环境变换者头盔
（Flyhead /Environmental
Transformer helmets），
豪斯拉克科，1968

图13:《绿洲》第7期(*Oase* No.7)，
豪斯拉克科，1972

图14: 五边形电话亭, 罗伯特·斯塔德勒
（Robert Stadler），2007

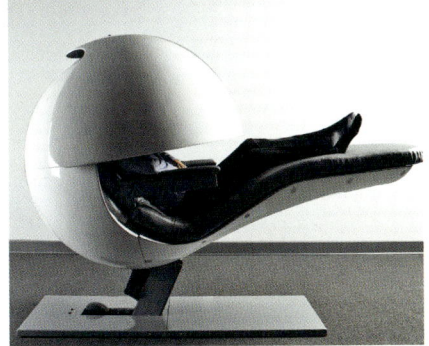

图15: 能量舱, Metronap

图16: 电子仿生裙, 侯赛因·卡
拉扬, 2007

图17: 电子仿生裙, 侯赛因·卡
拉扬, 2007

卫生间的小历史

Mini-History of "The Room for Hygiene"

本文原载于谷德设计网想法专辑第43期,原文题目为《洗手间的革新》。

卫生间是我们每个人每天都要去很多次的地方,是我们无论在家还是在外都最为熟悉的地方,我们在里面进行的一切活动都是极其个人的。但是,或者说因此,我们很少谈论它,也很少把它作为建筑"要素"看待。

假如跨越时空地统览过往,无论西汉明器所展示的当时置于猪圈之上的家庭厕所,还是古罗马遗存下来的向开放下水道排放的坐式公厕,或是英国绘画中所描绘的中世纪宴会式盆浴,都极具想象力,又与当下形成强烈的距离感。我们的起居、休憩、工作空间在不同的历史时期和文化地域之间的差异,恐怕远远比不上如厕和洗浴空间颠覆性的变化。

现代洗手间是什么?它的本质是管道,是系统,是一个个使用终端与庞大的管网的连接。它开始于1775年,苏格兰人卡明斯发明了S形弯管,随着工业革命普及并广泛沿用至今。S形弯管让一部分水驻留在管道中,阻止下水道内的不洁气体侵入终端,使得卫生设施进入千家万户成为可能。并且,洗手间不仅不再需要远离居住空间,还可以与之充分结合。

因此我们现在总想隐藏起来的管道,在现代洗手间的初期,是被骄傲地暴露和展示的。比如1905年的美国某洗浴设备品牌的广告宣传画,锃亮的镍铬合金管道理性又优雅地在墙边蜿蜒,清楚明白地展示着冷热水分别供给,上、中、下三个花洒和龙头满足不同需求。又如1909年一位时髦的瑞典都市女性在自家浴室内,浴缸上方数支银色管道和黄色水阀,就像她身后绽放的百合花一般,给生活带来舒适和美的享受。

在"清洁即美德"的现代主义时期,洗手间是卫生意识的彰显,它对卫生近乎极致的表现甚至超出了它所能提供的。从勒·柯布西耶的萨伏伊别墅(1929)的正门进入,赫然出现在门厅的是一个白色的独立的洗手池,让人觉得建筑师一定把它视作一座优雅的雕塑了。继而又如同佛寺门前的净手池一般,让人不禁审视自己的污浊而谦卑恭敬起来。事实上,白色洗手池出现在现代主义建筑的各个房间,卧室、书房、客厅、画廊……绝不仅仅在洗手间。比如在密斯的图根哈特别墅(1929),一个四周由玻璃作为防水保护的白色洗手池出现在家庭女教师房间壁柜的一角。

那时洗手间的空间形式努力追随着极具功能感和工业感的卫生设备。无论是萨伏伊别墅中随椭圆形浴缸而弯曲的卧室墙面,还是深受勒·柯布西耶影响的考克尔和弗雷设计的美国阿卢米埃尔住宅(1931)中随马桶弯转的半圆形墙面,抑或是紧紧围裹着淋浴室的凸型洗手间,都是对卫浴设备所代表的洁净性和先进性近乎崇拜的空间赞美。

洗手间一直是一代又一代现代主义者展示和探索革新性的前沿阵地。艾莉森和彼得·史密森夫妇的"未来之家"(1958)展览建筑更是将技术乐观主义推向了高潮。看向内院景致的开敞洗脸池、嵌入地板并凸向内院的恒温浴池、洗浴后能将身体吹干的冲淋房,都充满着对卫生、便捷、舒适和先进的大胆

图1: 西汉的猪圈厕所（随葬品）

图2: 古罗马的公共厕所

图3: 中世纪英国的公共浴室

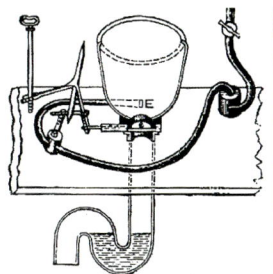
图4: 卡明斯S形弯管，1775

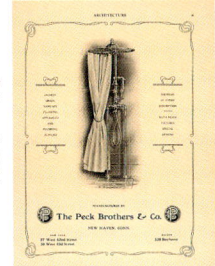
图5: 美国某洗浴设备品牌的广告宣传画，1905

图6: 瑞典家庭浴室，平版印刷画，1909

构想。

　　近二三十年奢侈酒店的房间设计中，出现了越来越多的透明盒子式洗手间。洗手间连同人在其中的一切活动，成了被主动暴露和亲密观赏的对象。如同昏暗博物馆中的展柜，灯光射向展品。尤其是洗脸、淋浴、坐浴设施和空间，被视作艺术品来设计和展示。现代主义盛期的种种探索告诉我们，这些都并非近年才萌发的身体意识与审美喜好。

　　除了保持卫生，洗手间也是我们检视和欣赏自己身体的地方。现代主义先锋建筑师艾琳·格雷在E.1027住宅（1929）中设计了"卡斯特里亚尔镜"，镜子的一部分可以转动、变换角度并和旁边的镜子主体组合形成反射影像。她还设计了"卫星镜"，将柔光灯置于主镜中，让具有放大效果的子镜围绕它转动，像莫霍利·纳吉的动态光影装置一般。这些梳妆镜进一步增强了身体和性别意识，也在一定程度上从女性的角度，表达了对被男性建筑师裹挟的现代主义运动缺乏细腻感官体验的批判。

　　当对前现代时期的建筑进行再利用时，加入现代洗手间和与之匹配的管道系统也是最难以处理的问题。法雷尔和格雷姆肖刚刚从AA毕业时，在将一排有一百多年历史的维多利亚时期联排住宅改造为学生宿舍的项目中，就创新性地解决了安装现代洗手间设施的问题。他们在房子后面加建了一座钢结构的螺旋塔，里面插入一个个玻璃钢胶囊式洗手间，塔楼外表面用朦胧的玻璃包裹。

　　不过现代主义之后，洗手间的革新似乎也放慢了脚步。我们并没有看到后现代的洗手间，也没有看到参数化的洗手间。（当然，这里指的是与其核心理论相匹配的模式，而不是表面的形式。）

图7: 萨伏伊别墅门厅, 1929　　图8: 图根哈特别墅家庭女教师房间, 1929　　图9: 萨伏伊别墅洗手间, 1929

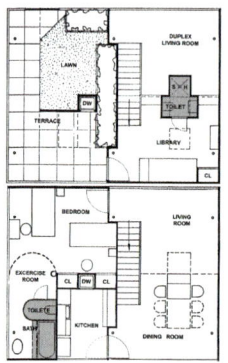

图10: 阿卢米埃尔住宅洗手间, 1931

图11: "未来之家", 1958　　图12: 近年奢侈酒店的透明盒子式洗手间　　图13: 卡斯特里亚尔镜, 1929　　图14: "卫星镜", 1929

近几十年，如果说洗手间有革新的话，可以说极其爱干净的日本人走在了世界的最前沿，简直可以称作一场TOTO革新。这场革新同样不发源于空间和形式，而在于技术和它所支持的服务——将马桶（toilet）和净身器（bidet）合为卫洗丽（washlet）。可以进行洗暖吹的多功能日式智能马桶卫洗丽震惊了欧美人，他们戏称坐在上面面对有诸多按钮的控制板需要有驾照才能正确操作。飞机在东京成田机场降落前常常会播放TOTO的宣传短片，教外国来客如何使用，或者更确切地说，享受日式马桶的多样服务。

我们看到洗手间的技术和空间在过去一百年间，较之建筑的其他部分，发生了更为颠覆性的变化。然而，当我们面对当下时，建筑的其他部分都在发生变化，或是更加融合，或是更加模糊，或是转换自如，或是有待定义，这时候洗手间却又似乎比它们都更加稳定。它似乎不该这么稳定。那么我们在期待什么？

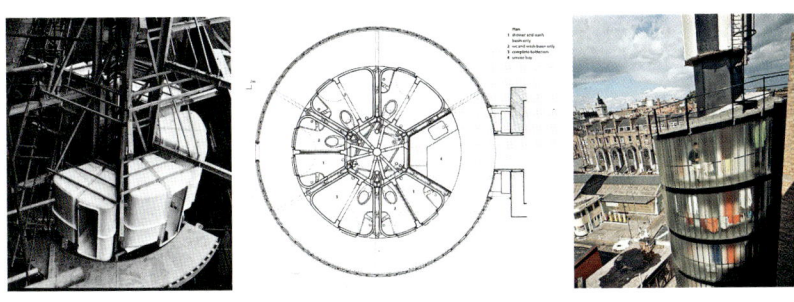

图15: 洗手间塔楼，法雷尔和格雷姆肖事务所，1968

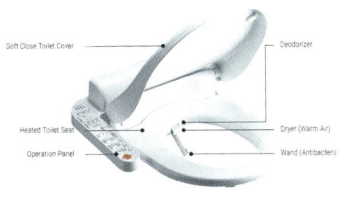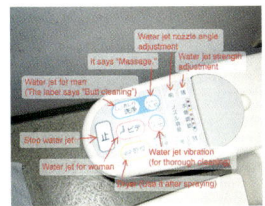

图16: 日式智能马桶的控制板

《建筑评论》的人文视角

Humanistic Perspective from Architectural Review

本文原载于谷德设计网想法专辑第47期，原文题目为《AR MANPLAN——建筑媒体的一次创举》。

在谢菲尔德大学参加教学活动的一天，几位老师整理旧杂志，其中十分"不合群"的一本杂志引起了我的注意。它的封面已经相当破旧，但骇人的头颅图案仍能让人惊异。这竟然是著名的《建筑评论》（Architectural Review）杂志1970年的一期，距离今天已经近50年了！《建筑评论》为什么会用这样的封面？上面赫然的标题"MANPLAN"又是什么意思？里面的内容会不会与封面一样与众不同？50年前究竟发生了什么？见我很感兴趣，几位老师便把这本杂志送给我了。

回去几经查点，我摸清了来龙去脉。MANPLAN是一场具有影响力的主题运动（campaign），可称为建筑媒体的创举，在今天看来仍然具有借鉴和反思价值，也可以说，它的积极影响在今天得到了证明。事情要从《建筑评论》（以下简称AR）杂志的传统说起。AR作为一本创刊于1896年，介绍和评论优秀设计作品的业内杂志，从来都不是一个中性的平台，而是一直以来都有着通过发起主题运动引领社会思潮的传统。这与几代编辑自身强烈的社会责任感、批判性立场和专业敏感度密不可分，AR反过来也成为他们进入和引领学界的舞台，其中人们耳熟能详的名字有尼古拉斯·佩夫斯纳（Nikolaus Pevsner）、科林·罗威（Colin Rowe）、雷纳·班汉姆（Reyner Banham）、戈登·库伦（Gordon Cullen）。

二十世纪五六十年代接连发生了几次富有影响力的运动。尽管这些运动在当时产生的社会效应仅仅局限于英国国内，但随后在学界产生了更为深远的影响，比如Outrage、Subtopia、Townscape等一系列运动彻底改变了人们对周遭环境的认知和理解，由此诞生的《城镇景观》（The Concise Townscape）一书广泛流传。1969年至1970年，AR连续出版了八期专辑——MANPLAN系列，可以说是一次深沉的人文主义宣言。如篇首所述，这个专辑系列的封面一改往日建筑杂志的精致面貌，经过特别设计，都采用骇人的头颅作为图像，达到了与内容一样引人注目和发人思考的目的。

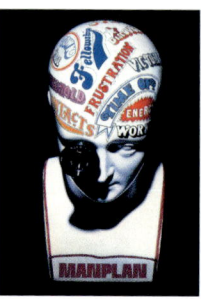
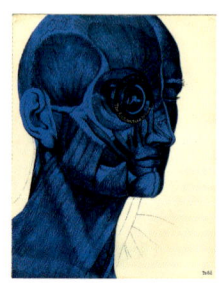
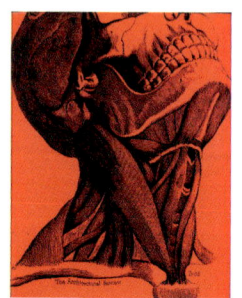

图1：MANPLAN 6, 1970（05），医疗与福利（Healthcare & Welfare）

图2：MANPLAN 1, 1969（09），焦灼（Frustration）

图3：MANPLAN 2, 1969（10），社会即联系（Society is Its Contacts）

图4：MANPLAN 3, 1969（11），城镇工坊（Town Workshop）

MANPLAN系列第一期的封面是布满关键词的颅相，右眼处还嵌入了一个相机镜头，活像一个赛博格。关键词中最醒目的是这一期的主题词——焦灼（Frustration）。翻开内页，页面上缘特别设置了一行如字幕般的醒目文字，且连续贯穿全册始终。一张张满幅的粗粒黑白照片，配合精心选取的吸光性极强的哑光黑墨印刷，营造出了令人过目不忘的明暗对比效果。这是在当时非常昂贵的印刷制作，传达了与主题一致的情绪——压抑，暗无天日，看不到未来。这些照片是由摄影师帕特里克·沃德（Patrick Ward）为专辑特别创作的，他用镜头在全英国记录了整整一个月时间，捕捉了人们日常生活中的种种焦灼瞬间。是的，人们。MANPLAN系列不再着眼于建筑，而是关注人，并且不是某个个体或群体，而是整个社会。铿锵有力的篇首语配合这些图像——不再是建筑杂志里那种只见建筑不见人的唯美照片——将建筑师读者们彻底推出了舒适区。

事实上，AR自己正是唯美建筑照的"始作俑者"。早在1913年，为推行现代主义建筑，AR便开始制作视角夸张的乌托邦式建筑照，并用奢侈的整版印刷营造摄人心魄的视觉效果。而此时，AR勇敢地站在了自己的对立面。AR杂志作为建筑媒体，此时变身为人道主义的倡导者。可以想象，这一系列激怒了很多建筑师读者，也因此不出所料地影响了销量，也启发了很多读者。

第一期抛出问题，接下来的七期一一回应。第二期主题为"社会即联系"（Society is Its Contacts），第三期主题为"城镇工坊"（Town Workshop），邀请诺曼·福斯特（Norman Foster）担任客座主编，第四期主题为"教育"（Education），第五期为"宗教"（Religion），第六期为"医疗与福利"（Healthcare & Welfare），第七期为"地方政府"（Local Government），第八期为"住区"（Housing）。整体上都采取现象、观点、提案、案例相结合的方式，推行各个主题的典范型和实验型探索。

在近50年后的今日回忆"城镇工坊"专辑时，福斯特说道："我当时希望关注和探索技术如何帮助人们创造更好的生活方式。我为此提出了一个构想，是一个巨型屋顶，将一切囊括其下——不仅有生产、工作和贮藏空间，还有超市、教育和娱乐空间——就好像城市中的一整个街区都在同一片屋檐下。继而设计的重点在于两处，一是公共空间，包括街道、广场、步行桥等，二是服务型设施，包括所有设备、管道和管线。"

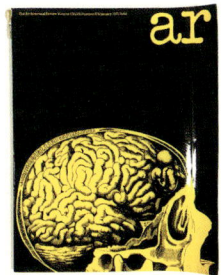
图5: MANPLAN 4, 1970 (01), 教育 (Education)

图6: MANPLAN 5, 1970 (03), 宗教 (Religion)

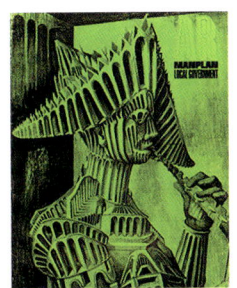
图7: MANPLAN 7, 1970 (07), 地方政府 (Local Government)

图8: MANPLAN 8, 1970 (09), 住区 (Housing)

Education专辑特别引用了《我喜欢怎样的学校》(The School that I'd Like,企鹅出版社，1969)一书中孩子们对学校的见解。比如案例自然地被分为小学和中学，随即引用了一位13岁男生的话："小学与中学的最大区别是，小学很愉快，而中学很枯燥。"同时，"教育学园"(education park)、"社区中学"(community college)这些概念被提出和讨论，也就是不再把学校视作特定人群一周使用五天的单纯功能建筑，而是能够为其所在的社区错时共享，营造如同意大利城镇广场(piazza)般的社区文化中心。

Religion专辑针对技术发展所伴随的不可避免的宗教衰落现象，探讨了宗教这个微妙因素对于建成环境不可替代的影响作用。捊出了复合化(hybrid)才是符合当下需求的宗教性空间，兼具归化(domestication)和参与(participation)的属性。它认为宗教和教育建筑都是在新时代需要被重新演绎的建筑类型，而演绎的基础是新的生活方式和交流模式。

总而言之，MANPLAN专辑系列的核心观点是，社会变革优先于建筑价值，而建筑师应当主动投身于对变革的回应之中。因此注重使用者需求的设计受到推崇，对建筑进行全面考虑的设计受到推崇，参与式设计受到推崇，而只关注建筑学自身议题的精英建筑(high architecture)遭到诟病。

MANPLAN这个标题也是其策划人休伯特·德·克洛宁·黑斯廷斯(Hubert de Cronin Hastings，他的父亲是AR的创刊人)对一篇题为《非计划》的重要文章的回应。1969年，理论家雷纳·班汉姆、编辑保罗·贝克(Paul Barker)、城市地理学家彼得·哈尔(Peter Hall)和建筑师塞德里克·普莱斯(Cedric Price)合写了一篇激进的文章《非计划：关于自由的实验》("Non-Plan: An Experiment in Freedom")发表于《新社会》(New Society)杂志。作者们希望通过自下而上的思考改进自上而下的规划政策，通过细致的观察产生策略，倡导一场反常规的、去规划的、自组织式的实验。这四位人物凑在一起，可以想见切入点会多么精准，提案会多么大胆且与时俱进。

作为出版物，MANPLAN系列的封面、排版和印刷都参与到了塑造主题表现力之中，因此被誉为出版史上的杰作。这得益于包括彼得·贝斯托(Peter Baistow)、迈克尔·瑞德(Michael Reid)、帕特里克·沃德、伊恩·贝瑞(Ian Berry)在内的一众富于想象力和创造力的年轻平面设计师、摄影记者与编辑担纲艺术指导和印刷制作。总策划人黑斯廷斯随后成了RIBA(英国皇家建筑师学会)金奖的获得者，也是RIBA历史上唯一一位没有建成作品的获奖者。改变建筑观念的专辑系列和媒体运动就是建筑杰作。

二十世纪六七十年代是建筑思想与社会思潮活跃的时代，在贝奥特利兹·科伦米娜(Beatriz Colomina)主编的《夹片，印戳，折叠——20世纪60—70年代小型杂志中的激进建筑》(Clip Stamp Fold—The Radical Architecture of Little Magazines 196x-197x)一书中可以窥见一斑。不过AR作为业界主流杂志，MANPLAN系列和其他运动的专辑都不在书中列举的多达125期小杂志专辑之中。主流杂志能够产生的学术和社会影响远非小杂志可以企及。也的确，在今天看来，AR和它引领的一系列运动对英国城镇和建筑产生的积极影响是无价的，当时令人挑眉侧目的观点如今变成共识。作为一门担负着社会责任的艺术，建筑学通过媒体不断在学科内部激发对话，并与公众进行交流。时而乐观，时而自省，时而激进，但从不媚俗，不和解，亦不清高。

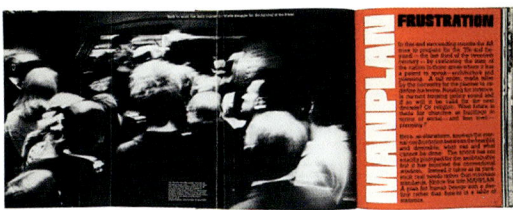 

图9: MANPLAN 1, 内页　　　　　　　　　　　　　图10:《新社会》杂志(*New Society*)

延伸阅读：

[1] Richard Williams (1996) "Representing Architecture: The British Architectural Press in the 1960s", *Journal of Design History*, Vol. 9, No. 4, pp. 285–296.

[2] Beatriz Colomina, Craig Buckley (2011) "Clip Stamp Fold—The Radical Architecture of Little Magazines 196x–197x", *Actar*.

[3] Steve Parnell (2012) "AR's and AD's Post-war Editorial Policies: The Making of Modern Architecture in Britain", *The Journal of Architecture*, 17:5, 763–775.

[4] Steve Parnell (2014) "Manplan: The Bravest Moment in Architectural Publishing", *The Architectural Review*.

[5] Jon Astbury (2014) "A Cover Story: 18 of the AR's Most Striking Covers", *The Architectural Review*.

[6] Catherine Slessor (2015) "Humanplan: A 21st Century Pocket Manifesto for Architects", *The Architectural Review*.

[7] Jonathan Glancey (2017) "AR 120: Jonathan Glancey on Campaigns", *The Architectural Review*, Issue 1437.

[8] Norman Foster (2017) "AR 120: Norman Foster on Technology", *The Architectural Review*, Issue 1437.

旋转木马·城市寓言

去年底参加了"未知城市：中国当代建筑装置影像展"（深圳，2019），展览提供了一个契机，让我在实现现场装置的过程中进行了一个十分有趣的小研究——"旋转木马·城市寓言"。

我一直很有意识地关注日常物件、当代科技和消费模式对人们的深层影响，并且常常试图从一个很小的点切入一个很大的命题。人们为什么如此喜爱乘坐旋转木马？它风靡全世界，不是地域性的，而是普遍性的，不是稍纵即逝的，而是跨越几个世纪的。它经久不衰，以至于一旦什么新的制动方式出现，都会被应用在旋转木马上——最开始是马力的，甚至是人力的，随着工业革命，开始了蒸汽动力、机械化的，再后来是电力的，逐渐实现了自动化、智能化。这背后的深层原因让我着迷。

我认为旋转木马恰好契合了当代人的心理需求和体验模式，也就是追求高速的、眩晕的、群体的体验。这种心理需求和体验模式是非常具有城市性的，因此旋转木马是在十九世纪初期伴随着城市的兴起

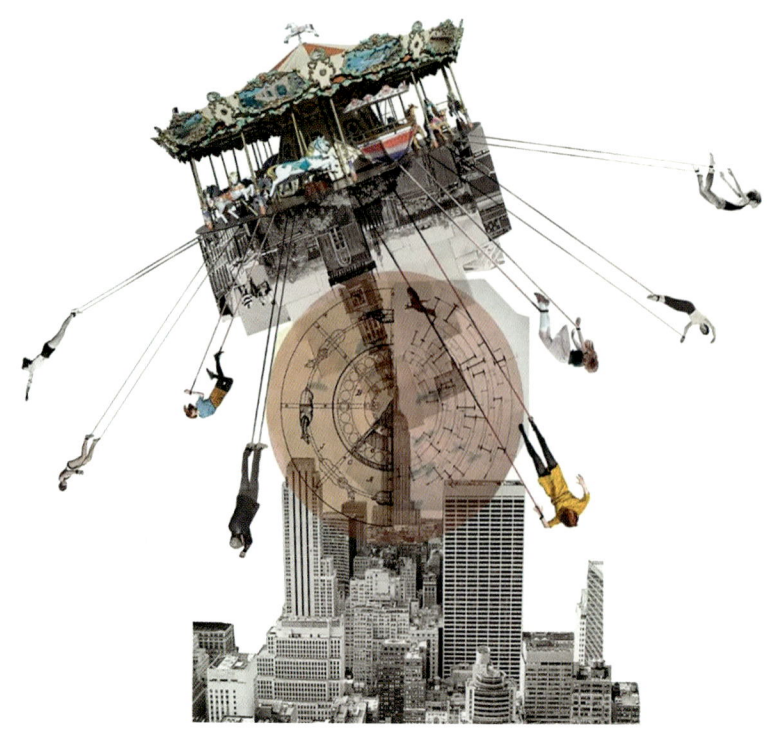

"旋转木马·城市寓言"展览题图 © 南京大学建筑与城市规划学院LanD工作室

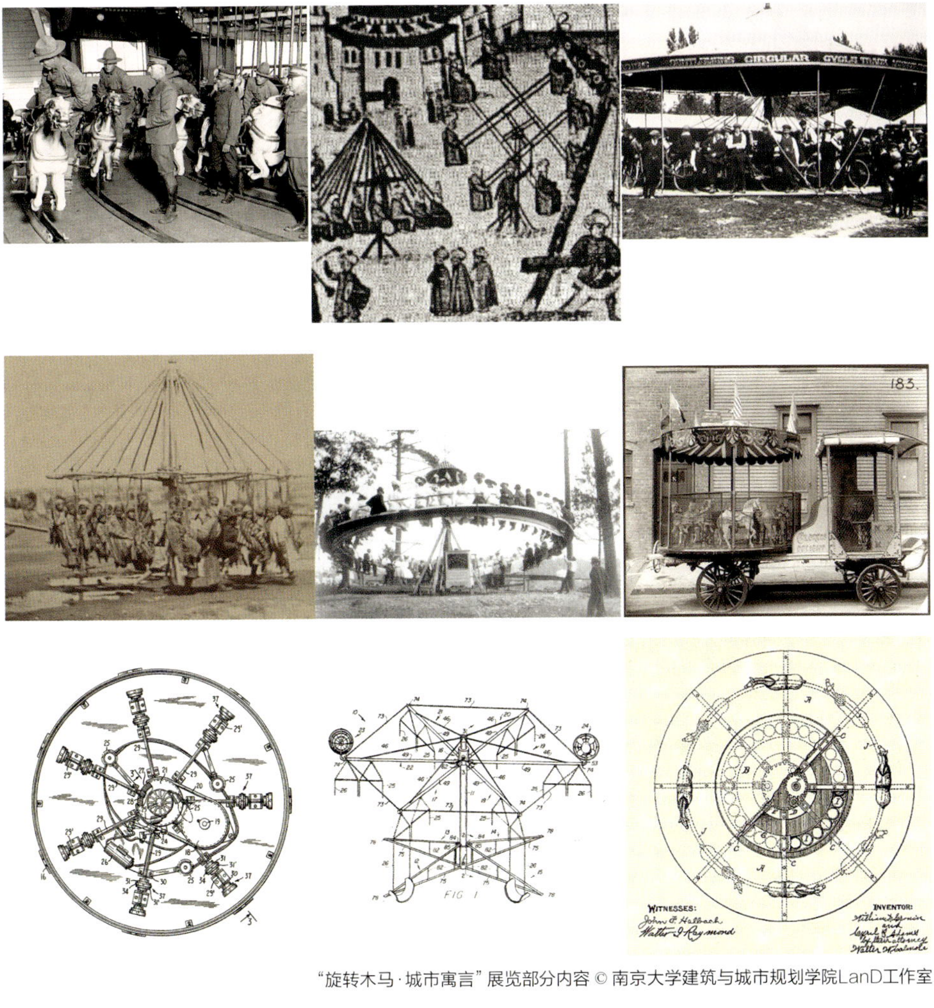

"旋转木马·城市寓言"展览部分内容 © 南京大学建筑与城市规划学院LanD工作室

电影《玩乐时间》(*Playtime*, 1967)结尾的旋转影射

而广泛传播的。当时随着新型交通工具的出现,人们体验到了前所未有的速度,身体的能力被延伸了。延伸不仅是功能性的,也是具有单纯快感的。摇晃、颠簸、震荡、转弯、旋转,这些机器化的身体经验逐渐成了当代人的一部分。当代人观察世界的视角和体验空间的方式已不同以往,如同生活在无形的旋转木马之中。现代主义以来的建筑理论普遍认为建筑应当反映所处时代的建造方式、材料特征和空间需求。那么,建筑更应当对变化的主体性进行回应,反映其所处时代的人的感知特征。

如果说机械化的行动模式将人往外向拓展,那么二十世纪中叶兴起的影像生产则将人内向延伸。两者叠合,从根本上改变了人们对建成环境的感知。借助机器和设备,人体本身的行动局限和视觉局限被不断突破。感知的方式决定了感知到的内容。身体感知不再仅仅是直接获得,而是不同程度地经由不同种类的机器和设备间接获得,这使得人们具有了前所未有的视角和视野,也势必催生全新的美学观念。这已经是,也将继续是,人与机器和设备之间循环往复的相互改变。

近期在阅读《缩放空间:运动与媒介中的建筑》这本书(*Zoomscape: Architecture in Motion and Media*, Mitchell Schwarzer, Princeton Architectural Press, 2004),作者不是典型的建筑理论家,更像是在艺术学院做视觉研究的学者。而对于空间感知的微妙差异,一如既往,艺术学界比建筑学界更加敏感。书中开篇提到,雕塑家和艺术理论家阿道夫·希尔德布兰(Adolf Hildebrand)早在1893年就写道:"建筑不只是给我们带来空间移动的可能性,而更是对于空间的明确感知……通过将空间本身转化为视觉印象,对移动的想象被激发,进而对空间获得整体性把握。"德国艺术史学家奥古斯特·施马索夫(August Schmarsow)在1905年的《艺术史基础》(*The Foundations of Art History*)一书中,将建筑体验描述为在空间中移动时获得的感知的集合。比如,对于柱廊的感知,与整体的布局关系不大,而更在于在实体的圆柱和矩形的虚空交替韵律中游走而获得的特定体验。于是建筑的物质整体性和历史意义显得没有那么重要,而有价值的是被一个移动的观察者个体所切身体验到的。

A Sea of Steps, Frederick Evans

《缩放空间》书中插图

Vessel项目照片 © Heatherwick Studio/Getty Images

当代的交通工具和媒体技术对人们的空间感知模式产生了深层改变——我们体验建筑、街区、城市和大地景观时，越来越多的情况下不再是具身的和连续的，而是在火车上、汽车上、飞机上，也在照片中、电影中、电视中，也就是在飞速移动中、在千里之外、在多线程的情境中，或是在精心择取和剪辑的影像中。新的感知模式使得我们更多依赖于视觉，更少依赖于其他感官。《缩放空间》一书按此线索分为六个章节：铁路、汽车、飞机、摄像、电影、电视。书中有来源丰富的引用和案例，每一个都可以引发单独的讨论。这本书出版于15年前，并不是一本新书。然而它提出的议题在今天看来依然急迫，依然没有妥当的解答，甚至没有被意识到。

无论情愿还是不情愿，日常生活就已经参与到了复杂深远的感知变革之中。我们被有形或无形的技术武装或裹挟，距离感和时间感都不同以往。建筑不再是连续空间中的物，而是断续空间中的多样聚合。如果说上一轮感知模式剧变的典型城市载体是经典的欧洲都市，是本雅明和波德莱尔笔下的巴黎，那么我想这一轮感知模式剧变的典型城市载体应该是对新兴媒体技术接受度最高的东亚城市。

纽约的Vessel城市公共空间（建筑师：托马斯·赫斯维克）乍看起来十分荒诞——不通向任何地方的楼梯，数量之多，让人迷乱，一共有150多节，2500级台阶，80个休息台，高度相当于15层楼。设计意图是让人们可以在上面从不同的高度和角度欣赏曼哈顿和哈德逊河，聊天、冥想、约会、偶遇，或是，健身？

从哈德逊河边看向修建中的Vessel和哈德逊城市广场 © 窦平平，2017

让人们自愿选择不乘电梯而是攀爬15层楼？！Vessel可能在说，这里是纽约，是曼哈顿，她的每个视角都值得你气喘吁吁。也可能在说，在当代城市中，移动不见得要有目的地，移动本身就可以是目的。

我探访的时候是2017年秋，当时整片哈德逊城市广场还在修建中。那天沿着高线公园（Highline）一路向北，走到这片飞地，走到曼哈顿的边缘，站在密密匝匝的废弃铁轨尽端回望，正在修建中的Vessel好像是被一只不可见的手从铁轨中拎起来的，看起来非常不真实，却又十分合理。

选择楼梯这个元素进行公共空间的营造是非常敏感的举措。如赫斯维克事务所所述，观察城市中人们自然聚集的地方，最吸引人的公共设施通常都是非常简单的结构。楼梯便是其一，最经典的当数罗马著名的西班牙台阶（Spanish Steps）。为了对楼梯这种简单的公共结构类型进行进一步的探索，事务所还专门研究了传统的印度阶梯井，一种错综复杂的石阶网络结构。对于印度阶梯井，我也有切身体验，零六年的时候曾造访过几个。那是非常震撼的构筑物，因为几何秩序、重复阵列、数量庞大、逻辑理性、目的单纯，而焕发出了神性。

设计师赫斯维克学习三维视觉艺术出身，没有过多的建筑学枷锁，他的一些作品被他自己归为"空间"类，既不是单纯的雕塑也不是构筑物，但又两者都是，更接近公共空间艺术。他这样描述对建筑的定义，"一件达到了某些目的，并重新定义地面和城市关系的载体"。Vessel大概是这个定义的完美注解。台阶，无休止的运动和暂时性的停歇；闭环，没有起点也没有终点的轨道；篮状镂空结构，既内向又外向——其中的隐含属性都是典型的都市特征。

电影《罗马假日》（1953）中的西班牙台阶

印度阶梯井 © 窦平平，2006

研究成果图谱

研究 作为观察和反思
Research

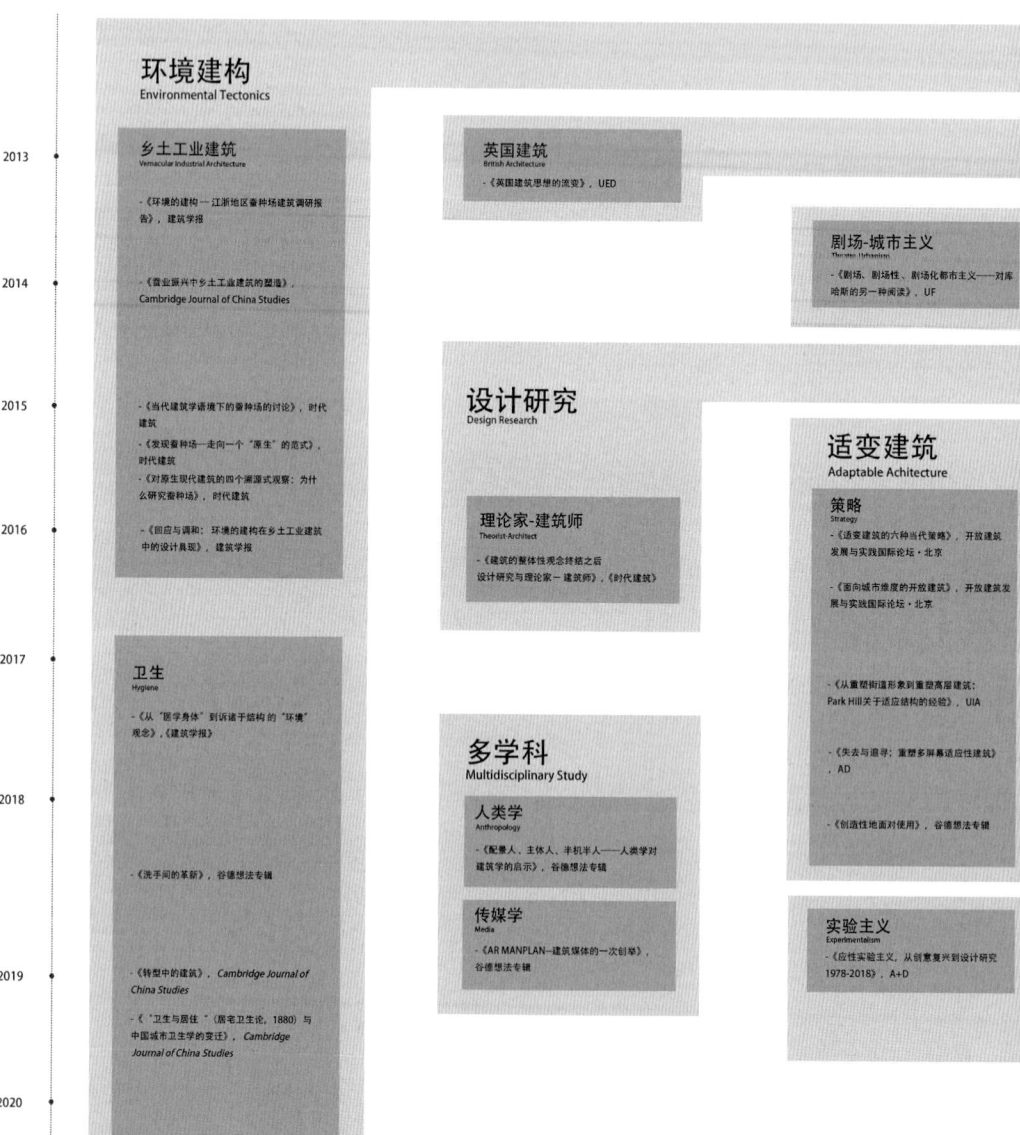

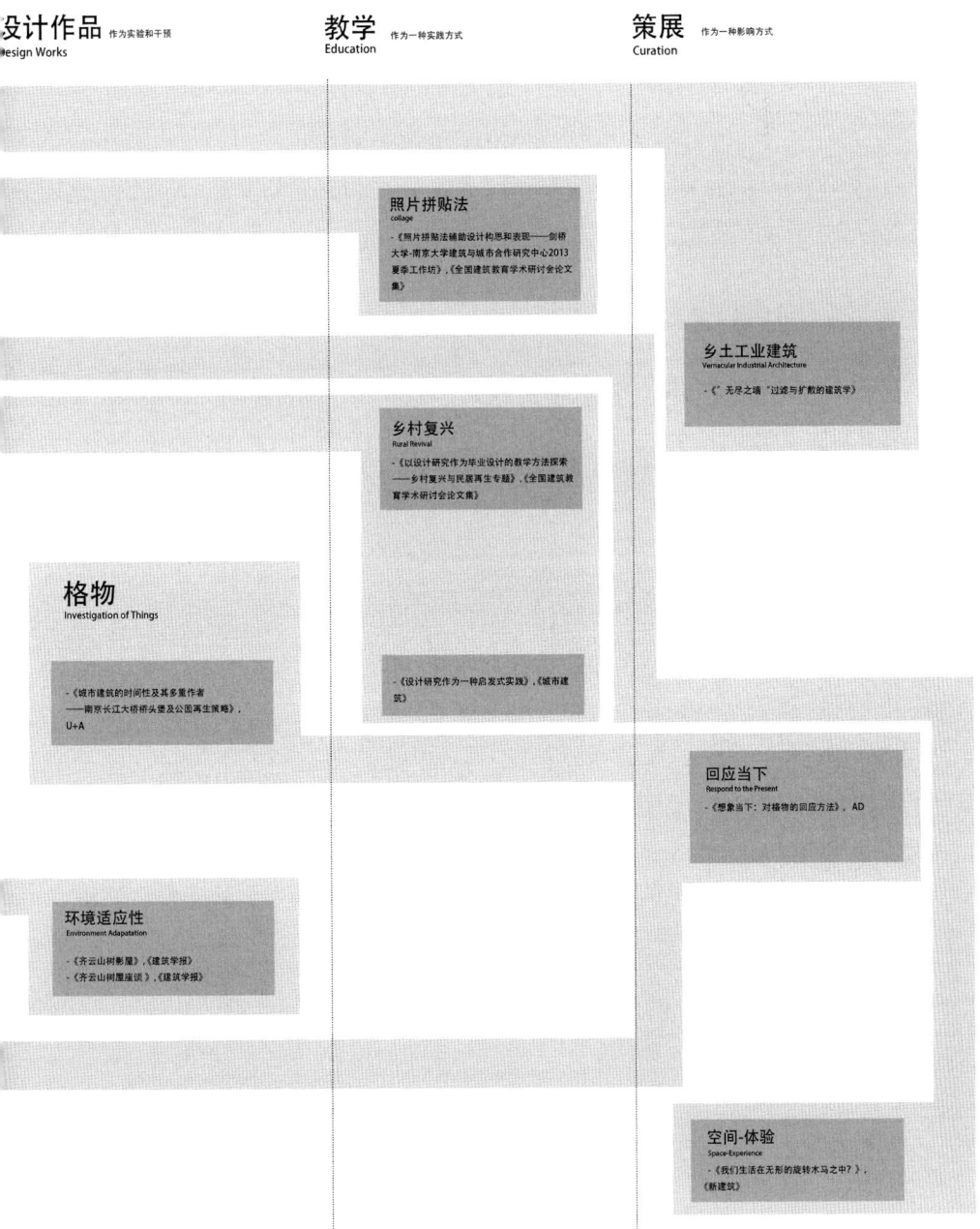

研究成果图谱

南大建筑实验手册 | 主编 鲁安东

城市异托邦

Urban Heterotopia

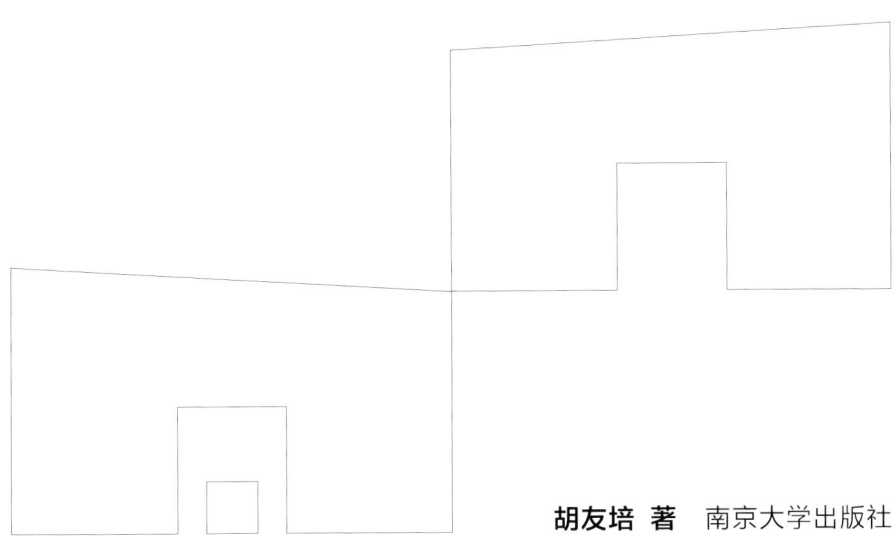

胡友培 著　南京大学出版社

图书在版编目(CIP)数据

南大建筑实验手册. 城市异托邦 / 鲁安东主编 ; 胡友培著. -- 南京 : 南京大学出版社, 2025.7. -- ISBN 978-7-305-29165-4

Ⅰ. TU2-53

中国国家版本馆CIP数据核字第2025CE8505号

出版发行	南京大学出版社
社　　址	南京市汉口路22号　　邮　编　210093
书　　名	南大建筑实验手册 NANDA JIANZHU SHIYAN SHOUCE
主　　编	鲁安东
责任编辑	王冠蕤　张　静
照　　排	南京新华丰制版有限公司
印　　刷	南京爱德印刷有限公司
开　　本	787 mm × 900 mm　1/32　印张14.75　字数732千(共五册)
版　　次	2025年7月第1版　2025年7月第1次印刷
ISBN	978-7-305-29165-4
定　　价	218.00元

网址：http://www.njupco.com
官方微博：http://weibo.com/njupco
微信服务号：njupress
销售咨询热线：(025)83594756

* 版权所有，侵权必究
* 凡购买南大版图书，如有印装质量问题，请与所购图书销售部门联系调换

前　言

　　建筑与城市,一直是建筑学科内部反复研讨的主题。但二者在物理尺度上存在巨大的差异,如何以建筑的方式讨论城市,或将城市作为建筑学的对象？我的意思不是城市设计,更不是城市规划,而是一种由建筑学抵达城市、介入城市、讨论城市的方式。

　　阿尔伯蒂著名的关于建筑与城市相互转化的类比,是一次以建筑学的方式讨论城市的尝试。而关于城市的建筑学,最著名的当数罗西的同名著作《城市的建筑学》。在结构主义、语言学兴起的时代,罗西以无比的雄心试图建构晚期现代主义建筑学关于城市的话语。我们还可以将这个名单向前、向后延长,将布雷、勒杜、柯布西耶、莱特、希尔伯塞默、柯林·罗、昂格斯、库哈斯等纳入名单。这些古典的、现代主义的,以及当代的各种努力与尝试,说明建筑学从未放弃对城市的讨论,城市始终是建筑学关注的对象。

　　另一方面,面对今天的现实世界,我们不得不遗憾地发现,建筑学在城市社会话语中的地位日渐边缘化。进入现代社会以来,随着现代学科体系的建立,城市地理、城市规划、景观学、生态学、城市交通,甚至城市设计,都以各自专业的理论、工具,积极介入城市的空间实践中。古典时代,建筑师作为人居环境首席设计师的地位一去不复返。在当今普遍城市化的全球背景中,建筑设计逐渐工具化,成为资本、权力空间生产过程中驯服的画笔。建筑师一遍遍涂抹着看起来相似的住宅、商综、办公楼……全部的设计智慧退缩到绞尽脑汁在法规限制下多画出 0.5 平方米楼板面积；或如少部分明星建筑师,在全世界范围内"创作"出各种奇形怪状的所谓地标,留下风格化的签名。其结果是千城一面、平庸无聊的当代城市。

　　再看看中国的城市。随着城市化进程在广度、深度上快速推进,我们会惊奇地发现,原来曾经熟悉的城市已经扩大到你无法想象的地步。中国发达地区的大城市,已经由城市（city）全面进入都市区（metropolis）的时代。如果说城市在概念与物理上是有形的、边界明确的、紧凑的；都市区则是一个有待建立的空间观念。动辄成百上千平方公里的地理尺度,是一片农田、厂房、楼盘、园区等构成的模糊而绵延的景象。

　　当代的建筑学面对城市命题时的处境,似乎变得比我们的前辈更加困难,甚至无从下手。一面是建筑设计的边缘化与工具化,一面是都市区的跃进发展。我们在学科内部与外部都面临着当代城市形成的巨大困境与挑战。我们不禁要问：在城市化全面开花的当下,还有可能将城市作为建筑学的对象吗？

福柯在 1967 年面向法国建筑圈的一场演讲中，提出了异托邦（heterotopia）的概念。异托邦不同于乌托邦。古典的、现代主义的乌托邦，是理想的世界，从未或永远无法实现。它不依赖于具体的地点，以统一、强大的信念形成自足。异托邦则是具体的地点，它是正统空间权力实践的边缘，是异质性要素赖以栖息之地，是正统主流外的另类。它凭借非主流的身份，构成了与生俱来的对现实的批判性力量。异托邦相比于乌托邦，少了宗教式的信仰与纯洁，以更加灵活、机动的游击战术，构成了它独特的理论与现实意义。在当代建筑学话语中，不乏关于异托邦的精彩言论与案例。如索莫（R. E. Somol）的孔洞（enclave）、昂格斯的群岛（archipelago）、文丘里的拉斯维加斯、库哈斯的拉各斯、犬吠工作室的东京制造，在某种程度上，是一次次对建筑异托邦的探索与研讨。

异托邦作为一个空间概念，一方面，它似乎与都市区有着某种天然的契合。都市区作为一种混杂体（agglomeration），裹挟着大量彼此不兼容、无关系的多样性要素与层出不穷的新要素。它们有各自确定的地点，彼此没有统一信念。异托邦的概念相比乌托邦，更容易接近都市区的现实。另一方面，异托邦保留了乌托邦的实验性，是在主流之外开辟的试验田。正因为其孤立的品质与边缘化的地位，可以承受各种成功的、失败的建筑学试验。这是异托邦在当代语境中对建筑学的独特价值。通过异托邦的中介，或可形成建筑学抵达城市的路径。换言之，也许异托邦中的建筑学实验，是当下建筑学讨论都市区的潜在方式。

上述理论与价值立场，是过去三年时间里，南大建筑"城市设计工作坊"课程中一条或明或暗的脉络。本书中收录的两位教师指导的工作坊，在选题、教学方法等具体内容上都有所差异。但异托邦的视角，是其共同的底色或基础。正是由于这个共性，才有可能将过去三年的材料集结于这本小册子，作为南大建筑学术与教育实验的一个阶段性成果，展现于读者眼前。

实际上，以一年级研究生为教学对象的"城市设计工作坊"，对城市建筑问题展开探索，是南大建筑的一个传统。这个最早由丁沃沃教授创建并指导的设计教学单元，从开设之初就确定了城市建筑的选题与设计研究的基本方向。通过十多年的积累与发展，逐渐形成了一个实验研究、前沿学术与设计教学相互交融的传统。本书内容是对该传统的继承与发展。

作为城市异托邦，作为建筑实验，本书难免存在诸多显而易见的不成熟与不足之处。但也许，正如异托邦这个概念本身，其全部旨趣与意义就在于此。以它的不成熟、不现实为代价，启发我们对现实问题更多的思考与讨论，想象另一种不完美现实的可能性。

胡友培

2020 年 9 月 8 日

注：本书工作坊 I 的课程简介由凯瑞·希瑞斯（Cary Siress）教授执笔。南京大学建筑与城市规划学院研究生张晗为课程贡献了基础研究工作。研究生魏雪仪、李雪、陈星雨、王子涵参与编辑工作。在此表示感谢。

目 录

2017—2019
城市设计工作坊 I

课程简介 On Method: An Opening In Sight   2
Heterotypes and Other Tales of Nanjing   8
Heterotypes and Conglomerate Orders of Environment Making
in Peripheral Nanjing   18
Conglomerate Aggregates for Dajiaochang   28

2017—2019
城市设计工作坊 II

课程简介 边缘游牧   38
Project of Line   44
Urban Regeneration: Transforming the Inner Edges   56
I. E. 2.0: Reclaiming the Urban Corridors   66

2017—2019 城市设计
工作坊 I 课程简介
On Method: An Opening In Sight

Cary Siress

Studio Nanjing 2017-2019, Nanjing University School of Architecture and Urban Planning

> *If we do not change direction, we will only get to where we are going.*
> Chinese proverb

A wasting ruthlessly, the deluge of development never ceases. Uplift and sway, the flood forever breaks away into depths unknown as it may. Yet time and again, the command is voiced: let us never fail in building and rebuilding ourselves, piece-by-piece, moment-by-moment, dream-by-dream. The city is an ark forged from this very command, an immense vessel cast adrift in a turbulent sea of its own making. Perhaps this is why all the production and all the lives of its people proceed so anxiously, with the congregated voyagers routinely tinkering with this or that part of their craft, without ever really knowing how it works or why. A spellbound lot, it is likely that they will go on building and rebuilding with the unquestioned hope that the ark will someday prevail by consuming the entirety of the sea itself.

Throughout the Studio Nanjing course, design "methods" will be approached relative to the notion of path: not a path in the sense of a way given in advance and dutifully followed, but paths in the plural that must still be made. Paths are understood here as processual rather than substantive, paths that must be delineated to find a route to and through the territories of here and now; paths that must be devised to articulate the dispositions of territories travelled and trespassed; paths that must be developed to know how those territories oblige us to move or thwart movement in order to determine their distinct situational potentials. Methods, understood as path making, in other words, are never prior to design as a specified direction or prescribed itinerary. Methods must be designed on the way, constructed while proceeding. Methods are an open work and a work of opening; they constitute tasks of positing ways away from the way.

Studio Nanjing serves above all as an interactive research platform for exploring the theme of "heterotypes", amalgamated socio-spatial formats that incorporate space-making capacities of architecture, service-staging logistics of infrastructure, and ground-shifting powers of landscaping the surface of the earth. The term "heterotype" is conceptually concrete. Still embryonic as a concept, heterotypes pertain to ever expanding, but under-examined agencies working in, on, and across lived environments that, if methodically explored, might reorient design thought away from its habitual preoccupations with inhabiting privatized worlds, and toward a more urgent reassessment of earthly cohabitation in the broadest sense as a necessarily collective project of co-immunizing all planetary stakeholders — human and otherwise. Concretely, heterotypes concern just as well potentially new bearings for practices of environment making — even world making — by inferring atypical, conglomerate orders of relations among constituent actors and component arrangements that, in their co-operation, might engender more responsive ecologies of people, places, and production. The investigation of heterotypes, as conceptual as it is concrete, bears on developing effective modes of coimmunization in an era of permanent catastrophe and looming barbarisms.

Studio Nanjing poses a challenge to dogmatic reiterations of self-same type forms, abridged functional categories, and mannered compositions by asking the deceptively modest question: what else can design do? Design, always a conglomerate of thinking and making, is put to the test as just that, a mongrel vocation of mixed faculties and aptitudes that can be retooled and recoupled for formulating, say, innovative performance parameters that might re-energize failing life worlds; for articulating novel operational imperatives that might spawn more resourcefully fabricated habitats; or for exploring untapped opportunities of contingency within and beyond those managed domains we inhabit. In the process, heterotypes might help distinguish new tolerances and gradients of environmental adaptivity. The question concerning what else design can do is a question of testing untried relationships with a world in constant flux, but moderately intact and momentarily consenting. The question concerning what else design can do is a question of surveying diverse knowledges and techniques that at present function autonomously and often in mutual contradiction, but could be bundled to jointly reinforce and augment respective disciplinary competences. The question concerning what else design can do is a question of seeking out opportune correlations among manifold political, economic, technological, informational, and ecological variables that, although usually viewed as extrinsic to design concerns, might, when cross-coordinated, facilitate the enduring operability of novel sociospatial formats. The investigation of heterotypes, a confrontation and chance, promotes experimental and open practices of design willing to interrogate the enclosures of thinking and making still sanctioned by worn canons, the unquestioned authority of which perpetuates the equally worn tenets of consensus and convention.

Studio Nanjing offers the grounds and incentive for reconsidering established mandates of design, not only by taking into account complexities of the wider urbanized milieu as vital to more judicious thinking about the production of lived environments, but also by taking constructed milieus seriously as active agents that structure any prospective act. What is really out there is the content of the research, not some fabled otherworld that bends to any and every design impulse. Thoroughly heterotypical, the environments produced and reproduced to sustain our ways of life are unruly conglomerations of conglomerations that confound even the best-laid plans. Yet, for better or worse, these environments are the most prolific test-beds we have devised so far for ensuring our survival and therefore must be mined as sprawling reservoirs of evidence for what works and how, as well as what does not work and why. Perhaps only when we earnestly re-view our own habit-laden habitats and intently re-search them for what they could do differently are we afforded a more opportune position for tracking, if only provisionally, the already tightly entangled natural-social-technological arrangements (heterotypes) that make up anthropogenic environments. The investigation of heterotypes, unavoidably positioned amidst the turbulence of how things go, works to recontextualize "problems" by spatializing and socializing what appears to be non-spatial and a-social. In doing so, that which appears to be either "given", "purely procedural", or "neutral and non-decisive" in policies governing the word is shown to be shot through with spatial and social biases, in addition to being motivated by vested interests in making territorial claims on places and people hold or not. Moreover, by detouring through the regulatory insides of a standing order, the malleable, constructed nature of human orders is exposed, which, in the best of cases, might elicit insight as to 4 how the workings of an operative order could be amended.

Acknowledging the anomalous orders of our world as the real (and only) setting of design, and considering the ever growing number of impasses in a world still spellbound by the pretense of uninhibited growth, how reckless the indulgences of stand-alone buildings, mono-functional transport corridors, or nostalgic landscape reserves now seem. It is as if we — designers, all of us — have collectively run out of steam in creating new imaginaries and breakthrough practices for advancing more credible forms of worldcraft. Instead, we continue to enshrine those particular profit-taking economic processes that have made the world what it is (and is not), giving those processes legitimacy above all else as the Way (monolithic, hegemonic), and thus accepting them as the solution to our shared problems rather than their root cause. Yet, we — my academic colleagues, my students, and I — remain hopeful that design propositions concerning possible other futures of urbanization still have a future, owing to the close study of heterotypical orders of those settings we inhabit and careful reconsiderations of how their innate potentials could be reclaimed, if not reprocessed for worthier ends. We are also confident that a truly urbanized design awareness could yield an ART of learning from latent resources of places and people, a WEB of adaptive skillsets attuned to getting the most equitable performance from collectivized spaces, and a FORUM dedicated to creating spatially receptive and socially beneficial public programs for the 21st century. To achieve such transformations in urban design thinking and making, it is incumbent on us as design agents to consider the unexplored potency of diverse organizational formats that can openly evolve by adapting to spontaneous changes, additions, subtractions, as well as social and technical modifications, without limiting the diverse ordering capacities of those formats. The challenge of giving expression to conglomerate orders of heterotypes — those that exist and those yet to emerge — also manifests an opportunity to bring all of our sensibilities and services into play when considering the wildest possible range of variables that might contribute to developing more inclusive, responsive, and accountable modes of co-inhabiting the planet.

Course Learning Outcomes

1. Students will be introduced to the notion of "heterotypes" as well as "conglomerate orders" and will be given a discursive background of these concepts in conjunction with the theoretical material introduced in the seminar course.
2. Students will be introduced to various urban scales of intervention, modes of site analysis, techniques for scenario modeling and time phasing, as well as the notion of social and spatial territoriality.
3. Students will be introduced to multiple techniques of drawing, diagramming, scenario modeling, and model making as innovative means of spatial expression and communication of design ideas.
4. Students will be introduced to references from architecture, infrastructure, and landscape design relevant to their individual project propositions and will be provided with the conceptual and pragmatic framework for the selected reference projects.
5. Students will be introduced to a range of techniques for professionally presenting urban research findings in a public forum and will be skilled in critical design thinking, curating their work in a professional format, and making public presentations in the English language.

Didactic Keywords

Heterotype: mixed type-forms combining architecture, infrastructure, and landscape design capacities to serve manifold purposes.

Programmatic hybrid: innovative merger of activities/uses that orchestrate diverse interactions of people, places, and things.

Conglomerate order: heterogeneous organizational principles that are not reducible to a single formal logic or structuring principle.

Urban strategies: diagrammatic schemes that reveal the underlying operations of a particular social and spatial arrangement.

Time-phased urban mediations: open-ended design schemes that allow for the flexible coevolution of people and place over time.

Social and spatial relations: ways that people, places, and things interact territorially to produce and maintain human-made habitats.

methodology

heterotypes: heterogeneous typologies between architecture, infrastructure, and landscape

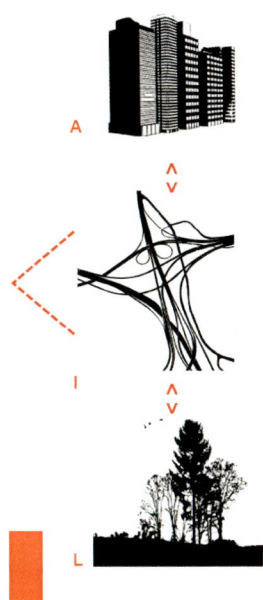

combinatory logics

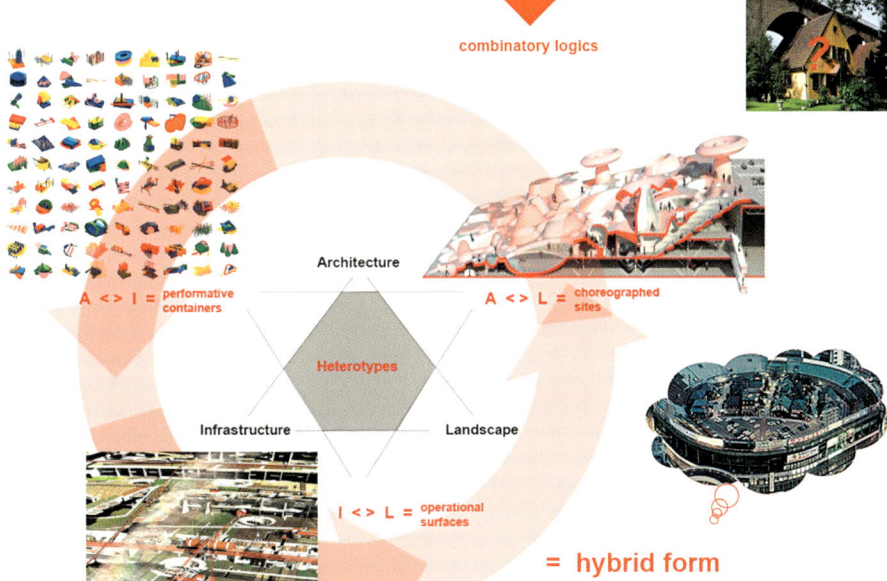

A <> I = performative containers
A <> L = choreographed sites
I <> L = operational surfaces

Architecture
Heterotypes
Infrastructure
Landscape

= hybrid form
 hybrid program
 hybrid performance

Heterotypes and Other Tales of Nanjing
南京工作室:异质类型

Public Presentation and Discussion
Tuesday December 12, 2017 10:00 - 16:00 West Exhibition Hall
Nanjing University School of Architecture and Urban Planning
期末答辩 南京大学建良楼一楼西展厅

Guests: Prof. Dr. Ding Wowo,
Prof. Udo Thoennissen, Youpei Hu,
Liu Quan, Tang Lian

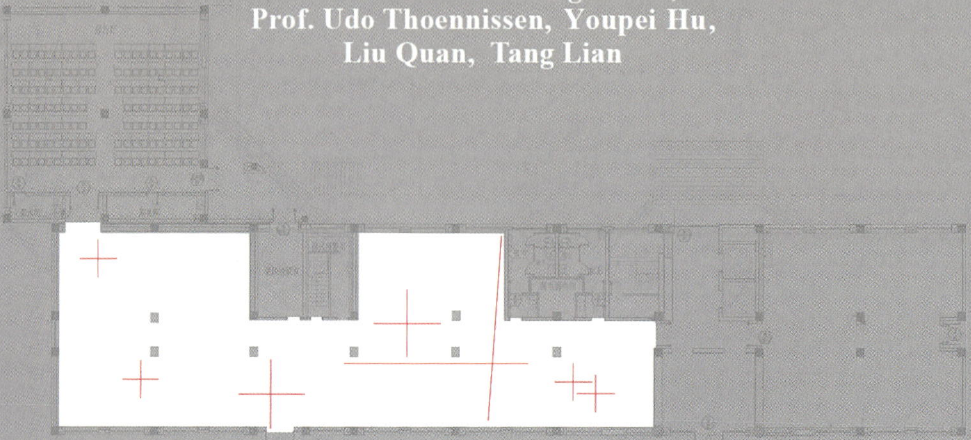

Studio Nanjing 2017
Prof. Dr. Cary Siress, assistant Guo Pengyu

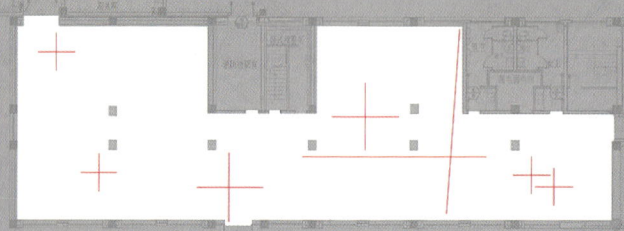

Lu Heng, Hu Huihui, Lv Tong, Li Yujing, Sun Yuquan, Mi Zeyu, Guo Shuo, Zhang Tailei, Xie Jun, Sun Lei, Pan Lumeng, Xu Tingting, Zhang Ming, Li Wenqi, Yang Yingping, Li Jiangtao, Zhang Peishu, Zhang Tong

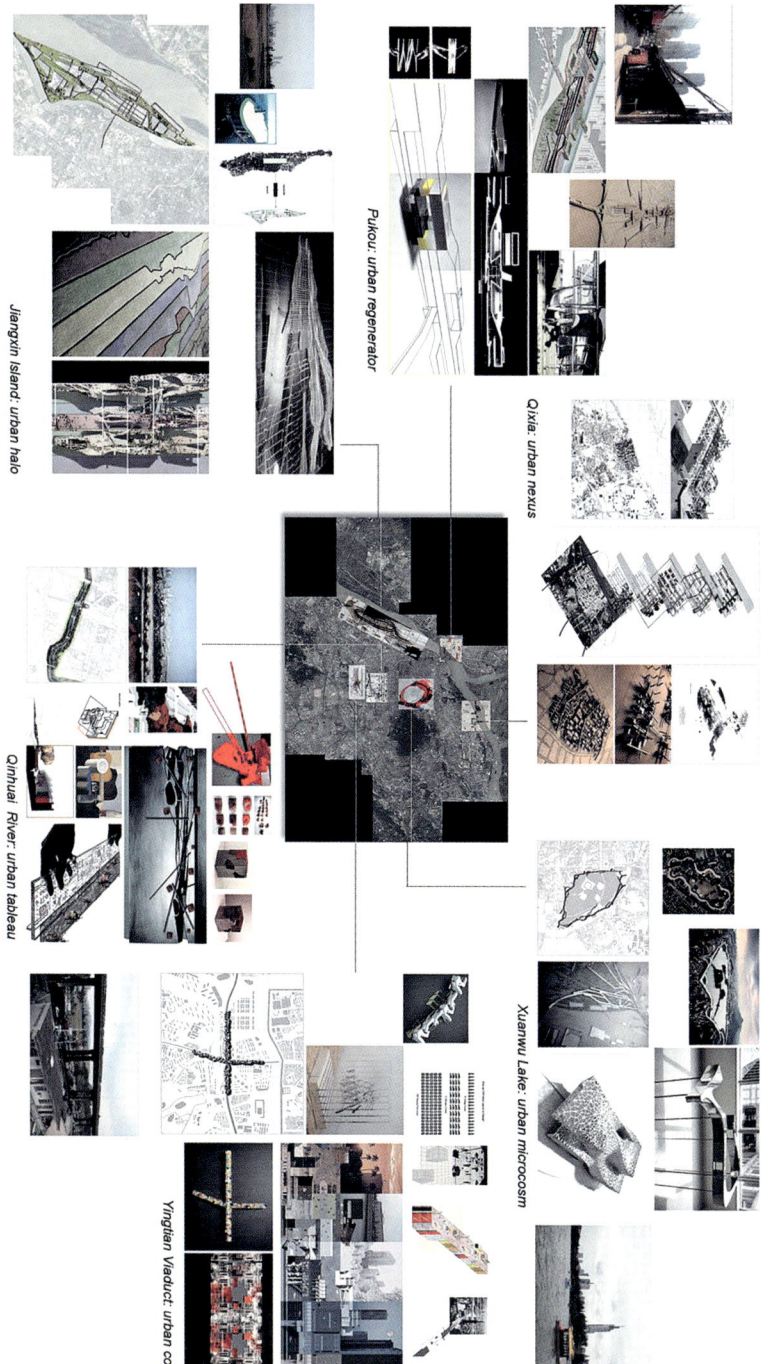

Studio Nanjing season 1 (2017): Probing Nanjing's Peripheries

Jiangxin Island: urban halo
Pukou: urban regenerator
Qixia: urban nexus
Qinhuai River: urban tableau
Xuanwu Lake: urban microcosm
Yingtian Viaduct: urban coral

Urban Coral

陆恒 / 胡慧慧 / 吕童

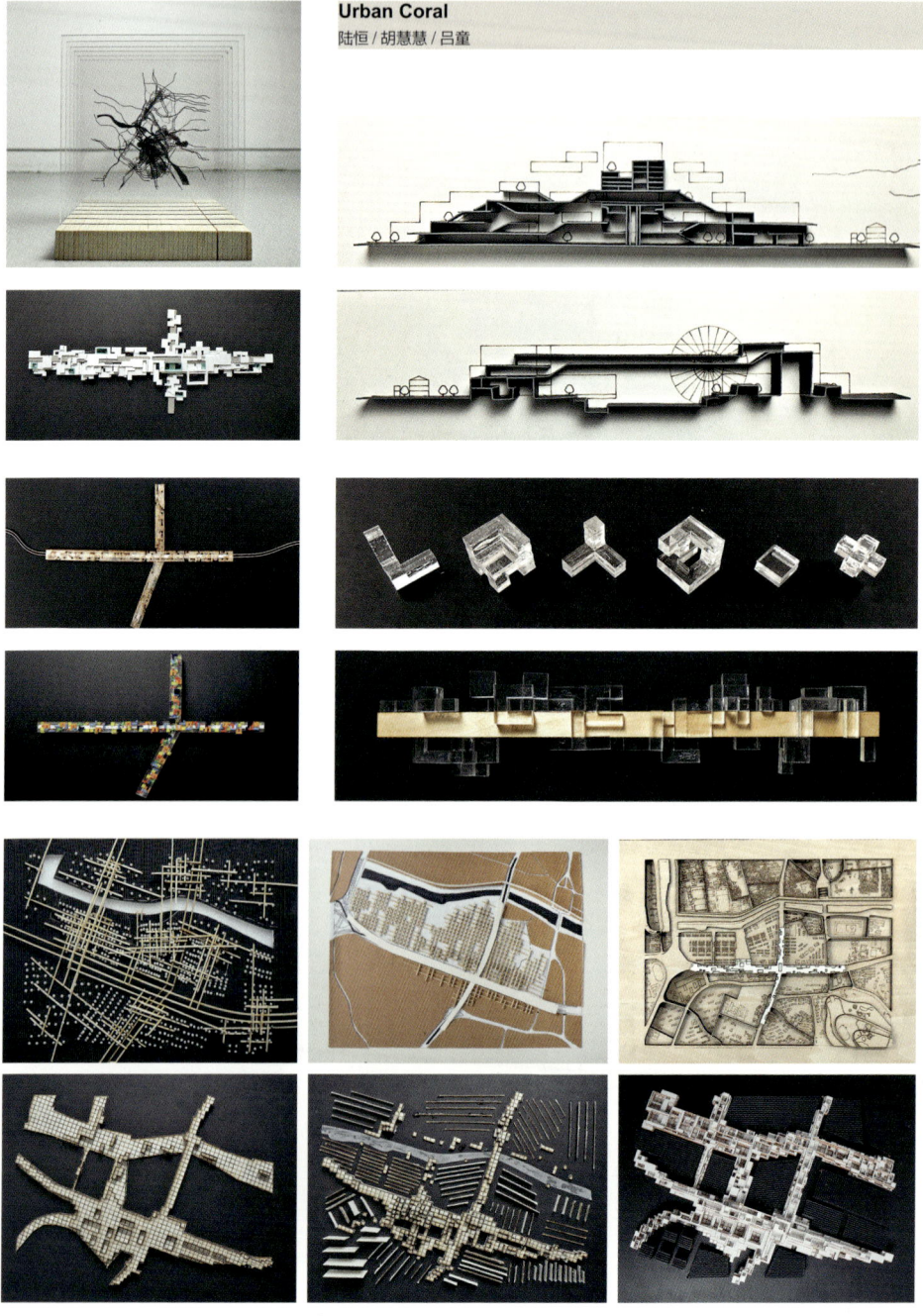

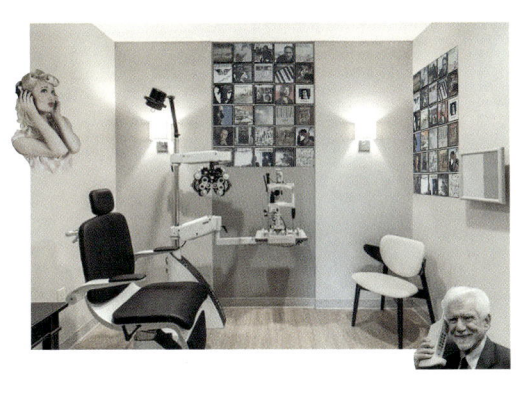

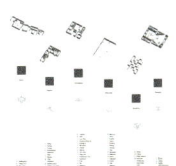

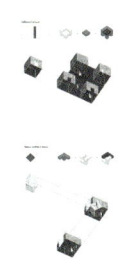

Urban Microcosm

李雨婧 / 孙雨权 / 糜泽宇

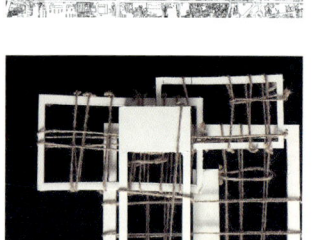
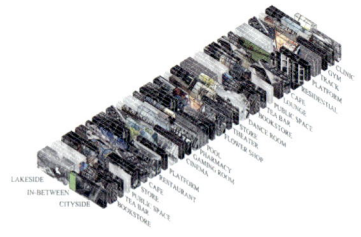
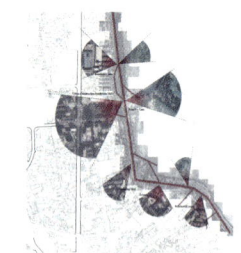
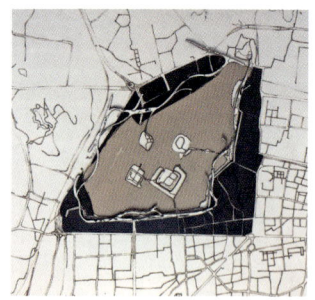

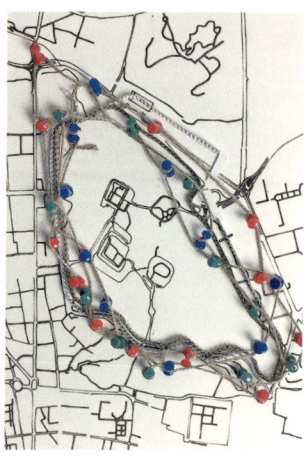
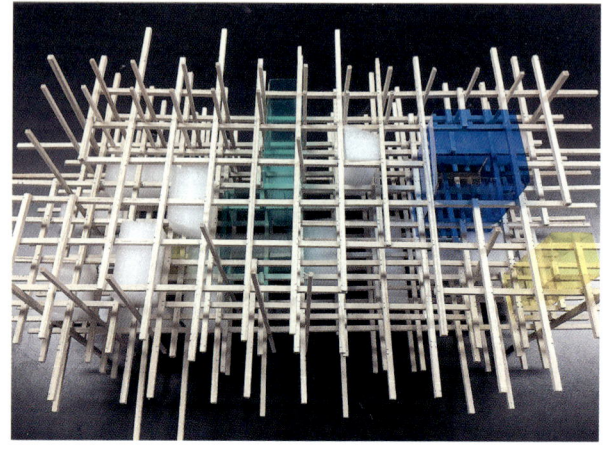

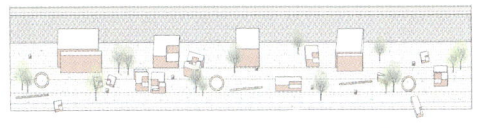

Urban Tableau

张明 / 李汶淇 / 杨颖萍

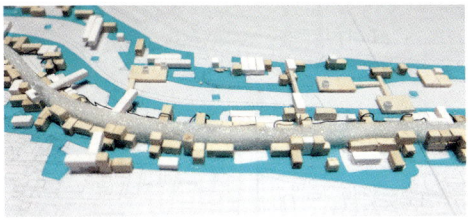
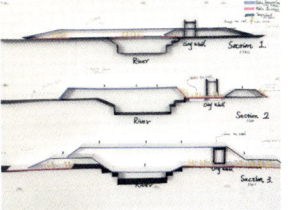
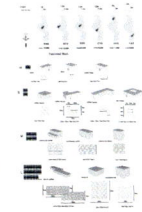
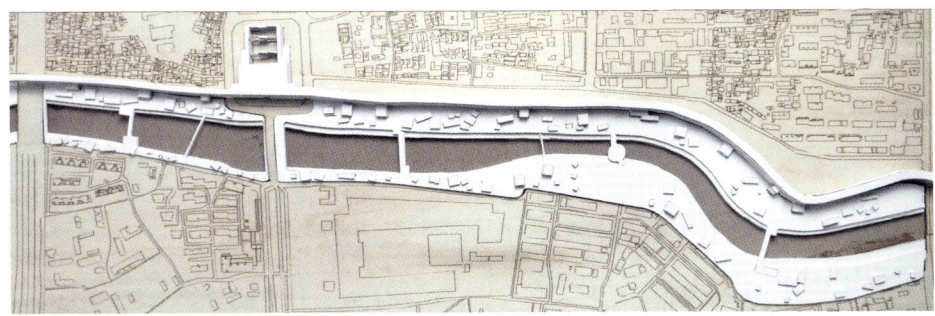

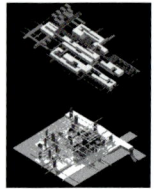

Urban Nexus
李江涛 / 张培书 / 张彤

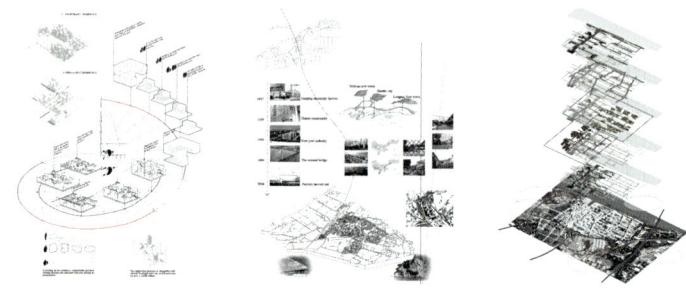

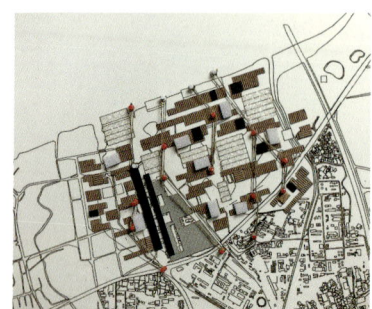
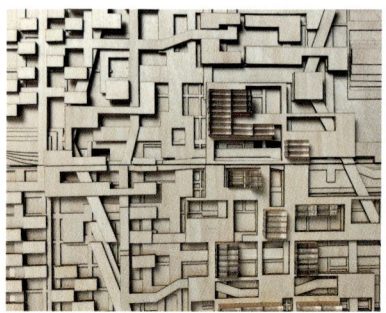

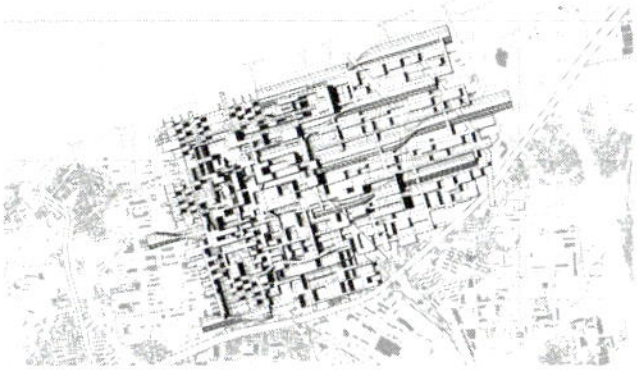

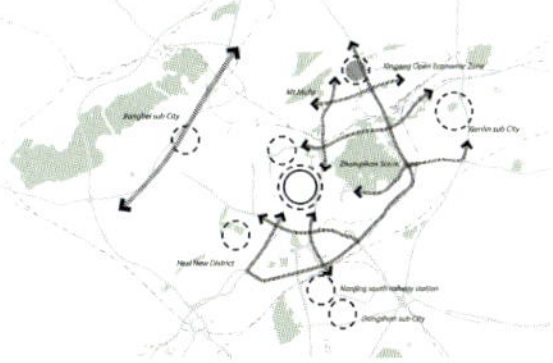

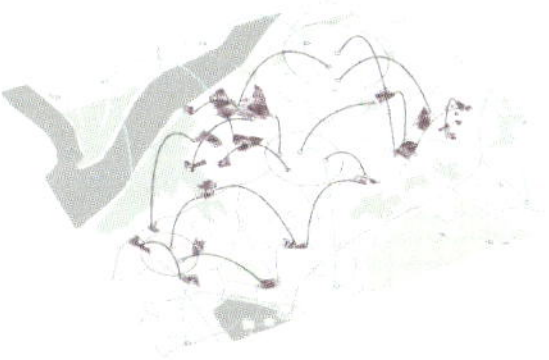

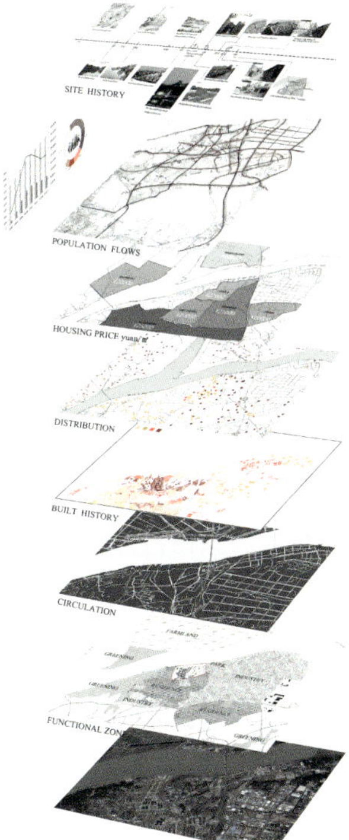
SITE HISTORY
POPULATION FLOWS
HOUSING PRICE yuan/㎡
DISTRIBUTION
BUILT HISTORY
CIRCULATION
FARMLAND

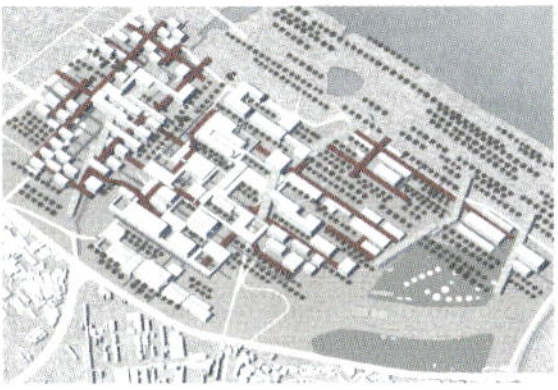

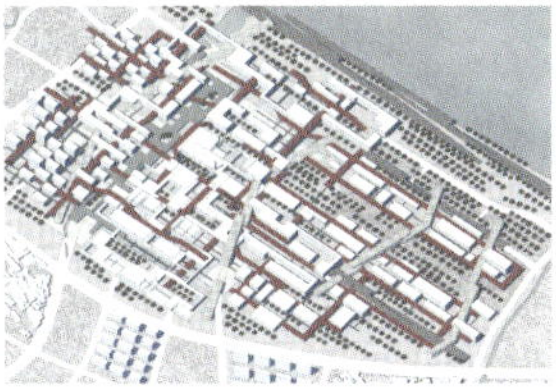

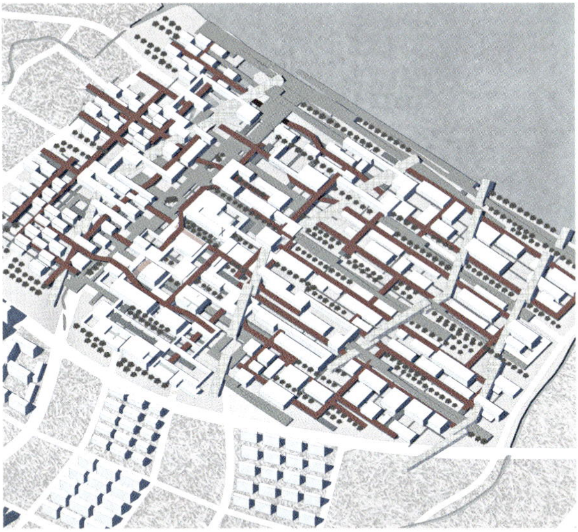

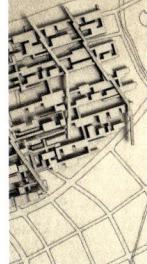

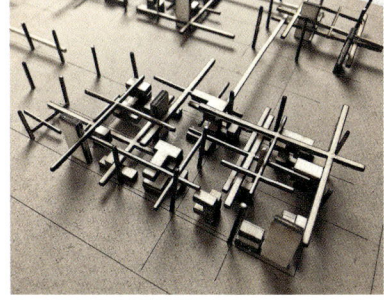

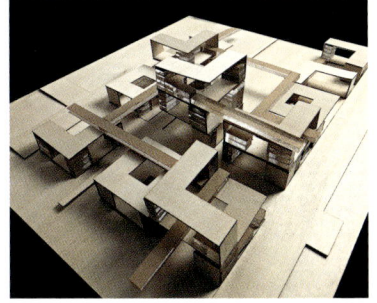

Urban Halo
郭硕 / 章太雷 / 谢军

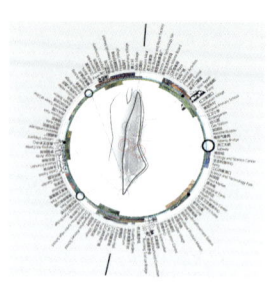

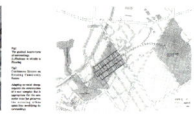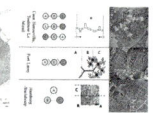

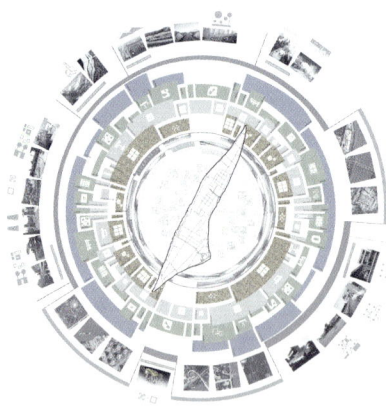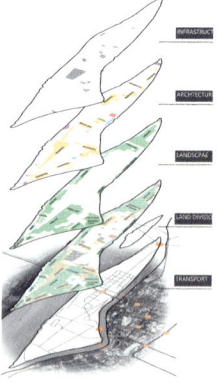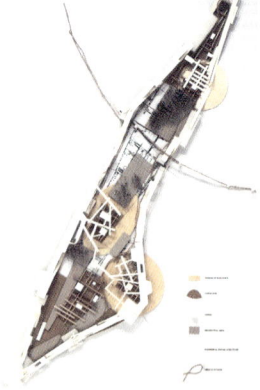

Urban Regenerator
孙磊 / 潘璐梦 / 徐亭亭

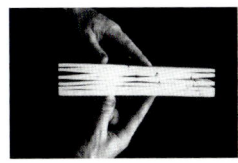

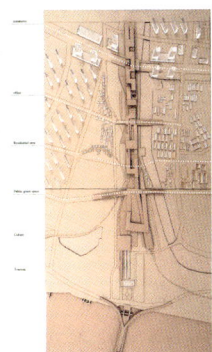

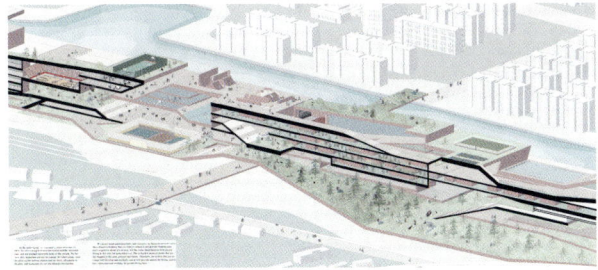

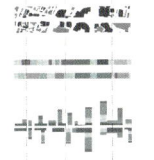

Heterotypes and Conglomerate Orders of Environment Making in Peripheral Nanjing

Public Presentation and Discussion
Thursday December 13, 2018 10:00 - 13:00
West Exhibition Hall, Nanjing University

Guests: Prof. Zhao Chen, Prof. Andong Lu,
Huang Huaqing, Youpei Hu, Liu Quan, Tang Lian, Lu Heng

Studio Nanjing 2018
Prof. Dr. Cary Siress, assistant Zhou Yuan

Liu Xiao, Ni Zheng, Chi Shuowen, Fan Yong, Wang Xiyun, Xu Linxi, Chen Yanni, Hu Minghui, Li Feiming,
Liang Xiaorui, Zhang Shanshan, Huang Jianjia, Qin Ling, Wang Shun, Chen Xiao, Liu Wanying

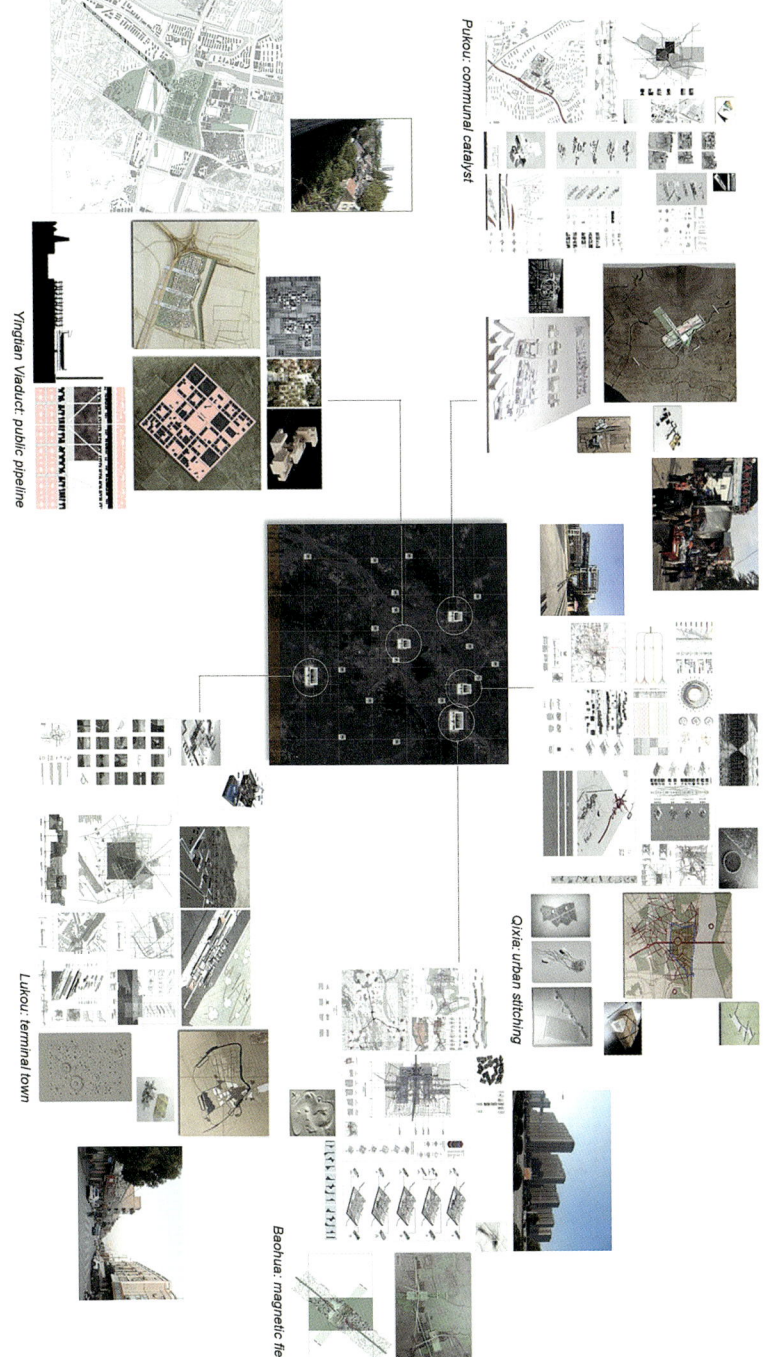

Studio Nanjing season 2 (2018): Loose Masterplan for Peripheral Nanjing

Pukou: communal catalyst
Yingtian Viaduct: public pipeline
Lukou: terminal town
Baohua: magnetic field
Qixia: urban stitching

Communal Catalyst
刘霄 / 倪铮 / 迟铄雯

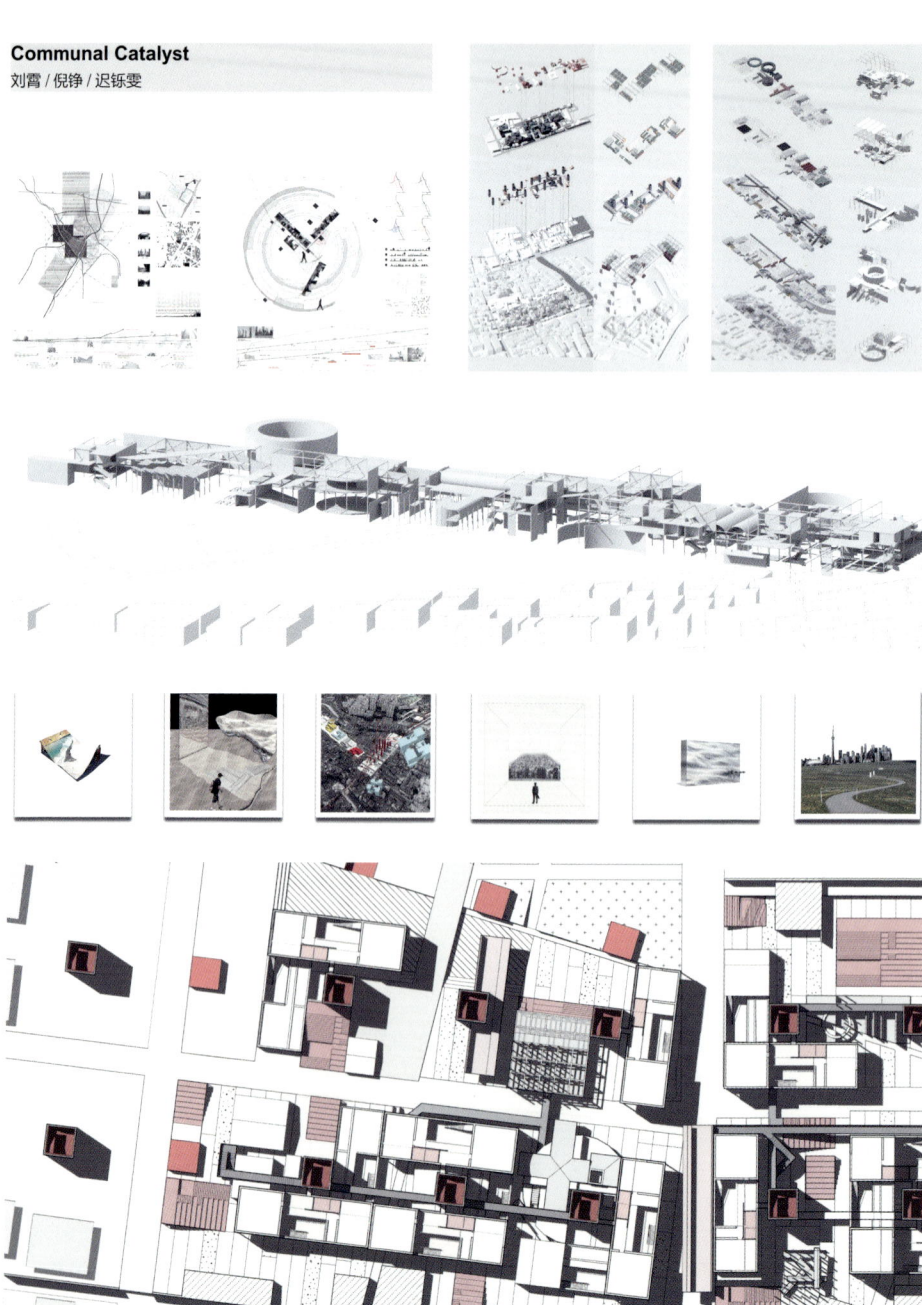

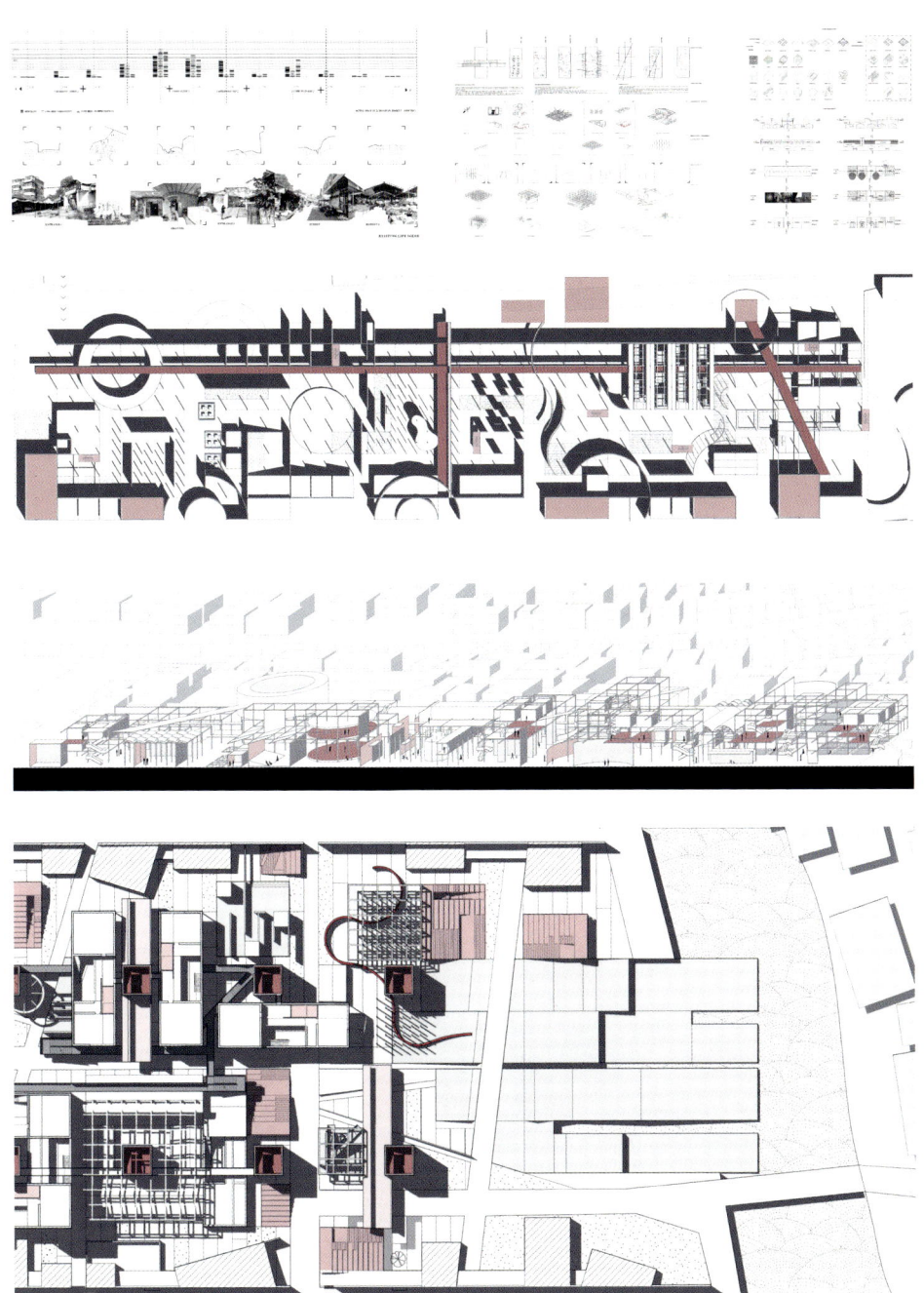

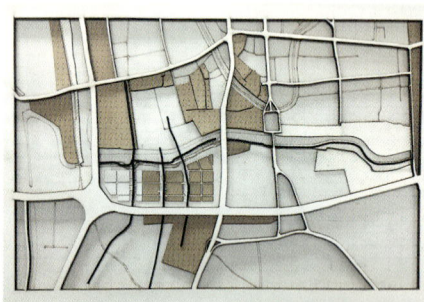

Public Pipeline

黎飞鸣 / 胡明卉 / 陈妍霓

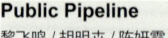
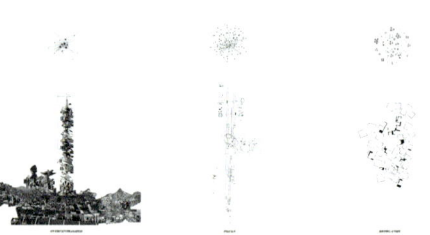

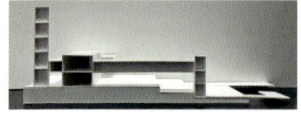

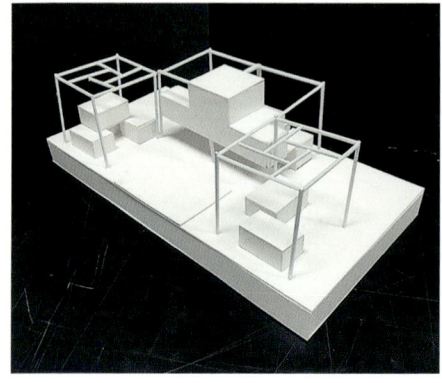

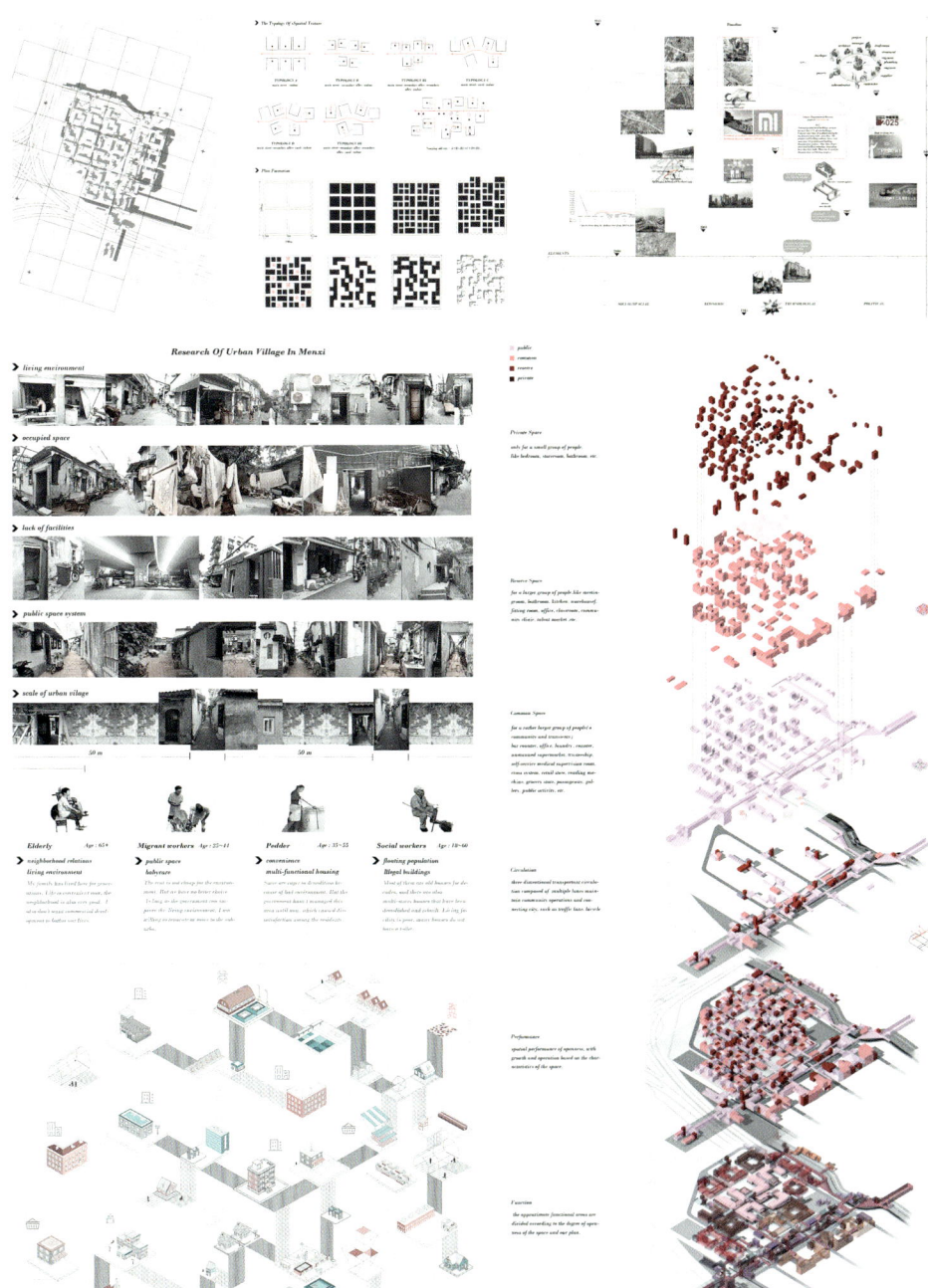

Terminal Town
梁晓蕊 / 张珊珊 / 黄健佳

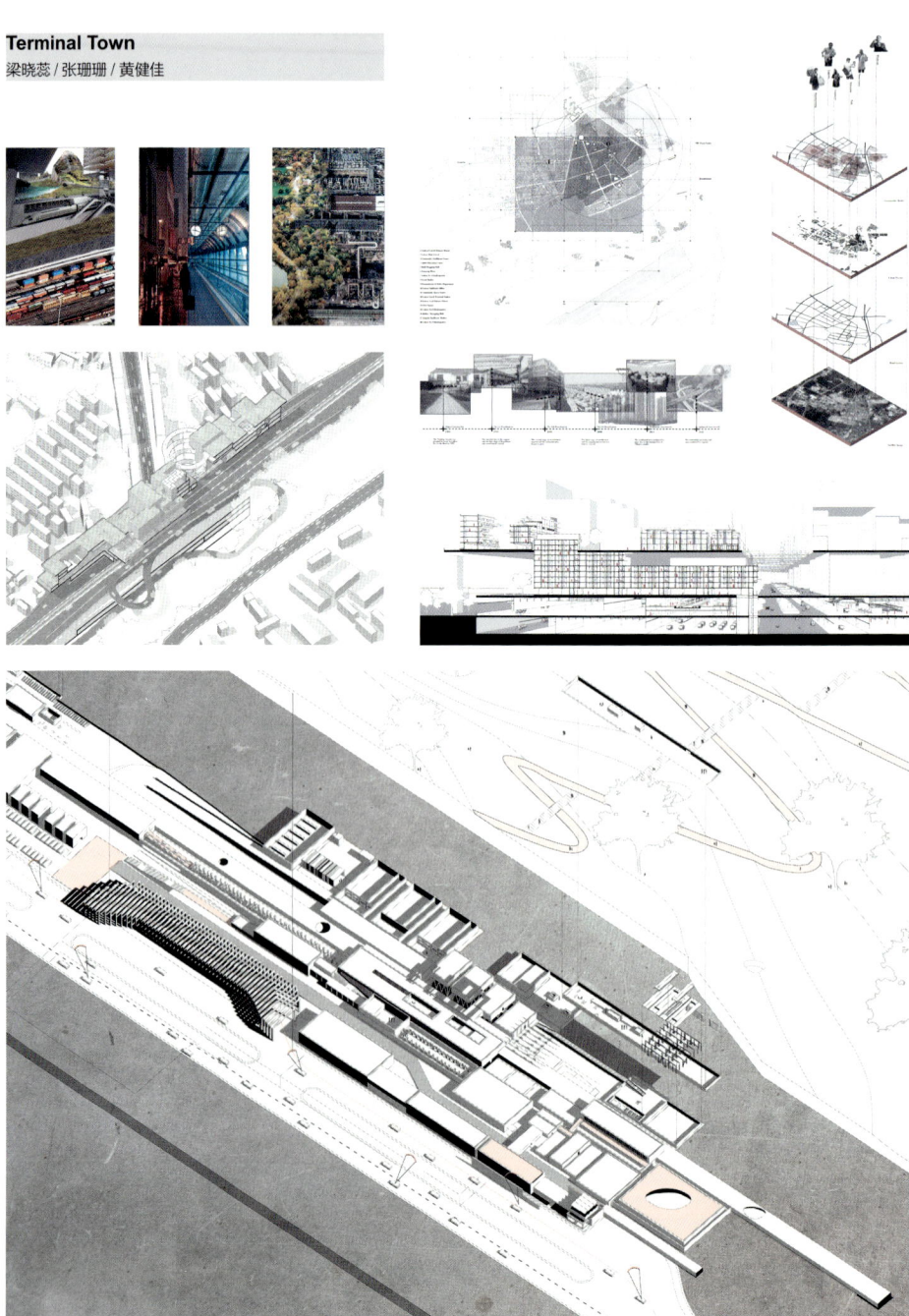

Magnetic Feild

范勇 / 徐琳茜 / 王熙昀

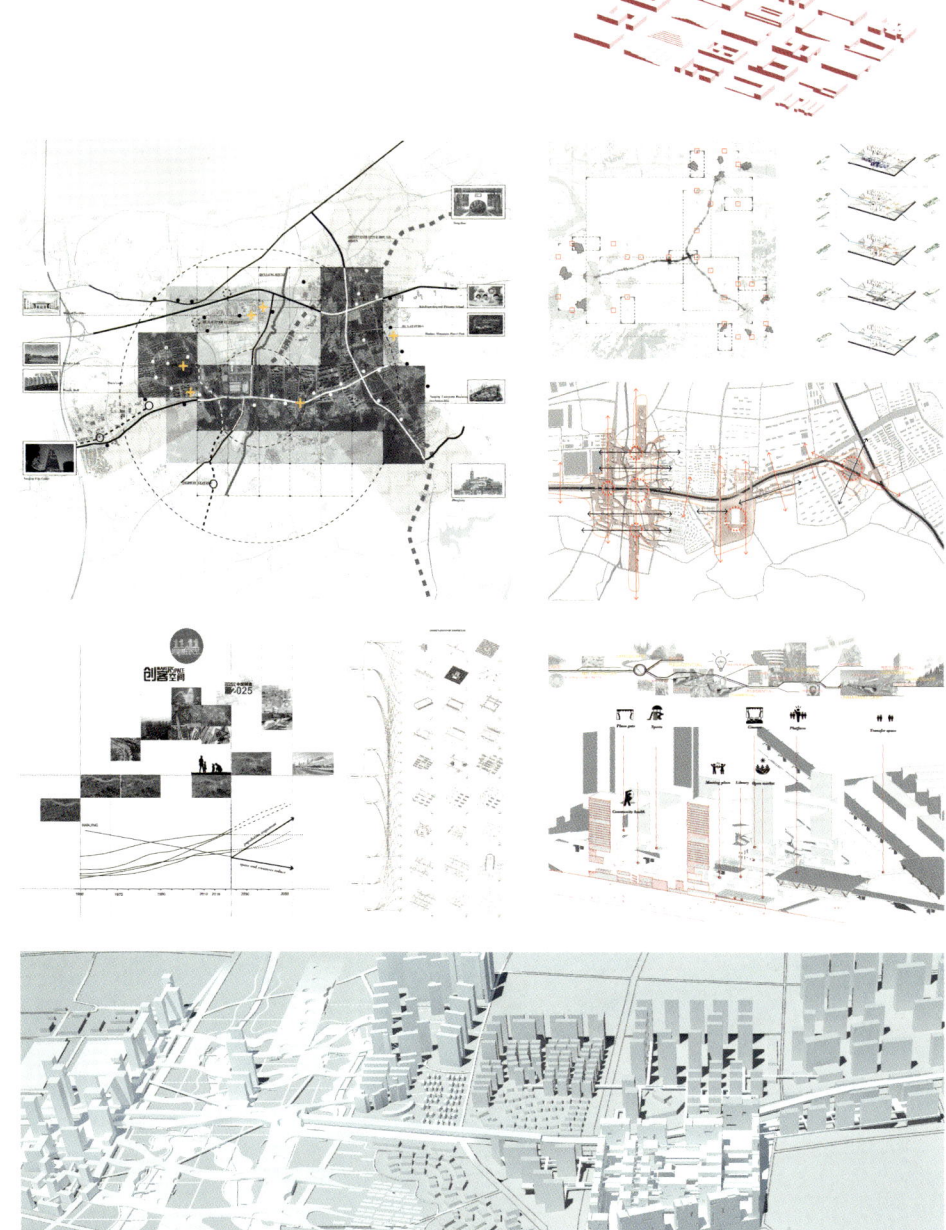

Urban Stitching

陈晓 / 刘宛莹 / 秦岭 / 王顺

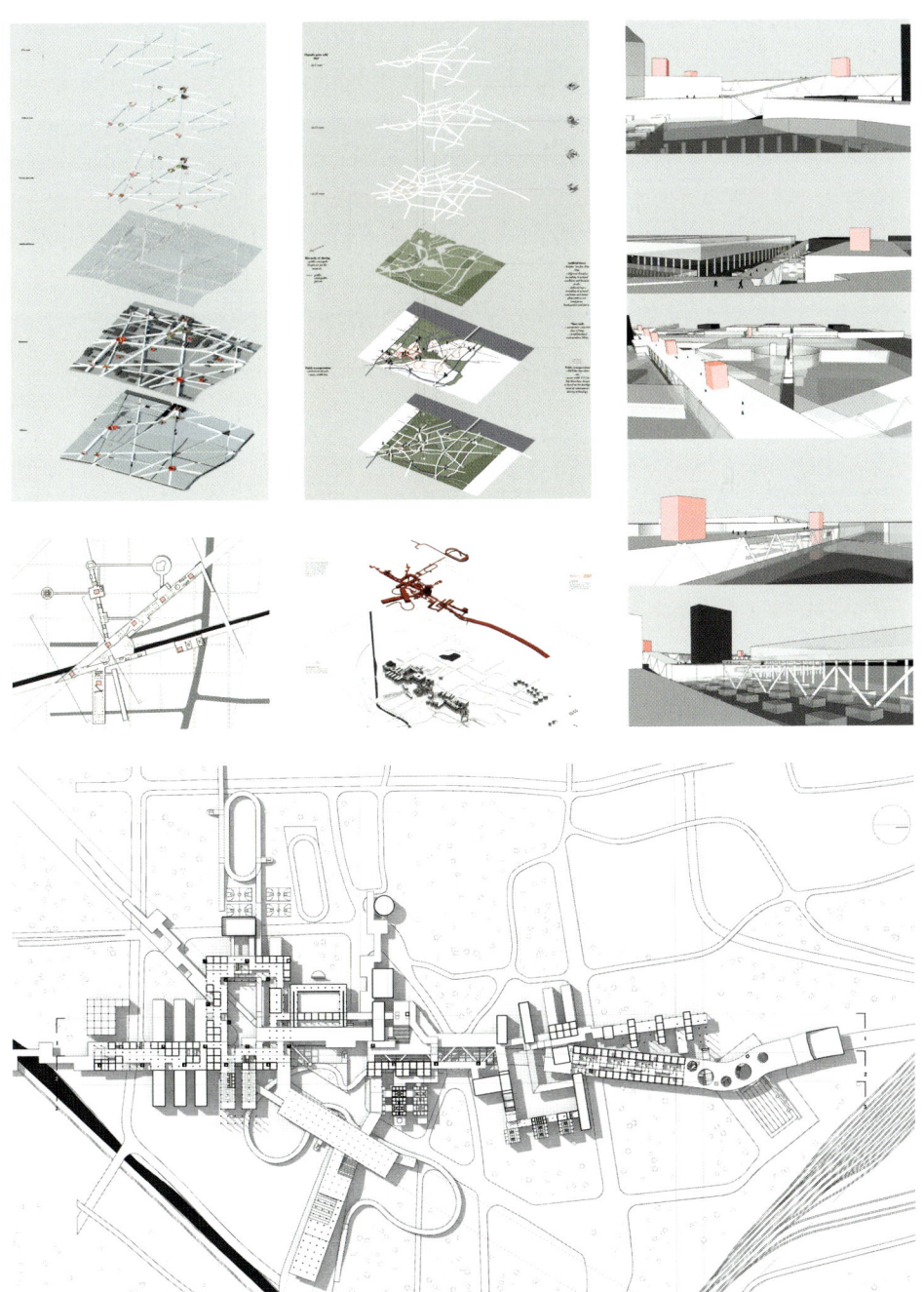

Conglomerate Aggregates for Dajiaochang

Public Presentation and Discussion
Wednesday December 11, 2019
Prof. Dr. Cary Siress | Assistant Zhou Yuan
School of Architecture and Urban Planning, Nanjing University

Guests: Prof. Ding Wowo, Prof. Zhao Chen, Prof. Andong Lu,
Huang Huaqing, Youpei Hu, Liu Quan,

Ding Zhantu, Lü Wenqian, Dai Tianqu, Sun Qi, Xin Yu, Cheng Yi, Li Changxi,
Liang Ying, Huangfu Ziyue, Chen Yifan, Pu Wenrui, Hou Zizhong, Gu Mengjie,

Studio Nanjing season 3 (2019): Conglomerate Aggregates for Dajiaochang

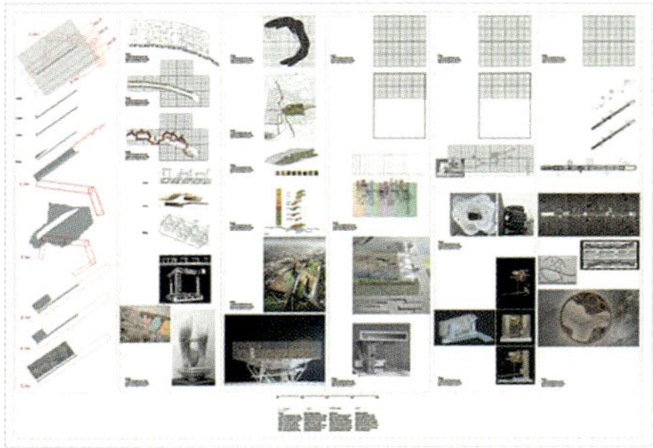

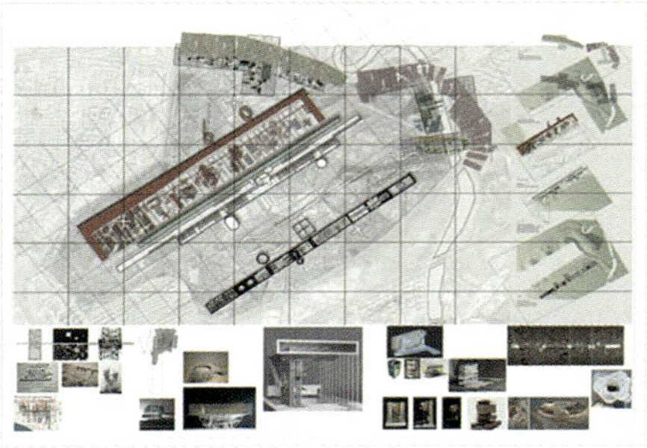

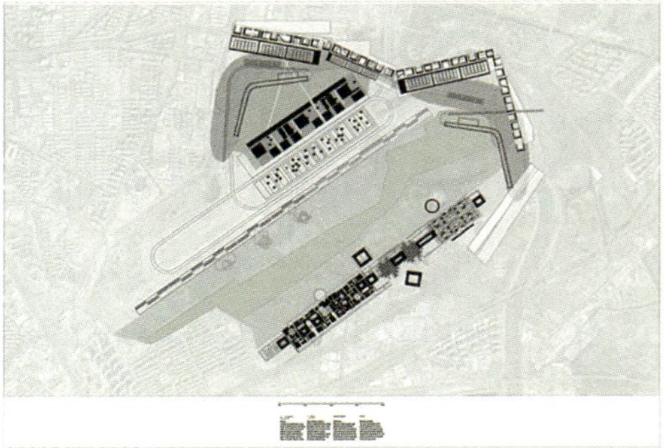

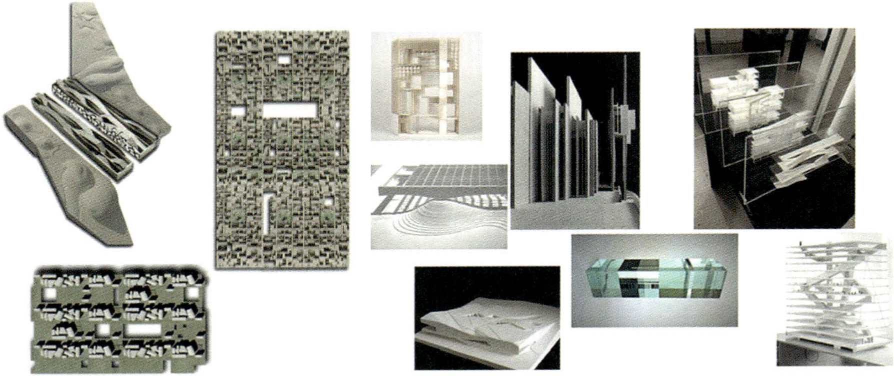

- supersting conduit
- s/l/a/s/h/hoods
- agrotech crescent
- civic ark
- YouthTopia

第一组： 陈一帆 / 皇甫子玥 / 濮文睿
City-Ark

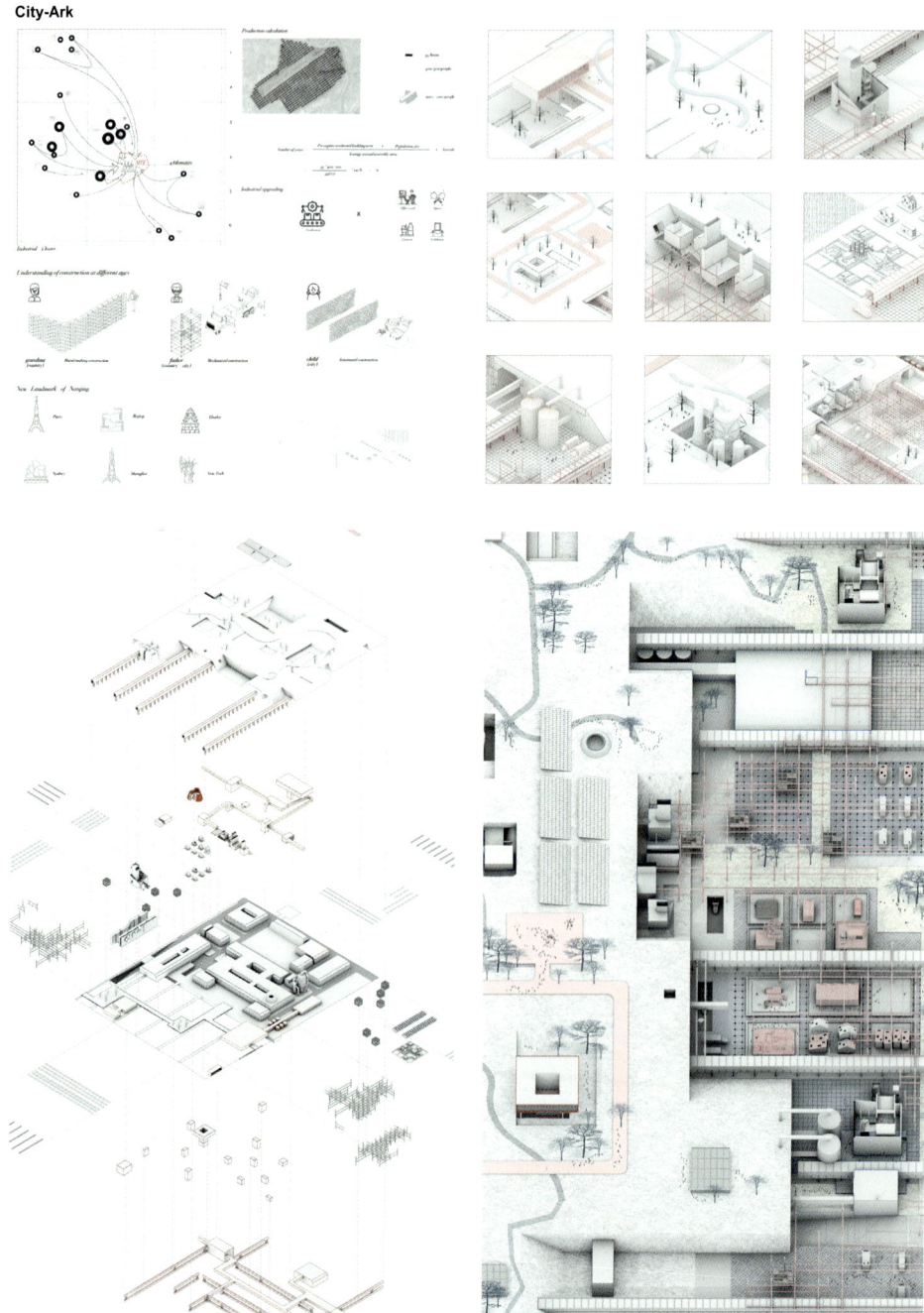

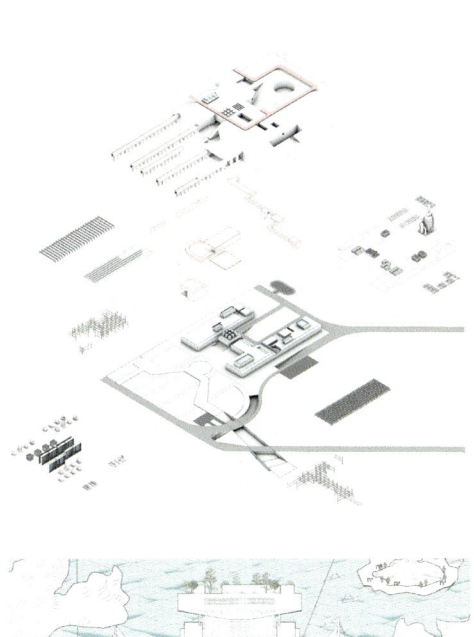

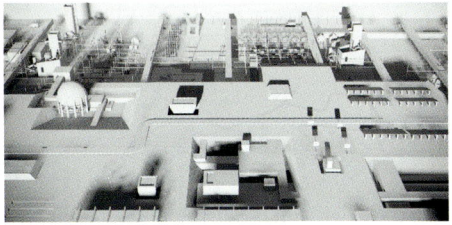
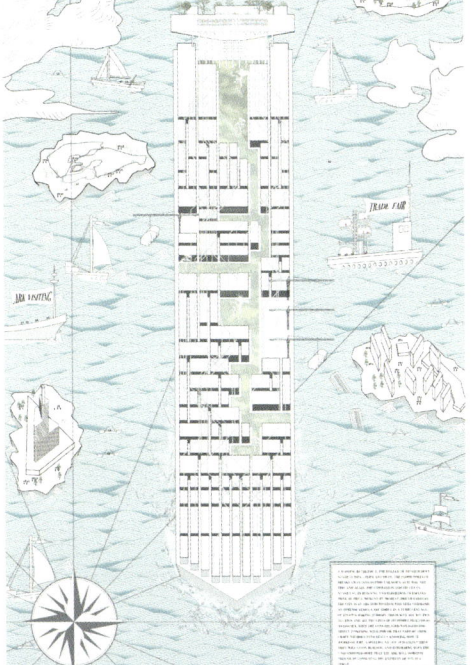
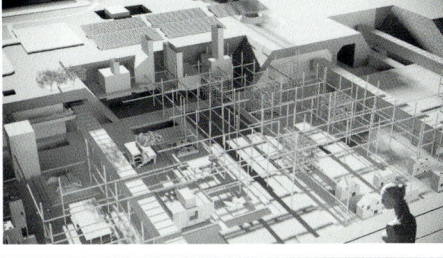

第二组： 李昌曦 / 李伊萌 / 梁颖
S/L/A/S/H Community

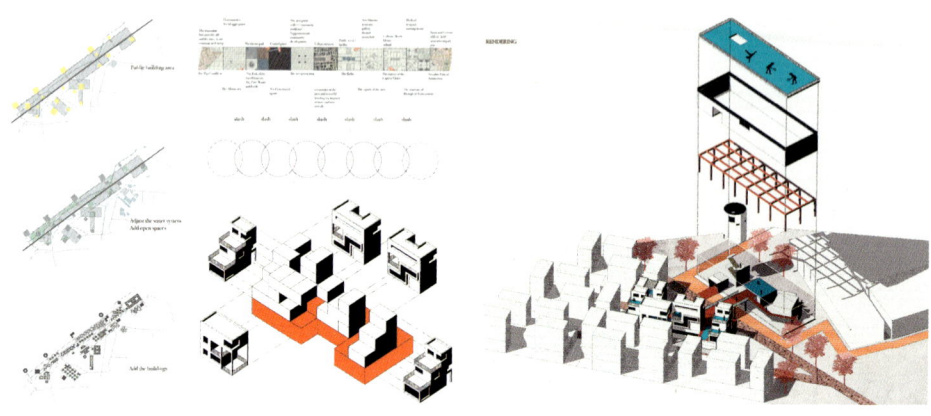

第三组： 顾梦婕 / 侯自忠
Farm Crescent

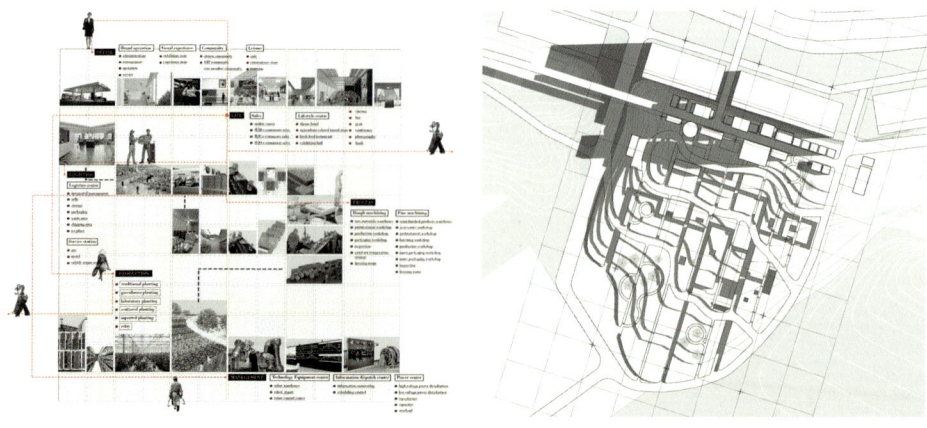

第四组：程慧 / 孙其 / 辛宇
Young Topia

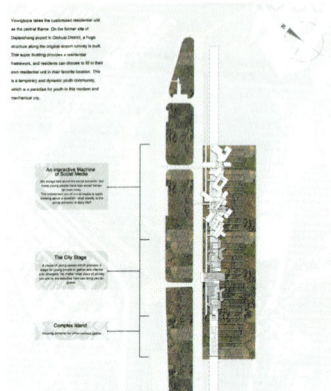
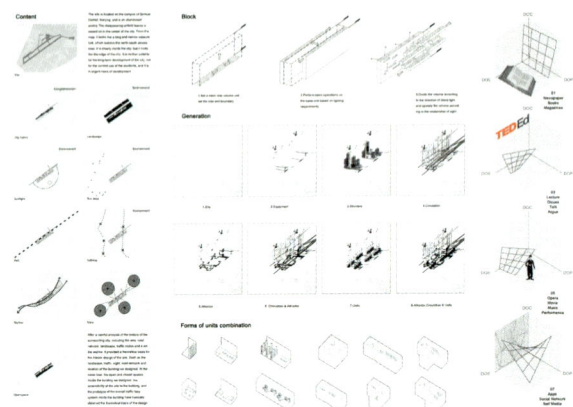
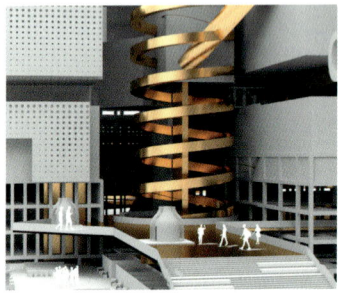

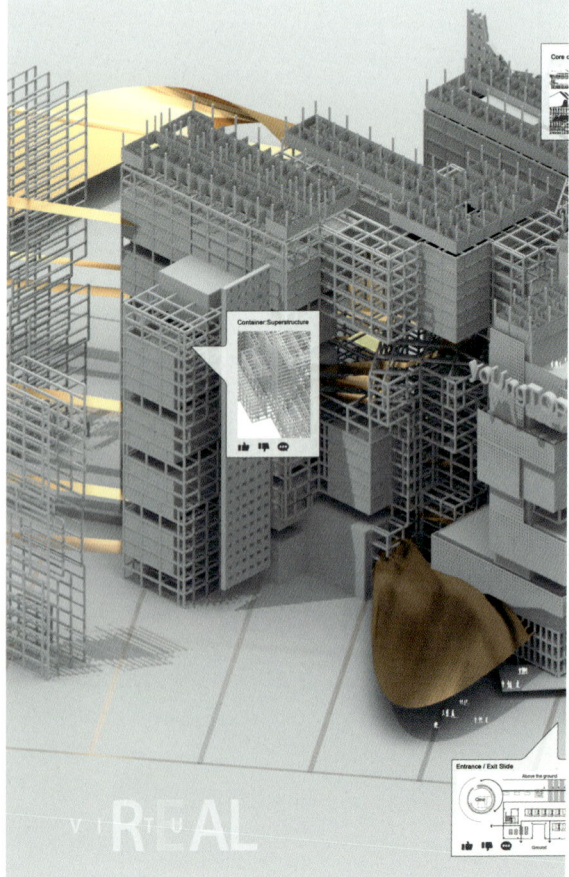

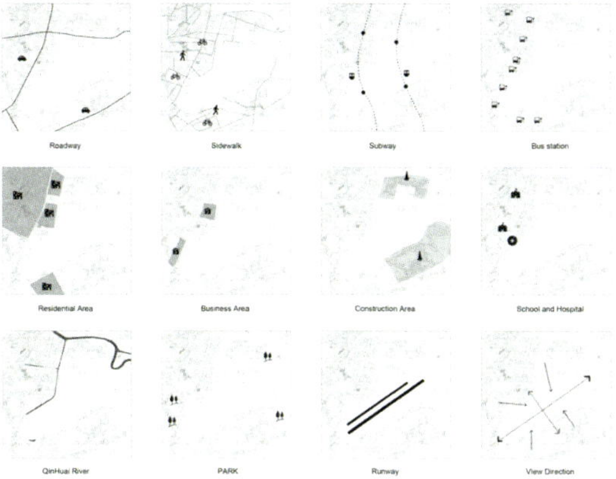
Roadway
Sidewalk
Subway
Bus station
Residential Area
Business Area
Construction Area
School and Hospital
QinHuai River
PARK
Runway
View Direction

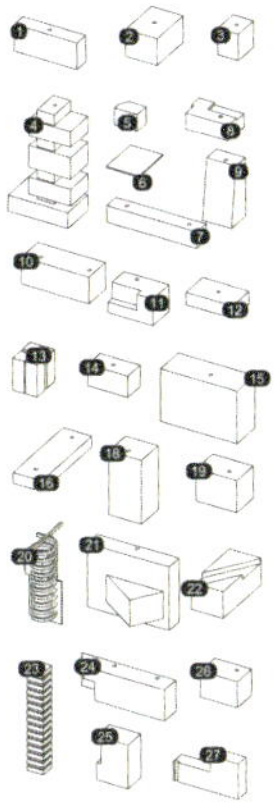

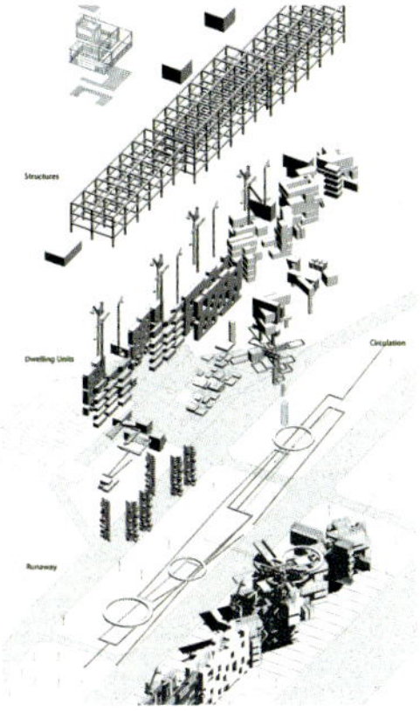
Structures
Dwelling Units
Circulation
Runway

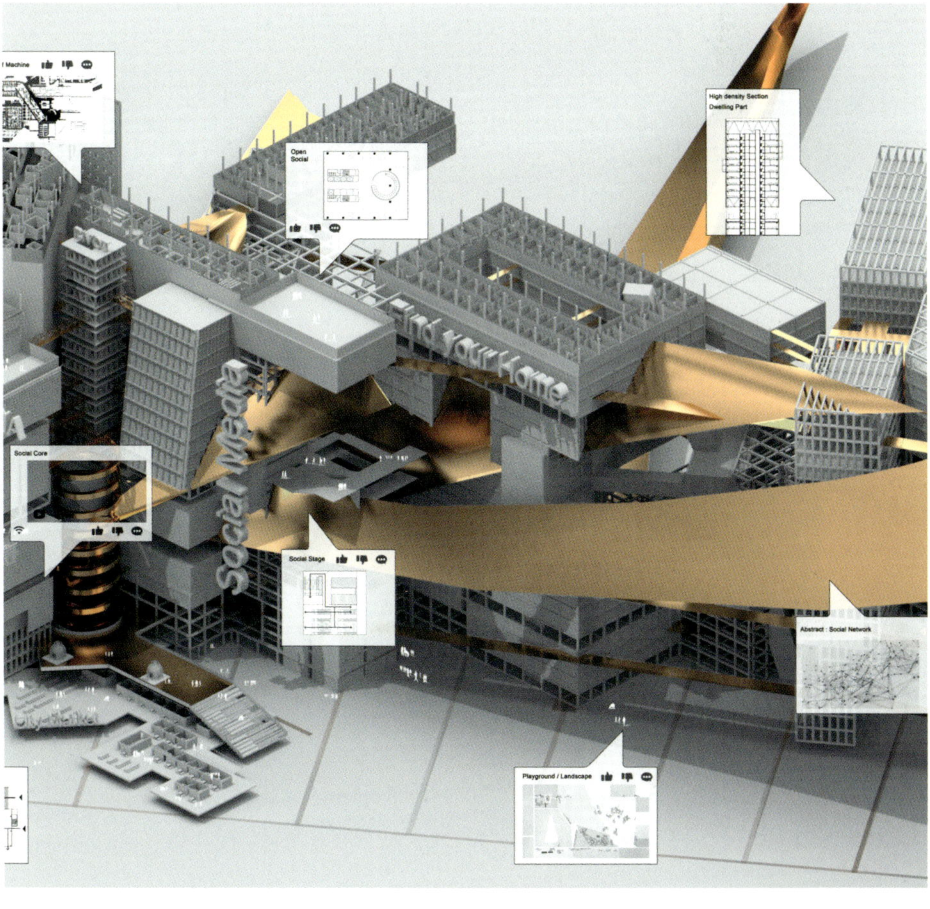
Open Social
High density Section
Dwelling Part
Find your Home
Social Media
Social Core
Social Stage
Abstract : Social Network
Playground / Landscape

第五组：丁展图 / 吕文倩 / 戴添趣
Stitching Bar

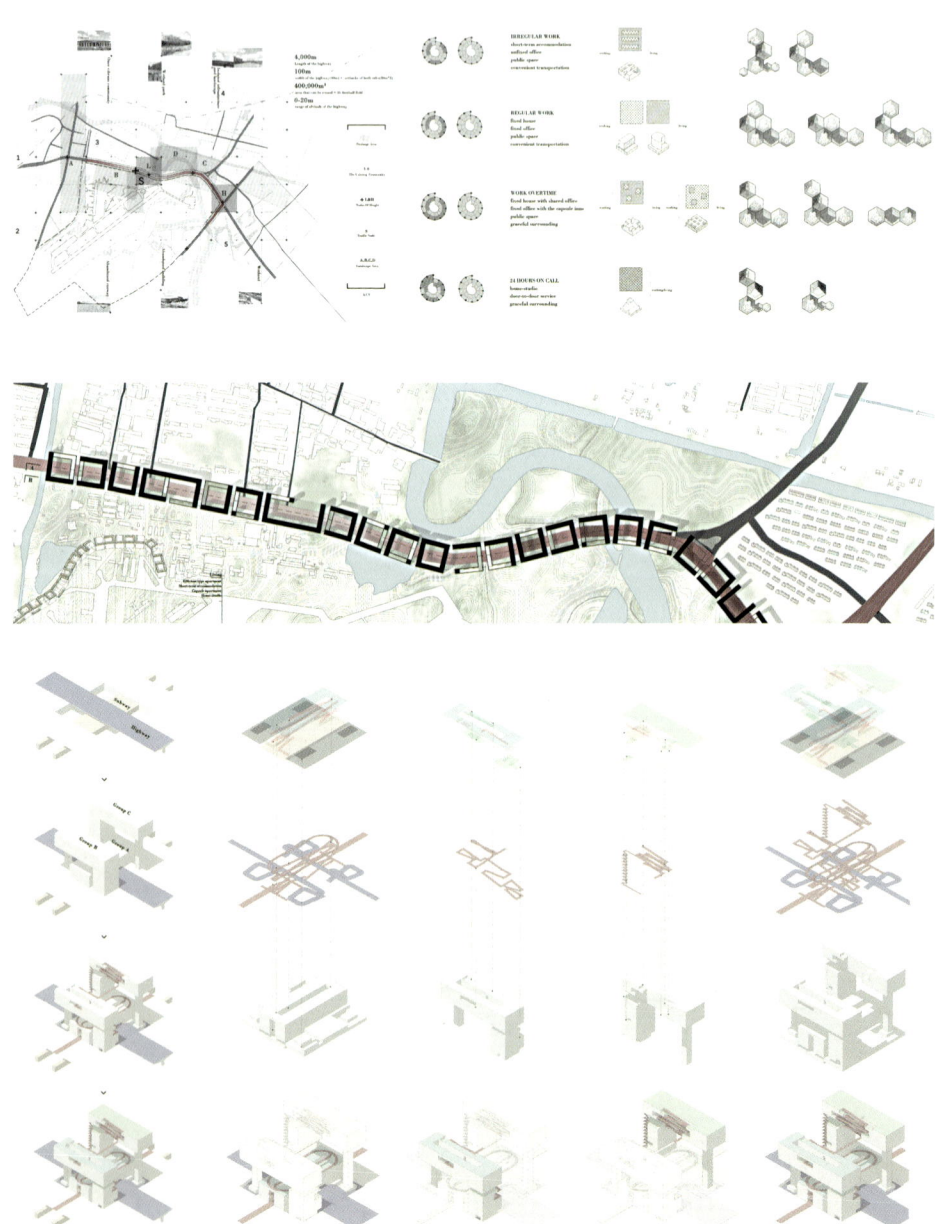

corridor bridge

MPOSITION

service
service

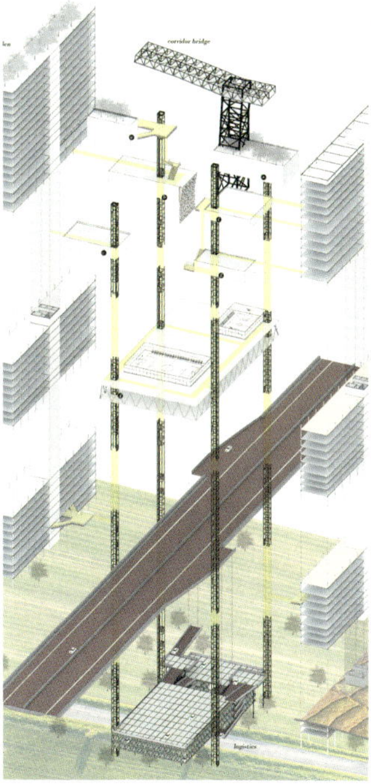

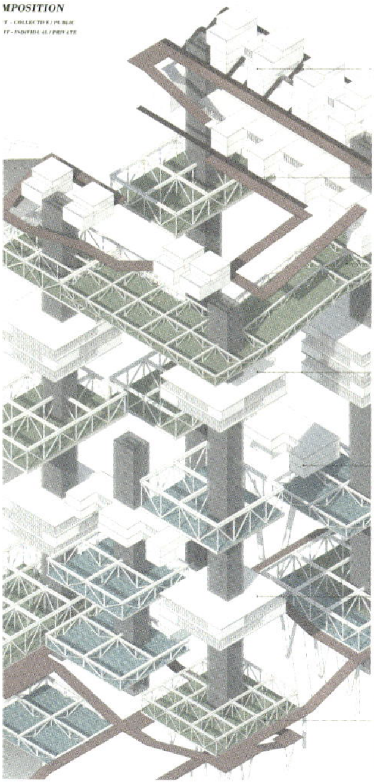

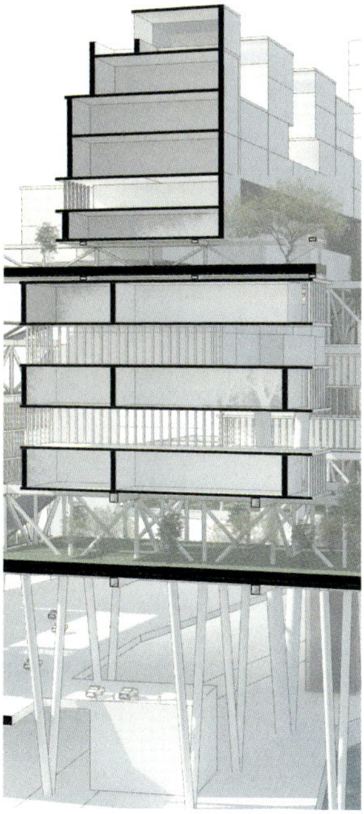

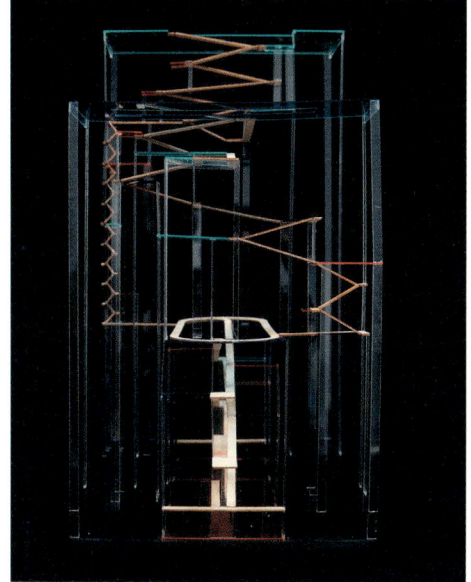

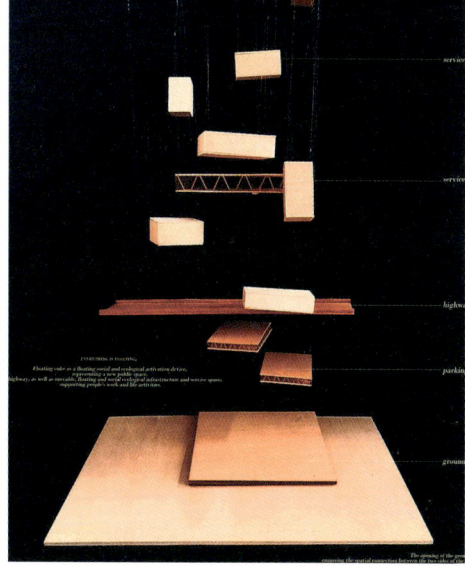

2017—2019 城市设计
工作坊 II 课程简介
边缘游牧

【设计主题的缘起与演变】

从一根线开始

一条根状茎的线,匍匐于地表,快乐地逃逸。

面向硕士研究生的城市设计课程,相比传授知识与技能的本科课程,情况要复杂许多。首先,南大研究生来源多样,有一些是来自本校的学生,更多的则是全国各地院校新进的同学,他们对城市设计知识的掌握情况具有很大差异。其次,研究生的设计教学单元,除了"基本建筑"外,更多的是一种研究性质的探索课程。教学的目的不再是单纯的设计技能培养,而是以各个执教教师独立的学术兴趣为核心,展开设计教学,形成研究与教学的良性互动。在上述背景下,常规的城市设计题目相比于本科题目,也许在规模上、复杂性上可以进行升级,但似乎缺乏可以激发建筑学同学以及教师个人学术兴趣的锚点。类型化的选题,如历史街区、城市商务区、滨水区城市设计,以及当时日益兴起的城市更新、微更新类城市设计,都似乎只能训练学生对某种特定建筑与城市空间的设计技能,而缺乏观念与思维层面的提升。2017年暑假,正当我为秋季学期研究生城市设计课程的选题犯愁时,一条关于宁芜铁路改线的新闻,让我眼前一亮。

对于工作坊中的所有人,教师与学生,铁路沿线地段是一个全新的设计对象。鉴于其极端的场地条件,常规的城市设计套路无法施展,需要我们抛下所有关于建筑、城市设计的成见,回到设计的原初状态,直面问题,开展研究,发挥想象。改线铁路遗留的场地,不正是一个理想的设计选题吗?

选题问题解决，教学方法与课程安排仍然悬而未决。回头看这一年的课程计划，可以明显看到在设计阶段与时序计划上，有很大的不确定性。留给课程自身去解决吧，在同学们一次又一次的提案与研讨中，逐渐摸索教学方法。

2018年工作坊选题 城市内边缘 1.0

通过上一年教学的摸索，城市的内边缘（inner edge）作为一种独特的城市要素与现象，逐渐在观念中清晰起来。这是一种普遍存在，但又是专业人士和普通市民都视而不见的对象，一种非地点的地点，一种没有场所感的场所。从宁芜线这条孤立的由铁路形成的缝隙开始，我们在南京都市圈内逐渐识别出大量的类似现象。其数量与尺度之大，以及我们对其一无所知的现状，着实让我震动不小。于是2018年的选题中，在向同学们引介内边缘概念后，就交由同学们自行寻找与确定设计对象。令人欣喜与意外的是，这种看似非主流的设计对象，激发起同学们极大的兴趣与热情，很快，四个设计小组提出形态、尺度、地点各异的四个选题——尺度较小、紧邻城墙的固结线，成半环状分布在中心城区外缘的保障房系统，日渐紧缩的老火车站站域，以及内环高架集结处留下的飞地。其多样性、复杂性让人兴奋。

在教学方法上，相比于2017年摸着石头过河，我们形成了相对成形的方法与教学计划。由一个相对严格的时间表控制工作坊的节奏，以降低设计成果的随机性，确保基本的设计质量与深度。

2019年工作坊选题 城市内边缘 2.0

经过又一年工作坊的积累，交通廊道作为一种内边缘的类型，引起了我的关注。相比于各种自然地形、山体河流形成的固结线，交通廊道与都市区的扩张紧密相伴。它的形成与发展，与中国大城市在20世纪90年代以来开始的基础设施升级换代过程息息相关。在很多情况下，地理性的边缘要素逐渐被基础设施建设固化为永久性的内边缘地带。另外，交通廊道集合了库哈斯定义的都市区三要素——建筑、景观、基础设施。这三者以远远超出普通地段的空间密度，沿着廊道交叉、叠加、相撞、截断……呈现出各种令人着迷的同时又是陌生的姿态。同学们以交通廊道为对象，进行场地选址，这就是2019年的老火车站站场、绕城高速、卡子门—双龙大道，以及城市东门户地段。其中，有两处与上一年有所重叠。但我并未加以阻止，因为内边缘蕴含的多种可能性正是课程需要探索之处。

回顾三年的选题，可以看出这是一个从模糊与直觉开始，逐渐在观念和学理上明晰的过程。其内容不断演化，以保持课程的内在活力与老师、同学们的持续兴趣。同时，它们又在一个更普遍的意义上，具有某种一致性，这就是我们对内边缘现象的持续关注。

【课程的设计与教学法】

设计课程中,一方面是同学们开展设计工作,另一方面则是教师对整个课程的"设计"。在过去三年中(尤其是2018年、2019年),工作坊逐渐设计出一套较为完整的教学计划与方法。

阶段一: 场地研究(第一、二周)

同学们对所选定场地展开现场调研,获得场地直观认知(以访谈、观察等形式获得对场地日常生活与人的了解),在此基础上,绘制场地的主观心智地图(mental map)(图1)。

对场地展开城市形态学(urban morphology)与建筑类型学(typology)研究,展开场地演变的历史研究(图2、3)。

在心智地图与形态学研究基础上,绘制场地的诠释性地图(interpretation map)。诠释地图具有客观与主观的色彩,是设计的启动与预热(图4)。

图1: 心智地图　　图2: 场地形态学　　图3: 场地形态学

第一阶段的工作的目的是形成对场地的形态学(形式的、历史的)理解,形成场地的个人感性认知,回答场地的边缘身份是如何形成与演化的。成果形式为A4幅面的场地研究报告。

工作形式: 小组工作。

中期评图一: 场地研究报告

采取较正式的小组陈述形式,必须张贴A4幅面的报告,禁用PPT。

阶段二：愿景与策划（第三、四、五周）

结合上位规划、政策形势、产业发展等信息，对场地潜力做出研判，建构场地的新身份。

以拼贴的形式，生产与表达新身份的愿景或图景。拼贴的方法要求快速和依据图像的直觉，不需要深思熟虑，不需要过多的语言性思维。以一种图像思维的方式，将头脑中模糊的图景加以表现性的呈现。愿景与拼贴是一体化的，在此阶段，只以图像的方式讨论愿景，避免落入各种"设计理念"的套路（图5）。

在系统架构与策略层面，探讨与愿景匹配的业态或功能计划，探讨其实施方式或空间生产的介入，如保护、强化、连接、分异等。无论是功能计划还是空间介入，都更强调其形式属性而非语言属性（图6）。

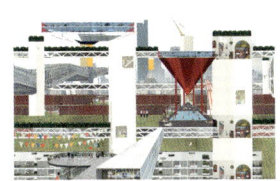
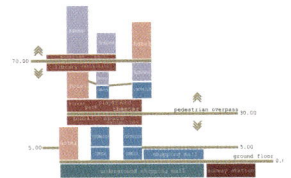

图4: 诠释性地图　　图5: 愿景　　　　　　　　图6: 功能计划

第二阶段的工作用时较多，需要反复研讨，形成各个设计主题具有城市全局意义的定位与身份，以实现课程潜在的理论探讨目的。推敲功能业态与介入方式，使具有强烈异托邦色彩的身份定位具有某种现实性，避免彻底的不切实际，从而沦为形式游戏与概念消费。

工作形式: 小组工作。

中期评图二: 定位与策划报告

采取较正式的小组陈述形式，必须张贴A4幅面的报告，禁用PPT。

阶段三：原型设计（第六、七周）

面对场地非常规愿景与新奇的功能计划，工作坊倾向于引导学生回到建筑设计的尺度上，从底层自下而上谋求问题的建筑学解决方案，以与城市规划、城市设计对城市结构等宏观要素的强调形成区别。

另外，在仅剩的两周时间内如何完成超大尺度的场地设计？城市设计的常规思路是运用肌理类型的方法，即采取成熟的建筑类型，如板式住宅、办公塔楼等，结合少部分地标建筑造型，快速地填充功能区块，形成一种具有建筑尺度，但又未达到单体设计深度的城市物质空间形态。但在此处，常规的类型无法满足特殊的场地与功能要求。

基于上述两方面，这一阶段的主要工作方式采取建筑类型学的方法，工作内容是设计建筑原型或某种空间形式原型，以满足特殊的上位要求。原型，意味着创新性，以及在具体语境中的应变性。这是原型设计与建筑物设计的区别。

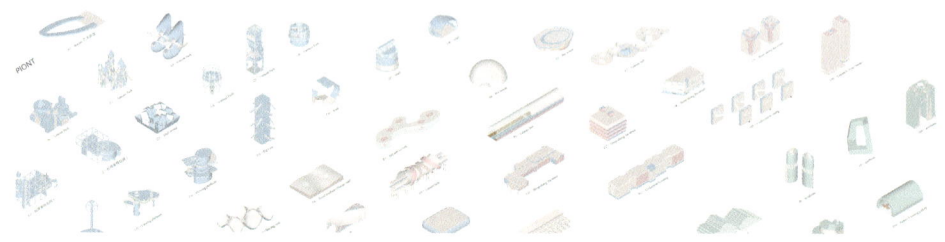

工作形式：个人工作。制作多比例的原型空间模型。

阶段四：成果制作（第八周）

最少8张A0展板，制作必要的整体或局部模型。成果制作阶段，鼓励同学们尽量使用前期各阶段的现成图纸，进行组装。

终期评图

无一例外，三年工作坊，12个小组的选题，都集中在一些都市区中不为人注意的边缘性的地带。一方面，从设计成果看，很难将其定义为标准的城市设计或建筑设计，也许还有一些景观、策划、城市规划的成分穿插其间。这是一种问题导向、对象导向的实用主义态度，以应对都市区中全新的对象与语境。另一方面，非主流的边缘性空间是理想的建筑实验场地，在其中可以展开任何大胆的、叛逆的、批判的、"妄想的"建筑学白日梦。这是边缘作为设计研究对象，其核心的理论与学科意义所在，一种都市区的异托邦，以自身的孤立与特例，对平庸的城市化形成建筑学的思考与愿景，一种建筑群岛的策略。

任务与计划

	W1	W2	W3	W4	W5	W6	W7	W8	final review

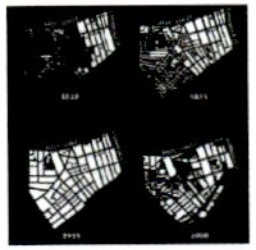

Phase 1: site study
成果要求：site Report and model
问题：how and why I.E? DNA of I.E?

Review

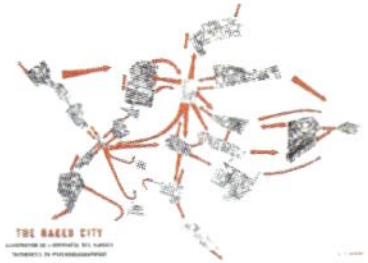

Phase 2: site vision and programming
成果要求：programming Report and model
问题：how could it be and why? Potential and new identity? What kind of program and intervention?

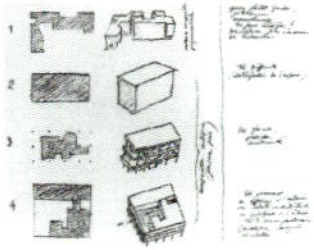

Review

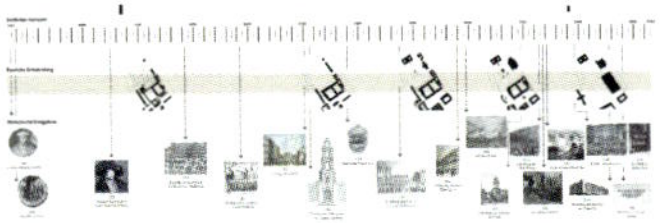

Phase 3: prototyping
成果要求：arch drawing and model
问题：what type or hybrid-type?

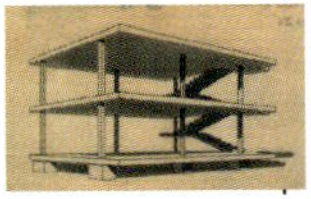

Preparing presentation

Final Review

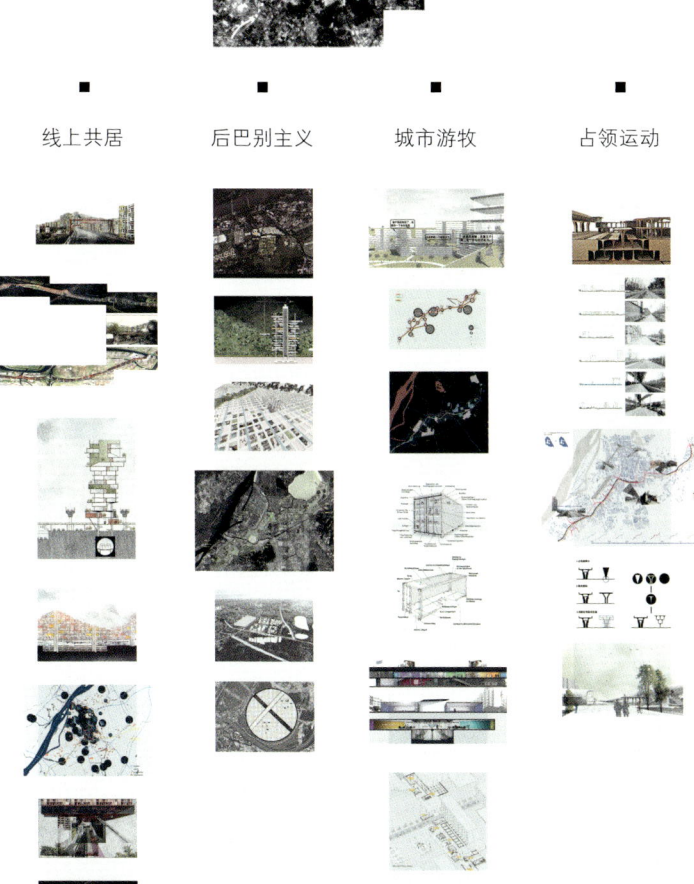

线上共居　　后巴别主义　　城市游牧　　占领运动

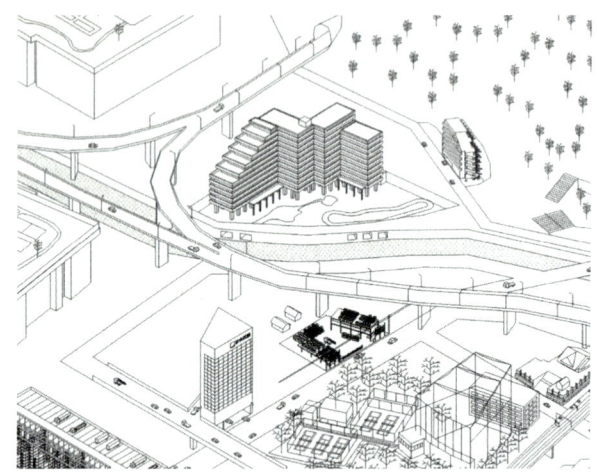

URBAN REGENERATION: PROJECT OF LINE

Project of Line是一条城市的线。独特之处在于它由一条固结线的解体而重生，匍匐于地表，快乐地逃逸。它是线的异类，一条根状茎的线。

Project of Line是一次具有乌托邦气质的设计虚构，是脑洞的游戏与想象力的挑战。同时，它对城市现实形成抵制与批判，是一种愤世嫉俗与严肃思辨的综合。它以一条线的飘逸与轻松，试图切开沉闷无聊的城市机体，新的愿景与可能或将浮现。

Project of Line是一个关于城市的建筑设计，而非城市规划或城市设计。是一次将城市尺度作为建筑学对象的冒险与尝试。它是极长的城市的尺度；又是极细的建筑，甚至细部的尺度。作为一种极端的城市几何，它所有的意义与本质正源自此。

课程名称: 城市设计
英文名称: Urban Design
课内学时: 56; 学分: 2; 开课时间: 秋季
适用专业: 建筑学
任课教师: 胡友培

场地与场景:

宁芜线改线搬迁——宁芜线始建于1933年,时称江南铁路,全长125千米,是联结皖南至华东的支线,也是中国最繁忙的单线铁路。宁芜线南京段(沧波门—古雄段)全长约26公里。近年来,其区位已由城市外缘的边界转变为割裂城区的瓶颈。其与城市道路形成平交口达21处,穿越油坊桥、中华门、大明路、光华门等城市密集建成区,对市民日常出行与生活造成诸多干扰,严重制约城市发展。

目前,宁芜线南京段改线方案已获国家铁路总局批准,改线搬迁在即。新铁路将在古雄站折向东北,经南京南站,沿绕城高速外侧绕行至沧波门,避开主要城区。铁路外迁后将为城市遗留下一条极长且极细的城市空地。对于这块特殊用地的更新与利用,城市规划部门提出的意向方案是沿原路段建设地铁8号线。由于线路穿越密集城区,大部分路段为下埋形式。其地表的使用方式,仍然悬而未决。

从常规的城市开发与更新角度,这块空地由于过于狭窄,甚至无法容纳一个正常建筑的进深,是一块无法使用的"边角料"。但是,其不容忽视的极端长度又暗示某种整体性的潜力。

通过一种建筑学的设计思维与空间形式,发掘该用地的潜力,同时赋予其建筑学的品质与城市的意义,正是本次工作坊着力探讨的议题。

任务与限定:

创造一种线性的、具有城市尺度的物质系统,可以是建筑、基础设施、景观,以及任意的混杂体。由于其超长的尺度,相应地须具备城市全局层面的再生与更新意义。

创造因地制宜的局地城市小生态。随着线性系统的展开,不断地与局地的城市片段建立关联,对其施加影响,实现其在局地层面的更新意义。

最后,创造一种新的城市物质形象,以及形象背后的一种可能的城市建筑与城市生活。

限定一:设计长度为改线全段;以铁路宽度为基础尺度,两侧设计范围通过研究,自行设定。

限定二:项目必须具有公共属性,具体内容与功能,自行设定。

成果与表达:

系统层面的图解。抽象的、系统性的设计内容及其表达。

场景拼贴。具体的、视觉性的设计内容及其表达。

装置。可以是概念模型、艺术装置、模型与图像(影像)的结合或任何物质性的非二维图像的形式。装置可具有一定的自主性,但需与设计方案存在内在的关联。

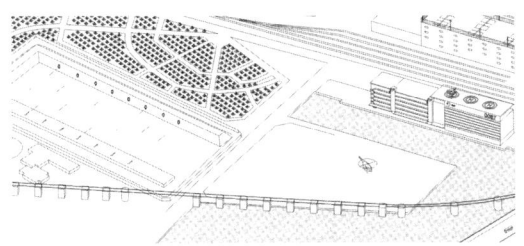

线上共居 Living on a Thin Line

学生：张园、刘信子、王瑜、杨青云

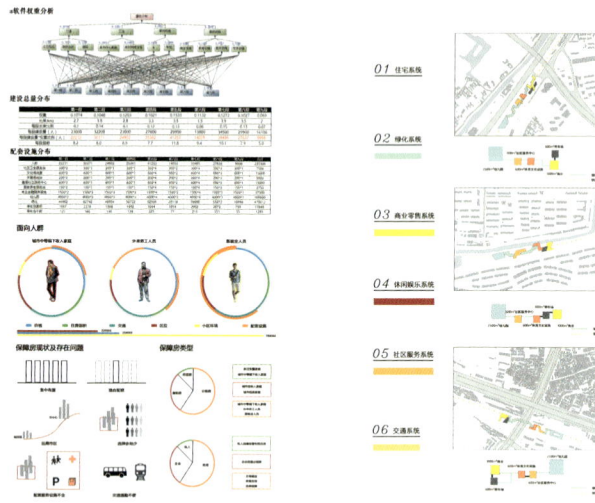

5
4
3
2
1
自行车道
步行道
步行道
自行车道
人行道路
地铁线
地铁线
地铁线

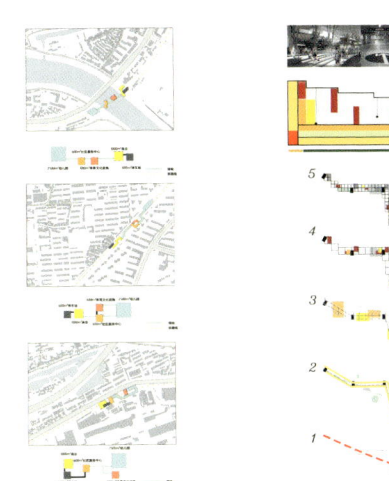

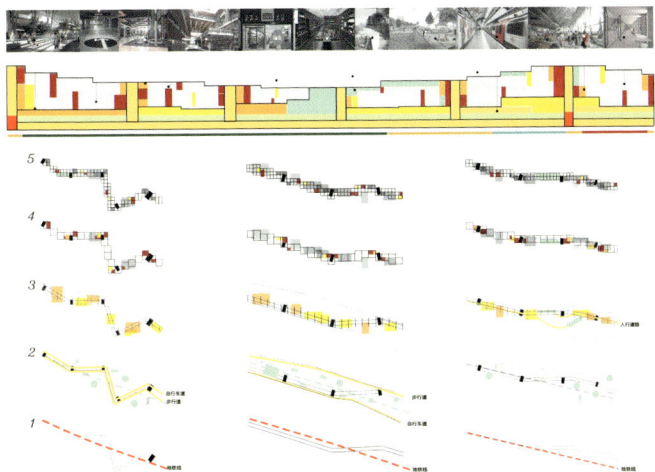

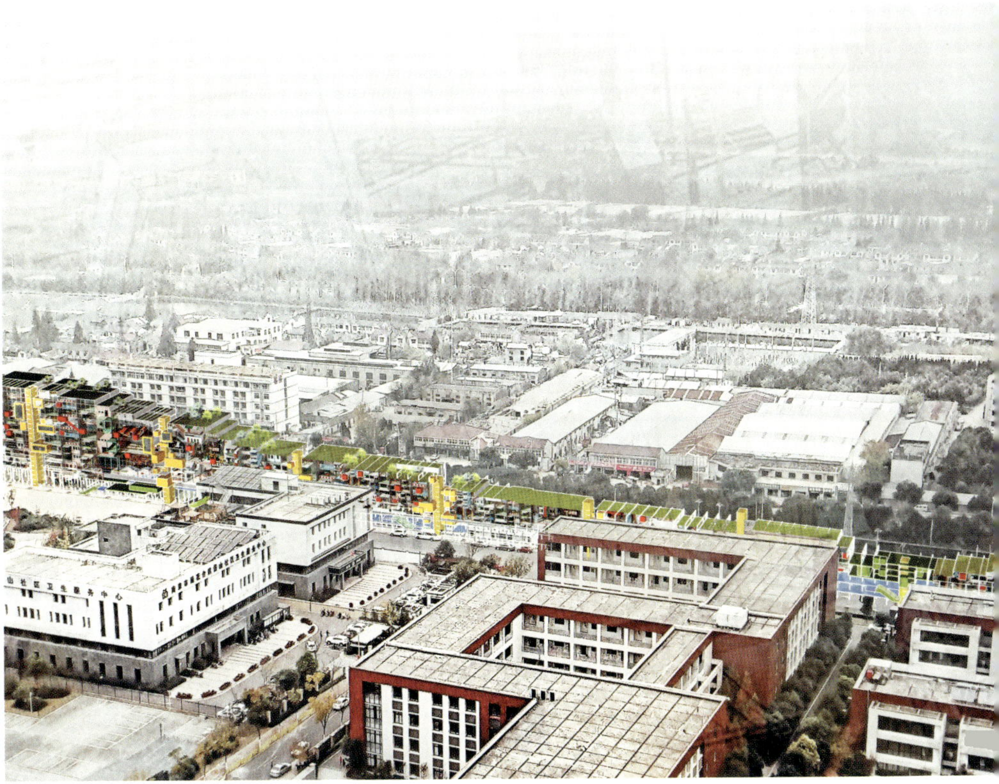

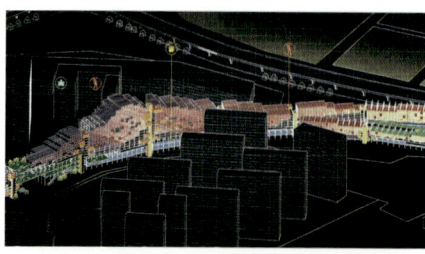

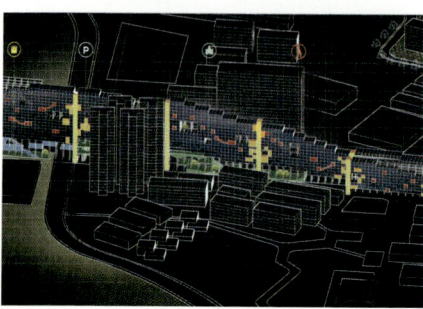

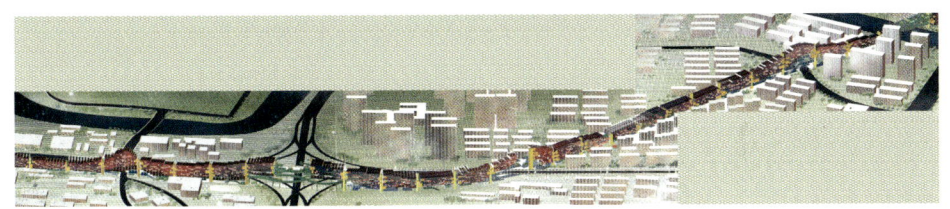

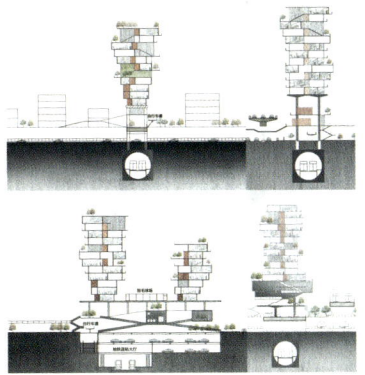

后巴别主义 Post Babelism

学生:杨蕾、贺唯嘉、杨华武、郭金未

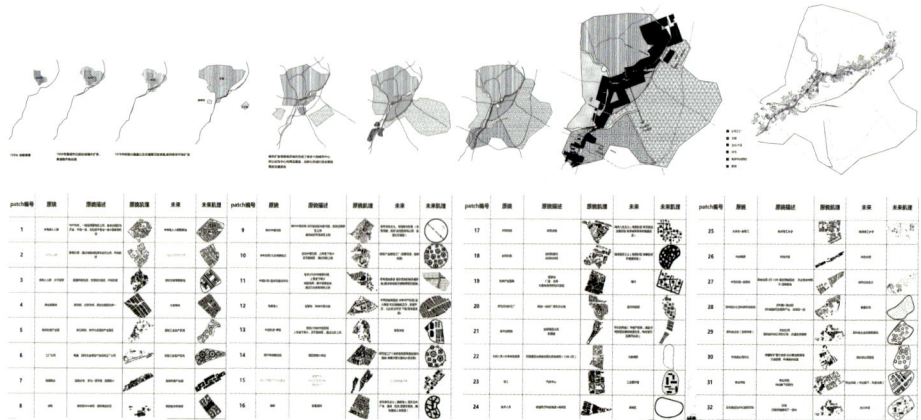

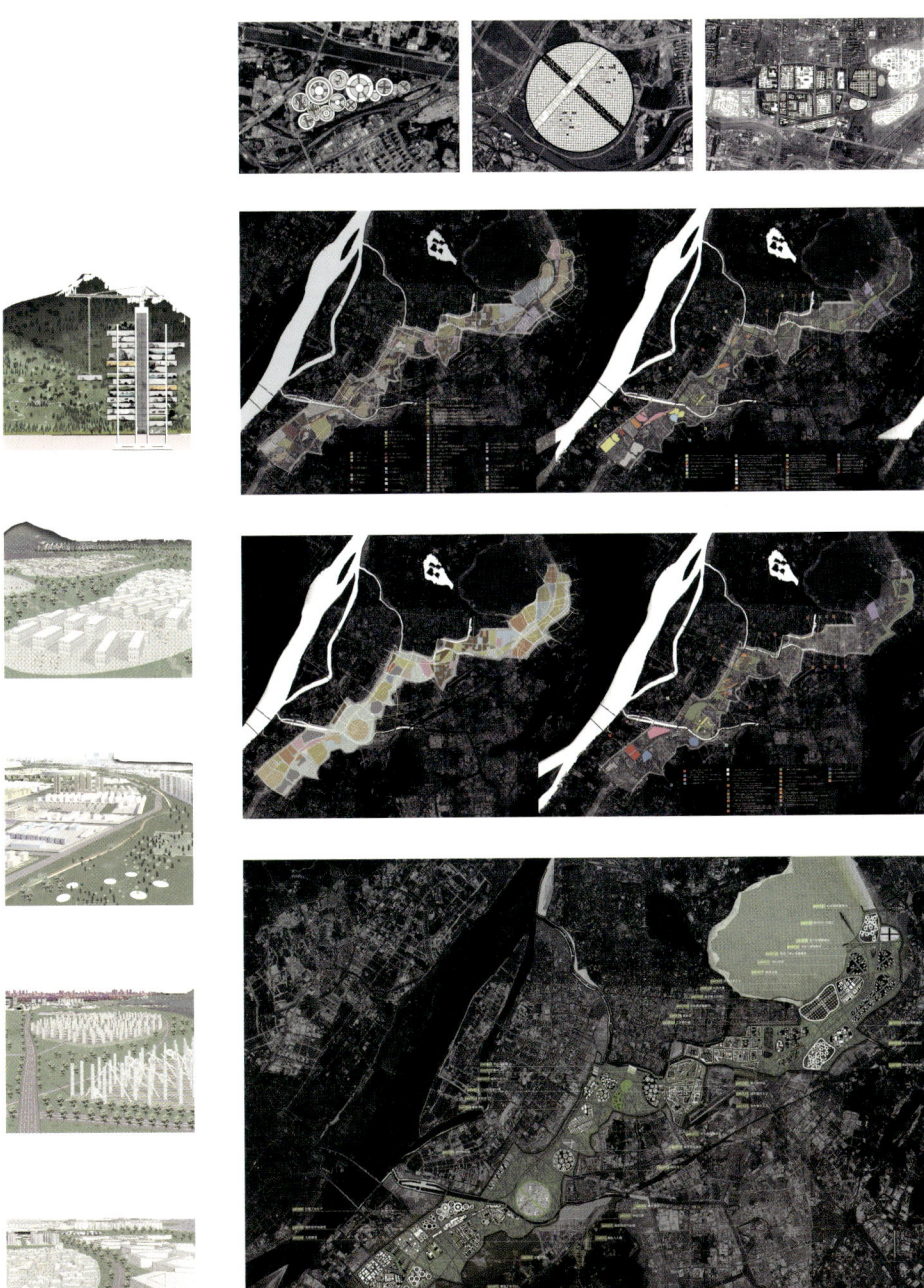

城市游牧 Urban Nomadic Space

学生：刘晨、方柱、徐雅静、杨丹

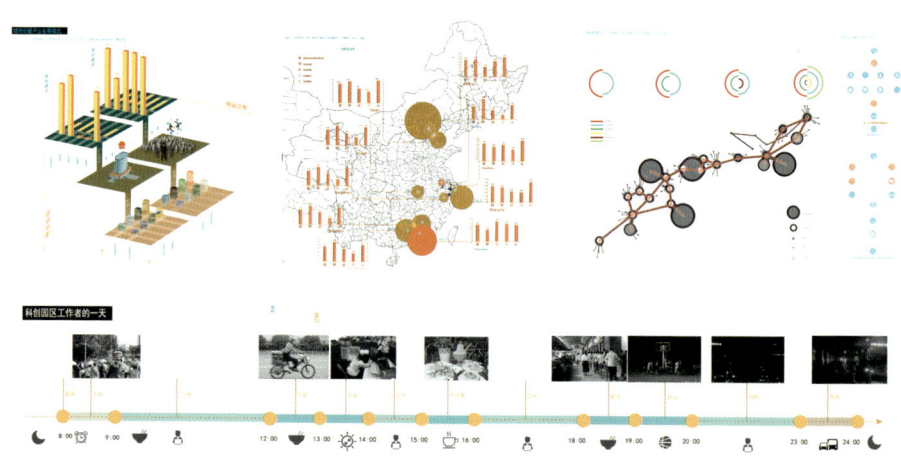

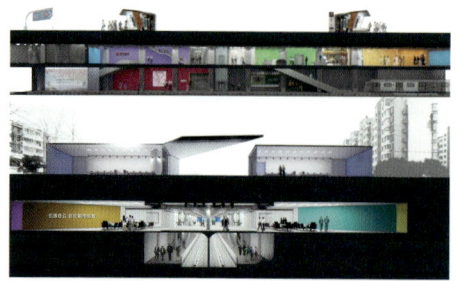

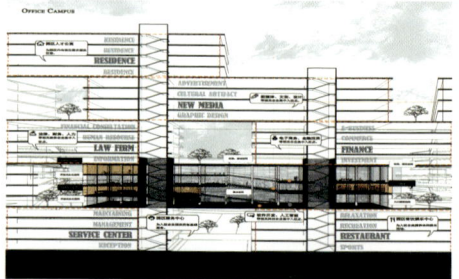

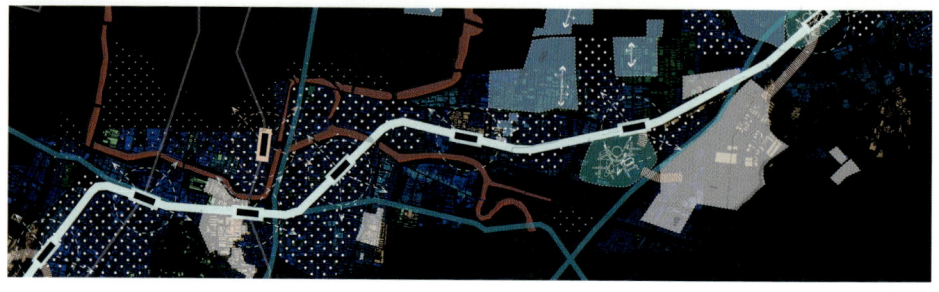

占领运动 The Occupy Movement

学生：陈辰、韩旭、黄子恩、刘晓倩

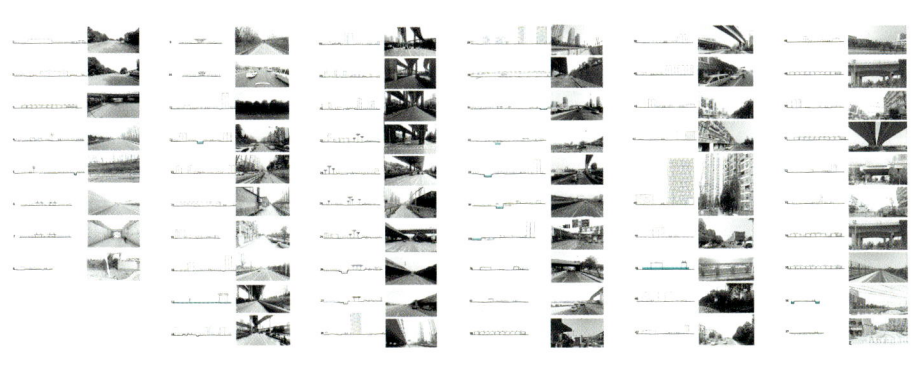

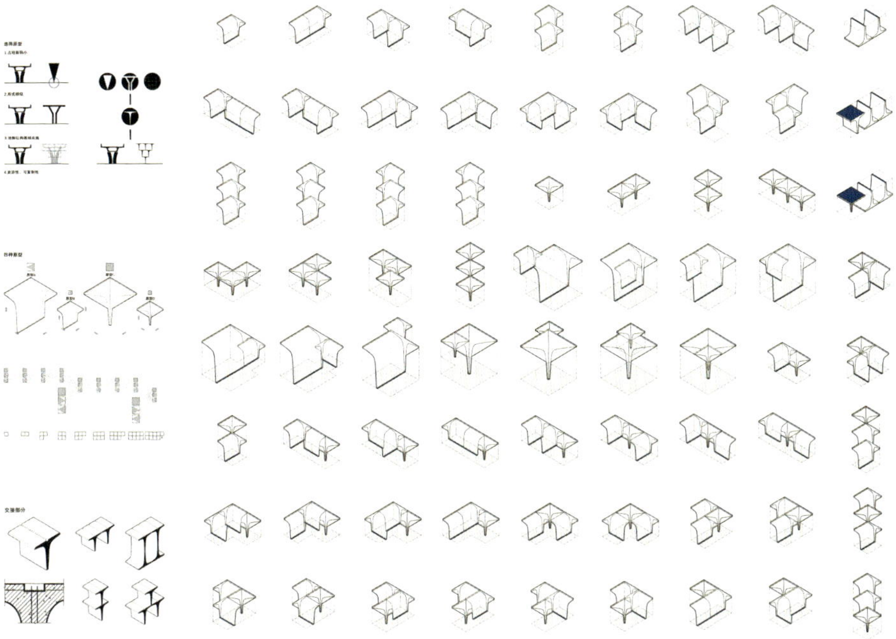

研究生设计课程"城市设计"评图　　时间：2019.1.14　14：00-16：30 地点：建良楼一楼西展厅

Defining the Phenomenon of IE　界定、描述、呈现现象
Building the New Value and Identity of IE　塑造、建构新的价值与身份
Exploring the New Form of IE　探索、赋予新的空间形式

城 市 再 生： 内 边 缘 转 型 计 划
URBAN REGENERATION: TRANSFORMING THE INNER EDGES

评图嘉宾
丁沃沃　南京大学建筑与城市规划学院
王骏阳　南京大学建筑与城市规划学院
雒建利　东南大学建筑学院
刘红杰　东南大学建筑学院

任课教师：胡友培
G1：蜉蝣计划
　　刘伟　周珏伦　刘恺丽　José Luis
G2：引力场界
　　唐萌　金沛沛　夏心雨　张文轩
G3：层叠城市
　　林宇　李晓楠　罗文馨　曹焱
G4：向南湖新村学习
　　陈红云　陈紫葳　李谷羽　施少鋆

蜉蝣计划　　引力场界　　层叠城市　　向南湖新村学习

URBAN REGENERATION: TRANSFORMING THE INNER EDGES
城市再生：内边缘转型计划

边缘是躁动不安的，在混乱的表面下，是城市蓬勃的脉动与欲望的张望。

临时性是它的根本属性，地理、物质、人口的变迁，是它永恒的主题。

边缘是开放的，欢迎一切可能，是探险者、违规者与野草的乐园。

边缘也是模糊的，城市、乡野的二元属性，在这里随机地杂交，产生出一种模棱两可的城市景观。城市设计的专业词汇，如场所、尺度、秩序、界面等，在这里是失语的。边缘是 no where, none place。

内边缘，是一种独特的边缘景观与类型。它天生携带着边缘的基因，继承了边缘几乎所有品性，却因为某种阴差阳错被包裹、豢养于城市内部。它的粗俗、廉价、丑陋，与周遭光鲜亮丽的城市相比，是如此不协调，甚至触目惊心。与此同时，它的野蛮、开放、生机盎然，却又让墨守成规、温文尔雅的城市显得如此保守无趣，甚至平庸。

它是城市的另类与遗忘之地。

它是被囚禁的放逐者。

课程名称：城市设计
英文名称：Urban Design
课内学时：56；学分：2；开课时间：秋季
适用专业：建筑学
任课教师：胡友培

背景与问题：

内边缘的形成

内边缘，本是城市的外缘。在中国城市近几十年跳板式的急速扩张中，它出于种种原因（基础设施、土地归属、行政管辖、地理自然等）被逐渐包围进城市内部。当摊开城市扩张的宏伟地图时，我们才惊讶地发现，它已经位于城市腹地。边缘从此成了内边缘。

内边缘的存在合理吗？它会一直存在吗？

内边缘的身份

内边缘的身份是模糊的。它一方面具有典型的边缘景观，另一方面又盘踞于城市内部。地理和心理地图的错位造成了认知的困惑，更加剧了其身份界定的难度。

在城市用地日渐紧张的当下，应该将它作何利用，为它建构何种新的身份？

内边缘的形式

具有边缘色彩的物质要素（大型基础设施、表浅化城市景观，以及低劣的建筑）在很大程度上依然主导着今天内边缘的空间形式。与此同时，四周高企的地价正对其虎视眈眈。内边缘作为一个独特的城市物种，面临着随时被同化于周遭的城市机体，而消散于无形的生存压力。

在这里除了续写城市的陈词滥调，还可能赋予它什么样的空间形式，以及形式的意义？

从曾经的边缘，到当下的认知盲区，再迈向前途叵测的未来，内边缘转向何方？

任务与要求：

场地研究　在南京都市区内，选择一处场地（规模不限），作为设计场地。
　　　　　研究场地在城市化进程中的变迁，阐明、呈现场地作为内边缘的独特性。

场地愿景　从城市发展的全局视角，研判场地的价值与潜力，为场地建构新的身份，提出新的愿景。
　　　　　制定场地的功能计划与策略性的项目介入，以激发场地的转型。

原型设计　通过对建筑、基础设施、景观，以及它们的混杂物的研究，开展原型设计，赋予场地某种适宜的、具有想象力的空间形态。

在城市内部的自留地上，进行一场异托邦的建筑学实验与冒险。

课程名称：城市设计
英文名称：Urban Design
课内学时：56；学分：2；开课时间：秋季
适用专业：建筑学
任课教师：胡友培

蜉蝣计划 Ephemeral Plan

学生：刘伟、周珏伦、刘恺丽、José Luis

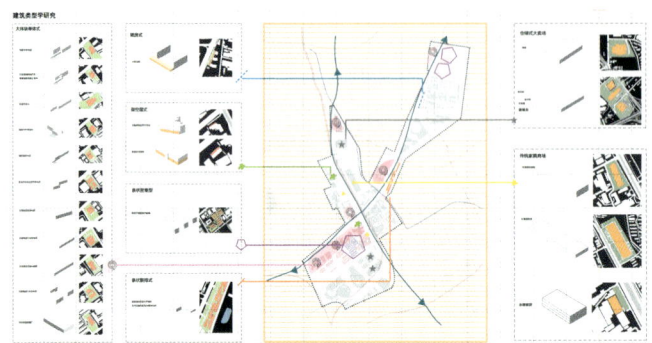

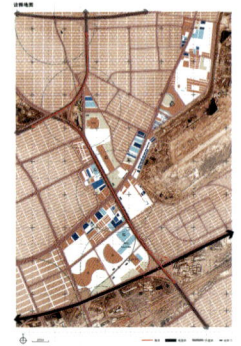

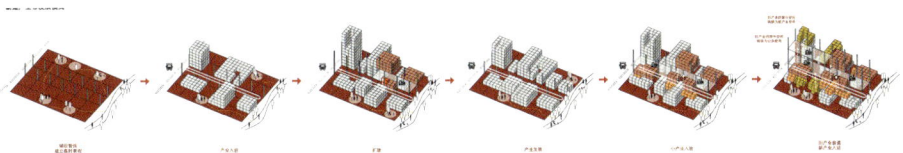
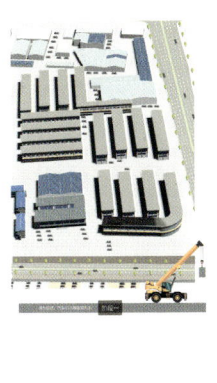
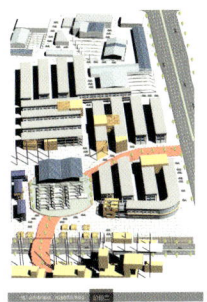
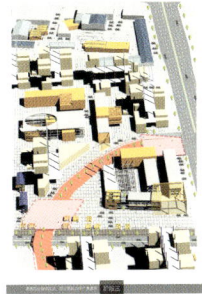

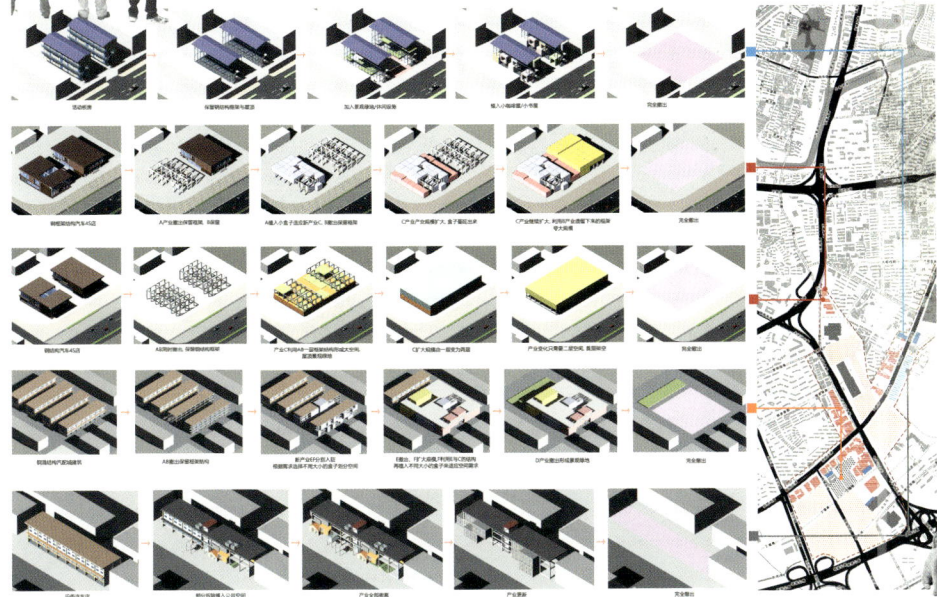

引力场界 Magnetic Field

学生：唐萌、金沛沛、夏心雨、张文轩

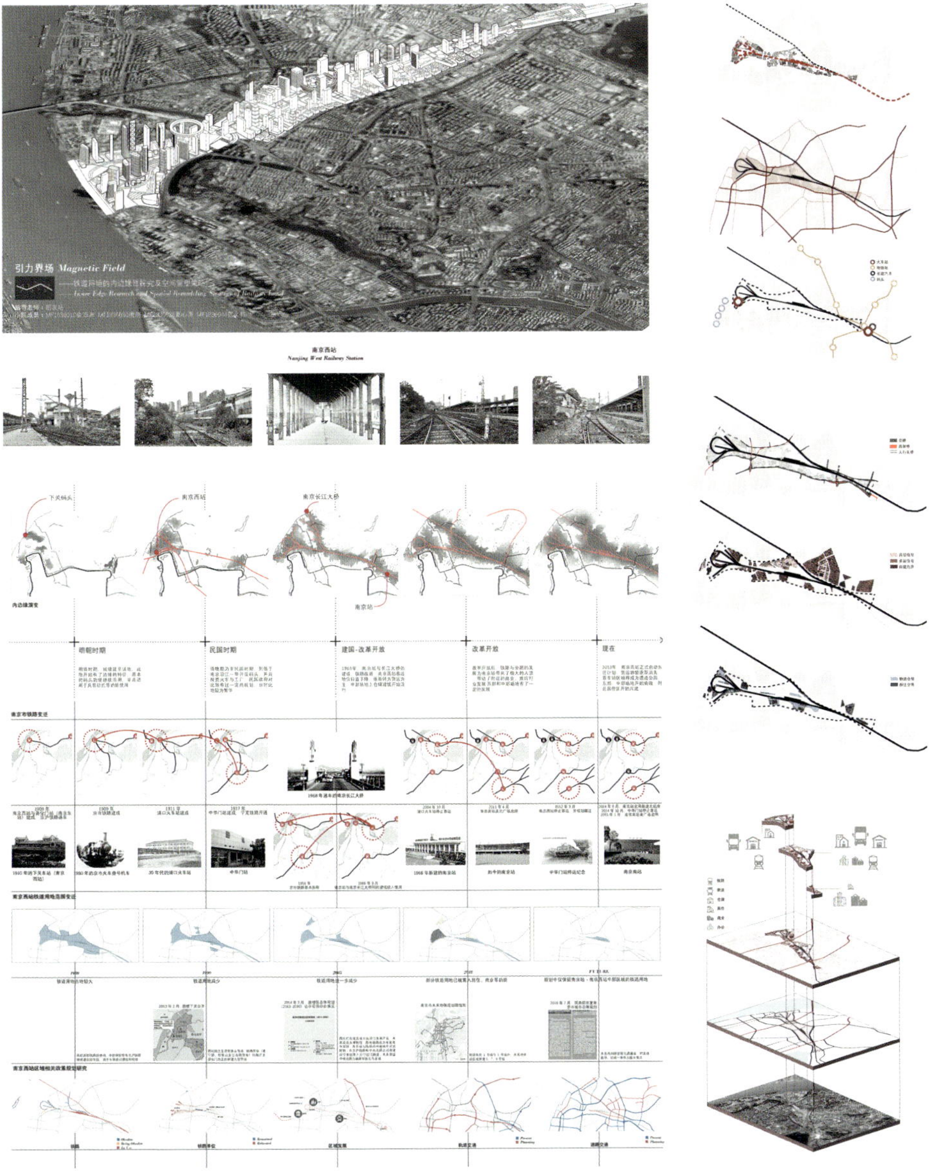

层叠城市 City Superposition

学生：林宇、李晓楠、罗文馨、曹焱

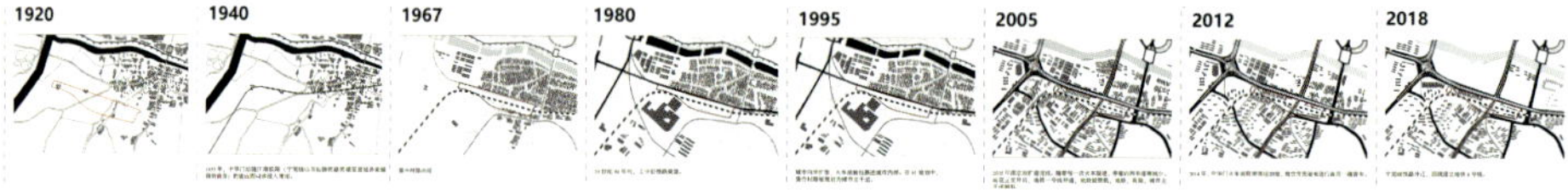

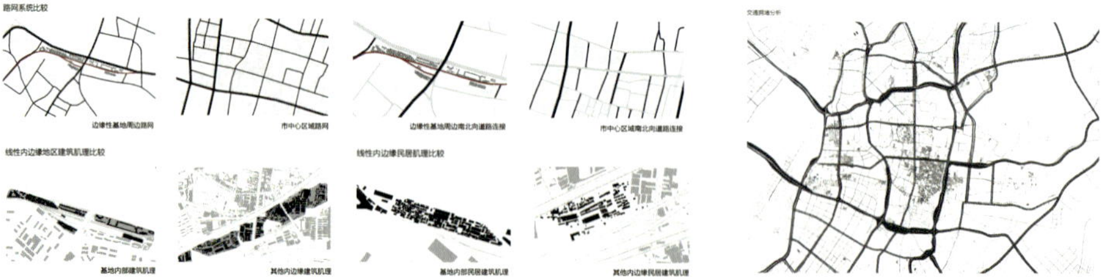

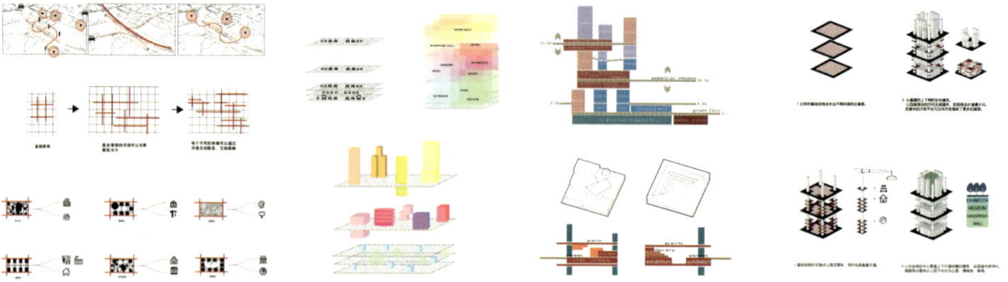

向南湖新村学习 Learning from Nanhu Community

学生：陈红云、陈紫葳、李谷羽、施少鋆

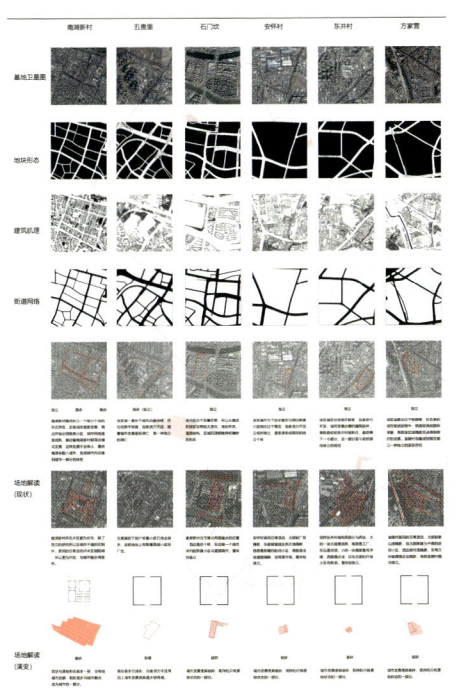

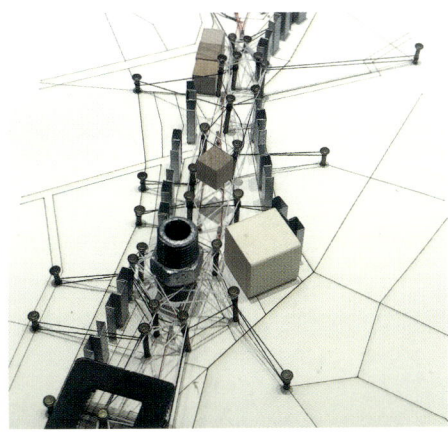

研究生设计课程"城市设计"评图　　时间：2020.1.9　14：00-16：30 地点：建良楼一楼西展厅

Defining the Phenomenon of IE　界定、描述、呈现现象
Building the New Value and Identity of IE　塑造、建构新的价值与身份
Exploring the New Form of IE　探索、赋予新的空间形式

内边缘2.0：城市交通廊道综合再利用
I.E. 2.0: Reclaiming the Urban Corridors

评图嘉宾
韩冬青　东南大学建筑学院
程向阳　南华建筑设计事务所
丁沃沃　南京大学建筑与城市规划学院
赵　辰　南京大学建筑与城市规划学院
唐　莲　南京大学建筑与城市规划学院

任课教师：胡友培
G1：Fun Belt
　　傅婷婷 明文静 孔严 袁琴
G2：平行世界
　　魏雪仪 李雪 史鑫尧 陈玉珊
G3：城市集线器
　　程绪 翁昕 王家洲 王鹏程
G4：南京门廊
　　刘贺 温琳 李芸梦 廖伟平

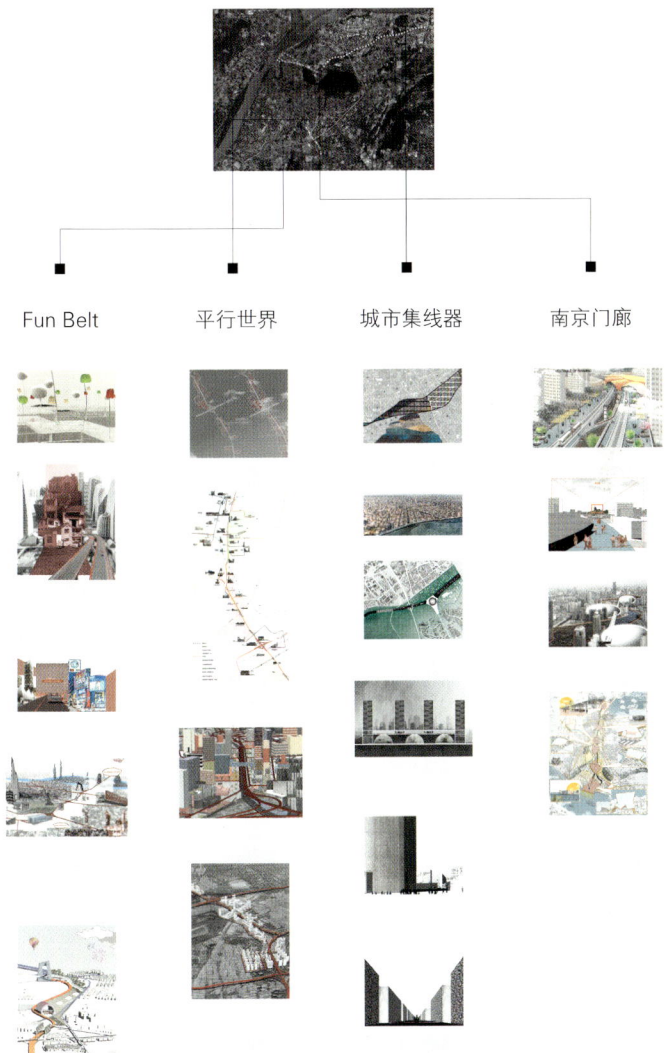

I.E. 2.0: RECLAIMING THE URBAN CORRIDORS
内边缘2.0：城市交通廊道综合再利用

如果说传统城市是一种二维的、经纬交织的水平面，当代城市似乎越来越呈现出一维或线性的特征。线性的要素在当代城市的运转、组构中，扮演着至关重要的角色。

内边缘是一种典型的线性要素。它是城市内部各板块之间的缝隙，拥有独特的景观与生态。一种区别于普通城市地段的临时性、无序性与开放性，使其适合作为各种城市建筑乌托邦的游戏场，进行不切实际、天马行空的设计思想实验。

交通廊道及其沿线地带是一种常见而重要的内边缘类型。现代大型交通基础设施盘踞、穿梭在城市板块之间，占据了大量的土地，形成瞩目的边缘性景观。数量巨大的人流、车流、物流在其上不间断地快速流通，城市机体得以正常运转和持续繁荣。它们是当代城市的伟大发明，是根基也是荣耀，是名副其实的基础设施。

课程名称：城市设计
英文名称：Urban Design
课内学时：56；学分：2；开课时间：秋季
适用专业：建筑学
任课教师：胡友培

背景与问题：

交通廊道及其沿线地带，往往是工程学的领地。线性交通设施（轻轨、高铁、快速路、高速路、省道国道等）在其中占据主导地位。基础设施的剖面与线位，被反复推敲优化，形成极端高效的形态，即一种工程的美学。

与此同时，由于其位于城市板块的内部边缘，往往被传统设计实践忽视，各种边缘性要素，如厂房、交通附属、村落、林地、耕地等，无序而随机地散落在沿线地带中，形成了一种面目模糊而尺度巨大的城市景观。城市设计与建筑学的专业词汇，如比例、场所、尺度、秩序、界面等，在这里是无效的。作为一种no where, none place，交通廊道及其沿线地带，似乎从来没有也难以成为城市设计与建筑学的对象。

另外，随着中国城市建设进入存量发展的阶段，大城市的土地资源日渐稀少而珍贵。交通廊道及其沿线用地尽管利用难度高，但因其不可忽视的存量，而具有极大的再利用与综合开发价值。

如何以一种设计或建筑学的方式来处理这种独特的城市景观和基础设施？建筑学如何参与到当代城市的基础建构工作中？这是课程需要探索并试图回答的中心问题。与此同时，保持创造的轻松，保持现实的批判，以一种既游戏又严肃的姿态开展设计与研究，是课程的基调。将边缘性的物质要素纳入设计学科的范畴，既是一种跨越学科边界的逃逸，也是一种对当代建筑学新命题的审视。

任务与要求：

场地研究　　课程在南京都市区内选择四处典型的交通廊道地带，作为设计研究的场地。研究场地在城市化进程中的变迁，阐明基础设施在其中的主导地位，并分析、呈现各种伴生性的城市问题。

场地愿景　　从城市发展的全局视角，研判场地的价值与潜力，为场地建构新的身份，提出新的愿景。制订场地的功能计划与策略性的项目介入，探索场地再利用的可能与路径。

原型设计　　课程将以原型设计为主要的设计工具。通过对建筑、基础设施、景观，以及它们的混杂物的研究，开展原型设计，赋予场地某种适宜的、具有想象力的空间形态。

人数与分组：

共16人，分为4组，每组4人。

课程名称：城市设计
英文名称：Urban Design
课内学时：56；学分：2；开课时间：秋季
适用专业：建筑学
任课教师：胡友培

Fun Belt

学生：傅婷婷、明文静、孔严、袁琴

FUN BELT

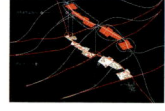

平行世界

学生:魏雪仪、李雪、史鑫尧、陈玉珊

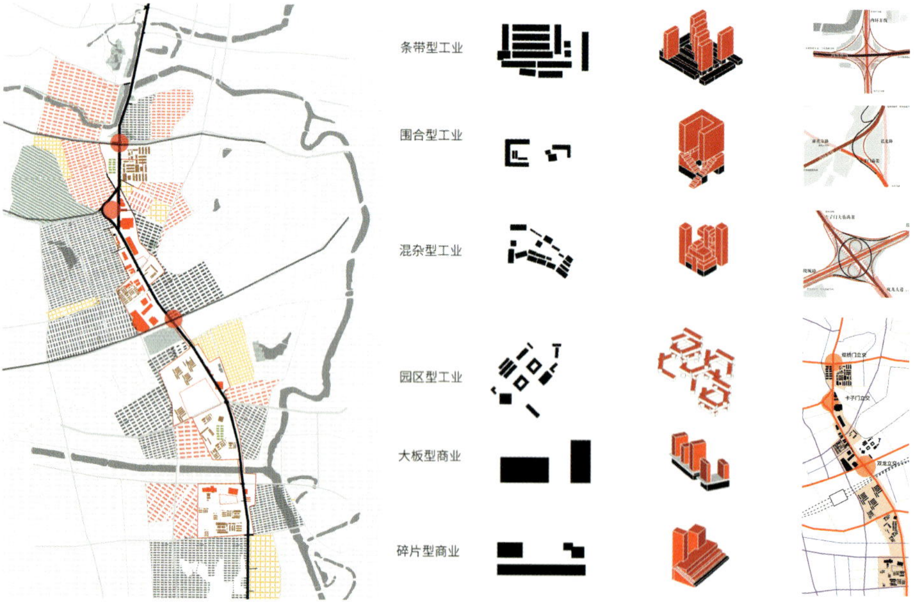

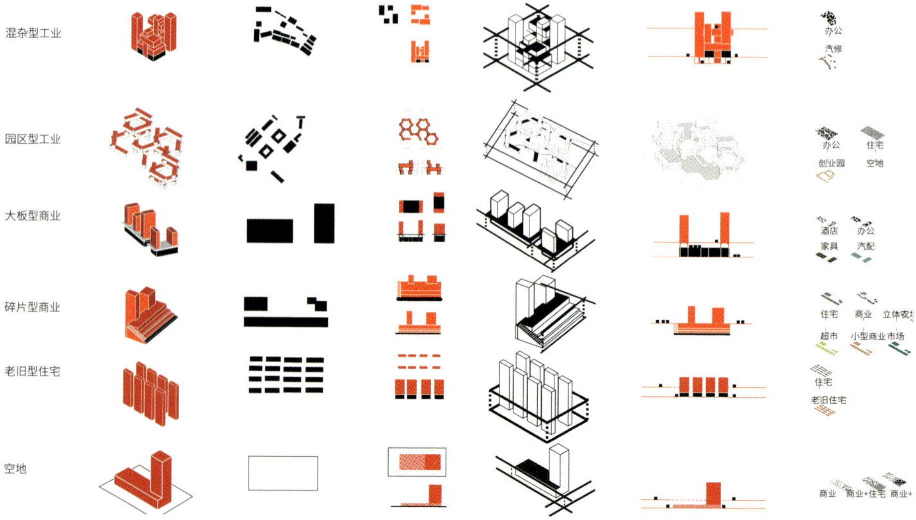

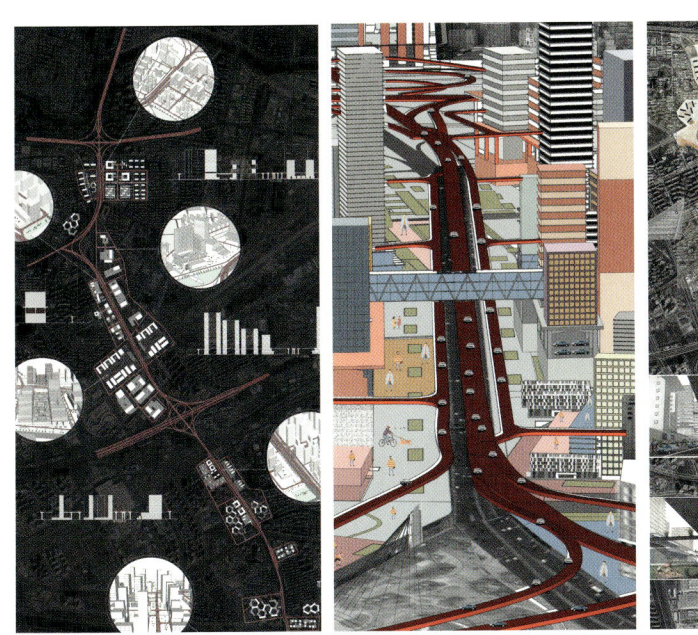
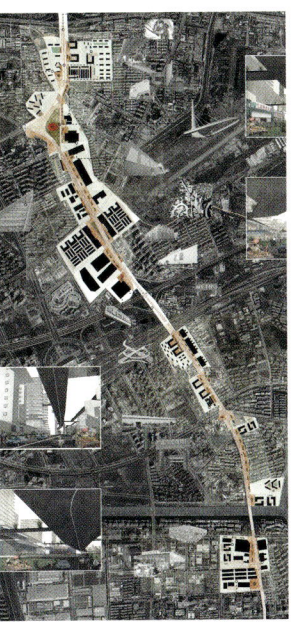
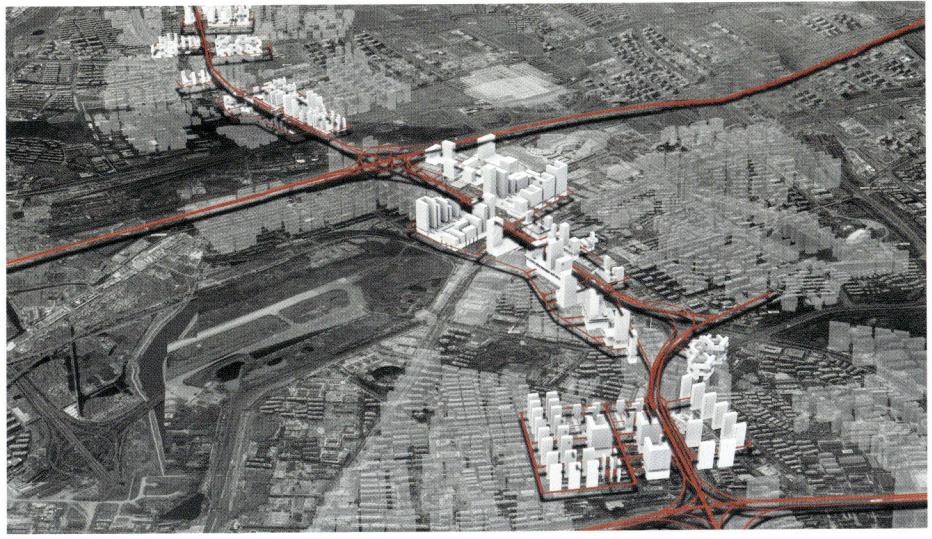

城市集线器

学生：程绪、翁昕、王家洲、王鹏程

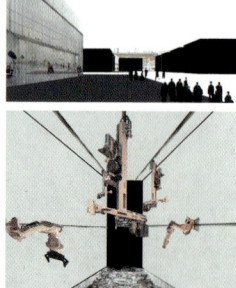

南京门廊

学生：刘贺、温琳、李芸梦、廖伟平

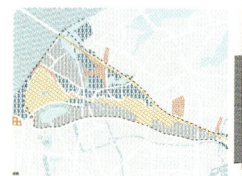

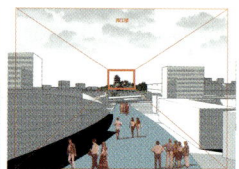